U0305371

分子科学视域下的
化学前沿问题研究

《天水师范学院60周年校庆文库》编委会｜编

光明日报出版社

图书在版编目（CIP）数据

分子科学视域下的化学前沿问题研究 /《天水师范学院60周年校庆文库》编委会编. -- 北京：光明日报出版社，2019.9

ISBN 978-7-5194-5507-1

Ⅰ.①分… Ⅱ.①天… Ⅲ.①化学工程—研究 Ⅳ.①TQ02

中国版本图书馆CIP数据核字（2019）第189342号

分子科学视域下的化学前沿问题研究

FENZI KEXUE SHIYU XIA DE HUAXUE QIANYAN WENTI YANJIU

编　　者：《天水师范学院60周年校庆文库》编委会

责任编辑：郭玫君　　　　责任校对：赵鸣鸣

封面设计：中联学林　　　　责任印制：曹　诤

出版发行：光明日报出版社

地　　址：北京市西城区永安路106号，100050

电　　话：010-67078251（咨询），63131930（邮购）

传　　真：010-67078227，67078255

网　　址：http：//book.gmw.cn

E - mail：guomeijun@gmw.cn

法律顾问：北京德恒律师事务所龚柳方律师

印　　刷：三河市华东印刷有限公司

装　　订：三河市华东印刷有限公司

本书如有破损、缺页、装订错误，请与本社联系调换，电话：010-67019571

开　　本：170mm×240mm

字　　数：238千字　　　　印　　张：19

版　　次：2019年9月第1版　　　　印　　次：2019年9月第1次印刷

书　　号：ISBN 978-7-5194-5507-1

定　　价：89.00元

《天水师范学院60周年校庆文库》

编委会

总　序

春秋代序，岁月倥偬，弦歌不断，薪火相传。不知不觉，天水师范学院就走过了它60年风雨发展的道路，迎来了它的甲子华诞。为了庆贺这一重要历史时刻的到来，学校以"守正·奋进"为主题，筹办了缤纷多样的庆祝活动，其中"学术华章"主题活动，就是希冀通过系列科研活动和学术成就的介绍，建构学校作为一个地方高校的公共学术形象，从一个特殊的渠道，对学校进行深层次也更具力度的宣传。

《天水师范学院60周年校庆文库》(以下简称《文库》)是"学术华章"主题活动的一个重要构成。《文库》共分9卷，分别为《现代性视域下的中国语言文学研究》《"一带一路"视域下的西北史地研究》《"一带一路"视域下的政治经济研究》《"一带一路"视域下的教师教育研究》《"一带一路"视域下的体育艺术研究》《生态文明视域下的生物学研究》《分子科学视域下的化学前沿问题研究》《现代科学思维视域下的数理问题研究》《新工科视域下的工程基础与应用研究》。每卷收录各自学科领域代表性科研骨干的代表性论文若干，集中体现了师院学术的传承和创新。编撰之目的，不仅在于生动展示每一学科60年来学术发展的历史和教学改革的面向，而且也在于具体梳理每一学科与时俱进的学脉传统和特色优势，从而体现传承学术传统，发扬学术精神，展示学科建设和科学研究的成就，砥砺后学奋进的良苦用心。

《文库》所选文章，自然不足以代表学校科研成绩的全部，近千名教职员工，60年孜孜以求，几代师院学人的学术心血，区区九卷书稿300多篇文章，个中内容，岂能一一尽显？但仅就目前所成文稿观视，师院数十年科研的旧貌新颜、变化特色，也大体有了一个较为清晰的眉目。

首先，《文库》真实凸显了几十年天水师范学院学术发展的历史痕迹，为人们全面了解学校的发展提供了一种直观的印象。师院的发展，根基于一些基础老学科的实力，如中文、历史、数学、物理、生物等，所以翻阅《文库》文稿，可以看到这些学科及其专业辉煌的历史成绩。张鸿勋、雒江生、杨儒成、张德华……，一个一个闪光的名字，他们的努力，成就了天水师范学院科研的初始高峰。但是随着时代的发展和社会需求的变化，新的学科和专业不断增生，新的学术成果也便不断涌现，教育、政法、资环等新学院的创建自是不用特别说明，单是工程学科方面出现的信息工程、光电子工程、机械工程、土木工程等新学科日新月异的发展，就足以说明学校从一个单一的传统师范教育为特色的学校向一个兼及师范教育但逐日向高水平应用型大学过渡的生动历史。

其次，《文库》具体显示了不同历史阶段不同师院学人不同的学术追求。张鸿勋、雒江生一代人对于敦煌俗文学、对于《诗经》《尚书》等大学术对象的文献考订和文化阐释，显见了他们扎实的文献、文字和学术史基本功以及贯通古今、熔冶正反的大视野、大胸襟，而雍际春、郭昭第、呼丽萍、刘雁翔、王弋博等中青年学者，则紧扣地方经济社会发展做文章，彰显地域性学术的应用价值，于他人用力薄弱或不及处，或成就了一家之言，或把论文写在陇原大地，结出了累累果实，发挥了地方高校科学研究服务区域经济社会发展的功能。

再次，《文库》直观说明了不同学科特别是不同学人治学的不同特点。张鸿勋、雒江生等前辈学者，其所做的更多是个人学术，其长处是几十年如一日，埋首苦干，皓首穷经，将治学和修身融贯于一体，在学术的拓展之中同时也提升了自己的做人境界。但其不足之处则在于厕身僻地小校之内，单兵作战，若非有超人之志，持之以恒，广为求索，自是难以取得理想之成果。即以张、雒诸师为例，以其用心用力，原本当有远愈于今日之成绩和声名，但其诸多未竟之研究，因一人之逝或衰，往往成为绝学，思之令人不能不扼腕以叹。所幸他们之遗憾，后为国家科研大势和学校科研政策所改变，经雍际春、呼丽萍等人之中介，至如今各学科纷纷之新锐，变单兵作战为团队攻坚，借助于梯队建设之良好机制运行，使一人之学成一众之学，前有所行，后有所随，断不因以人之故废以方向之学。

还有，《文库》形象展示了学校几十年科研变化和发展的趋势。从汉语到外语，变单兵作战为团队攻坚，在不断于学校内部挖掘潜力、建立梯队的同时，学校的一些科研骨干如邢永忠、王弋博、令维军、李艳红、陈于柱等，也融入了更大和更高一级的学科团队，从而不仅使个人的研究因之而不断升级，而且也带动学校的科研和国内甚至国际尖端研究初步接轨，让学校的声誉因之得以不断走向更远也更高更强的区域。

当然，前后贯通，整体比较，缺点和不足也是非常明显的，譬如科研实力的不均衡，个别学科长期的缺乏领军人物和突出的成绩；譬如和老一代学人相比，新一代学人人文情怀的式微等。本《文库》的编撰因此还有另外的一重意旨，那就是立此存照，在纵向和横向的多面比较之中，知古鉴今，知不足而后进，让更多的老师因之获得清晰的方向和内在的力量，通过自己积极而坚实的努力，为学校科研奉献更多的成果，在区域经济和周边社会的发展中提供更多的智慧，赢得更多的话语权和尊重。

六十年风云今复始，千万里长征又一步。谨祈《文库》的编撰和发行，能引起更多人对天水师范学院的关注和推助，让天水师范学院的发展能够不断取得新的辉煌。

是为序。

李正元　安涛

2019年8月26日

目　录
CONTENTS

双功能化合物—二氯荧光素二丙烯酸酯的合成与生物活性研究

唐慧安　赵恺寅　王流芳　杨汝栋*

合成了化合物二氯荧光素二丙烯酸酯(I),用元素分析、IR、^{1}HNMR、UV、荧光光谱对之进行了表征。测试了(I)对小鼠白血病L_{1210}细胞生长曲线的影响和对人体胃腺癌SGC－7901的抗肿瘤活性。结果表明:对体外培养肿瘤细胞L_{1210}有很强的瞬时杀伤作用(在ρ(I)=0.1μg/mL时,24h的杀死率几乎为100%);对人体胃腺癌SGC－7901有很强的细胞增殖的抑制作用(在ρ(I)=0.1μg/mL时,克隆数约为3%±1.1,集落形成率=0.15%,存活率=0.4%。研究表明(I)是有希望的脂溶性、带荧光的抗肿瘤药学化合物。之后,用其对蚕豆细胞进行染色。研究发现:其可用于蚕豆细胞生活力的检测,鉴定蚕豆花粉细胞的生活力和生活状态.

1871年Baeyer合成了荧光素,有关荧光素衍生物在生物学和医学上的应用已有一些报道.他们主要用于生物细胞染色。本文合成了二氯荧光素二丙烯酸酯,用元素分析,核磁共振,红外、紫外光谱、荧光光谱对它进行了表征;之后,研究了它对小鼠白血病L_{1210}细胞生长曲线的影响和对人体胃腺癌SGC－7901的抗肿瘤活性,发现它对人体外培养肿瘤细胞L_{1210}有很强的瞬时杀伤作用;对人体胃腺癌(SGC－7901)细胞增殖有很强的抑制作用。研究还发现其可用于对蚕豆细胞生活力的检测,鉴定蚕豆花粉细胞的生活力和生活状态。

1　实验

1.1. 试剂与仪器

荧光素(上海医药化工试剂采购供应站A.R)、丙烯酸(A.R)、氯化亚砜(A.

* 作者简介:唐慧安(1963—),甘肃天水人,理学博士,天水师范学院化工学院教授,主要研究肿瘤成像剂、功能配合物与固体废弃物利用。

R). 元素分析用意大利 1106 型元素分析仪测定,红外光谱 用 NICOLET FT - IR 170SX 型仪器(KBr 压片)测定,^{1}HNMR 用 FT - Ac 80 型核磁共振仪测定. 熔点用 KOFLER 熔点仪测得(温度计未校正)。

1.2. 合成反应

$SOCl_2$

(I)

1.3. 标题化合物的合成　在 500mL 三口瓶中,加入 100mL 新蒸的丙烯酸,N_2 保护下,慢慢滴加 120mL 氯化亚砜,同时微热,控制至有气泡从液体中缓慢逸出,滴完氯化亚砜后,继续反应 30min,得亮黄色液体 A. 而后于 500mL 三口瓶中加入 25g 荧光素和 140mL N,N 一二甲基甲酰胺,放入冰水中冷却,在 N_2 保护和电磁搅拌下,慢慢滴加 180mL A 的溶液,使反应体系温度不超过 2℃. 反应 6h 后,体系静置 20min,溶液呈褐色,过滤得褐色油状物,在剧烈搅拌下将混合物倒入冷蒸馏水中后,放入冰箱中冷却. 72h 后,有颗粒状沉淀析出,过滤,用蒸馏水洗涤沉淀三次,得到黄色略带红色的颗粒状产物,置真空干燥器中干燥得粗产品.

称取 29g 粗产品,用 V(丙酮): $V(H_2O) = 8:5$ 的溶液溶解,加入活性炭,三次重结晶后,得白色略带黄色片状二氯荧光素二丙烯酸酯(I)4.2g,产率 13% ,m. p = 148 ~ 149℃. 该化合物略溶于水,可溶于丙酮。

1.4　I 对体外培养肿瘤细胞杀伤作用的研究

以苯甲醇(A. R)为溶剂,将 I 配成质量浓度为 100μg/mL 10μg/mL, 1μg/mL, 0.1μg/mL 的溶液备用。为研究 I 对体外培养肿瘤细胞瞬时杀伤及增殖抑制作用,用以下两个指标:

1.4.1 不同质量浓度药物对小鼠白血病 L_{1210} 细胞生长曲线的影响

L_{1210} 细胞由中科院上海药物研究所提供。用含 w(小牛血清) = 10% 的 RPMI1640 培养液,内加 100 单位/mL 青霉素和链霉素。实验采用微孔板法。结果见图 1。

细胞数(万/mL)

Cell number(10^5/mL)

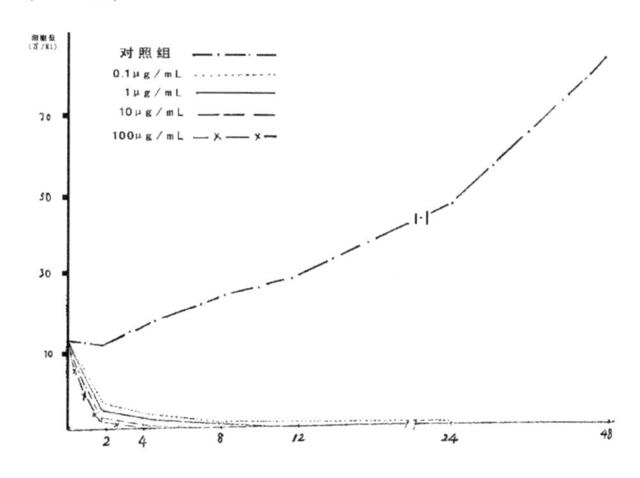

图 1　标题化合物对 L_{1210} 细胞生长曲线的影响

1.4.2　不同质量浓度药物对人体胃腺癌(SGC－7901)细胞增殖的影响

人体胃腺癌(SGC－7901)细胞由中科院上海药物研究所提供。用含 w(小牛血清)＝10%的 RPMI1640 培养液,内加 100 单位/m L 青霉素和链霉素。细胞常规接种于 150mL 培养瓶,在接种的第三天,细胞生长进入指数生长期时,各瓶(内含培养液 3mL)分别加入质量浓度为 100μg/m L、10μg/m L、1μg/m L、0.1μg/m L 的标题化合物 30 m L,对照组 加等量苯甲醇。37°C,w(CO_2)＝5%培养 2h,取出分别用 w(胰酶)＝0.25% 加 w(EDTA)＝0.02%等量混合液消化,计数活细胞,再接种 60mm 培养皿内,每个培养皿置 w(CO_2)＝5%培养箱内培养,12d 后取出,固定 Giemso 单色,解剖镜下计克隆数(每 50 个细胞为一个克隆)集落形成率即形成的集落数在接种细胞中所占的百分率。存活率按下列公式计算:给药组集落形成率/对照组集落形成率＊100%。测试所得结果见表 1。

表 1　抗肿瘤活性测试结果

组别	克隆数	集落形成率/%	存活率/%
对照组	808.7±79.1	40.4	100
100μg/mL	0±0	0	0
10μg/mL	0±0	0	0
1μg/mL	0±0	0	0
0.1μg/mL	3±1.1	0.15	0.4

1.5 标题化合物对蚕豆花粉细胞活性选择性检测研究

以蚕豆花粉为原料,使用OPTON大型万能显微镜观察了标题化合物和荧光素母体对蚕豆细胞的染色。结果表明具有羟基基团的荧光素不能使蚕豆花粉染色,而标题化合物与蚕豆花粉细胞反应后,丰满成熟的花粉细胞呈现极强的荧光,生活力较弱的幼小花粉细胞或败育细胞则难以被染色,荧光极弱或不呈现荧光,据此得出结论,可用标题化合物鉴定蚕豆花粉细胞的生活力和生活状态。

2. 讨论

标题化合物元素分析结果为:理论值(实验值)w(C)=61.30%(61.56%;w(H)=2.75%(2.43%);W(Cl)=13.95%(13.68%).这和标题化合物组成一致.IR:荧光素与标题化合物(KBr压片)红外光谱特征频率(cm^{-1})为:荧光素(C=O,1597;)伸缩振动C=C(苯环):1466,1431;伸缩振动C—O,1210;标题化合物(C=O:1764,1611);伸缩振动C=C(苯环):1496,1423;伸缩振动C—O:1223,1227;C-Cl:760. 可以看出,标题化合物与荧光素红外光谱明显不同,前者在1764cm-1和1611cm-1处有两类C=O的强伸缩振动吸收峰,而后者仅于1597cm^{-1}处有-个C=O吸收峰,表明标题化合物中酯基的形成;前者在760cm-1处新出现的吸收峰,归属为C-C1振动吸收峰,表明标题化合物中C-C1形成。^{1}HNMR(氘代丙酮):δ6.9(4H,H_a丙烯基),δ6.5(2H,H_b丙烯基),δ7.3~8.9(8H,H-1,4,5,6,7,8,9,10,).UV:(CH_3OH,nm),230,283。这和标题化合物结构一致。荧光光谱:Ex(320),Em[402.5,530(s)],表明标题化合物为一荧光物质。综上述,元素分析、IR、^{1}HNMR、UV确证了标题化合物的生成。本来我们欲合成荧光素二丙烯酸酯,结果得到非预期产物二氯荧光素二丙烯酸酯,参考文献[1,2]我们认为其生成的可能的反应机理为图2所示。

从测试结果和溶解性可以看出:标题化合物为一脂溶性荧光物质;从图1实验和表1可以看出,它对体外培养肿瘤细胞(人体及动物细胞)无论瞬时杀伤还是增殖抑制均有较强作用。且与浓度有依赖关系;它对体外培养肿瘤细胞的杀伤有一定的时效关系,但以短时间接触的杀伤作用更为显著。是有希望的抗肿瘤药学化合物;它与蚕豆花粉细胞反应后,丰满成熟的花粉细胞呈现极强的荧光,生活力较弱的幼小花粉细胞或败育细胞则难以被染色,荧光极弱或不呈现荧光。因此,可用它鉴定蚕豆花粉细胞的生活力和生活状态。显然,(I)是一多用途化合物。其作用机理正在研究中。

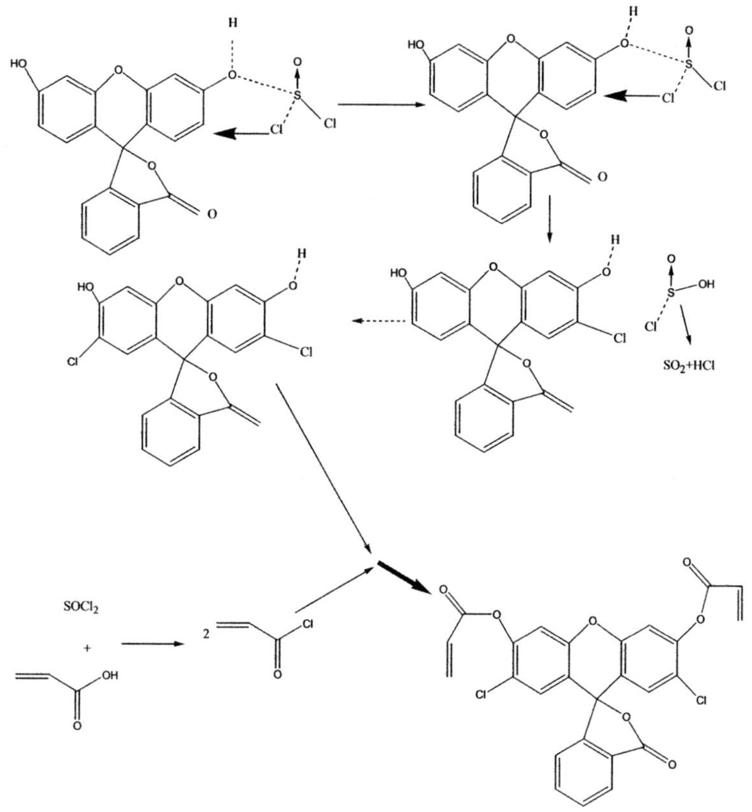

图2　反应机理

参考文献

[1]王葆仁. 有机合成:下[M]. 北京:科学出版社,1965:472－473.
[2]邢其毅. 有机化学:下[M]. 北京:科学出版社,1983:1087.

(本文来自2003年第3期《化学研究与应用》)

稀土茜素黄R配合物的合成、表征及荧光性质

唐慧安　赵恺寅　杨汝栋*

本文合成了4种茜素黄R稀土配合物,通过元素分析、红外光谱、紫外光谱、核磁共振氢谱的分析,确定它们的组成为:$Na[REL_2]\cdot 2H_2O$(RE = Sm,Eu,Tb,Y,NaHL = 茜素黄R)。红外光谱表明:配体 以羧羰基的氧与稀土离子单齿配位;配体的酚羟基离解,脱去质子后羟基氧与稀土离子配位。亦为紫外光谱所确证,$Na[Eu\,L_2]\cdot 2H_2O$ 的强红色荧光分属于 Eu 的$^5D_0\rightarrow{}^7F_1$和$^5D_0\rightarrow{}^7F_2$跃迁.

稀土作为功能材料一直是非常活跃的研究领域,而稀土配合物有其独特的性能已引起人们越来越广泛的关注。稀土羧酸配合物是一类独特性能的发光材料,本文合成稀土

茜素黄R羧酸配合物,对其组成和性质进行了分析和表征,研究了 Eu^{3+} 的荧光性质。

1　试剂和仪器

氯化稀土由99.9%稀土氧化物(上海跃龙有色金属公司生产)溶于盐酸制得。茜素黄R(化学纯),其它试剂均为分析纯。主要仪器有1106型元素分析仪(美国),Nicolet - 170SX 红外光谱仪`FT - 80A 型核磁共振仪(美国),LCT - 2 型差热天平(动态空气)(北京分析仪器厂)。

1.2 配合物的合成

按2∶ 1摩尔比分别称取配体和稀土氯化物,将配体和配合物分别溶于水中,然后同时滴加配体和稀土氯化物的水溶液于盛有50ml HAc - NaAc(pH = 5.4 ~ 6.0)缓冲溶液的250ml三口瓶中,保持温度在60℃左右,加热、搅拌10h,开始有棕

* 作者简介:唐慧安(1963—),甘肃天水人,理学博士,天水师范学院化工学院教授,主要研究肿瘤成像剂、功能配合物与固体废弃物利用。

黄色沉淀出现，继续搅拌 10h，静置，陈化 15h；抽滤，先用蒸馏水洗涤沉淀 4 次，再用乙醇洗 3 次，于 80℃红外灯下稍烘，放入盛有 P_4O_{10} 的真空干燥器中干燥 36h。

2 结果与讨论

2.1 配合物的组成和性质

稀土含量测定：用 1∶1 = HNO_3∶$HClO_4$ 的酸分解配合物，EDTA 容量法测定；原子吸收光谱测定表明配合物中含有 Na. C，H，N 含量用 1106 型元素分析仪测定；元素分析见表 1，由表 1 知：该系列配合物组成为：$Na[REL_2]\cdot 2H_2O$（NaHL 为配体）。配合物可溶于二甲亚砜、四氢呋喃、丙酮；略溶于甲醇、乙醇；不溶于 H_2O，CCl_4，乙醚等溶剂。

表 1　配合物元素分析。实测值（计算值）

配合物	RE	C	H	N
$NaSmL_2\cdot 2H_2O$	19.05(19.29)	40.25(40.04)	2.33(2.33)	10.80(10.78)
$NaEuL_2\cdot 2H_2O$	19.57(19.45)	39.70(39.96)	2.35(2.32)	10.42(10.76)
$NaTbL_2\cdot 2H_2O$	20.14(20.16)	39.25(39.61)	2.18(2.30)	10.19(10.66)
$NaYL_2\cdot 2H_2O$	12.58(12.38)	43.81(43.47)	2.64(2.53)	11.81(11.70)

2.2 配合物的红外光谱

以美国 170SX 型 FT－IR 红外光谱仪（KBr 压片）在 220～4000cm^{-1}范围内，测定了茜素黄 R 稀土配合物的 IR 谱（列于表 2）；从它们的红外光谱可以看出：它们的吸收峰比较相似，说明它们的结构基本相似；配合物与配体有明显区别：（1）配体在 3412cm^{-1}处有一宽吸收峰，此为酚羟基吸收峰，该羟基的 δ_{o-H}在 1289cm^{-1}处有一吸收峰，后者在配合物中消失，表明在形成配合物时，配体的酚羟基离解脱去质子后羟基氧与稀土离子成键[1]；配体的酚羟基的 υ_{C-O}在 1235cm^{-1}处出现的吸收峰，形成配合物后在配合物中则移至 1256～1259cm^{-1}之间，向高波数移动了 24～21cm^{-1}，证实了其脱去质子与稀土离子成键[2].（2）配合物在 3418～3435cm^{-1}处出现。的一强而宽的吸收峰，表明配合物中含 H_2O；在 575～581cm^{-1}之间出现的新峰为配位 H_2O 的面外摇摆振动吸收峰，说明该 H_2O 为配位 H_2O[7]。（3）配体的 $\upsilon_{C=O}$峰在 1650cm^{-1}处出现，形成配合物后 $\upsilon_{C=O}$降至 1601～1626cm^{-1}之间，低波数移动了 28～53cm^{-1}，这说明羧羰基的氧与稀土离子之间成键，且形成的键有一定的共价性质；配合物 $\upsilon(COO^-)$ 和 $\upsilon as(COO^-)$ 的差 $\Delta\upsilon$ = 170～167cm^{-1}，表明羧基与稀土离子成键. 且为单齿配位[3]。（4）配合物在 415～435cm^{-1}之间出现的新吸收峰可归属为 RE－O 键的伸缩振动[3]，这与前述分析结果一致。硝基吸收峰位置几乎无变化,表明硝基与稀土之间并未成键。

表2 配体和配合物红外光谱归属(cm^{-1})

化合物	δOH	υ OH	$υasCOO^-$	$υsCOO^-$	υC = O	υC – O	υM – O	ρH2O
$NaC_{13}H_8N_3O_5$	1289	3412	1530	1390	1654	1235	—	
$NaSmL_2 \cdot 2H_2O$	3418	1527	1352	626	257	415	575	
$NaEuL_2 \cdot 2H_2O$	3435	1526	1349	1601	1259	425	578	
$NaTbL_2 \cdot 2H_2O$	3432	1528	1350	603	256	435		581
$NaYL_2 \cdot 2H_2O$	3418	1527	1352	1626	1257	435		

2.3 配合物的紫外光谱

用日本UV-240型分光光度计测定了配体和部分稀土配合物的UV吸收峰(表3),配体的吸收峰398nm在形成配合物后移于351~355nm,发生了较大位移,这说明稀土离子与配体成键;由于其与稀土离子成键,使得电子云向RE^{3+}偏移,结果吸收峰向短波方向移动,该峰归属为C=O的n→π*跃迁.

表3 配体和配合物的紫外光谱

Compound	λ_1/nm	$\varepsilon_1/10^5 \lambda_1$/nm	$\varepsilon_1/10^5$	
Na $C_{13}H_8N_3O_5$	398	0.13	215	0.10
$NaSmL_2 \cdot 2H_2O$	351	0.2	225	0.23
$NaEuL_2 \cdot 2H_2O$	353	0.273	228	0.42
$NaTbL_2 \cdot 2H_2O$	355	0.265	230	0.37

2.4 配合物的^{1}HNMR

以DMSO为溶剂,测定了茜素黄R和钇的配合物的核磁共振氢谱,其结果见表4。由1H-NMR看出,配体在11.02ppm处的羟基质子吸收峰在形成配合物后消失,表明羟基氧与稀土离子成键,这与IR所得结果一致,茜素黄R的其它各质子峰位移均向弱场移动,说明芳环羧基和羟基上的氧原子均参与配位,其键有一定程度的共价性,造成羟基质子失去后电子云向RE3+偏移,使质子的屏蔽效应降低,各质子的化学位移向弱场移动。

表4 配体和钇的配合物的核磁共振氢谱

Compound	f	e	d	c	b	a
Na $C_{13}H_8N_3O_5$	11.02	8.33	8.13	7.87	7.76	6.75
$NaY(C_{13}H_7N_3O_5)$		8.59	8.28	8.26	7.74	6.94

2.5 荧光光谱性质

在365nm紫外灯下可以看到Eu(Ⅲ)的配合物很强的红色荧光。为进一步研究其荧光性质,常温下测定了 $NaEuL_2 \cdot 2H_2O$ 的 荧光光谱(Table 5)。

表 5 配合物的荧光光谱

Complex	Ex/nm	Em/nm	assignment	strength
$NaEuL_2 \cdot 2H_2O$	365.0	592.6	$^5D_0 \rightarrow ^7F_1$	23.06
		616.9	$^5D_0 \rightarrow ^7F_2$	46.32

由表 5 可以看出,$NaEuL_2 \cdot 2H_2O$ 配合物有两个荧光发射峰;它们可分别归属为 Eu^{3+} 的 $^5D_0 \rightarrow ^7F_1$ 和 $^5D_0 \rightarrow ^7F_2$ 跃迁。其中 $^5D_0 \rightarrow ^7F_1$ 属 磁偶极跃迁,$^5D_0 \rightarrow ^7F_2$ 属电偶极跃迁。这两个发射带的强度之比 $\eta(^5D_0 \rightarrow ^7F_1/^5D_0 \rightarrow ^7F_2)$ 为 2.11。这是由于 Eu^{3+} 处于对称中心,电偶极跃迁是禁阻的;所以观察到的是磁偶极跃迁的谱线。而受激发的 Eu^{3+} 偏离对称中心时,在晶体场的微扰下,使 f 组态混入不同的宇称状态,宇称禁律就可能部分地消除,电偶极跃迁是允许的,这观察到的是电偶极跃迁的谱线。

参考文献

[1]马娴贤,吴集贵.稀土茜素红三元配合物的研究[J].无机化学学报,1991,7(2):232.

[2]吴集贵,马娴贤.稀土与茜素红 J 酸固体配合物的研究[J].中国稀土学报,1988,6(4):9.

[3]中本一雄,无机和配位化合物的红外和拉曼光谱[M].化学工业出版社.1983:602.

(本文发表于 2004 年《光谱学与光谱分析》第 8 期)

流动注射电化学发光分析法测定煤灰中微量铀

杨玲娟*

采用恒电位电解技术，使不具发光活性的铀（Ⅵ），通过自制的流通式碳电解池后，在 -0.70V（*vs*：Ag/AgCl）电位下在线还原为铀（Ⅲ），铀（Ⅲ）与鲁米诺在碱性条件下产生化学发光，从而建立了铀的流动注射电化学发光分析法。方法的线性范围为 $1.0\times10^{-9}\sim1.0\times10^{-5}$ g/mL，检出限 2×10^{-10} g/mL 铀（Ⅵ），对 1.0×10^{-7} g/mL 铀（Ⅵ）进行13次测定，得到相对标准偏差为2.5%。该方法用于煤灰中微量铀的测定，结果良好。

铀作为自然界最重的放射性元素，在地壳中分布极广。铀对生物的健康有很大影响。首先，铀元素及其衰变的产物都具有放射性，一旦进入食物链，就会造成食物的放射性污染，对人和动物的健康造成极大威胁。其次，铀元素作为一种重金属，其化学毒性很大，与镉、汞相似，但是自然丰度却要大得多[1]。

煤灰是燃烧后的废弃物，是一种有用的资源，通常用于烧砖、制水泥、筑路、改良土壤等[2]。在煤灰综合利用的同时，必须考虑其有害物质对环境带来的污染。铀在煤中含量很少，但常被浓缩于煤灰中。测定各种样品中铀含量的方法很多，其中包括光度法[3]、电化学法[4]和传感器法[5]等。电化学发光分析法既保留了传统的化学发光分析法所具有的灵敏度高、线性范围宽和仪器设备简单等优点，同时又具有试剂可在线产生、电极电压可在线控制等优点，因而在测定无机和有机物方面引发越来越浓厚的研究兴趣[6]。

本文建立了一种测定铀的流动注射电化学发光新方法，使不具发光活性的铀（Ⅵ），通过自制的流通式碳电解池后，在 -0.70V（*vs*：Ag/AgCl）电位下在线还原为铀（Ⅲ），铀（Ⅲ）与鲁米诺在碱性条件下产生化学发光[7]。本方法避免了琼斯柱

* 作者简介：杨玲娟（1970—），女，陕西宝鸡人，天水师范学院教授，硕士，主要从事化学发光分析和色谱分析研究。

产生铀(Ⅲ)时要用到有毒试剂汞的缺点[7],同时又使铀(Ⅵ)在-0.70V(*vs*:Ag/AgCl)恒电位下在线产生,避免了其他杂质离子的干扰,在一定程度上提高了方法的选择性。本方法用于煤灰中微量铀的测定,结果令人满意。

1 实验部分

1.1 仪器

本实验所用的仪器原理如图1所示,主要由一个电生试剂系统和一个流动注射化学发光检测系统组成。电生试剂系统由一个自制的流通式碳电解池和一台CMBP-1型双恒电位仪构成。检测系统使用IFFL-D多功能流动注射化学发光分析仪,整个流路用聚四氟乙烯管连接。

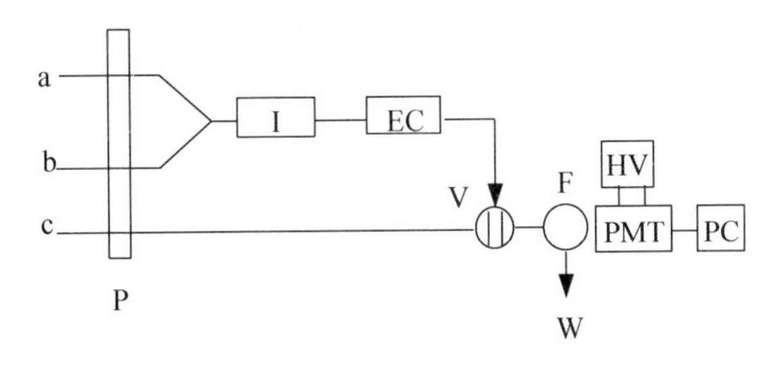

图1 流动体系化学发光反应流程图

a:试液;b:硫酸溶液;c:鲁米诺溶液;P:蠕动泵;EC:电解池;V:注射阀;F:流通发光池;PMT:光电倍增管;HV:负高压;PC:计算机;I:阳离子交换柱;W:废液.

流通式碳电解池:结构如图2所示。是由一个长5cm的中空光谱纯碳棒做成,试液从碳棒中心小孔(Φ=0.20cm)流过,整个碳棒作为工作电极(内表面积大于$3.0cm^2$),对极室与电解液用多孔玻璃隔开,以光谱纯碳棒作为对极(Φ=0.5cm,L=5cm),内充液为饱和Na_2SO_4溶液,参比电极为Ag/AgCl电极。

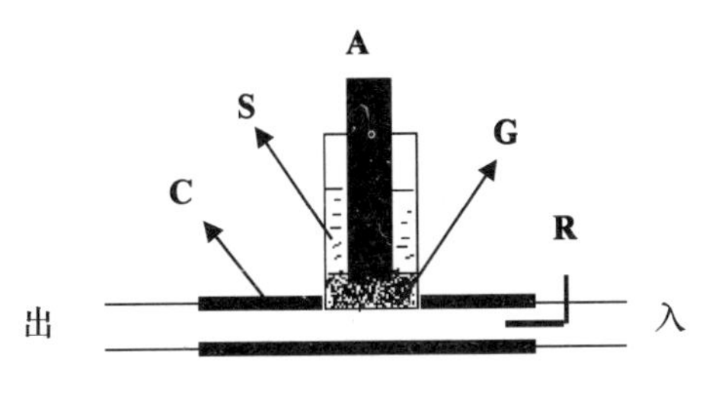

图2 流通式电解池的结构

C:工作电极;S:内充液;A:对电极;G:多孔玻璃;R:Ag/AgCl参比电极

1.2 试剂

鲁米诺储备液:1.0×10^{-2}mol/L,称取0.1172g固体鲁米诺(luminol,$C_8H_7N_3O_2$,Sigma公司产品),用0.05mol/L的NaOH溶解完全后定容至100mL。用时取10.00mL储备液,加8.4g $NaHCO_3$、4.0g NaOH、100mL1.0×10^{-2} mol/LEDTA溶

液，稀释定容至 1000mL；铀(Ⅵ)标准溶液：1.0×10^{-4}g/mL，用分析纯硝酸氧铀酰($UO_2(NO_3)_2\cdot6H_2O$)配制；H_2SO_4：0.01mol/L；正三辛胺(TOA)－二甲苯溶液：50g/L。

钠型的 732 型阳离子交换树脂(交换柱 20cm×Φ5mm)。

所用试剂均为分析纯，水为重蒸一次去离子水。

1.3 实验方法

实验前，先以体积分数 10% 的硝酸冲洗整个流路 10min，接着以重蒸去离子水清洗流路。用蠕动泵将试液、硫酸溶液、鲁米诺溶液泵入各自的流路中，控制流速为 1.7mL/min。双恒电位仪控制电解电位 －0.70V(*vs*：Ag/AgCl)，恒电位电解产生铀(Ⅲ)还原剂，用六通阀将 50μL 铀(Ⅲ)注入鲁米诺流路中，用光电倍增管记录在流通池中产生的化学发光信号，用化学发光仪的 IFFM 软件处理光信号，以峰高定量。

2 结果与讨论

2.1 电解池

电解池的材料和结构是本体系中的一个关键因素，它直接决定了电解效率和生成的还原剂的稳定性以及干扰的去除。本系统采用三电极的流通式电解池，结构如图 2 所示，将工作电极室和对电极室用多孔玻璃隔开。在流通体系中，电解池的位置对化学发光的强度有很大的影响，因此将电解池和作为发光池的流通池彼此分开，这样使电化学反应和化学发光反应在不同的区域发生，既能够保证它们均在各自最佳条件下进行，彼此也不可能产生干扰。化学发光信号在流通池中进行检测，也避免了电极对光学信号所带来的干扰。

2.2 电解电位

电解电位是本体系中的另一关键因素，它直接决定高价金属离子能否被还原以及还原程度的大小，最终决定方法的选择性和灵敏度。实验在 －0.2 ~ －1.2V 范围内考察了电解电位与相对发光强度的关系。在 －0.4 ~ －0.7V 范围内，随着电解电位的降低，相对发光强度呈增大的趋势；当电位负于 －0.70V(vs：Ag/AgCl)时，发光强度达到最大且保持恒定。但当电位负于 －0.70V 时，其它离子有可能被还原而干扰测定。故本文选择的电解电位为 －0.70V。

2.3 试液的酸度

试液的酸度既影响电解池的还原效率，又影响产生的还原剂与碱性鲁米诺的化学发光强度。在实验中，H_2SO_4溶液除了起到调节酸度的作用之外，还起到配位体的作用。UO_2^{2+} 和 H_2SO_4可以结合形成$[UO_2(SO_4)_3]^{4-}$配位阴离子[8]，使其以阴离子的形式进入电解池而不会被阳离子交换柱所交换。实验结果表明，试液是否通过阳离子交换柱，对化学发光强度的影响在误差允许范围之内。实验比较了不同的 H_2SO_4浓度，最终选择 H_2SO_4的适宜浓度为 0.01 mol/L。

2.4 鲁米诺的浓度和碱度

作为发光试剂，鲁米诺的浓度和碱度都影响着化学发光反应和发光强度。以前的研究[7]表明，鲁米诺－铀(Ⅲ)体系最适合的缓冲介质为碳酸盐溶液。实验结果表明，鲁米诺的碱度为 pH12，浓度为 1.0×10^{-4}mol/L 时有最大的化学发光强度。

2.5 铀的校准曲线、精密度和检出限

在选定的实验条件下，化学发光强度和铀浓度在 $1.0\times10^{-9}\sim1.0\times10^{-5}$g/mL 之间呈线性关系，结果列于表 1。对 1.0×10^{-7}g/mL 铀标准溶液进行连续 13 次测量，相对标准偏差 RSD＝2.5%。根据 IUPAC 建议，计算方法的检出限为 2×10^{-10} g/mL 铀(Ⅵ)。

表 1 线性范围和校准方程

浓度范围(g/mL) Linear ranges	校准方程 Calibrationequations	相关系数 correlationcoefficient	负高压 HV
$1.0\times10^{-9}\sim1.0\times10^{-8}$	$I=24.2\times10^{9}c-3.52$	0.9954	750
$1.0\times10^{-8}\sim1.0\times10^{-7}$	$I=7.62\times10^{8}c+1.79$	0.9964	700
$1.0\times10^{-7}\sim1.0\times10^{-6}$	$I=28.2\times10^{7}c-30.3$	0.9996	550
$1.0\times10^{-6}\sim1.0\times10^{-5}$	$I=46.3\times10^{6}c+54.1$	0.9999	450

2.6 干扰实验

以 1.0×10^{-7}g/mL 铀(Ⅵ)进行干扰实验(相对误差小于 5%，则认为没有干扰)，结果表明：1000 倍量的 K^+，Na^+，Ca^{2+}，Mg^{2+}，Ba^{2+}，Zn^{2+}，Al^{3+}，NH_4^+，Cr^{3+}，F^-，Cl^-，Br^-，I^-，PO_4^{3-}，NO_3^-；500 倍量的 Cu^{2+}；200 倍量的 Ni^{2+}，Co^{2+}；100 倍量的 V(Ⅴ)；50 倍量的 Cr(Ⅵ)，Mo(Ⅵ)；5 倍量的 Fe^{3+}不干扰测定；1 倍量的 Fe^{2+}干扰测定。当在流路中安装钠型阳离子交换柱(5mm×20cm)时，1000 倍量 Fe^{3+}、Fe^{2+}不再干扰测定，从而也证实了阳离子交换柱确实能除去干扰性的阳离子。

3 样品分析

称取 1.00g 过 100 目标准筛的煤灰样品于铂金坩埚中，按文献[9]用 TOA－二甲苯对铀进行萃取分离，用 20mL0.2mol/L 盐酸反萃取 2min，水相移入 100mL 烧杯中，加入 20mL0.2mol/LH_2SO_4，加热蒸至近干，用 0.01mol/LH_2SO_4转移至 100mL 容量瓶中，按实验方法进行分析测定。另取相同质量煤灰样品用偶氮胂Ⅲ 法[8]进行测定，结果如表 2 所示。

表2 煤灰样品中铀的测定

偶氮胂Ⅲ法 Arsenazo Ⅲ method(n=7)g/mL	本方法 Proposed(n=7)g/mL	相对标准偏差 RSD(n=7)(%)	相对误差 Relative error(%)
1.16×10^{-8}	1.18×10^{-8}	2.1	1.7

4 结论

采用恒电位电解技术,使不具发光活性的铀(Ⅵ),通过自制的流通式碳电解池后,在-0.70V电位下在线还原为铀(Ⅲ),铀(Ⅲ)与鲁米诺在pH12的碱性条件下产生化学发光,从而建立了铀的流动注射电化学发光分析法。本方法和以前的测定铀的化学发光分析法[8]相比较,不仅提高了方法的灵敏度,而且在一定程度上提高了方法选择性,并且避免了有毒试剂汞的使用。本方法用于煤灰样品中铀的测定,结果良好。

参考文献

[1]中国百科全书编委会.中国百科全书(化学)(第二分册)(M).上海:中国百科全书出版社,1989.1130-1131.

[2]邵毅,王卓伦.我国煤矸石、粉煤灰排放利用现状及对策[J].煤炭加工与综合利用,1991,(5):11-14.

[3]Abbas M N,Homoda A M,Mostafa G A E. First derivative spectrophotometric determination of uranium(Ⅵ)and vanadium(Ⅴ)in natural and saline waters and some synthetic matrices using PAR and cetylpyridinum chloride[J]. Anal. Chim. Acta,2001,436(2):223-231.

[4]M. H. Pournaghi-Azar,R. Zargharian. Adsorptive pulse polarographic determination of uranium(Ⅵ)oxinate in chloroform and its use for the analysis of uranium mineral ores[J]. Anal. Chim. Acta. 1996,328:33-39.

[5]D P S Rathore,P K Tarafder,M Kayal,etc. Application of a differential technique in laser-induced fluorimetry:simple and precise method for the direct determination of uranium in mineralized rocks at the percentage level[J]. Anal. Chim. Acta,2001,434:201-208.

[6]Karsten A Fahnrich,Miloslav Pravda,George G Guilbault. Recent applications of electrogenerated chemiluminescence in chemical analysis[J]. Talanta,2001,54:531-559.

[7]吕九如,张新荣,封满良,等.还原剂与鲁米诺发光反应的研究(Ⅳ)-痕量铀的流动注射化学发光测定[J].分析实验室,1994,13(2):3-5.

[8]董灵英.铀的分析化学[M].北京:原子能出版社,1982:187.

[9]张静,田淑贵,高思登,等.稀有元素矿物微量半微量化学分析[M].北京:科学出版社,1989:211-225.

(本文发表于2008年《冶金分析》第2期)

三七素及其异构体的高效液相色谱检测

杨玲娟　焦成瑾　高二全*

目的：采用2,4－二硝基氟苯为柱前衍生试剂，建立测定三七中三七素β－ODAP及其异构体α－ODAP的柱前衍生反相高效液相色谱法。方法：采用Luna－C_{18}柱（4.6 mm×250 mm，5μm），乙腈和HAc－NaAc为流动相（17:83），等度洗脱，检测波长360 nm，柱温40℃，20μL进样。结果：三七素β－ODAP色谱峰的峰面积与其浓度在0.30μg/mL～50.50μg /mL范围内呈现良好的线性关系，校准方程为A＝140.50c ＋ 72.30，R＝0.9990；异构体α－ODAP色谱峰的峰面积与其浓度在0.10μg/mL ～ 16.15μg/mL范围内呈现良好的线性关系，校准方程为A＝106.60c ＋ 56.00，R＝0.9985。结论：不同三七样品中均存在可检出的三七素β－ODAP及其异构体α－ODAP。本方法操作简便、快速、准确，选择性好，可用于植物、药物及食品中三七素及其异构体含量的测定。

三七素（Dencichine）是存在于中药材三七中的一种非蛋白游离氨基酸，化学名为β－N－草酰－L－α，β－二氨基丙酸（β－N－oxalyl－L－α，β－diaminopropionic acid，即β－ODAP）（图1），1981年日本学者小菅卓夫在分析三七的止血成分时分离鉴定并命名其为Dencichine[1]。三七素有两个手性异构体，从天然植物中分离得到的均为L构型，1975年Rao[2]人工合成了D－三七素，其功效与L型相同，但不具有神经毒性。除三七外，β－ODAP也存在于人参、西洋参、山黧豆、猪屎豆、金合欢、苏铁等植物种属中[3]。三七素止血活性被发现之前，神经毒作用已被证实，三七素会出现高剂量致命或低剂量慢性中毒的症状，并且三七素具有明显的胚胎毒性[4]，Rao[5]证实三七素神经毒性产生的结构为草酰基HOOC－CO－NH－取代部分。对山黧豆毒素β－ODAP的深入研究发现，在山黧豆中，β－

* 作者简介：杨玲娟（1970—），女，陕西宝鸡人，天水师范学院教授，硕士，主要从事化学发光分析和色谱分析研究。

ODAP还存在其天然的同分异构形式α－ODAP,而实验证实α－ODAP没有毒性[5]。有学者从人参中分离得到ODAP的两种同分异构体β－ODAP和α－ODAP[6,7],三七和人参同为五加科植物,它们不但形态相似,在化学组成上也极为相像,人参中含β－ODAP和α－ODAP两种同分异构体,三七中是否也同样含有两种异构体值得研究。为了进一步探讨β－ODAP和α－ODAP在生物体内的差异,揭示其不同毒理活性机理,尤其为了探讨目前尚未有文献报道的关于β－ODAP和α－ODAP代谢行为学方面的异同,需要建立一种简便快速且具有异构化选择性的分析方法。

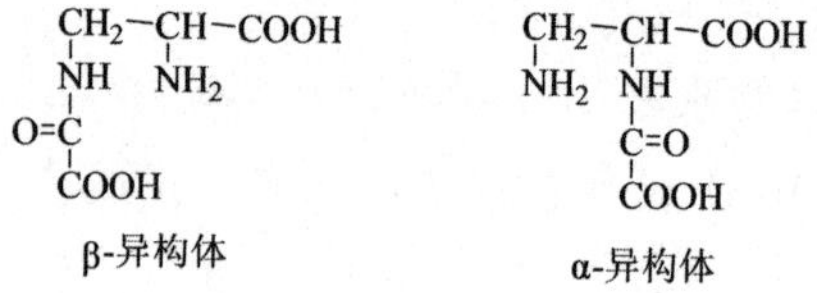

CH_2—CH—COOH（NH—C(=O)—COOH；NH_2）　β-异构体

CH_2—CH—COOH（NH_2；NH—C(=O)—COOH）　α-异构体

图1　三七素β－ODAP及其异构体α－ODAP

在β－ODAP的研究中,不同学者建立了不同的检测方法[8]。其中柱前衍生紫外或荧光检测法解决了三七素紫外吸收弱、极性强不易碳柱保留等问题,比如用9－芴基甲氧基碳酰氯(FMOC)[9]、异硫氰酸苯酯(PITC)[7,10]、6－氨基喹啉－N－羟丁二酰亚胺氨基甲酸酯(AQC)[11,12]、丹磺酰氯(dansyl－Cl)[13]等试剂进行柱前衍生的液相色谱(HPLC)法。这些方法都各有优点,但大多需要梯度洗脱,或不能区分β和α两种异构体,或衍生产物不够稳定,或异构体夹杂在样品中其它氨基酸色谱峰之间,分析时间长。Wang等[14]采用2,4－二硝基氟苯(FDNB)试剂柱前衍生化的HPLC法虽然β－ODAP最先出峰,但需进行梯度洗脱,检测重复性差,耗时长,不宜大量样品检测。另外,我们发现其洗脱缓冲液对反相色谱柱的使用寿命有比较大的影响,本研究针对这些不足,对该方法进行了一系列优化,使结果稳定性、重复性大为改善,且分析时间显著缩短。

1　仪器与试剂

1.1 仪器

高效液相色谱仪(Agilent 1100),Luna－C_{18}色谱柱(4.6 mm×250 mm,5μm)。

1.2 试剂

ODAP标品(兰州大学实验室分离提纯,于$NaHCO_3$溶液中保存);2,4－二硝基氟苯(分析纯,上海生工生物,乙腈配成10.0mg/mL的溶液);磷酸盐缓冲溶液(pH 6.9);HAc－NaAc缓冲溶液(pH 4.5);乙腈(色谱纯,天津市科密欧化学试剂有限公司)。

1.3 样品

三七干块根(云南文山,经天水师范学院王廷璞教授鉴定),生长15天的三七幼苗(本实验室蛭石萌发后用文山当地土壤移栽)。

2 方法与结果

2.1 色谱条件

色谱柱:Luna - C_{18}(4.6 mm×250 mm,5μm);流动相:乙腈—HAc - NaAc 缓冲溶液(17:83);柱温:40 ℃;检测波长:360 nm;流速:1.00 mL/min;进样量20μL。

2.2 三七素的衍生化反应

准确吸取一定量ODAP标准储备液($NaHCO_3$溶液配置),加入一定体积的FDNB溶液(15倍质量比于三七素),于60 ℃恒温水浴锅中衍生反应30min,取出,冷却至室温,用移液器准确移取一定体积的标品衍生溶液,以磷酸盐缓冲溶液定容至1mL,配制0.40μg/mL ~1.2mg/mL 9个系列标准溶液,用0.45μm的滤膜过滤后待用。

2.3 三七样品溶液的制备

准确称取三七幼苗的不同新鲜组织(叶、茎、根)、干燥块根粉和须根粉各1 g(每个样品平行3份),置于-20℃冰箱冷冻保存,用事先在-20℃冰箱中冷冻过的研钵进行研磨。准确加入7 mL的30%乙醇作为抽提液,研至匀浆后,静置3 min,取上清液1.50 mL置离心管中于-4 ℃下冷冻离心15 min(1500×10r/min),用移液器移取1mL上清液置于离心管中,于60 ℃恒温真空干燥,待样品完全烘干后,向样品中加入100μL $NaHCO_3$溶液,充分震荡,使其溶解,再加入100μL FDNB溶液,于60 ℃恒温水浴锅中进行衍生反应,30 min后取出,冷却至室温,加入800μL磷酸盐缓冲溶液,以0.5 mol/L $NaHCO_3$溶液定容1mL,用0.45μm的滤膜过滤,取滤液进行测定。

2.4 线性范围和校准方程

在选定的色谱条件下,β - ODAP色谱峰的峰面积与其浓度在0.30μg/mL ~ 50.50μg /mL范围内呈现良好的线性关系,校准方程为A = 140.50c + 72.30,R = 0.9990;α - ODAP色谱峰的峰面积与其浓度在0.10μg/mL ~ 16.15μg/mL范围内呈现良好的线性关系,校准方程为A = 106.60c + 56.00,R = 0.9985。

2.5 精密度和准确度实验

对75.00μg/mLODAP标准品衍生溶液连续11次测量,保留时间t_R的相对标准偏差为0.8%,峰面积A的相对标准偏差为1.5%;平均加标回收率P = 98.8%。

2.6 稳定性实验

将三七块根样品的衍生溶液置于室温保存,分别于衍生结束后的0、2、4、6、8、12、16、20、24h进行测定,吸收峰面积的RSD = 1.3%,表明样品溶液至少24小时稳定。将75.00μg/mLODAP标准品的衍生溶液置室温下放置一周后进行液相色谱测定,吸收峰峰面积与衍生刚结束无显著性差异。

2.7 样品测定

在选定的色谱条件下,对不同三七样品中的β-ODAP和α-ODAP进行测定,结果如表1所示。

表1 三七不同组织β-ODAP和α-ODAP的含量(%,n=3)

样品编号	样品	β-ODAP含量(%)	α-ODAP含量(%)
1	20头块根	0.782	0.037
2	40头块根	0.774	0.032
3	60头块根	0.765	0.029
4	干燥须根	0.935	0.043
5	幼苗叶	1.062	0.047
6	幼苗茎	0.474	0.019
7	幼苗根	0.372	0.017

3 讨论

3.1 衍生试剂的选择及ODAP-DNB的结构

利用衍生试剂衍生ODAP对分离β-ODAP和α-ODAP是十分必要的。ODAP是典型的非蛋白质脂肪族氨基酸,其紫外吸收极弱,方法没有很好的灵敏度;ODAP极性强,在C_{18}柱上没有足够保留,并且β-ODAP和α-ODAP极性相差太小(Gaussian 09A02计算:β-ODAP和α-ODAP的偶极距分别为2.38和3.46Debye),没有很好的分离度。为了寻找合适的且能够分离β-ODAP和α-ODAP两种异构体的衍生试剂,利用Gaussian 09方法计算优化两种异构体与不同衍生剂衍生产物的最低能量结构(即空间最稳定结构),并计算其偶极距,结果如表2。数据表明,两种异构体衍生物的偶极距均发生变化且之间的差值增大,可以推测在碳柱上保留时间的差异性会增加,并且两种异构体可望得到分离。

表 2　各衍生物偶极距

衍生试剂及衍生物		偶极距(Debye)
	β - ODAP	2.38
	α - ODAP	3.46
丹磺酰氯(dansyl - Cl)	β - ODAP - dansyl	9.94
	α - ODAP - dansyl	4.67
对硝基苄氧基碳酰氯 PNZ - Cl	β - ODAP - PNZ	6.18
	α - ODAP - PNZ	2.46
2,4 - 二硝基氟苯(FDNB)	β - ODAP - DNB	8.29
	α - ODAP - DNB	4.05

实验证实,应用丹磺酰氯(dansyl - Cl)作衍生试剂,反应产率与时间相关,易生成多级衍生物,并且丹磺酰氯本身在温度超过 60℃时会水解;对硝基苄氧基碳酰氯 PNZ - Cl 最大的优点是可室温衍生,速度快,但缺点是水解产物多,峰形差,重复性也差,并且试剂本身也可水解;2,4 - 二硝基氟苯(FDNB)使 β - ODAP 和 α - ODAP 分别最先出峰,色谱峰峰形良好,过量衍生试剂不干扰测定(如图 2,3),β - ODAP 和 α - ODAP 目标峰最先出峰(图 3、5、6),大大缩短了分析时间;同时方法的选择性好,避免了其他游离氨基酸及草酸的干扰。

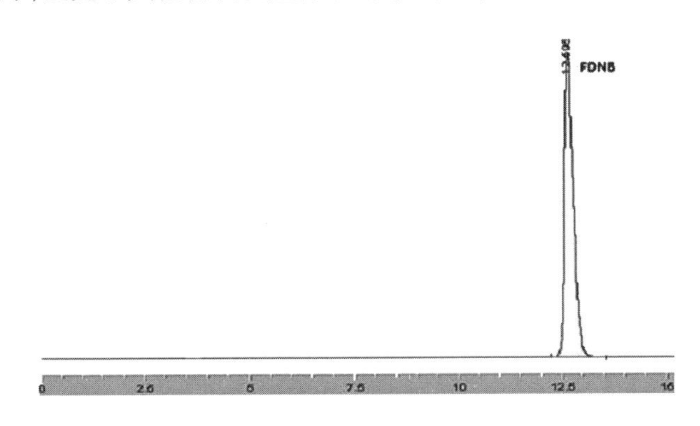

图 2　FDNB 色谱图

3.2　衍生条件的选择

在衍生实验中,重点考察了衍生温度、衍生时间和衍生剂配比等因素。实验结果表明,ODAP 与 FDNB 在 60℃的衍生反应在 30min 后可达最大值,继续于 60℃反应,ODAP 与 FDNB 衍生产物的量会缓慢减少,可能是衍生产物在此温度下发生水解所致;30min 衍生结束后,将衍生产物冷却至室温,放置一周,衍生产物吸收峰的峰面积没有显著变化,说明在室温下衍生产物有足够的稳定性。本研究重

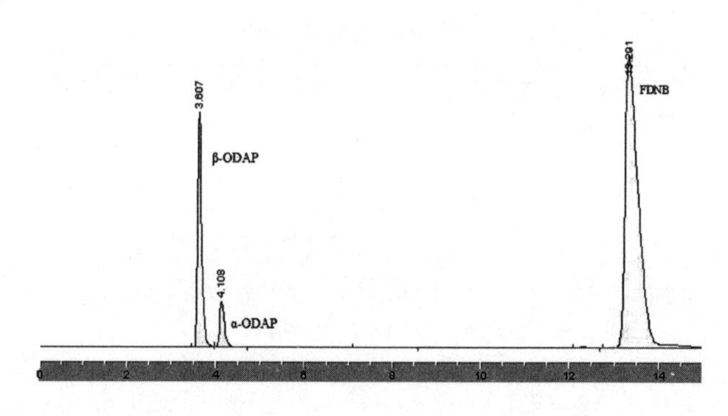

图3 衍生试剂为15:1时三七素色谱图

点考察了衍生试剂的不同配比及对目标色谱峰峰形的影响。图2是FDNB试剂峰,不同衍生配比的实验结果如图4所示。结果表明,衍生配比(ODAP与FDNB质量比)在1:1~1:15间,色谱峰峰面积呈现显著增大的趋势,说明在此配比范围内ODAP没有被衍生完全;在1:15~1:30间,色谱峰峰面积变化不显著。故本实验选择1:15的衍生试剂配比。在此衍生配比及所选流动相的条件下,ODAP目标峰与相邻杂质峰分离程度良好,峰形对称,且保留时间仅3.6 min左右,分析时间显著缩短。

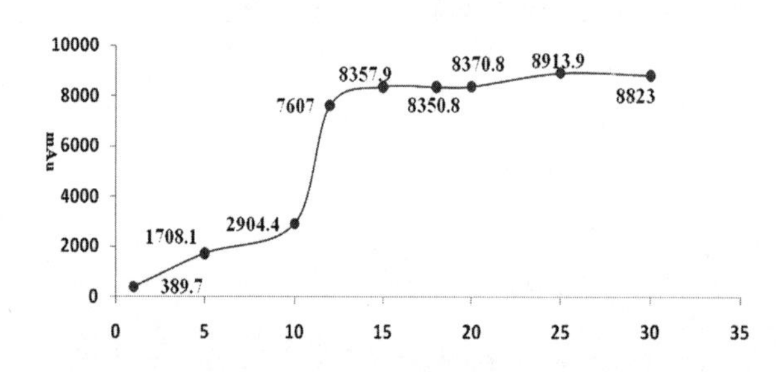

图4 ODAP在不同衍生配比下的峰面积

3.3 色谱条件的优化

根据文献[15],选择乙腈和$H_3PO_4-NaH_2PO_4$缓冲溶液作为混合流动相,等度洗脱,结果表明色谱峰峰形差,不能达到基线分离,数据精密度差,且流动相在溶剂瓶的滤头处易结晶而形成堵塞。经反复试验,改用乙腈和HAc-NaAc缓冲溶液(pH4.5)作为混合流动相,即可获得达基线分离的良好峰型,数据重现性好。故实验采用乙腈和HAc-NaAc缓冲溶液作为混合流动相。

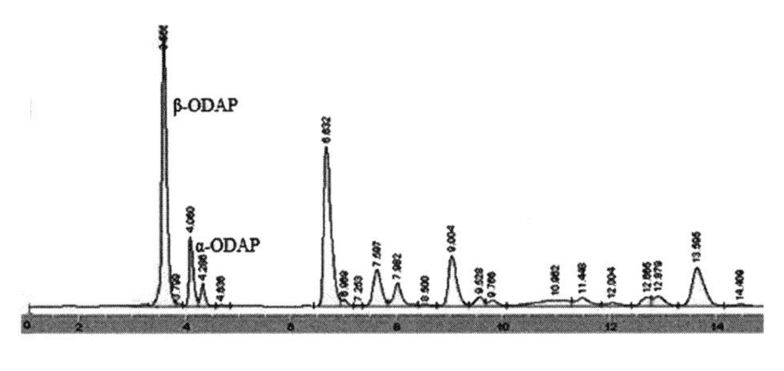

图 5　三七幼苗叶样品色谱

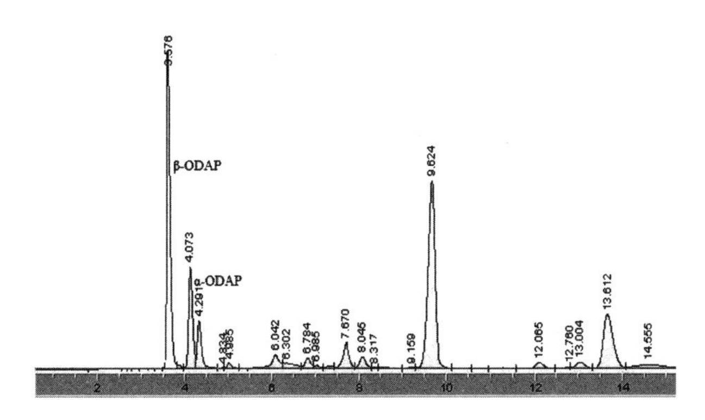

图 6　三七块根样品色谱图

4　结论

不同三七样品中均存在可检出的三七素 β - ODAP 及其异构体 α - ODAP。针对现有方法的不足,本研究对三七样品中 β - ODAP 和 α - ODAP 的检测方法进行了一系列优化。用乙腈 - 醋酸盐缓冲溶液做流动相,与反相柱相容性好,明显延长色谱柱的使用寿命;采用恒组分洗脱,色谱峰峰形良好,数据精密度高,调整流动相中乙腈的比例恰好能在 10min 之内重复进样,分析时间大大缩短,有利于大量样品的分析。

参考文献

[1] Kosuge T, Yokota M, Ochiai A. Studies on antihemorrhagic principles in the crude drugs for hemostatics. Ⅱ. On antihemorrhagic principle in*Sanchi Ginseng* Radix[J]. *Yakugaku Zasshi*, 1981, 101(7):629 - 632.

[2] Rao S L. Chemical synthesis of β - N - oxalyl - L - α, β - diaminopropionic acid and optical specificity in its neurotoxicaction[J]. Biochemistry, 1975, 14(23):5218 · 5221.

[3]熊有才,焦成瑾,邢更妹.山黧豆生物学[M].北京:科学出版社,2013:43 -46.

[4]常艳.新药生殖发育毒性评价及胚胎毒性体外筛检方法的建立和应用[D].上海:上海医药工业研究院博士学位论文,2005.

[5]RaoSLN,AdigaPR,Sarma PS. The isolation and characterization of β - N - oxalyl - L - α, β - diaminopropionic acid: A neurotoxin from the seeds of *Lathyrus sativusL.* [J]. Biochemistry, 1964,3(3):432 -436.

[6] Long YC,Ye YH,Xing QY. Studies on the neuroexcitotoxin β - N - oxalyl - L - α,β - diaminopropionic acid and its isomer α - N - oxalyl - L - α,β - diaminopropionic acid from the root of *Panax* species[J]. International Journal of Peptide&Protein Research. 1996,47:42 -46.

[7]Kuo Y H, Ikegami F, Lambein F. Neuroactive and other free amino acids in seed and young plant of *Panax ginseng*[J]. Phytochemistry,2003,62(7):1087 -1091.

[8]张勇.三七素临床前药物动力学和雷贝拉唑制剂生物等效性研究[D].沈阳:沈阳药科大学博士学位论文,2006.

[9]Geda A,Briggs C J,Venkataram S. Determination of the neurolathyragen β - N - oxalyl - L - α,β - diaminopropionic acid using high - Performance liquid chromatography with fluorometric detection[J]. Journal of chromatography,1993,635:338 -341.

[10] Fikre A,Korbu L,Kuo Y H,et al. The contents of the neuro - excitatory amino dcid β - ODAP(β - N - oxalyl - L - α,β - diamino - propionic acid),and other free and protein amino acids in the seeds of different genotypes of grass pea(*Lathyrus sativus L.*)[J]. Food Chemistry, 2008,110:422 -427.

[11] Chen X,Wang F,Chen Q,et al. Analysis of neurotoxin 3 - N - oxalyl - L - 2,3 - diaminopropionic acid and its α - isomer in *Lathyrus sativus* byhigh - Performance liquid chromatography with 6 - aminoquinoly - N - hydroxyl - succinimidyl cabanate(AQC) derivatization [J]. J Agric Food Chem,2000,48(8):3383 -3386.

[12] Moges G,Wodajo N,Gorton L,et al. Glutamate oxidase advances the selective,bioanalytical detection of the neurotoxin amino acid β - ODAP in grass pea: A decade of progress[J]. Pure Appl. Chem. ,2004,76(4):765 -775.

[13] Xing G M,Wang F,Cui K R,et al. Assay of neurotoxin β - ODAP and non - protein amino acids in in *Lathyrus sativus* byhigh - Performance liquid chromatography with dansylation[J]. Anal. Letters,2001,34(15):2649 -2657.

[14]Wang F,Chen X,Chen Q,et al. Determination of neurotoxin 3 - N - oxalyl - L - 2,3 - diaminopropionic acid and non - protein amino acid in*Lathyrus sativus* by precolumn derivatization with 1 - fluoro - 2,4 - Dinitrobenzene[J]. Journal of chromatography A,2000,883:113 -118.

[15]周桂友,侯艳芳,董新吉.柱前衍生 - 反相高效液相色谱法测定氨基酸[J].理化检验(化学分册),2011,47(8):889 -893.

(本文发表于《中药材》2015 年 38 卷第 2 期)

SiH_4 与 Na、Mg 和 Be 等金属氢化物分子间反向氢键相互作用

袁焜　左国防　刘艳芝　朱元成　刘新文*

在 B3LYP/6－311＋＋g**、MP2/6－311＋＋g(3df,3pd)及 MP2/aug－cc－pvtz 水平上分别求得 $H_3SiH\cdots MeH_n$(Me＝Na,Mg,Be;n＝1 或 2)复合物势能面上的 3 个稳定构型,报道了以 Si－H 为电子供体的红移反向氢键相互作用. 经 MP2/6－311＋＋g(3df,3pd)水平的计算,在 3 个复合物中,含基组重叠误差(BSSE)校正的单体间相互作用能分别为－5.98、－8.65 和－3.96 $kJ\cdot mol^{-1}$,与 MP2/aug－cc－pvtz 水平下计算得到的－6.18、－9.12 和－4.28 $kJ\cdot mol^{-1}$接近,可见 3 个反向氢键复合物的相对稳定性顺序为:$SiH_4\cdots MgH_2 > SiH_4\cdots NaH > SiH_4\cdots BeH_2$. NBO 分析及对相关原子化学位移的计算表明,在复合物中,电子流向总体表现为 $SiH_4\rightarrow MeH_n$(n＝1 或 2),且直接参与反向氢键形成的 H3 的化学位移向高场移动,与传统氢键相比,这里 Si1－H3 既是氢键供体,又是电子供体,从而形成反向氢键相互作用(IHB). 另外,采用分子中原子理论(AIM)分别对各复合物中相关键鞍点处的电子密度拓扑性质进行了分析,结果表明 3 个复合物中均存在以静电性质为主的分子间反向氢键弱相互作用.

1　引言

自 20 世纪初氢键被发现以来,人们对其进行了很广泛的研究,不断地发现新的形式的氢键,对氢键的理解也不断地丰富和完善. 从最初的传统的氢键到 π 型氢键、双氢键(X－H…H－Y)、蓝移型氢键以及新近的单电子氢键,经历了质的飞跃,从而使氢键在生物、化学等领域占有举足轻重的地位,并广泛应用于分子识别和分子组装[1－5]和有机功能分子[6]等方面,所以对氢键的研究有着广阔的前景和

* 作者简介:袁焜(1978—),男,甘肃庆阳人,天水师范副教授、博士,主要从事超分子聚集态结构及功能碳材料化学的理论计算研究。

重要的应用价值. 在多种类型氢键弱相互作用中,特别值得注意的是,1997 年 Rozas 等[7]从理论上研究了 LiH, BeH_2, LiF, BeF_2等分子间的弱相互作用,并提出了反向氢键(inverse hydrogen bond, IHB)的概念. 反向氢键是相对于传统氢键而言的,在传统氢键中,电子转移的方向如 X—H⋯Y(X = O, S, N; Y = O, S, N, π 电子等)所示,参与氢键结构的 X - H 是氢键供体,但为电子受体,而在反向氢键中,电子的转移方向(X—H⋯Y, X = Li, Be, Xe, Y = Li, Be 等)恰好与传统氢键相反,此时,X - H 既是氢键供体,又是电子供体. 2006 年, Vila 等[8]从理论上研究了 HS_2、CH_2S、CH_4S 与 HF 之间氢键作用,并结合 Rozas 等[7]的研究结果指出直接参与氢键形成的氢原子电荷布居的增加并不是氢键及反向氢键的特征. 当然,具有特定组成和电荷分布的分子间才有可能存在反向氢键相互作用,因此这种氢键并不多见. 尽管 Rozas 认为,研究者对反向氢键的研究程度将赶追上对氢键的研究,但直到 2008 年, Blanco 等[9]才报道了氢键研究史第二篇关于反向氢键的理论研究,其中较为详细的研究了 XeH_2 与 Li, Be, Na 和 Mg 等金属氢化物之间的弱相互作用,总的来看,反向氢键还没有引起人们足够的兴趣和重视,相关的研究也进展缓慢,但其科学价值缺不容忽视. 深入研究这一基本科学问题,并非单纯由于其科学理论价值所在,还在于其具有潜在的应用价值. 最近,我们对 SiH_4 等分子与 Be、Na 和 Mg 等金属氢化物分子间相互作用从理论上进行了研究,发现它们之间存在反向氢键弱相互作用,对反向氢键这一科学问题的深入探讨不但是对分子间弱相互作用理论的一种拓展和丰富. 而且将可能为自组装技术表面修饰氢化硅材料、固体润滑和纳米摩擦学等领域得研究提供新的思路和方法. 目前作为廉价太阳能电池及薄膜场效应管基础材料的非晶硅氢合金(a - Si:H)或氢化纳米硅薄膜[10],它们表面都含有大量的 Si - H 键,可以作为反向氢键结构中的电子供体,如果将一定组成和结构的分子通过反向氢键作用自组装于这些材料的表面,可能在设计和改善材料的光电特性、光敏性和光吸收性能等方面有重要的应用价值. 另外,在固体润滑与纳米摩擦学领域,对基于三维氢键网络结构的有机膜的研究已有文献报道[11,12],但这种氢键网络结构的有机膜是在无机基底表面化学修饰的基础上间接形成的,而 Si - H,甚至 Ge - H 都可作为反向氢键的供体,这使得直接基于反向氢键的氢化纳米硅、锗薄膜材料表面修饰成为可能. 本文通过 $H_3SiH\cdots MeH_n$(Me = Na, Mg, Be; n = 1 或 2)体系结构和性质的研究,以期为硅氢合金(a - Si:H)或氢化纳米硅薄膜等无机基底表面的反向氢键修饰提供理论依据.

2 计算方法

对分子间的弱相互作用体系的理论计算必须包括电子相关能,MP2 和 B3LYP 方法都包括了相关能的计算,其中 MP2 方法可以计算分子间的各种相互作用能,包括静电能、诱导能和色散能[13],而 B3LYP 方法在相关能的计算中并没有完全包括色散能[14-15],会低估稳定化能. 本文对反向氢键复合物分别在 B3LYP 和 MP2 构型优化的基础上,经完全均衡校正法(Counterpoise, CP)[16]校正基组叠加误差(Basis set superposition error, BSSE),然后求得相互作用能. 根据分子间弱相互作用的本质,基函数的选择对计算结果的可靠性非常重要,基组的选择必须包括极化和弥散函数,而且包括极化和弥散函数的基组能够很好的减小 BSSE[17],因此文中的计算采用了 6-311++g**、6-311++g(3df,3pd)和 aug-cc-pvtz 基组. 另外,自然键轨道理论(Natural bond orbital, NBO)[18]和分子中原子理论(Atom in molecules, AIM)[19]用于了反向氢键体系的计算. NBO 计算用 NBO 5.0[20]完成, AIM 计算用 AIM 2000[21]程序完成,其它计算采用 GAUSSIAN 03[22]程序完成.

3 结果与讨论

3.1 几何构型与反向氢键结构

图 1 是 B3LYP/6-311++g**、MP2/6-311++g(3df,3pd)及 MP2/aug-cc-pvtz 水平上优化得到的单体及 $H_4Si\cdots MeH_n$(Me = Na, Mg, Be; n = 1 或 2)反向

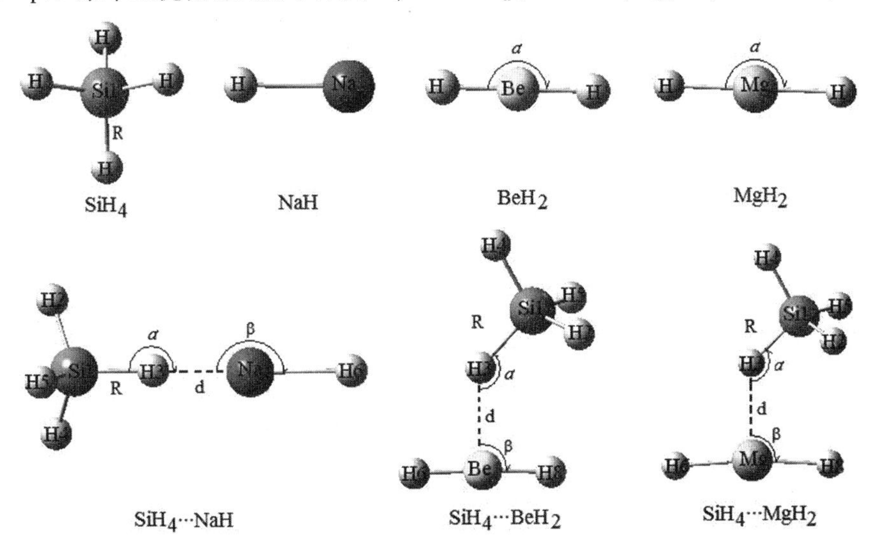

图 1 单体及 3 个反向氢键复合物的几何构型

氢键复合物的几何构型，频率分析表明，它们在以上 3 种理论方法优化得到的构型均为稳定构型. 3 个复合物的部分键参数列于表 1. 从图 1 中可以看出，在 3 个复合物中，SiH_4分子以 H3 为电子供体（反向氢键供体），NaH、MgH_2和 BeH_2分别以 Na、Mg 和 Be 为电子受体（反向氢键受体）之间形成反向氢键复合物. 从表 1 中可看出，与单体相比，在形成复合物之后，Si1 – H3 键长明显增长，如在 $SiH_4 \cdots NaH$、$SiH_4 \cdots MgH_2$和 $SiH_4 \cdots BeH_2$复合物中，如在 MP2/6 – 311 + + g(3df,3pd) 水平上计算时，Si1 – H3 键分别增长了 0.009、0.015 和 0.018 Å，这也预示着形成复合物后 Si1 – H3 键能减小，Si1 – H3 键伸缩振动频率红移. Na 和 Mg 原子的 van der Waals 半径的实验值分别为 2.27 和 1.73 Å，H 原子 van der Waals 半径的实验值为 1.20Å，可见直接参与反向氢键形成的相应两个原子间距离均小于它们的 van der Waals 半径之和. 这也是 3 个复合物中均存在反向氢键的证据之一. 另外，对于 $SiH_4 \cdots BeH_2$复合物而言，B3LYP/6 – 311 + + g * * 水平上计算的反向氢键距离 d (H…Be) 要明显大于 MP2/6 – 311 + + g(3df,3pd) 和 MP2/aug – cc – pvtz 水平上的计算结果，这是因为 MP2 比 B3LYP 方法更能全面考虑分子间的各种相互作用能. 一般来讲，如果相互作用的原子或分子间的距离越近，相互作用能将越大，因此，在 SiH_4和 BeH_2分子间，MP2 计算的相互作用能将大于 B3LYP 方法的计算结果. 值得注意的是，在 $SiH_4 \cdots NaH$ 复合物中，反向氢键键角α为 180°，即具有直线型的反向氢键结构，而在 $SiH_4 \cdots MgH_2$和 $SiH_4 \cdots BeH_2$复合物中，键角α远离 180°，形成非线型的反向氢键结构，例如在 MP2/aug – cc – pvtz 水平上，两者中反向氢键键角α分别为 123.7 和 120.4°. 可见，同一反向氢键电子供体 SiH_4与类似的反向氢键电子受体（如 Na，Mg，Be 等的氢化物）发生分子间相互作用时，会形成不同特征的几何构型.

表 1　SiH_4及 3 个反向氢键复合物的构型参数（Å，°）（R，d，α和β见图 1 中定义）

Compound	B3LYP/6 – 311 + + g * *				MP2/6 – 311 + + g (3df,3pd)				MP2/aug – cc – pvtz			
	R	d	αβ		R	d	αβ		R	d	αβ	
SiH_4	1.484	–	–	–	1.473	–	–	–	1.478	–	–	–
$SiH_4 \cdots NaH$	1.495	2.446	180.0	180.0	1.482	2.493	180.0	180.0	1.487	2.507	180.0	180.0
$SiH_4 \cdots MgH_2$	1.495	2.477	134.8	92.3	1.488	2.356	124.5	89.9	1.493	2.364	123.7	98.7
$SiH_4 \cdots BeH_2$	1.489	2.525	136.3	93.5	1.491	1.977	120.7	99.5	1.496	1.965	120.4	99.9

3.2　反向氢键相互作用能及振动频率

表 2 给出了由 B3LYP/6 – 311 + + G * * 、MP2/6 – 311 + + g(3df,3pd) 及 MP2/aug – cc – pvtz 计算得到的复合物中单体间总反向氢键相互作用能（ΔE）和

经 BSSE 校正后的反向氢键相互作用能(ΔE_{CP}). MP2 方法能更好的估算了单体间的色散能(来自于诱导偶极和部分极化),从表中数据可以看出,经 CP 方法进行 BSSE 校正前后,由 B3LYP 方法得到的相互作用能总比 MP2 方法得到的相互作用能($\Delta E, \Delta E_{CP}$)要小,而两种 MP2 水平上计算结果相当,实际上 B3LYP 方法在考察弱相互作用体系时,的确不能取得理想的效果[9,23-25],因此可以认为 MP2 方法比 B3LYP 在计算相互作用能时更为可靠. 不管是 B3LYP 方法还是 MP2 方法,BSSE 校正能的都比较小,均未超过 2 kJ/mol,特别是在 B3LYP/6-311++g** 水平时,复合物 $SiH_4 \cdots MgH_2$ 和 $SiH_4 \cdots BeH_2$ 中,BSSE 仅分别为 0.31 和 0.13 kJ/mol,但是为了得到反向氢键体系的精确相互作用能,进行 BSSE 校正仍然十分必要. 对 $SiH_4 \cdots BeH_2$ 复合物而言,MP2/6-311++g(3df,3pd) 和 MP2/aug-cc-pvtz 水平得到的 ΔE_{CP}(-3.96 和 -4.58 kJ/mol)要显著大于 B3LYP/6-311++g** 水平得到的 ΔE_{CP}(0.39 kJ/mol),这也与前文几何构型中反向氢键长 d(H…Be)的讨论一致. MP2/6-311++g(3df,3pd)水平上计算结果显示,$SiH_4 \cdots NaH$、$SiH_4 \cdots MgH_2$ 和 $SiH_4 \cdots BeH_2$ 中,ΔE_{CP} 分别为 -5.98、-8.65 和 3.96 kJ/mol,与 MP2/aug-cc-pvtz 水平下计算得到的 -6.18、-9.12 和 -4.28 $kJ \cdot mol^{-1}$ 接近,据此,可以给出 3 个反向氢键复合物的相对稳定性顺序为:$SiH_4 \cdots MgH_2 > SiH_4 \cdots NaH > SiH_4 \cdots BeH_2$. 另外,这里讨论的 3 个反向氢键体系中的相互作用能要小于 $XeH_2 \cdots MeH_n$ (Me = Na, Mg, Be; n = 1 或 2)体系中的相互作用能(ΔE_{CP}, B3LYP/DGDZVP, MP2/DGDZVP 及 MP2/LJ18)[9],这主要是因为 Si-H 是比 Xe-H 更弱的反向氢键电子供体.

表 2 反向氢键体系的总反向氢键相互作用能(ΔE)和经 BSSE 校正后的反向氢键相互作用能(ΔE_{CP})及所属分子点群

Compound	PG	B3LYP/6-311++g**			MP2/6-311++g(3df,3pd)			MP2/aug-cc-pvtz		
		ΔE	BSSE	ΔE_{CP}	ΔE	BSSE	ΔE_{CP}	ΔE	BSSE	ΔE_{CP}
$SiH_4 \cdots NaH$	C_{3v}	-6.82	1.35	-5.47	-7.67	1.69	-5.98	-7.19	1.01	-6.18
$SiH_4 \cdots MgH_2$	C_s	-3.08	0.31	-2.77	-10.33	1.68	-8.65	-10.46	1.34	-9.12
$SiH_4 \cdots BeH_2$	C_s	-0.52	0.13	-0.39	-5.91	1.95	-3.96	-6.53	1.95	-4.58

表 3 给出了 B3LYP/6-311++G**、MP2/6-311++g(3df,3pd)及 MP2/aug-cc-pvtz 计算得到单体及反向氢键复合物中 Si-H3 键及 Me-H(Me = Na, Mg, Be)键伸缩振动频率和红外振动强度. 从表中数据可以看出,与单体 SiH_4 相比,复合物中作为电子供体的 Si-H3 键伸缩振动频率在 3 种方法计算下的结果

均发生了一定程度的红移，例如，B3LYP/6 - 311 + + G * * 水平上，$SiH_4\cdots NaH$、$SiH_4\cdots MgH_2$和 $SiH_4\cdots BeH_2$中，Si - H3 键伸缩振动频率红移值分别为 49.6、67.0 和 39.9 cm^{-1}，而 MP2/6 - 311 + + g(3df,3pd) 及 MP2/aug - cc - pvtz 水平上，Si - H3 键伸缩振动频率红移值更是完全一致，两者相差不超过 0.2 cm^{-1}. 另外，在 3 种理论方法下，反向氢键的电子受体位点原子 Na、Mg 和 Be 分别对应的 Na - H、Mg - H 和 Be - H 键的缩振动频率也都发生了一定的红移，为了更直观的说明形成反向氢键复合物前后，图 2 中给出了相关键缩振动频率的变化情况. 从表 3 中还可以看出，与单体 SiH_4相比，复合物中作为电子供体的 Si - H3 键伸缩振动强度均增大，这是因为红外强度(I)与电偶极(μ)在相应振动向量上对原子位移(r)偏导的平方成正变关系($I\propto|d\mu/d r_{X-H}|^2$)，复合物中反向氢键的存在，$SiH_4$分子及 Si - H3 键进一步极化，这种极化对于相同原子位移产生了更大的偶极，因而使红外强度明显增加. Hermansson[26] 认为，在 X - H…Y 氢键相互作用体系中，X - H

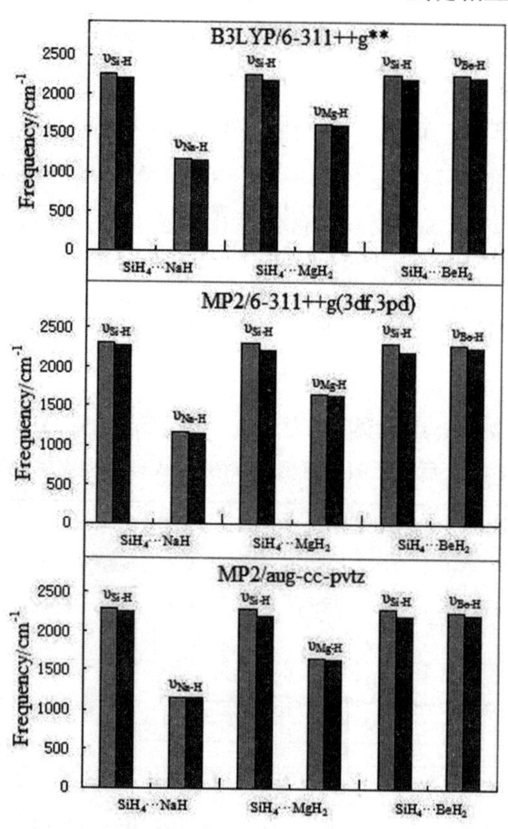

图 2　单体与复合物中 Si - H、Na - H、Mg - H 和 Be - H 键的伸缩振动频率(cm^{-1})对比

伸缩振动红外光谱强度增大是红移氢键所具有的典型特征，可见本文所涉及的反向氢键 Si－H…Me(Me＝Na，Mg，Be)体系也有同样的特征.

表3　单体及复合物中 Si－H、Na－H、Mg－H 和 Be－H 键的伸缩振动频率(cm^{-1})、频率移动(cm^{-1}，斜体)及振动强度($km \cdot mol^{-1}$，括号内)

Compound	Parameter	B3LYP/ 6－311＋＋g＊＊	MP2/ 6－311＋＋g(3df,3pd)	MP2/ aug－cc－pvtz
SiH_4	υ_{Si-H}	2241.6(125.5)	2308.2(121.2)	2294.2(122.1)
NaH	υ_{Na-H}	1167.9(219.2)	1166.3(313.8)	1161.8(318.8)
MgH_2	υ_{Mg-H}	1633.0(445.6)	1659.3(465.4)	1657.1(460.8)
BeH_2	υ_{Be-H}	2256.1(248.1)	2283.9(265.5)	2264.2(265.1)
SiH_4…NaH	υ_{Si-H}	2192.0 (306.7，－49.6)	2274.7 (338.9，－33.5)	2260.5 (342.5，－33.7)
	υ_{Na-H}	1161.7(289.2)	1157.2(377.5)	1149.0(382.1)
SiH_4…MgH_2	υ_{Si-H}	2174.6 (262.5，－67.0)	2220.0 (278.9，－88.2)	2206.2 (271.9，－88.0)
	υ_{Mg-H}	1620.3(417.6)	1645.0(402.3)	1642.2(406.3)
SiH_4…BeH_2	υ_{Si-H}	2201.7 (189.5，39.9)	2198.5 (239.8，－109.7)	2184.3 (241.2，－109.9)
	υ_{Be-H}	2248.1(67.3)	2240.2(255.5)	2221.8(252.2)

3.3　自然键轨道 NBO 分析及电荷转移

为了揭示复合物中反向氢键的形成机制，在 B3LYP/6－311＋＋g＊＊水平上对所有单体和复合物都进行了自然键轨道(NBO)分析，表4列出了计算结果. 从表中可以看出，在 SiH_4…NaH 中，主要存在3种电荷转移作用：BD(Si－H3)→BD＊(Na－H6)(图3－a)，BD(Si－H3)→RY＊(Na)(图3－b)和 BD(H6－Na)→BD＊(Si－H3)(图3－c)，其中 BD(Si－H3)向 BD＊(Na－H6)的电荷转移作用最强，对应了最大的二级稳定化能 11.38 $kJ \cdot mol^{-1}$. 以上3种自然键轨道间电荷转移使得 Si－H3 成键轨道的电子布居减少，或反键轨道电子布居增大，同时，第1种和第3种电荷转移分别使 Na－H6 反键轨道电子布居增大和 Na－H6 成键轨道电子布居减少，3种电荷转移转移作用的总结果是 Si－H3 成键轨道的电子布居减少了 12.43 me，反键轨道电子布居增大了 5.13 me，Si－H3 键长明显增大；Na－H6 反键轨道电子布居增大 11.21 me，成键轨道的电子布居减少了 3.28 me. 在 SiH_4…BeH_2 中，主要存在如图3－g，h，i所示的3类(4种)轨道间电荷转移，总结果是 Si－H3 成键轨道的电子布居减少了 10.07 me，反键轨道电子布居增大了 2.39 me，导致 Si－H3 键长明显增大；Be－H6 反键轨道电子布居增大 1.57me，成键轨道的

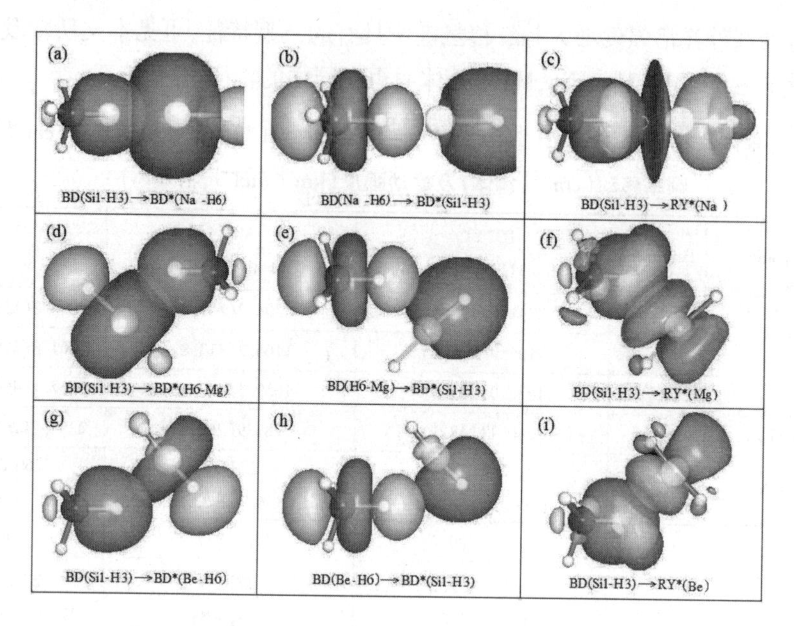

图 3　反向氢键复合物中主要轨道间相互作用的 3D 图

电子布居减少了 30. 3 me. 在 S iH_4…MgH_2中，轨道间电荷转移（如图 3 – d，e，f）与 SiH_4…BeH_2中的情况类似，但也有自己的特点，比如 Si – H3 成键轨道的电子向 H6 – Mg 的反键轨道和 H8 – Mg 的反键轨道的转移程度并不相当，前者的二级稳定化能 10. 08 kJ · mol^{-1}，而后者仅为 1. 45 kJ · mol^{-1}；电荷转移导致 Si – H3 成键轨道的电子布居减少，反键轨道电子布居增大，但是值得注意的是，与其它两种复合物中的情况不同，H6 – Mg 成键轨道的电子布居增大，而反键轨道电子布居减少，这是因为在 SiH_4…MgH_2中反向氢键结构的存在，使 MgH_2单元内的 NBO 电荷转移作用显著减弱所致. 从表 4 中各类电荷转移的二级稳定化能的大小还可以看出，在 3 个复合物中，电子流向都主要表现为 SiH_4→MeH_n（n = 1 或 2），而电子的 MeH_n（n = 1 或 2）→SiH_4流动趋势很有限，所以说与传统氢键相比，这里 Si – H 既是氢键供体，又是电子供体，从而形成反向氢键结构.

表 4　B3LYP/6 – 311 + + g(d, p) 水平上单体与复合物的 NBO 分析结果

Compound	Elector donor[a)]	Elector acceptor[b)]	$E^{(2)}$/ kJ · mol^{-1}	Δq/me BD (Si – H3)	Δq/me BD * (Si – H3)	Δq/me BD (H6 – Me)	Δq/me BD * (H6 – Me)
SiH_4…NaH	BD(Si – H3)	BD *(Na – H6)	11. 38	– 12. 43	5. 13	– 3. 28	11. 21
	BD(Si – H3)	RY *(Na)	2. 60				
	BD(H6 – Na)	BD *(Si – H3)	1. 97				

续表

Compound	Elector donor[a)]	Elector acceptor[b)]	$E^{(2)}$/ $kJ \cdot mol^{-1}$	Δq/me BD (Si－H3)	Δq/me BD＊ (Si－H3)	Δq/me BD (H6－Me)	Δq/me BD＊ (H6－Me)
$SiH_4 \cdots MgH_2$	BD(Si－H3)	BD＊(H6－Mg)	10.08	－18.3	4.64	2.05	－2.21
	BD(Si－H3)	BD＊(H8－Mg)	1.45				
	BD(Si－H3)	RY＊(Mg)	7.81				
	BD(H8－Mg)	BD＊(Si－H3)	2.94				
$SiH_4 \cdots BeH_2$	BD(Si－H3)	BD＊(Be－H6)	1.82	－10.07	2.39	－3.03	1.57
	BD(Si－H3)	BD＊(Be－H8)	1.72				
	BD(Si－H3)	RY＊(Be)	6.38				
	BD(Be－H8)	BD＊(Si－H3)	0.88				

a) BD 表示成键轨道. b) BD＊表示反键轨道, RY＊表示里德堡轨道

为了更进一步考察形成复合物时电子的转移方向，表 5 给出了 B3LYP/6－311＋＋g(d,p)水平上各原子的化学位移值. 从表中可以看出，对 SiH_4 单元来说，Si 和其它 H(2,4,5)的化学位移有向低场移动的趋势，而直接参与反向氢键形成的 H3 的化学位移向高场移动，同时 MeH_n(n＝1 或 2)单元中与反向氢键结构密切相关的 H6 的化学位移表现出向高场移动的趋势，这说明 SiH_4 中电负性的 H 的确可以作为电子供体，与 Na、Mg 和 Be 金属的氢化物间形成反向氢键.

表 5　B3LYP/6－311＋＋g(d,p)水平上 SiH_4 及 MeH_n (Me＝Na,Mg 和 Be;n＝1,2)分子相关原子的化学位移的变化

Compound	H3	Si1	H(2,4,5)	Me (Me＝Na,Mg,Be)	H6	H8
SiH_4	28.0	448.5	28.0	－	－	－
NaH	－	－	－	573.9	25.8	－
MgH_2	－	－	－	433.0	27.0	27.0
BeH_2	－	－	－	79.3	28.3	28.3
$SiH_4 \cdots NaH$	28.8	441.3	27.9	560.8	26.0	－
$SiH_4 \cdots MgH_2$	28.4	436.4	27.9	445.0	27.001	26.8
$SiH_4 \cdots BeH_2$	28.02	441.2	28.0	81.1	28.36	28.2

3.4　电子密度拓扑分析(AIM)

反向氢键 IHB 的电子结构可以进一步通过其键临界点处的数量场电子密度 $\rho(r)$ 拓朴学性质加以描述，$\rho(r)$ 的拓朴学性质又可以利用临界点的数目以及种类来表征，临界点是空间中电子密度 $\rho(r)$ 的一次微分为零的位置，即：$\nabla \rho(r) = i =$

$\frac{\partial}{\partial x}\rho(r) + j\frac{\partial}{\partial y}\rho(r) + k\frac{\partial}{\partial z}\rho(r) = 0$，若要分清临界点以何种形式存在，则必须对电子密度$\rho(r)$作二次微分，得到该临界点的曲率. 电子密度$\rho(r)$在三维空间的3个方向上的9个二阶微分项构成了电子密度的Hessian矩阵，经过对角化算子的操作之后可得到3个本征值λ，这3个本征值之和等于拉普拉斯量$\nabla^2\rho(r)$($\nabla^2\rho(r) = \nabla[\nabla\rho(r)] = \lambda_1 + \lambda_2 + \lambda_3$). 如果Hessian矩阵的3个本征值为一正两负，记做(3，-1)点，称为键鞍点(BCP)，表明两原子间成键. 如果Hessian矩阵的3个本征值为两正一负，记做(3，+1)点，称为环鞍点(RCP)，表明体系存在环状结构. 此外，原子核的位置用(3，-3)标记.

根据Bader[19,27]提出的电子密度拓扑分析理论，一个分子中电子密度分布的拓扑性质取决于电子密度的梯度矢量场$\nabla\rho(r)$和Laplacian量$\nabla^2\rho(r)$. 一般来说，键鞍点处电子密度$\rho(r_c)$的大小与化学键的强弱有关，如果$\rho(r_c)$越大，说明该化学键的强度越大；反之，如果$\rho(r_c)$越小，说明该化学键的强度越小. 键鞍点处的Laplacian量$\nabla^2\rho(r_c)$反映了化学键的性质，若$\nabla^2\rho(r_c) < 0$，r_c点的电荷浓集，并且该值越负，化学键的共价性越强；$\nabla^2\rho(r_c) > 0$，rc点的电荷发散，并且该值越正，化学键的离子性越强.

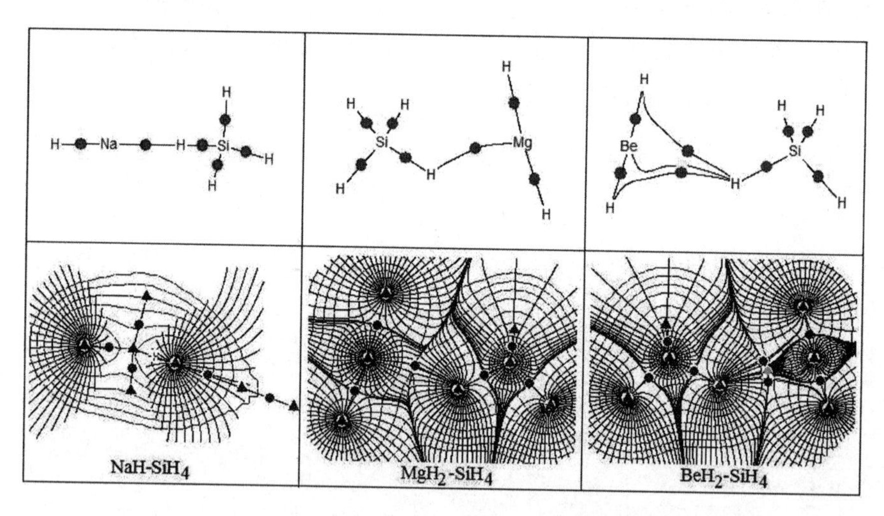

图4　反向氢键复合物的分子图(上)和电子密度梯度路径图(下)

在Bader的AIM理论中，分子图是体系电子密度分布拓扑性质的直观体现，能可靠地显示体系的化学键结构. 电子密度梯度$\nabla\rho(r)$可以帮助建立鞍点间的联系，并定义分子中的原子(领域)(Atom basin). 图4给出了3个反向体系的分子图和电子密度梯度路径图(图中的黑点表示键鞍点，灰点表示环鞍点，三角表示原子位置). 从图中可以看出,复合物 $SiH_4 \cdots BeH_2$ 中存在两种类型的鞍点:(3, +1)环鞍点和(3, -1)键鞍点,而复合物 $SiH_4 \cdots NaH$ 和 $SiH_4 \cdots MgH_2$ 中只存在(3, -1)键鞍点,特别是3个复合物中,H3…Na、H3…Mg 和 H3…H6 及 H3…H8 间均存在(3, -1)键鞍点. 另外,电子密度梯度路径图显示有三类梯度线,第一类起始于无穷远处,终止于原子核;第二类起始于各(3, -1)点(键鞍点),沿着电荷密度最大增加的方向,终止于临近的两个原子,作为两原子间唯一的一对梯度线,形成连结两个原子的键径(Bond path);第三类也起始于(3, -1)点,但沿着电荷密度最大减小的方向终止于无穷远处,在三维空间中,这样的梯度线就形成了原子间的分界面(Interatomic surface). 分界面与(3, -3)点(原子核位置)结合,就是分子中的原子(领域).

表6 复合物中反向氢键鞍点的电子密度拓扑性质

Compound	Atom pair	$\rho(r_c)$	λ_1	λ_2	λ_2	$\nabla^2\rho(r_c)$	Type[a)]
$SiH_4 \cdots NaH$	Na…H3	0.0069	-0.0065	-0.0065	0.0380	0.0249	BCP
$SiH_4 \cdots MgH_2$	Mg…H3	0.0080	-0.0059	-0.0011	0.0252	0.0182	BCP
$SiH_4 \cdots BeH_2$	H3…H6	0.0073	-0.0053	-0.0021	0.0205	0.0132	BCP
	H3…H8	0.0072	-0.0052	-0.0012	0.0188	0.0124	BCP
	Be…H3	0.0071	-0.0051	0.0010	0.0164	0.0123	RCP

a) BCP 和 RCP 分别表示键鞍点和环鞍点

表6列出了复合物中反向氢键鞍点等处的电子密度拓扑性质. 从表6可以看出,$SiH_4 \cdots NaH$ 和 $SiH_4 \cdots MgH_2$ 两个复合物中 H3…Na 和 H3…Mg 的电子密度的 Hessian 矩阵本征值都为一正两负,因此可以认为 H3…Na 及 H3…Mg 间的鞍点都属于键鞍点,而且 H3…Na 和 H3…Mg 的 $\rho(r)$ 都较小,分别为0.0069 和0.0081 a.u.,说明复合物中的反向氢键相互作用较弱,这与前文有关相互作用能的分析一致. 另外,各键鞍点处的 Laplacian 量 $\nabla^2\rho(r)$ 均为较小的正值(小于0.025 a.u.),说明这种相互作用偏于以静电作用为主. 这些也是分子间闭壳型相互作用的特征. 值得注意的是,在 $SiH_4 \cdots BeH_2$ 复合物中,仅存在 H3…H6 和 H3…H8 键鞍点,而未发现 Be…H3 键鞍点,可见 SiH_4 与 BeH_2 相互作用形成反向氢键时,原子间形成环状结构.

4 结论

采用密度泛函 B3LYP 和二级微扰 MP2 方法研究了 Si H_4 和 MeH_n(Me = Na, Mg, Be; n = 1 或 2)分子间的弱相互作用,报道了 $H_3SiH \cdots MeH_n$ 3个复合物体系中的反向氢键结构和电子性质. 经 MP2/aug-cc-pvtz 水平的计算,在3个复合物中,含基组重叠误差(BSSE)校正的分子间相互作用能分别为 -6.18、-9.12 和 -4.28 $kJ \cdot mol^{-1}$,可见 3 种反向氢键复合物的相对稳定性顺序为:$SiH_4 \cdots MgH_2$ > $SiH_4 \cdots NaH$ > $SiH_4 \cdots BeH_2$ · NBO 分析及对相关原子化学位移的计算表明,在复合物中,电子流向总体表现为 $SiH_4 \rightarrow MeH_n$(n = 1 或 2),且直接参与反向氢键形成的 H3 的化学位移向高场移动,这说明 SiH_4 中电负性的 H 的确可以作为电子供体,与传统氢键相比,这里 Si1 - H3 既是氢键供体,又是电子供体,从而形成反向氢键相互作用(IHB). 另外,对各复合物中相关键鞍点处的电子密度拓扑性质分析表明 3 种复合物中均存在以静电性质为主的分子间反向氢键弱相互作用.

参考文献

[1]Takeuchi T,Minato Y J,Takase M,Shinmori H. Molecularly imprinted polymers with halogen bonding - based molecular recognition sites. Tetrahedron Lett,2005,46(52):9025 - 9027.

[2] Mu Z C,Shu L J,Fuchs H,Mayor M,Chi L F. Two dimensional chiral networks emerging from the aryl - F…H hydrogen - bond - driven self - Assembly of partially fluorinated rigid molecular structures. J Am Chem Soc,2008,130(33):10840 - 10841.

[3] WangLY,WangZ Q,ZhangX,ShenJC,ChiLF. A new approach for the fabrication of an alternating multilayer film of poly(4 - vinylpyridine) and poly(acrylic acid) based on hydrogen bonding. Macromol. Rapid. Commun. 1997,18(6):509 - 514.

[4] StocktonW B,RubnerMF. Molecular - level processing of conjugated polymers. 4. Layer - by - layer manipulation of polyaniline via hydrogen - bonding interactions. Macromolecules,1997,30(9):2717 - 2725.

[5]Lv FZ,Peng ZH,Zhang LL,Yao LS,Liu Y,Xuan L. A new type of hydrogen - bonded LBL photoalignment filmfor liquid crystal,Acta Phys - ChimSin,2009,25(02):273 - 277(吕凤珍,彭增辉,张伶莉,姚丽双,刘艳,宣丽,一种新型的氢键自组装液晶光控取向膜,物理化学学报,2009,25(2):273 - 277).

[6]Keerl M,Smirnovas V,Winter R,Richtering W. Copolymer microgels from mono - and disubstituted acrylamides:Phase behavior and hydrogen bonds. Macromolecules,2008,41(18):6830 - 6836.

[7] Rozas I,Alkorta I,Elguero J. Inverse hydrogen - bonded complexes. JPhysChemA,1997,101(23):4236 - 4244.

[8] Vila A,Mosquera R A. Are the hydrogen bonds involving sulfur bases inverse or anomalous? IntJQuantChem,2006,106:928 - 934.

[9]Blanco F,Solimannejad M,Alkorta I,Elguero J. Inverse hydrogen bonds between XeH_2 and hydride and fluoride derivatives of Li,Be,Na and Mg. Theor Chem Account,2008,121:181 - 186.

[10] Song S Y,Zhou J F,Qu M N,Yang S R,Zhang J Y. Preparation and tribological behav-

iors of an amide – containing stratified self – assembled monolayers on silicon surface, Langmuir, 2008, 24(1): 105 – 109.

[11] Song S Y, Chu R Q, Zhou J F, Yang S R, Zhang J Y. Formation and tribolgy study of amide – containing stratified self – assembled monolayers: Influences ofthe underlayer structure, J Phys Chem C, 2008, 112(10): 3805 – 3810.

[12] Yu W, Zhang L, Wang B Z, Lu W B, Wang L W, Fu G S. Hydrogen bonding configurations and energy band structures of hydrogenated nanocrystalline silicon films. Acta Phys Sin, 2006, 55(4): 1936 – 1941(于威, 张立, 王保柱, 路万兵, 王利伟, 傅广生, 氢化纳米硅薄膜中氢的键合特征及其能带结构分析. 物理学报, 2006, 55(4): 1936 – 1941).

[13] Rappe AK, Bernstein ER. Ab initio calculation of nonbonded interactions: Are we there yet? JPhysChemA, 2000, 104(26): 6117 – 6128.

[14] HobzaP, Šponer J. Structure, energetics, and dynamics of the nucleic acid base pairs: nonempirical Ab initio calculations. JChemRev, 1999, 99(11): 3247 – 3276.

[15] KrisyánS, PulayP. Can(semi)local density functional theory account for the London dispersion forces? ChemPhysLett, 1994, 229(3): 175 – 180.

[16] Boys S F, Bernardi F. Calculation of small molecular interactions by differences of separate total energies. Some procedures with reduced errors. Mol Phy, 1970, 19(4): 553 – 556.

[17] KingBF, WeinholdF. Structure and spectroscopy of $(HCN)_n$ clusters: Cooperative and electronic delocalization effects in C – H···N hydrogen bonding. JChemPhys, 1995, 103(1): 333 – 347.

[18] Reed A E, Curtiss L A, Weinhold F. Intermolecular interactions from a natural bond orbital, donor – acceptor viewpoint. Chem Rev, 1988, 88(6): 899 – 926.

[19] Bader RFW. Atoms in Molecules: A Quantum Theory, Clarendon Press, New York, 1990.

[20] Glendening E D, Badenhoop J K, Reed A E, CarpenterJ E, Bohmann J A, MoralesC M, Weinhold F. Natural bond orbital program. Version 5. 0. Madison, WI: Theoretical Chemistry Institute, University of Wisconsin, 2001.

[21] Biegler – Koning FJ, Derdau R, Bayles D. AIM2000, Version 1[CP], Canada: McMaster University, 2000.

[22] Frisch M J, Trucks G W, Schlegel H B, Scuseria G E, Robb M A, Cheeseman J R, Zakrzewski V G, JrMontgomery J A, Stratmann R E, Burant J C, Dapprich S, Millam J M, Daniels A D, Kudin K N, Strain M C, Farkas O, Tomasi J, Barone V, Cossi M, Cammi R, Menncci B, Pomelli C, Adamo C, Clifford S, Ochterski J, Petersson G A, Ayala P Y, Cui Q, Morokuma K, Malick D K, Rabuck A D, Raghavachari K, Foresman J B, Cioslowski J, Ortiz J V, Stefanov B B, Liu G., Liashenko A, Piskorz P, Komaromi I, Gomperts R, Martin R L, Fox D J, Keith T, Al – Laham M A, Peng C Y, Nanayakkara A, Gonzalelez C, Challacombe M, Gill P M W, Johnson B, Chen W, Wong M W, Andres J L, Gonzalez C, Head – Gordon M, Replogle E S, Pople J A. Gaussian 03 E. 01, Pittsburgh

PA:Gaussian Inc,2003.

[23] Rozas I, Aikorta I, Elguero J. Unusual hydrogen bonds: H…π Interactions. J Phys Chem A, 1997, 101(49):9457-9463.

[24] Aikorta I, Rozas I, Elguero J. Charge-transfer complexes between dihalogen compounds and electron donors. J Phys Chem A, 1998, 102(46):9278-9285.

[25] Zhao Y, Truhlar D G. Acc Chem Res, 2008, 41:157.

[26] Hermansson K J, Blue-shifting hydrogen bonds. Phys Chem A, 2002, 106(18):4695-4702.

[27] Bader R F W. A quantum theory of molecular structure and its applications. Chem Rev, 1991, 91(5):893-928.

(本文发表于2010年《中国科学:化学》40卷12期)

靶用钌粉的制备

章德玉　雷新有　张建斌*

采用超重力一段H_2O_2选择性氧化-真空蒸馏分离锇，在分离锇后的一次氯钌酸盐酸蒸馏余液中加入H_2SO_4和$NaClO_3$，二段氧化-真空蒸馏分离钌和残留锇，氧化蒸馏出的RuO_4经盐酸吸收还原所得精制氯钌酸盐酸吸收液中加入适量H_2O_2，再经NH_4Cl结晶沉淀得到氯钌酸铵，在氢气气氛下煅烧还原制得海绵钌，王水与HF混合煮洗、水洗干燥，所制钌粉纯度达99.999%以上，符合钌溅射靶材的原料要求。分析了分步氧化蒸馏分离锇、钌的机理。

1　前言

当前钌粉末的最大用途之一是生产钌靶材.钌靶材作为计算机硬盘记忆材料，广泛应用于半导体超大规模集成电路中[1].钌靶材对钌粉纯度要求高，用于溅射靶材的高纯钌粉排除气态成分外纯度要求至少在99.995%以上[1-3]，不易提纯.美国和日本近10年来对高纯钌粉的制备工艺研究取得了一定进展.

生产高纯钌产品的精炼过程分为钌吸收液提纯和制取金属钌两个步骤.分离锇、钌的方法很多，最有效的技术是氧化蒸馏-碱液吸收[4].

目前国内关于钌吸收液提纯（钌盐精制）和高纯钌制备的研究很少[5-9].韩守礼等[8,9]由钌废料制备试剂级$RuCl_3$或靶材专用钌粉，所得靶用钌粉纯度达99.999%，氧化蒸馏效率低.国外对高纯钌制备报道不多[1-3,10-13]，各有其优缺点：选择性氧化蒸馏分离锇虽然锇、钌得到有效分离，但含主体钌的盐酸蒸馏余液中钌与其他铂族金属及贱金属未分离，钌盐没有完全精制；选用强氧化剂如臭氧、氯气、氯酸钠、溴酸钠等，采用一步氧化蒸馏技术同时生成钌、锇挥发性混合气体，对吸收操作控制不利，杂质锇易大量进入钌吸收液中，锇、钌分离不彻底；在蒸馏

---

* 作者简介：章德玉（1969—），男，甘肃张掖人，天水师范学院副教授、博士，主要从事过程强化技术，金属材料提纯和新型功能材料研究。

瓶或蒸馏釜中氧化－蒸馏分离锇、钌的氧化蒸馏效率低，耗时长，操作费用高，产品纯度低.

本研究采用二段分步氧化－蒸馏技术分离锇、钌，实现了锇与钌、钌与其他铂族金属及贱金属的有效分离，并进行了初步理论分析. 第一段以 H_2O_2[5,7] 为氧化剂选择性氧化－蒸馏分离锇，使钌溶液中的锇被氧化蒸馏出来，而钌留在蒸馏余液中；第二段在蒸馏余液中加入强氧化剂 H_2SO_4 和 $NaClO_3$ 蒸馏分离钌，同时氧化残余锇，使锇、钌分离更彻底，实现钌与其他铂族金属及贱金属分离，为制取高纯钌粉提供合格的钌盐原料.

2 实验

2.1 材料与试剂

贵金属矿经氧化蒸馏分离锇、钌所得的一次钌盐酸吸收液（盐酸浓度 3 mol/L）.

双氧水、氯酸钠、硫酸、氢氧化钠、硫脲均为分析纯，盐酸，无水乙醇，氯化铵，盐酸，二次蒸馏水，硝酸，氢氟酸，高纯氮气和氢气纯度为 99.99%.

2.2 实验设备与分析仪器

SH－3A 磁力加热搅拌器，北京洪达博财科技发展有限公司；SHZ－ⅢB 循环水真空泵，上海隆拓仪器设备有限公司；超重力旋转填料床氧化减压蒸馏装置，自制；CH－2015 环球油浴加热器，杭州蓝天化验仪器厂；SK2－6－12 型管式电阻炉管式炉，龙口市电炉制造厂；ZDF－1 真空干燥箱，南京恒群干燥设备有限公司.

ICP－MS X7 质谱分析仪，ICP－AES Ⅱ 光谱分析仪，美国热电公司；JSM－6300 扫描电子显微镜，日本 JEOL 公司；OH900 氧氢分析仪，上海铸金分析仪器有限公司；VG9000 辉光放电质谱分析仪（GDMS），美国热电公司.

2.3 实验方法

2.3.1 实验原理

在酸性溶液中，氧化还原电对 $OsO_4/OsCl_6^{2-}$ 的标准氧化还原电位 E^0=0.40 V，$RuO_4/RuCl_6^{2-}$ 的标准氧化还原电位 E^0=0.81 V[14,15]. H_2O_2/O_2 的标准氧化还原电位 E^0=0.682 V[15]，ClO_3^-/O 的标准氧化还原电位 E^0=1.47 V[16]，因此 H_2O_2 作为选择性氧化剂只能使 Os（Ⅳ）氧化为 Os（Ⅷ），而 Ru（Ⅳ）不被氧化；$NaClO_3$ 作为氧化剂不仅能将 Ru（Ⅳ）氧化为 Ru（Ⅷ），且残余的 Os（Ⅳ）可被氧化为 Os（Ⅷ）而挥发. 据此可采用二段分步氧化－蒸馏方法分离 Os 与 Ru 及其它铂族金属和贱金属.

针对常规氧化蒸馏设备的缺陷，采用超重力旋转填料床（Rotating Packed

Bed,RPB)作为氧化蒸馏设备.铂族金属的铵盐低价易溶、高价难溶[17].以盐酸吸收 RuO_4 制备氯络合物,盐酸浓度及其与 RuO_4 作用时间不同可形成不同产物,在0.5~3 mol/L盐酸溶液主要以 $[RuCl_6]^{2-}$ 形态存在,还含少量 $[RuCl_6]^{3-}$;盐酸浓度为3~6 mol/L时主要形成 $[RuCl_6]^{2-}$;盐酸浓度大于6 mol/L时Ru(Ⅳ)被还原为Ru(Ⅲ)[17].先加入 H_2O_2 调整溶液的氧化还原电位,使Ru(Ⅲ)转变为Ru(Ⅳ),以保证钌氯络离子尽量保持高价,即少量Ru(Ⅲ)全部转变为Ru(Ⅳ),钌全部以Ru(Ⅳ)形态存在,再加入 NH_4Cl 沉钌.

2.3.2 二段氧化-减压蒸馏分离钌

超重力旋转填料床氧化-真空蒸馏反应器装置与文献[1]相同.由于原料少,为便于实验,更换为更小尺寸的旋转填料床.以分离锇后的一次氯钌酸盐酸蒸馏余液为原料,9 mol/L H_2SO_4 和35% $NaClO_3$ 为氧化剂,在约20 kPa真空度下分离钌和残留锇.影响实验的主要因素为反应温度、$NaClO_3$ 用量、H_2SO_4 用量、液体流量、旋转填料床转速.以硫脲棉球在测气管路中检测不显色为准,不考虑交互作用,进行 $L_{16}(4^5)$ 正交实验,根据正交实验所得最佳操作条件分离钌和微量锇,逸出的 RuO_4 气体进入三级HCl(3 mol/L HCl+0.5% C_2H_5OH)吸收瓶吸收,再用一级NaOH溶液(20% NaOH+0.5% C_2H_5OH)吸收瓶吸收挥发出来的微量 OsO_4 气体.钌蒸馏结束后,依次用磁力搅拌加热器在近沸的温度下加热第一、二、三级HCl吸收瓶,OsO_4 进入第四个接收器被NaOH溶液吸收,可能挥发出来的 RuO_4 被彻底还原,由HCl溶液吸收.重复1次二段氧化-真空蒸馏分离钌过程.用ICP分析仪分析二段蒸馏分离钌后所得的二次、三次氯钌酸盐酸吸收液的成分,计算蒸钌效率 e.

$$e=(MV/M_0V_0)'100\%,$$

式中,M 和 M_0 为吸收液中和原液中Ru浓度(mg/L),V 和 V_0 为吸收液和原液体积(L).

二段氧化-减压蒸馏分离钌的主要反应式如下:

$$3NaClO_3+H_2SO_4=Na_2SO_4+NaCl+9[O]+2HCl \quad (1)$$

$$2HCl+[O]=2[Cl]+H_2O, \quad (2)$$

$$H_2OsCl_6+2[O]+2H_2O=6HCl+OsO_4 \quad (3)$$

$$H_2RuCl_6+2[O]+2H_2O=6HCl+RuO_4 \quad (4)$$

$$2OsO_4+NaOH=2Na_2OsO_4+2H_2O+O_2 \quad (5)$$

$$RuO_4+10HCl=H_2RuCl_6+4H_2O+2Cl_2 \quad (6)$$

高纯钌粉制备工艺流程见图1.

2.3.3 氯化铵结晶沉钌

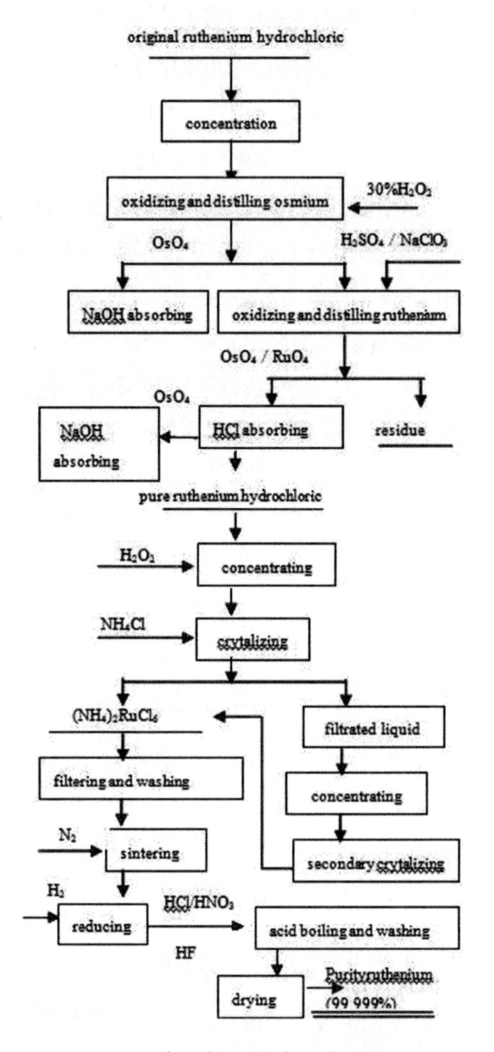

图 1 高纯钌粉生产工艺流程

Fig. 1 Technological process of high - purity ruthenium preparation

以重复 1 次的二段氧化－真空蒸馏分离钌后所得氯钌酸盐酸吸收液(三次氯钌酸盐酸吸收液)为原料,在保温阶段加入适量双氧水使溶液中少量的 Ru(Ⅲ)全部转化为 Ru(Ⅳ),再加 NH_4Cl 在结晶反应器中结晶沉钌. 影响氯化铵结晶沉钌的主要因素为保温温度、保温时间、反应时间、NH_4Cl 用量. 不考虑交互作用,进行 $L_{16}(4^5)$ 正交实验,根据正交实验所得最佳条件进行 NH_4Cl 结晶沉钌. 将所得氯钌酸铵结晶沉淀物依次用冷饱和 NH_4Cl 溶液、饱和浓盐酸和酒精各洗涤和过滤 1 次,沉淀在 100～150℃下烘干得红黑色氯钌酸铵粉末. 取少量粉末用一定量热二次蒸馏水完全溶解，用 ICP 分析仪分析其中杂质元素含量，计算沉钌率 h.

$$h = (mv/m_0v_0)'100\% ,$$

式中，m 和 v 为氯钌酸铵水溶液中 Ru 的浓度和体积，m_0 和 v_0 为氯钌酸盐酸溶液中 Ru 的浓度和体积.

氯化铵结晶沉钌的主要反应如下：

$$2H_3RuCl_6 + H_2O_2 = 2H_2RuCl_6 + 2H_2O \tag{7}$$

$$H_2MCl_6 + 2NH_4Cl = 2HCl + (NH_4)_2MCl_6 \downarrow \tag{8}$$

用杂质元素 M 含量与主金属元素 Ru 含量的比值（M/Ru）表征溶液中杂质含量降低程度.

2.3.4 氯钌酸铵煅烧还原制备海绵钌和高纯钌粉

将烘干的红黑色氯钌酸铵装入石英舟中，放入管式炉 2 h 内均匀升温至 500 ~800℃，通氮保温 3 ~4 h，1 h 内缓慢升温至 1000℃，通氢保温 3 ~4 h，通氢于 2 h 内缓慢降温至 400℃，通氮自然降温至常温，得灰黑色高纯海绵钌. 用 GDMS 分析海绵钌纯度，根据超标杂质元素，进一步确定深度除杂的方法. 海绵钌经进一步深度除杂，过滤通氮烘干，自然降温，得到最终产品高纯钌粉. 用扫描电子显微镜分析产品的形貌和粒度，用 GDMS 分析高纯钌粉的纯度.

氯钌酸铵煅烧还原的主要反应式如下：

$$3(NH_4)_2RuCl_6 = 3Ru + 16HCl + 2NH_4Cl + 2N_2 \uparrow \tag{9}$$

$$RuO_n + H_2 \rightarrow Ru + H_2O \quad (n = 1,2,3) \tag{10}$$

3 结果与讨论

3.1 二段氧化 - 减压蒸馏分离钌精制氯钌酸盐酸溶液

以 6 L 一段氧化 - 真空蒸馏分离钌后的氯钌酸盐酸蒸馏余液为原料，在正交实验所得最佳条件下（反应温度 70℃，液体流量 200 L/h，$NaClO_3$ 用量为反应计量式的 1.5 倍，H_2SO_4 用量为反应计量式的 1.2 倍及 RPB 转速 500 r/min）二段氧化 - 真空蒸馏 60 min 后，检测无 RuO_4 气体溢出，结束反应. 将总体积 9 L（三级吸收液合并体积）的二次氯钌酸盐酸吸收液加热浓缩为 6 L，再氧化 - 蒸馏 1 次，钌进一步提纯，所得三次氯钌酸盐酸吸收液合并共为 9 L（考虑浓缩耗时和后续沉钌工序不需要高浓度反应液，未浓缩）. 分别分析二次、三次氯钌酸盐酸吸收液成分，结果如表 1 所示. 可以看出，二段氧化 - 真空蒸馏分离钌所得氯钌酸盐酸吸收液的纯度随氧化蒸馏次数增多而提高，三次氯钌酸盐酸吸收液纯度较一次氯钌酸盐酸吸收原液显著提高、较二次氯钌酸盐酸吸收液有一定提高，蒸钌率约为 99.5%. 所得三次氯钌酸盐酸吸收液中杂质含量除 Na 外都有不同幅度降低，残留锇分离更彻底,总除锇率可达约97%.同时,三次氯钌酸盐酸吸收液中钌与其他铂族金属及贱金属杂质离子有效分离(超标的杂质元素主要有Fe,Si和碱金属元素可在沉钌精炼过程中进一步脱除),可直接用于NH_4Cl结晶沉钌.

多相反应液体在超重力旋转填料床高速旋转的填料中受到强剪切力作用,形成微米至纳米级的液膜、液丝和液滴等液体微元,产生巨大的相界面,相界面受超重力与填料摩擦力的双重作用更新加快,进一步强化了液-液、气-液两相间的微观混合和传质效率,使液-液相间氧化反应快速达到平衡,蒸馏液中的气体易从液膜中逸出,在较低温度、较短时间完成氧化蒸馏.

表1 不同阶段含钌溶液的成分

Element	Ruthenium hydrochloric absorption solution liquid						Water solution liquid of $(NH_4)_2RuCl_6$	
	Original		Second		Third			
	Content (mg/L)	M/Ru ($\times10^{-6}$)	Content (mg/L)	M/Ru ($\times10^{-6}$)	Content (mg/L)	M/Ru ($\times10^{-6}$)	Content (mg/L)	M/Ru ($\times10^{-6}$)
Ru	31530	-	31381	-	20823	-	20781	-
Os	1.148	36.41	0.115	3.66	0.022	1.06	0.018	0.85
Pd	0.679	21.54	0.143	4.57	0.038	1.82	0.033	1.61
Pt	0.271	8.59	0.037	1.18	0.016	0.77	-	-
Ir	0.075	2.38	0.026	0.83	0.007	0.34	-	-
Rh	0.088	2.79	0.028	0.90	0.014	0.67	-	-
Cr	0.032	1.01	0.017	0.54	0.008	0.38	-	-
Mo	0.090	2.85	0.024	0.77	0.010	0.48	-	-
Fe	0.292	9.26	0.224	7.14	0.130	6.24	0.059	2.83
Co	0.822	26.07	0.186	5.93	0.036	1.73	0.016	0.77
Ni	0.100	3.17	0.038	1.20	0.017	0.82	-	-
Cu	0.154	4.88	0.064	2.08	0.012	0.58	-	-
Al	0.043	1.36	0.033	1.05	0.018	0.86	0.014	0.65
Si	0.966	30.64	1.086	34.62	0.783	37.60	0.192	9.23
K	0.745	23.63	0.209	6.65	0.093	4.47	0.027	1.28
Ca	13.148	416.99	4.418	132.21	0.944	45.33	0.042	2.04
Na	4.241	134.5	5.823	185.56	4.522	217.16	0.086	4.13
Mg	1.907	60.48	0.258	8.22	0.082	3.94	0.026	1.27
U	0.020	0.63	0.004	0.13	<0.001	<0.05	-	-
Th	0.026	0.82	0.010	0.33	<0.001	<0.05	-	-

3.2 氯化铵结晶沉钌精制氯钌酸铵

取三次氯钌酸盐酸吸收液 100 mL,按正交实验所得最优工艺条件(保温温度 95℃、保温时间≥2h、反应时间≥60min、NH_4Cl 用量为反应计量式的 3 倍),保温过程中加入钌量 0.6 倍的 H_2O_2,该条件下沉钌率约为 99.8%.

将一次所得红黑色氯钌酸铵结晶沉淀物依次用冷饱和 NH_4Cl 溶液、饱和浓盐酸和纯酒精各洗涤和过滤 1 次,将滤饼用二次蒸馏水稀释至 100 mL 后加热至 30 ~40℃完全溶解,用 ICP 分析氯钌酸铵水溶液成分,见如表 1. 可见六氯化钌酸铵结晶物洗涤过滤水溶后溶液所含杂质元素含量较三次氯钌酸盐酸吸收液(沉钌原液)中大幅度降低,提纯效果显著,钌盐进一步精制可直接用作制取高纯钌粉的原料,但 Fe 和 Si 含量仍较高.

铂族金属离子均可与 NH_4Cl 反应生成不溶于饱和 NH_4Cl 的$(NH_4)_2[MeCl_6]$络合物沉淀,其它杂质离子不形成沉淀,可使铂族金属离子同其他普通金属离子有效分离. 当添加的 NH_4Cl 为理论用量的 3 倍时,能充分生成$(NH_4)_2[RuCl_6]$沉淀物. 钌盐酸溶液保温过程中加入 H_2O_2 调整溶液的氧化还原电位,能使 Ru(Ⅲ)转变为 Ru(Ⅳ),钌全部以$[RuCl_6]^{2-}$形式存在. 再加入 NH_4Cl 进行反应,生成几乎不溶于饱和 NH_4Cl 的$(NH_4)_2[RuCl_6]$沉淀. 钌的络合阴离子易水解和水合,生成各种水合羟基氯络合物[18]:$[RuCl_6]^{2-}+nH_2O$、$[RuCl_{6-n}(H_2O)_n]^{2-n}$,即钌的盐酸吸收液中除$[RuCl_6]^{2-}$外,还有含水配位基的$[RuCl_{6-n}(H_2O)_n]^{2-n}$,且溶液温度越高其比例越低,反之亦然. 研究发现,$[RuCl_{6-n}(H_2O)_n]^{2-n}$转化为$[RuCl_6]^{2-}$与溶液的保温温度、保温时间和反应时间有关. 在保温温度 95℃、保温时间 2 h、反应时间约 1 h 的条件下,$[RuCl_{6-n}(H_2O)_n]^{2-n}$几乎能全部能转化为$[RuCl_6]^{2-}$,生成$(NH_4)_2[RuCl_6]$沉淀. 这主要是因为溶液温度越高,$[RuCl_{6-n}(H_2O)_n]^{2-n}$比例越小,但温度不能太高,保温温度 95℃为宜. $[RuCl_{6-n}(H_2O)_n]^{2-n}$向$[RuCl_6]^{2-}$转变的反应是慢速反应,所需保温时间较长. 氯化铵沉钌反应也是慢速反应,所需反应时间也较长.

3.3 氯钌酸铵煅烧还原制备海绵钌

将一次$(NH_4)_2RuCl_6$在氢气流中低温烘干,缓慢升温至 500 ~ 800℃分解铵盐,再升温至 800 ~ 1000℃煅烧还原,冷却至室温得金属钌粉海绵钌. 取出钌粉立即转入密闭干燥器,防止在空气中氧化挥发损失.

海绵钌的电镜照片如图 2 所示. 从图可以看出,海绵钌粉颗粒较大,呈不规则颗粒状,分散性好,不易团聚,颗粒直径在 10 ~ 30 mm 之间,粒度分布范围较宽,符合溅射靶材晶粒尺寸小于 100 mm 的指标要求[18].

图2 海绵钌的扫描电镜照片

Fig. 2 SEM image of sponge ruthenium powder

图3 高纯钌的扫描电镜照片

Fig. 3 SEM image of high – purity ruthenium powder

NH_4Cl 分解温度为230℃，在500～800℃下煅烧，可防止温度过低 NH_4Cl 分解不充分含过量氧和氯、温度过高含水率高可能导致钌氧化、含 NH_4Cl 烧结结块等问题. 在800～1000℃下通氢还原约4 h，可避免温度过高烧结结块和还原时间过短还原不充分.

从表2可见，氯钌酸铵煅烧还原所制海绵钌纯度可达99.996%，符合溅射靶材的要求. 产品中杂质离子含量基本与原料氯钌酸铵一致，超标杂质元素仍为Pd, Fe, Si, Ca, Na，虽未直接达到99.999%的指标要求，但满足0.35 mm线宽工艺所需靶材的纯度(99.995%以上[18]).

表 2　海绵钌和高纯钌粉的 GDMS 分析结果

Element	Spongeruthenium				High – purity ruthenium			
	Impurity element	Content	Impurity element	Content	Impurity element	Content	Impurity element	Content
Metal	Os	0.81	Cu	0.34	Os	0.70	Cu	0.21
	Pd	1.58	Al	0.62	Pd	0.06	Al	0.24
	Pt	0.61	Si	8.94	Pt	0.27	Si	0.65
	Ir	0.29	K	1.25	Ir	0.14	K	0.05
	Rh	0.60	Ca	1.96	Rh	0.35	Ca	0.75
	Cr	0.25	Na	4.03	Cr	0.18	Na	0.63
	Mo	0.26	Mg	1.20	Mo	0.09	Mg	0.50
	Fe	2.78	U	2.7×10^{-9}	Fe	0.58	U	1.3×10^{-9}
	Co	0.76	Th	26.5×10^{-9}	Co	0.27	Th	6.4×10^{-9}
	Ni	0.47			Ni	0.24		
Gaseous	O	<50	C	<50	O	<50	C	<20
	N	<50	Cl	<100	N	<10	Cl	<10
	H	<10			H	<10		
Product purity	At least 99.996% excluding the gaseous ingredient elements				At least 99.9993% excluding the gaseous ingredient elements			

3.4　海绵钌酸煮提纯制备高纯钌粉

海绵钌中 Si 超标主要是由钌原料和石英玻璃容器被酸性气体腐蚀带入；碱金属元素 Ca 和 Na 超标主要是使用 $NaClO_3$ 所致. Pd，Fe，Si 杂质依据金属溶解原理去除. Ca 和 Na 仔细多次用二次蒸馏水洗涤至中性，可降低到要求值.

王水可溶解 Pt，Pd，而 Os，Ru，Rh，Ir 对王水呈极端惰性而不溶. 王水几乎能溶解全部其它杂质离子，尤其对难以去除的 Fe 杂质离子. 反应方程式为：

$$3Pt + 4HNO_3 + 18HCl = 3H_2[PtCl_6] + 4NO + 8H_2O \tag{11}$$

$$3Pd + 4HNO_3 + 18HCl = 3H_2[PdCl_6] + 4NO + 8H_2O \tag{12}$$

$$Fe + 2HCl = FeCl_2 + H_2 \tag{13}$$

$$2FeCl_2 + Cl_2 = 2FeCl_3, \tag{14}$$

$$Fe^{2+} + NO_3^- + 2H^+ = H_2O + NO_2 + Fe^{3+} \tag{15}$$

Si 是亲氧亲氟元素，其化学性质不活泼，不与任何酸作用，但在高于 200℃ 的温度下煮沸时，能与 HF 反应，生成挥发性 SiF 气体；Si 在有氧化剂如 $KMnO_4$，HNO_3，H_2O_2，$FeCl_3$ 存在下，能与 HF 反应，生成可溶于硝酸、氢氟酸的氟硅酸（H_2SiF_6），且反应十分彻底[20]：

$$3Si + 4HNO_3 + 18HF = 3H_2SiF_6 + 8H_2O + 4NO \quad (16)$$

李成义等[21]以王水和氢氟酸为酸洗介质,研究酸洗对冶金硅中典型杂质元素的脱除效果;李佳艳等[22]用 HF 浸蚀沉降,从单晶硅切割废浆料中回收硅粉. 结果表明,王水和 HF 对金属类杂质均有明显的去除作用,对 Fe 的去除率为 89.4%,硅粉经王水酸洗后粒度显著变小,HF 对硅的回收率可达 62%.

为此,本实验用 $HCl + HNO_3 + HF$ 组成的混合酸煮洗海绵钌. 将一次煅烧还原得到的海绵钌用 50 mL 王水与 HF 的混合酸(体积比 $HCl:HNO_3:HF = 3:1:1$)在聚四氟烧杯中煮洗 5 ~ 10 min,深度除杂后过滤,滤饼用二次蒸馏水洗至中性,在管式炉内于 250℃ 下通氮气 2 h 烘干,自然降温,得高纯钌粉. 其电镜照片如图 3 所示.

从图 3 可以看出,高纯钌粉颗粒较小且大小均匀,呈较规则的近球形状,分散性好,不易团聚,颗粒直径在 5 ~ 15 mm 之间,粒度分布范围较窄,符合溅射靶材的晶粒尺寸必须控制在 100 mm 以下的指标要求[19].

从表 2 可以看出,海绵钌经酸煮后纯度大大提高,表明混合酸($HCl + HNO_3 + HF$)对海绵钌中的金属杂质离子起到了进一步深度除杂的效果,尤其对 Fe 和 Si 去除效果更好,可制得纯度不低于 99.999% 的高纯钌粉,满足 0.25 mm 线宽工艺所需靶材化学纯度在 99.999% 以上的指标要求[19]. 产品中杂质元素包括气态元素含量全部符合指标要求,说明酸煮方法除杂效果明显,不仅海绵钌中超标杂质元素含量大幅度降低到指标要求值,且其他杂质元素含量进一步降低,产品纯度大幅度提高.

4 结论

以贵金属矿经氧化 - 蒸馏分离锇、钌所得的一次钌盐酸吸收液为钌原料,采用超重力二段分步氧化蒸馏 - 煅烧还原精炼提纯技术制备高纯钌粉,得到如下结论:

(1)以氧化还原标准电极电位作为判据,可实现锇与钌、钌与其他铂族金属及贱金属的分离.

(2)锇、钌的蒸馏分离效率分别达 97% 和 99.5%.

(3)海绵钌用混合酸($HCl + HNO_3 + HF$)酸煮,制备出了符合靶材用纯度达 99.9993% 的高纯钌粉.

参考文献

[1] Yuichiro Sh., Tsuneo T.. Method for Preparing High - purity Ruthenium Sputtering Tar-

get and High – purity Ruthenium Sputtering Target [P]. US Pat. :6284013,2001 – 09 – 04.

[2] Yuichiro Sh. ,Tsuneo T.. Process for Producing High – purity Ruthenium [P]. US Pat. : 6036741:2000 – 03 – 14.

[3] Phillips J E. ,Len D S.. Method for Purifying Ruthenium and Related Processes [P]. US Pat. :6458183,2002 – 10 – 01.

[4]刘时杰. 铂族金属矿冶学 [M]. 北京:冶金工业出版社,2001. 22 – 33,274 – 276,445 – 449.

[5]章德玉,刘伟生. 超重力氧化 – 真空脱气法从一次钌盐酸溶液赶锇[J]. 化工进展, 2010,29(7):101 – 105.

[6]刘正华,胡绪銘,赖友芳. 钌提取工艺研究 [R]. 昆明:昆明贵金属研究所,1984. 6 – 10.

[7]王贵平,葛敬云,李勇智. 从钌吸收液中提取提纯高纯钌粉新工艺 [J]. 有色冶金, 1998,(5):23 – 26.

[8]韩守礼,贺小塘,吴喜龙,等. 用含钌废料直接制备试剂级三氯化钌 [J]. 贵金属, 2009,30(4):37 – 39.

[9]韩守礼,贺小塘,吴喜龙,等. 用钌废料制备三氯化钌及靶材用钌粉的工艺 [J]. 贵金属,2011,32(1):68 – 71.

[10] Akira M. ,Naoki U.. Sputtering Target for Forming Ruthenium Thin Film [P]. JP Pat. : 08 – 199350,A,1996 – 12 – 28.

[11] Akira M.. Production of High – purity Iridium or Ruthenium Sputtering Target [P]. JP Pat. :09 – 041131,A,1997 – 09 – 05.

[12]永井灯文,织田博. 制备钌粉末的方法 [P]. 中国专利:CN1911572A,2007 – 02 – 01.

[13]永井灯文,河野雄仁. 六氯钌酸铵和钌粉末的制造方法以及六氯钌酸铵 [P]. 中国专利:CN 101289229A,2008 – 10 – 22.

[14]黎鼎鑫. 贵金属提取与精炼 [M]. 长沙:中南工业大学出版社,2003. 2 – 3,40 – 47, 329 – 330,568.

[15]余建民. 贵金属分离与精炼工艺学 [M]. 北京:化学工业出版社,2006. 7 – 45,245, 425.

[16]陈景. 铂族金属化学冶金理论与实践 [M]. 昆明:云南科技出版社,1995. 2 – 81.

[17](苏)C. H. 金兹布尔格等著. 铂族金属和金的化学分析指南 [M]. 杨丙雨,范建民,刘传胜,译. 冶金部秦岭金矿化验室,,1988. 16 – 87.

[18]张宏亮,李继亮,李代颖. 贵金属钌粉制备技术及应用研究进展[J]. 船电技术, 2012,32(8):54 – 56.

[19](苏)H. H. 马斯列尼茨基等著.. 贵金属冶金学 [M]. 田玉芝,迟文礼,崔秉懿,译. 北京:原子能出版社,1992. 345.

[20]蔡少华,黄坤耀,张玉容. 元素无机化学,第 2 版 [M]. 广州:中山大学出版社,1995. 117 - 118.

[21]李成义,赵立新,王志,等. 酸洗去除冶金硅中的典型杂质 [J]. 中国有色金属学报,2001,21(8):1988 - 1996.

[22]李佳艳,王浩洋,谭毅,等. 采用 HF 酸浸蚀沉降的方法从单晶硅切割废浆料中回收硅粉 [J]. 功能材料,2012,11(43):1479 - 1482.

(本文发表于 2015 年《过程工程学报》第 15 卷第 2 期)

用于溅射靶材的高纯钌粉的制备工艺研究

章德玉　刘伟生*

本文首次采用超重力旋转填料床反应器氧化减压蒸馏装置从一次钌盐酸吸收液中氧化蒸馏赶锇、提钌。氧化蒸馏出的 RuO_4 经盐酸吸收还原制得纯的钌盐酸溶液经氯化铵结晶沉淀,所得的氯钌酸铵沉淀物在氢气氛围下煅烧还原制得高纯海绵钌,海绵钌经王水与氢氟酸混合酸煮洗,在氢气氛围下干燥后制得的钌粉经辉光放电质谱法-GDMS分析,纯度达到5N(99.999%)以上,可直接用于溅射靶材。本工艺采用物理与化学、湿法与火法相结合的提纯技术,制得用于溅射靶材的高纯钌粉。超重力旋转填料床反应器氧化蒸馏具有能连续化作业、操作时间短、提钌率高、制备高纯含钌盐酸溶液产品质量稳定的特点。

1　前言

随着高新技术的发展,对靶材的品种和需求不断增大,展示了良好的应用前景,受到世界各国的同行重视和开发。高纯钌溅射靶材作为超大规模集成电路(LSI)铁电体电容器的低电极材料也已有研究[1]。用于溅射靶材的高纯钌粉,要求高纯钌的纯度至少在4N5(99.995%)以上[1-3],靶材的纯度对溅射薄膜的影响很大,必控的杂质元素及其含量包括:①Na、K等碱金属元素,要求总含量小于5ppm,最好其单个含量必须在1ppm以下;②Fe、Ni等重金属元素,要求总含量小于5ppm,最好其单个含量必须在1ppm以下;③U、Th等放射性元素,要求总含量小于10ppb,最好其单个含量必须在5ppb以下;④气体杂质元素C、O、N,一般总含量小于500ppm。

由于高纯钌溅射靶材的研究刚刚起步,国内外对高纯钌粉的制备方法的报道很少,主要有几篇专利报道见文献[1-6]。以钌的盐酸溶液为原料制备高纯钌,要

* 作者简介:章德玉(1969—),男,甘肃张掖人,博士,天水师范学院化学工程与技术学院副教授,高级工程师,主要从事过程强化技术、金属材料提纯和新型功能材料的研究。

求钌原液纯度很高。钌溶液的精炼的主要任务是除去性质相似的锇[7]，精炼过程分为钌吸收液提纯和制取金属钌两个步骤[8]。分离锇、钌的方法很多，但根据锇、钌最独特的特性是能形成挥发性的四氧化物与其他铂族金属以及贱金属分离。因此，最有效的分离锇、钌的技术是氧化蒸馏－碱液吸收、氧化蒸馏－盐酸吸收[8]。可用二段氧化蒸馏技术，锇用 HNO_3 或 H_2O_2 选择氧化而单独蒸出来，钌则留在蒸馏液中，然后进行二段氧化蒸钌和残留的锇。

随着化工强化传质设备的研究进展，新型的化工过程强化技术和设备－超重力技术（High Gravity Rotary Device，Higee）和旋转填料床设备（Rotating Packed Bed，RPB）成为国内外学者运用于化工各个单元操作中的研究热点。该技术具有传质效果高、传递系数提高了 1～3 个数量级，持液量小，适用于昂贵物料、有毒物料及易燃易爆物料的处理，物料停留时间短，设备体积小，既易于微型化适用于特殊场合，又易于工业化放大等特点[9－10]。因此，笔者采用旋转填料床反应器（RP-BR）作为钌盐酸吸收液的氧化蒸馏赶锇、提钌设备，研究其氧化蒸馏强化效果。

2 实验部分

2.1 实验原料、试剂及仪器

实验原料：贵金属矿经氧化蒸馏分离锇、钌所得的一次钌盐酸吸收液（盐酸浓度为 3N），经 ICP－MS 和 ICP－AES 对溶液分析，其成份见表 1 所示。

试剂：A. R. 双氧水、A. R. 氯酸钠、A. R. 硫酸、A. R. 氢氧化钠、G. R. 盐酸、G. R. 无水乙醇、MOS 氯化铵、MOS 盐酸、二次蒸馏水、MOS 硝酸、MOS 氢氟酸、A. R. 硫脲、5N 高纯氮气、5N 高纯氢气。

实验仪器：SH－3A 磁力加热搅拌器、SHZ－ⅢB 循环水真空泵、自制旋转填料床及氧化减压蒸馏装置一套、环球油浴加热器、SK2 型管式炉。

测试仪器：ICP－MS X7 分析仪（美国热电公司生产）、ICP－AES Ⅱ分析仪（美国热电公司生产），OH900 分析仪，GDMS 分析仪（美国热电公司生产）。

表 1 一次钌盐酸吸收液（原液）的 ICP 成份分析（单位：mg/L）

Element	Ru	Os	Pd	Pt	Ir	Rh	Cr	Mo	Fe	Co
Contents	31530	1.148	0.679	0.271	0.075	0.088	0.032	0.090	0.292	0.822
Element	Ni	Cu	Al	Si	K	Ca	Na	Mg	U	Th
Contents	0.100	0.154	0.043	0.966	0.745	13.148	4.241	1.907	0.020	0.026

2.2 工艺流程

实验生产高纯钌粉的工艺流程如图 1 所示。

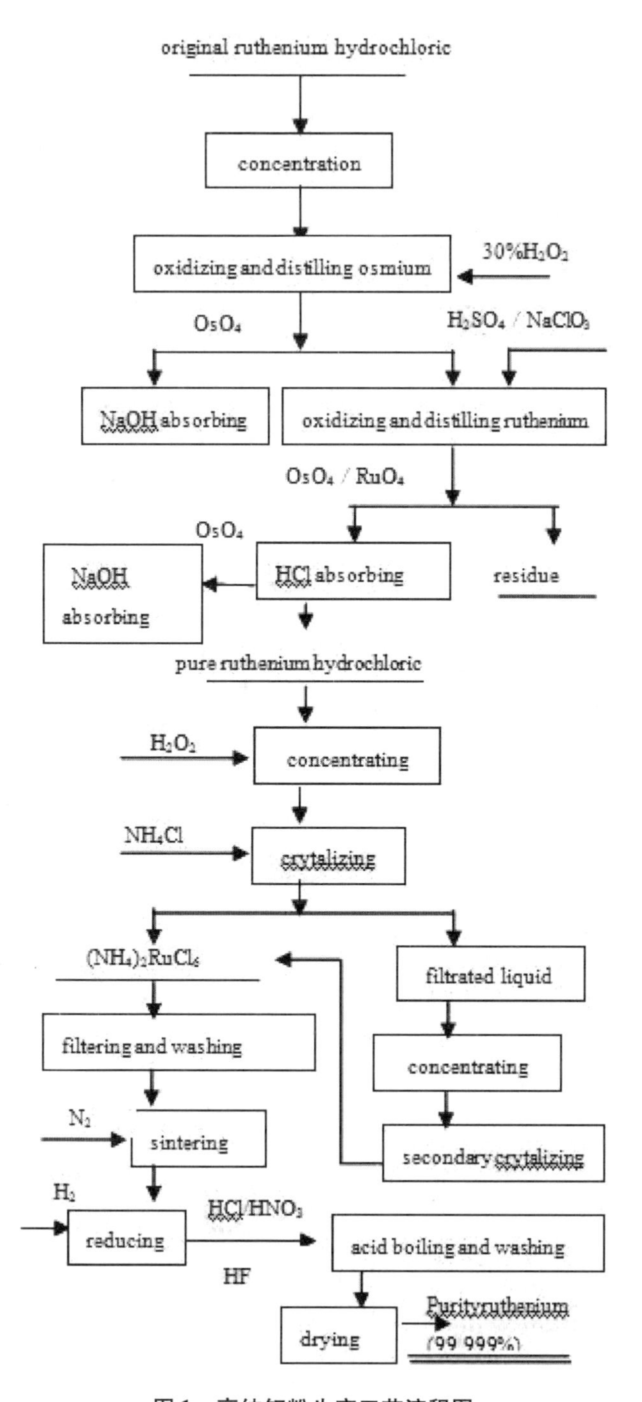

图 1　高纯钌粉生产工艺流程图

2.3 实验方案

实验方案简述如下：以一次钌盐酸吸收液为原料，在超重力旋转填料床反应器（RPBR）中进行一段氧化减压蒸馏赶锇、二段氧化减压蒸馏提钌、重复一次二段氧化减压蒸馏提钌过程。在真空度为20KPa左右、反应时间为20min的条件下，以一次钌盐酸吸收液和30%双氧水为原料，在超重力旋转填料床反应器（RPBR）中进行一段氧化减压蒸馏赶锇试验；在真空度为20KPa左右、反应时间为硫脲棉球在测气管路中检测不显色为准的条件下，以赶锇后的一次钌盐酸蒸馏余液、硫酸和氯酸钠为原料，旋转填料床反应器（RPBR）中进行二段氧化减压蒸馏提钌试验；在氧化蒸馏过程中，逸出的气体进入三级HCl（3N HCl + 0.5% C_2H_5OH）吸收瓶吸收挥发出来的RuO_4气体，再经过一级NaOH（20% NaOH + 0.5% C_2H_5OH）溶液吸收瓶吸收挥发出来的OsO_4气体。以二次蒸馏提钌后的纯钌盐酸吸收液、氯化铵为原料，在结晶反应器中进行结晶沉钌试验；各工序的正交试验因素和水平从略。以正交试验所得的最佳操作条件，经一段氧化减压蒸馏赶锇、二段氧化减压蒸馏提钌、二次蒸馏提钌、氯化铵结晶沉钌过程。将所得的氯钌酸铵结晶沉淀物先后用热的饱和氯化铵溶液和饱和的浓盐酸各洗涤两次，沉淀经70℃烘干后放置于煅烧还原装置中煅烧、还原，得到灰黑色的高纯海绵钌。具体煅烧、还原制度为：

$$\text{常温}\xrightarrow{\text{2小时}}500-800℃\xrightarrow[\text{通氮保护}]{\text{保温3—4小时}}500—800℃\xrightarrow{\text{自然降温}}\text{常温}$$

$$\text{常温}\xrightarrow[\text{通氮保护}]{\text{2小时}}800℃\xrightarrow[\text{通氮保护}]{\text{1小时}}800—1000℃\xrightarrow[\text{通氮}]{\text{保温3—4小时}}800—1000℃\xrightarrow{\text{氮气保护}}\text{常温}$$

将煅烧还原得到的高纯海绵钌用王水与氢氟酸混合酸煮洗1h后，煮洗液经过滤，滤饼用去离子水洗至中性，在管式炉内于250℃通氮气2h烘干，自然降温，得到最终产品高纯钌粉。

3 结果与讨论

3.1 氧化减压蒸馏赶锇、提钌

将正交试验及其优化试验得出最优条件叙述如下。一段氧化减压蒸馏赶锇的最佳操作条件：反应温度T = 80℃、H_2O_2反应当量倍数为1.2倍、液体流量L = 0.5$m^{3/}$h、转速rpm = 2000（r/min）下赶锇，赶锇率可达90%左右；二段氧化减压蒸馏提钌的最佳操作条件：反应温度T = 70℃、液体流量L = 2m3/h、$NaClO_3$、H_2SO_4反应当量倍数均为2倍、转速rpm = 3000（r/min）下提钌，提钌率高达99.5%左右。

只将对二次钌盐酸吸收液（6L，Ru浓度31.381 g/L）再次进行氧化减压蒸馏提钌实验,提钌率仍可达 99.5% 左右。并对所得三次钌盐酸吸收液(9L,Ru 浓度 20.823 g/L)杂质元素的分析结果如表 2 所示。

表 2　三次钌盐酸吸收液的 ICP 成份分析(单位:mg/L)

Element	Ru	Os	Pd	Pt	Ir	Rh	Cr	Mo	Fe	Co
Contents	20823	0.022	0.038	0.016	0.007	0.014	0.008	0.010	0.130	0.036
Element	Ni	Cu	Al	Si	K	Ca	Na	Mg	U	Th
Contents	0.017	0.012	0.028	0.783	0.093	0.944	4.522	0.082	0.001	0.001

由表 2 可以看出,所得三次钌盐酸吸收液具有明显的提纯效果,必控杂质元素含量除 Na 外都有不同幅度地降低,尤其铂族金属杂质离子和贱金属杂质离子去除效果明显。钌溶液可直接用于氯化铵结晶沉钌,超标杂质元素可望在沉钌过程中除去。

原因分析:一是由于锇、钌最独特的特性是能形成挥发性的四氧化物与其他铂族金属以及贱金属分离;二是由于超重力旋转填料床是一种新型的过程强化技术,在高速离心力的作用下,反应液体在旋转的填料中受到极大的剪切力的作用,形成微米至纳米级的液膜、液丝和液滴等液体微元,这些液体微元不但产生了巨大的相界面,而且这些相界面受超重力与填料摩擦力的双重作用更新加快,进一步强化了液 - 液、气 - 液两相间的微观混合和传质效率,使液 - 液相间氧化反应快速达到相平衡,脱气液中的气体易于从液膜中逸出,实现较低的温度、较短的时间完成氧化蒸馏过程。

3.2 氯化铵结晶沉钌

氯化铵结晶沉钌的最优工艺条件如下:保温温度 T = 95℃、保温时间 t≥2h、反应时间 t≥60min、NH_4Cl 反应当量倍数为 3 倍,同时在保温过程中加入钌量 1.5 倍的 H_2O_2。此时,沉钌率可达 99.8% 左右。

对三次钌盐酸吸收液超标杂质元素含量,在六氯化钌酸铵结晶物进行分析,分析结果如表 3 所示。

表 3　氯钌酸铵成分分析(ppm)

Element	Os	Pd	Fe	Co	Al	Si	K	Ca	Na	Mg
Contents	0.85	1.61	2.83	0.77	0.65	9.23	1.28	2.04	4.13	1.27

由表 3 可以看出,制得的六氯化钌酸铵结晶物纯度很高,可直接用于高纯钌粉的制备。沉淀经冷的饱和的氯化铵溶液洗涤过滤后,超标杂质元素含量都不同幅度地降低,但 Fe、Si 很难去除,有望在后序酸煮中去除。其原因分析如下:①结晶沉钌过程中,铂族金属离子均与 NH_4Cl 反应生成不溶于饱和的氯化铵溶液的

$(NH_4)_2[MeCl_6]$络合物沉淀，其他杂质离子不形成沉淀，这样有效地使铂族金属离子同其他杂质离子分离，但微量杂质不可避免地被沉淀夹带而进入$(NH_4)_2[MeCl_6]$结晶物中。②0.5～3M盐酸吸收四氧化钌时，主要以Ru(Ⅳ)—$[RuCl_6]^{2-}$的形态存在[11-12]。还含有少量的$[RuCl_6]^{3-}$存在，加入H_2O_2使钌全部以$[RuCl_6]^{2-}$的形式存在，加入氯化铵则生成几乎不溶于饱和氯化铵的$(NH_4)_2[RuCl_6]$沉淀。③钌的盐酸吸收液，除六氯钌酸离子$[RuCl_6]^{2-}$以外，还含有氯配位的一部分成为含水配位基的$[RuCl_{6-n}(H_2O)_n]^{2-n}$离子，并且溶液的温度越低，$[RuCl_{6-n}(H_2O)_n]^{2-n}$的比例越高；温度越高，$[RuCl_{6-n}(H_2O)_n]^{2-n}$的比例越小。当保温温度为95℃时，$[RuCl_{6-n}(H_2O)_n]^{2-n}$几乎全部转化为$[RuCl_6]^{2-}$，能够完全生成六氯钌酸铵。④由于从$[RuCl_{6-n}(H_2O)_n]^{2-n}$向$[RuCl_6]^{2-}$的反应速度慢，当保温时间为2h时，溶液中的$[RuCl_{6-n}(H_2O)_n]^{2-n}$几乎全部转换为$[RuCl_6]^{2-}$，延长保温时间再无明显的效果。⑤反应时间过短，不能充分生成六氯钌酸铵，回收率降低，必须保持反应时间在60min以上，但反应时间过长没有明显的效果。⑥当氯化铵的添加量小，则不能充分生成六氯钌酸铵，回收率降低；当NH_4Cl的反应当量倍数为3倍时，能充分生成六氯钌酸铵；当氯化铵的添加量过大，则有析出未反应的氯化铵，既浪费原料，又带来过多杂质离子随其吸附。

3.3 氯钌酸铵煅烧还原、海绵钌酸煮制度

在试验制定的氯钌酸铵煅烧还原、海绵钌酸煮制度条件下，得到最终产品高纯钌粉经GDMS，OH分析仪分析，其成分如下表4所示。

从表4可以看出，氯钌酸铵经合理的煅烧、还原、海绵钌酸煮过程后可制得大于5N(99.999)的用于溅射靶材的高纯钌粉。氯化铵分解温度为230℃，在500℃～800℃下煅烧，可防止温度过低分解不充分而含有过量的氧和氯，得不到充分的纯度；温度过高而造成因含水率高而可能导致钌的氧化、且含有氯化铵而烧结很硬等问题。在800℃～1000℃下通氢还原4h左右，避免温度过高出现烧结的很硬和还原时间过短出现还原不充分的问题。对铂族金属而言，王水能对铂、钯溶解，而对锇、钌、铑、铱不溶；同时，王水几乎能溶其他杂质离子，尤其对难以去除的Fe杂质离子有很好的去除效果；由于Si的化学性质不活泼，不与任何酸作用，但能溶于HF和HNO_3(氧化剂)的混合酸中，生成可溶性的硅氟酸(H_2SiF_6)和易挥发的四氟化硅(SiF_4)。

表4　高纯钌粉GDMS分析结果(单位:K、Pt、Pd、U、Th为ppb,其余为ppm)

Element	Na	K	Fe	Ni	Os	Rh	Ir	Pt	Pd	Cr	Mo	Al
Contents	0.63	50.4	0.58	0.24	0.70	0.35	0.82	8.5	56.8	0.18	0.09	0.24
Element	Si	Co	Cu	Ca	Mg	U	Th	C	Cl	O	N	H
Contents	0.65	0.27	0.21	0.75	0.50	1.3	16.4	<20	<10	<50	<10	<10

4　结论

1)首次使用湿法与火法相结合的工艺,工艺衔接合理,易于制备用于溅射靶材的纯度不小于5N(99.999%)的高纯钌粉;

2)首次采用超重力旋转填料床反应器作为氧化减压蒸馏锇、钌的装置,从钌盐酸溶液中氧化蒸馏赶锇、提钌,制得用于制备高纯钌所需的高纯度的盐酸钌溶液;

3)超重力旋转填料床作为氧化蒸馏反应器,具有能连续化作业、操作时间短、氧化蒸馏效率高、易于工业化放大的特点,是一种更有效的氧化蒸馏技术。

参考文献

[1] Shindo, Yuichiro, Tszuki, Tsuneo. Method for preparing high - purity ruthenium sputtering target and high - purity ruthenium sputtering target[P]. US 6284013:2001 - 09 - 04.

[2] Shindo, Yuichiro, Tszuki, Tsuneo. Process for producing high - purity ruthenium[P]. US 6036741:2000 - 03 - 14.

[3] Phillips, James E., Spaulding, Len D. Method for purifying ruthenium and related processes[P]. US 6458183:2002 - 10 - 01.

[4] Mori Akira, Uchiyama Naoki. Sputtering target for forming ruthenium thin film[P]. JP, 08 - 199350, A:1996 - 12 - 28.

[5] Mori Akira. Production of high - purity iridium or ruthenium sputtering target[P]. JP, 09 - 041131, A:1997 - 09 - 05.

[6] Yong - Jingdengwen(永井灯文), Zhi Tianbo(织田博). Process for producing ruthenium power(制备钌粉末的方法)[P]. CN 1911572A, 2007 - 02 - 01.

[7] CHU Guang(楚广), YANG Tian - Zu(杨天足). Precious Metals(贵金属)[J]. 2005. 26(2):1 - 4.

[8] LI Ding - Xin(黎鼎鑫), WANG Yong - Lu(王永录) Chief - Edr(主编). Extraction and Refining of Precious Metals(贵金属提取与精炼)[M]. Changsha(长沙): South of China Industry Technology University Press(中南工业大学出版社), 2003:594.

[9] CHENG Jian - Feng(陈建峰) Chief - Edr(主编). High Gravity Technology and Appli-

cation—Reaction and Separation technique of NewGeneration(超重力技术及应用 - 新一代反应与分离技术)[M]. Beijing(北京):Chemical Industry Press(化学工业出版社),2002:3.

[10] LIU You - Zhi(刘有智)Auth(著). Chemical Processes and Technology of High Gravity(超重力化工过程与技术)[M]. Beijing(北京):Defense Industry Press(国防工业出版社),2009:5.

[11] YANG Bing - Yu(杨丙雨),FAN Jian - Min(范建民)等 et. Transtation(译). Chemistry Analysis Guide of Platinum Family Metalline and Gold(铂族金属和金的化学分析指南)[M]. Beijing(北京):Gold MineLabouratory of Metallurgical Department(冶金部秦岭金矿化验室),1988,26 ~ 28.

[12] YU Jian - Min(余建民)Auth(著). Technology of Separation and Refining of Precious Metals(贵金属分离与精炼工艺学)[M]. Beijing(北京):Chemical Industry Press(化学工业出版社),2006:24 ~ 27.

(本文发表于2016年《稀有金属材料与工程》第45卷第5期)

Study of Binary Complexes of Several Transition Metal Ions with D – Naproxen in Methanol—Water Medium by Potentiometry

Y. C. ZHU　X. N. DONG　J. G. WU　R. W. DENG *

摘要:在甲醇 – 水介质中(甲醇 v/v 60%;)用 pH 电位法研究了 D – 萘普生与过渡金属离子 M(Ⅱ)(M = Cd、Co、Ni、Cu 和 Zn)二元体系配合物的组成,测定了 D – 萘普生的质子化常数及二元配合物的稳定常数,全部实验在 25 ℃ 及离子强度 0.2mol · dm^{-3} (KNO_3) 的条件下进行,实验数据处理用程序 MINIQUAD and MIQUV 完成。结果表明配体的质子化常数随混合介质中甲醇含量的增加而增大,配合物 ML_2 稳定常数的变化与 Irving—Williams 序列相一致,即: $\beta_{CdL_2} < \beta_{CoL_2} < \beta_{NiL_2} < \beta_{CuL_2} > \beta_{ZnL_2}$。

Binary complexes of D – naproxen(HL) with several transition metal ions M(Ⅱ) (M = Cd, Co, Ni, Cu, and Zn) were studied potentiometrically in 60 vol. % methanol—water at 25 ℃ and $I(KNO_3) = 0.2$ mol dm^{-3}. The stability constant of binary complexes was estimated by using the computer programs MINIQUAD and MIQUV. For the ligand, the protonation constant increased, while the content of methanol increased in mixed solvent. The results show that the stability constants of the binary complexes ML_2 for the different metal ions, which were found to be $\beta_{CdL_2} < \beta_{CoL_2} < \beta_{NiL_2} < \beta_{CuL_2} > \beta_{ZnL_2}$, have an Irving—Williams order.

As a nonsteroidal antiinflammatory analgesic, D – naproxen(HL) was used exten-

---

* 作者简介:朱元成(1963—),男,甘肃甘谷人,天水师范学院教授、博士,主要从事生物无机化学及溶液体系配合物研究。

sively in the clinical practice for treatment of arthritis and chronic and acute pain states [1]. Many studies have shown that metal ions play a vital role in a vast number of widely different biological processes and some diseases are related to the lack of some metallic elements vital to life. It has been observed that a copper supplement is desirable in the treatment of rheumatoid arthritis [2]. Although the metal complexes of naproxen have been investigated because of the application in medicine [3], less attention has been paid in solution system to its coordinativebehaviour and the stability. In order to understand the interaction between drug and metal ion, it is worthwhile to undertake the ascertainment of the complexes species and the estimation of the stability constants.

In the present research, the formation and stability of the binary complexes of ligand naproxen with severaltransition metal ions M(Ⅱ) were considered by potentiometry in 60 vol. % methanol—water at (25 ± 0.1) °C and $I(KNO_3) = 0.2$ mol dm^{-3}.

EXPERIMENTAL

D - Naproxen (medically pure, Southwest Second Pharmaceutical Factory, China) (Formula 1) was dissolved with an equimolar amount of NaOH solution in water. The reaction mixture was stirred until clear, and then acidified; separated out the white product by filtration and dried over a molecular sieve under vacuum. m. p. = 153—155 °C (the literature value [4] is 155. 3 °C). Element analysis for $C_{14}H_{14}O_3$ (M_r = 230. 26) w_i(Calc.): 73. 03 % C, 6. 13 % H; w_i(found): 72. 92 % C, 6. 12 % H.

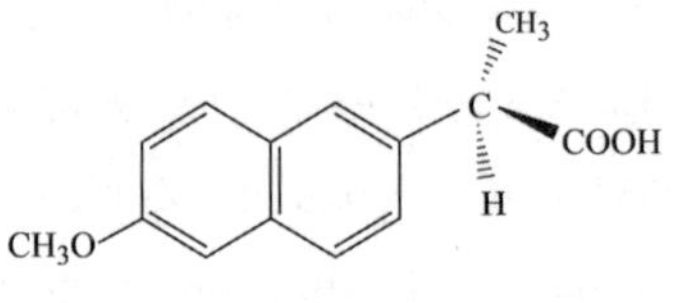

CH3 C COOH H CH3O

Formula 1. Structural formula of D - naproxen.

The other reagents, obtained from Shanghai Chemical Reagents Supplier, were of anal. grade or high purity, and the water for preparing solutions was deionized by means of ion - exchanger equipment. For the stock solutions, the contents of metal ions M(Ⅱ) (M = Cd, Co, Ni, Cu, and Zn) in nitrate form were determined by complexometric titration against EDTA. The stock solution of naproxen was prepared by weighing and kept out of sunlight. Carbonate - free titrant NaOH was prepared by diluting the saturated stock solution, and then standardized with potassium hydrogen phthalate (dried at 120 °C for 4 h).

A model PXS - 215 pH/mV meter (accuracy: ± 0.2 mV) assembled with model 231 glass electrode and model 232 calomel electrode (Shanghai Rex Instruments Factory, China) was employed for all potentiometric measurement. A model DAB - 1B digital automatic burette (Jiangsu Electroanalytical Instrument Factory, China, accuracy: ± 0.003 cm^3) was used to deliver titrant base. Sample solutions were titrated in a double - walled glass cell maintained at (25 ±0.1) °C by means of water circulation from a water thermostat (TB - 85 Thermo Bath, Shimadzu) and were stirred magnetically under a continuous flow of pure nitrogen.

The calibration of glass electrode was followed by the procedure of our earlier work [5,6] employing the computer program MAGEC [7].

For the valuation of the protonation constant of ligand, four sample solutions in which φ_m (the volume fraction of methanol in mixed solvent) was changed from 50 to 80 vol. %. The concentration of naproxen was changed in the range of (1.0—3.0) $\times 10^{-3}$ mol dm^{-3}. Every sample solution was titrated with a standard NaOH solution in the pH range 4.2—6.5.

The pH titrations of the binary systems were carried out with initial 50.0 cm^3 sample solutions, which had a content of 60 vol. % methanol and a ratio of n(metal ion) : n(ligand) = 1 : 1, 1 : 2, and 1 : 3, respectively. The concentration of naproxen was fixed to 3.0×10^{-3} mol dm^{-3} and that of metal ions was changed. The pH range for data collection was 4.2—7.1. All the calculations were performed with the aid of computer programs MINIQUAD and MIQUV [8], which were based on the least squares. By following the procedure that preliminary refinement of the formation constants with MINIQUAD, then refinement with MIQUV using the log β values obtained by MINIQUAD as starting values. With this cycle, the computed result is more precise and reliable.

The notation β_{pqs} (concentration constants) was defined as follows (charges are omitted for simplicity).

$$pM + qL + sH \rightleftharpoons MpLqHs \quad \beta_{pqs} = \frac{[MpLqHs]}{[M]^p [L]^q [H]^s}$$

where p, q, and s denote the numbers of moles of M(Ⅱ) ions, deprotonated naproxen (L^-) and proton (the negative value of s denotes the hydroxyl - containing complexes), respectively. The complexes species are simply referred to as the combination of *pqs* and the formation constant is expressed as β_{pqs}.

RESULTS AND DISCUSSION

The protonation constants pK_a of naproxen were estimated 5.351(2)(50 vol.%) (the first parenthesis presents the standard deviation, the second ones is volume fraction of methanol), 5.604(2)(60 vol.%), 5.845(3)(70 vol.%), and 6.030(2)(80 vol.%), respectively.

It is obvious that the pK_a value of naproxen increased with the increase of φ_m. In fact, the methanol solvent has a relatively lower polarity than water, so decreasing the polarity of mixed solvent will lead to the increase of the bonding force between the ions with different charge. That is to say that the deprotonation ability of naproxen is decreased in a medium with the higher φ_m. This result is similar to the reports by *Hosny et al.* [9] about the effect of organic solvent on the protonation constant of tetracycline.

A linear relationship between pK_a and φ_m was found (Fig. 1), and it can be expressed as an equation: pK_a = 4.227 + 0.0228{φ_m}. Based on this function relationship, we can deduce the protonation constant of naproxen with a random φ_m in 50—80 vol.% range.

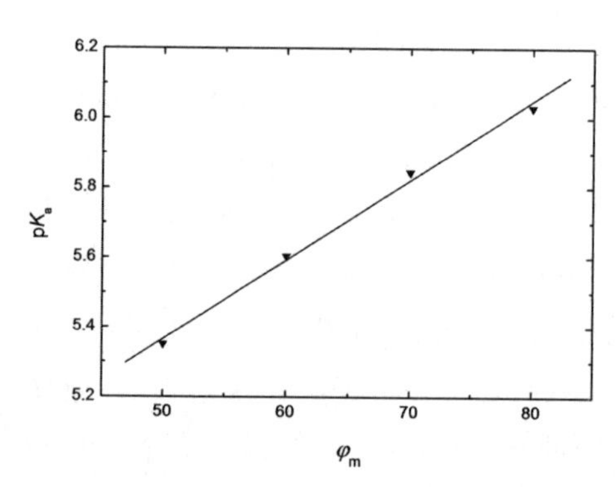

Fig. 1. The relationship between the protonation constant (pK_a) of D-naproxen andthe volume fraction of methanol in mixed solvent (φ_m).

For the binary systems of M(Ⅱ)—HL we fixed the titration solutions in φ_m = 60%, and the ascertained complex species and estimated stability constants in logarithm are shown in Table 1. Complex species ML_2 existed for all, whereas species ML also for Cd(Ⅱ), Co(Ⅱ), and Cu(Ⅱ). In addition, the complex in dimeric form M_2L_4 was found in Ni(Ⅱ) - and Zn(Ⅱ) - containing systems. This results suggest that complex M_2L_4 is the most stable while there is the increase in pH of sample solutions.

By comparing of the step stability constants of Cd(Ⅱ), Co(Ⅱ), and Cu(Ⅱ), they follow the order of $\log K_2 > \log K_1$. According to this result, which conflicts with the general rule, it can be concluded that the formation of complex species ML_2 is easier than that of ML. On one hand, the natural complex is more stable than the fundamentally charged one; on the other hand, this could be attributed to the hydrophobic interaction [10] between ligands of complex ML_2. The stability constants of the complexes ML_2 have the order $\beta_{CdL_2} < \beta_{CoL_2} < \beta_{NiL_2} < \beta_{CuL_2} > \beta_{ZnL_2}$, which also in accord with the order of Irving—Williams [11].

Table 1. The Stability Constants of the Binary System M(Ⅱ)—HL(φ_m =60 %)

Stability constants	Cd(Ⅱ)	Co(Ⅱ)	Ni(Ⅱ)	Zn(Ⅱ)	Cu(Ⅱ)
$\log\beta_{ML}$ ($\log K_1$)	1.73(5) *	1.36(2)	—	—	2.29(1)
$\log\beta_{ML_2}$	4.72(2)	4.81(2)	4.91(5)	4.84(2)	5.35(1)
$\log K_2$	3.09(2)	3.45(2)	—	—	3.06(1)
$\log\beta_{ML(OH)}$	-5.22(3)	-5.67(6)	—	—	—
$\log\beta_{M_2L_4}$	—	—	13.56(4)	12.63(6)	—
pH range	4.7—6.9	4.7—7.1	4.7—6.3	4.4—6.7	4.2—5.3

* The standard deviation is in parenthesis.

As mentioned above, complexes Ni_2L_4 and Zn_2L_4 are the dimeric forms of its parent complexes NiL_2 and ZnL_2. For the dimerization reaction $2ML_2 \rightleftharpoons M_2L_4$, the calculated equilibrium constant K_e ($K_e = \beta_{M_2L_4}/\beta^2_{ML_2}$) for Ni(Ⅱ) and Zn(Ⅱ) is 5.5×10^3 and 8.9×10^2, respectively, and this suggests that the complexes NiL_2 and ZnL_2 could be converted almost to dimeric forms. Herein we assume that the hydrophobic interaction is still the main drive of dimerization.

For the binary system containing Cu (Ⅱ) ion, a large amount of green deposit formed when the pH of titration solution was close to 5.3. The deposit was separated, washing - up by methanol and then dried. For $Cu_2L_4 \cdot 3H_2O$ ($C_{56}H_{58}O_{15}Cu_2$, M_r = 1098.16) W_i (Calc.): 61.25 % C, 5.32 % H, 11.57 % Cu; W_i (found): 61.22 % C, 5.14 % H, 11.48 % Cu (obtained by EDTA complexometry). The formation of solid compound $Cu_2L_4 \cdot 3H_2O$ is in accord with the early report [3], and this implies that the dimerization is caused by the extra interaction of intramolecular aromatic - ring stacking or hydrophobic adducts, with a structure as shown in the formula2, between ligands in the complex. For the other systems, the deposit is also formed when the pH of titration solutions was close to 7.0, and we hold that the deposits are mixture of complexes and hydrolysis products.

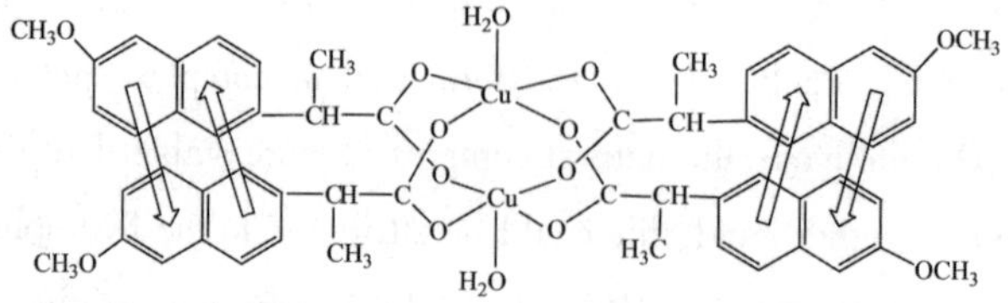

Formula 2. The structure of dimeric complex Cu_2L_4 · $3H_2O$ ($L = C_{14}H_{13}O_3^-$) (one water is the crystal).

The experimental and simulated titration curves of the Ni(Ⅱ) – containing system are shown in Fig. 2. It isobvious that the simulated curve is matchable to the experimental one. This result supports the validity of species model selected in the Ni(Ⅱ)—HL system. In addition, the species distribution curves (Fig. 3) of the system were also obtained by employing the program HYSS [12]. By analyzing the species distribution of M(Ⅱ)—HL systems at a mole ratio of 1:3 (n(metal) : n(ligand)), it is clear that the maximum content of complex ML_2 is about 27% (CdL_2), 29 % (CoL_2), 20 % (NiL_2), 16 % (ZnL_2), and 35 % (CuL_2) while pH ≈ 6.5, respectively. On the other hand, the content of complex ML_2 is almost unchanged in 7.0—8.0 pH range.

Complex species ML(OH) was only ascertained in the binary system containing Cd(Ⅱ) and Co(Ⅱ). The formation of hydrolysis form may be explained by the fact that the relatively higher pH than in the other systems wasachieved in experiment.

CONCLUSION

There is a linear relationship between the protonation constant (pK_a) of naproxen and the content of methanol in methanol—water mixed solvent (φ_m), which can be expressed as an equation: $pK_a = 4.227 + 0.0228\{\varphi_m\}$. In the binary M(Ⅱ)—HL systems, complexes species ML_2 was found for investigated transition metal ions, and its stability constants coincide with the Irving—Williams order. The formation of complexes M_2L_4, the dimeric form of binary species ML_2, hints that the aromatic – ring stacking or hydrophobic interaction exists between ligands in the complexes.

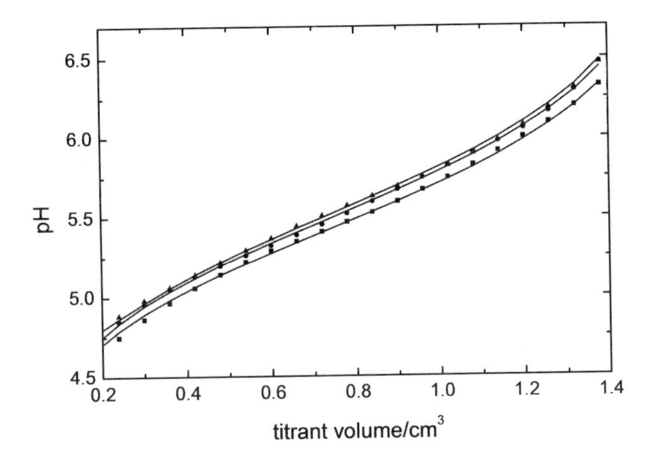

Fig. 2. Comparison of experimental titration curves(■ 1:1(n(metal):n(ligand)), ● 1:2, ▲ 1:3) and simulated ones(—) of the Ni(Ⅱ)—HL system. c_{Ni} = (1.0—3.0) ×10^{-3} mol dm^{-3}, c_{HL} = 3.0 ×10^{-3} mol dm^{-3}.

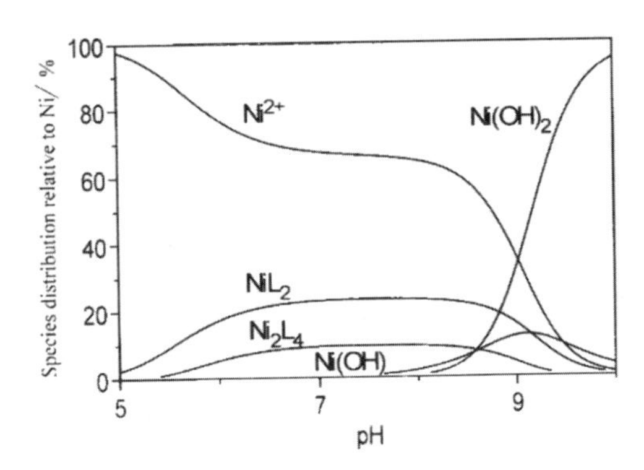

Fig. 3. Species distribution curves for Ni(Ⅱ)—HL system at a mole ratio of 1:3 (n(metal):n(ligand)). c_{Ni} = 1.0 × 10^{-3} mol dm^{-3}, c_{HL} = 3.0 ×10^{-3} mol dm^{-3}. The stability constants of species Ni(OH) and $Ni(OH)_2$ were from the literature[13].

REFERENCES

[1] Lombardino, J. G., Otterness, I. G., and Wiseman, E. H., *Arzneim. – Forsch.* 25, 1629 (1975).

[2] Fiabane, A. M. and Williams, D. R., *J. Inorg. Nucl. Chem.* 40, 195(1978)

[3] Zhang, M. Q., Zhu, Y. C., Wu, J. G., Shi, P., Deng, R. W., and Chen, Z. N., *Chem. Pap.*

55,202(2001).

[4] *The Merck Index – an encyclopedia of chemical and drugs* (Windholz, M. , Editor.) P. 834. Merck & Co. Inc. ,New Jersey,1976.

[5] Zhu,Y. C. ,Wu,J. G. ,and Deng,R. W. ,*Anal. Instr.* 1992,58.

[6] Zhu,Y. C. ,Zhang,M. Q. ,Wu,J. G. ,and Deng,R. W. ,*Chem. Pap.* 55,229(2001).

[7] May,P. M. and Williams,D. R. ,in*Computational Methods for the Determination of StabilityConstants* (Leggett,D. J. ,Editor.) P. 37. Plenum Press,New York,1985.

[8] Vacca, A. and Sabatini, A. , in*Computational Methods for the Determination of StabilityConstants* (Leggett,D. J. ,Editor.) P. 99. Plenum press,New York,1985.

[9] Hosny,W. M. ,El – Medani,S. M. ,and Shoukry,M. M. ,*Talanta*48,913(1999).

[10] Sigel,H. ,*Pure & Appl. Chem.* 61,923(1989).

[11] Irving,H. and Williams,R. J. P. ,*J. Chem. Soc.* 1953,3192.

[12] Alderighi, L. , Gans, P. , Ienco, A. , Peters, D. , Sabatini, A. , and Vacca, A. , *Coord. Chem. Rev.* 184,311(1999).

[13] *Critical Stability Constants*, Vol. 4. (Smith R. M. and Martell A. E. , Editor.) P. 6. Plenum Press,New York,1976.

(本文发表于 2003 年《ChemicalPapers》57 卷 2 期)

The Study of Binary and Ternary Complexes of Some Transition Metal Ions(Ⅱ) Involving Vitamin B5 and Imidazole in Aqueous by Potentiometry

YUAN - CHENG ZHU　JI - GUI WU　RU - WEN DENG *

摘要:在 25 ℃ 和离子强度为 0.2 mol/LNaCl 的实验条件下,用 pH 电位法研究了维生素 B_5(L)、咪唑(L　)与部分过渡金属离子 M(Ⅱ)(M = Cd、Co、Ni、Cu 和 Zn)二元及三元体系溶液配合物的组成,精确测定了配体的质子化常数及配合物的稳定常数。实验数据处理用程序 MINIQUAD 和 MIQUV 完成。结果表明二元体 M(Ⅱ) - L 中存在组成为 MLH 和 ML 的配合物物种,且配合物 ML 的稳定常数变化符合 Irving - Williams 序列;在三元体系 M(Ⅱ) - L - L　存在组成为 MLL　H 和 MLL　的配合物物种,此外对 Cd(Ⅱ)和 Co(Ⅱ)的体系有组成为 MLL　(OH)的物种,而 Zn(Ⅱ)的体系还有组成为 MLL　$_2$的物种。

Binary complexes of vitamin B_5 (VB_5) with some transition metal ions M(Ⅱ) (M = Cd, Co, Ni, Cu and Zn) as well as the ternary complexes involving imidazole(Im) as the secondary ligand were studied potentiometrically at 25 ℃ and ionic strength I = 0.2 mol/LNaCl. The stability constants of binary and ternary complexes were estimated by employing two computer programs MINIQUAD and MIQUV. There are two complexes species MLH and ML(L = deprotonated VB_5) were ascertained for the binary systems M (Ⅱ) - VB_5, and the stability constants of complexes ML for the different metal ions, which was found to be Cd(Ⅱ) < Co(Ⅱ) < Ni(Ⅱ) < Cu(Ⅱ) > Zn(Ⅱ), have an Irving - Williams order. For the ternary system, the results shown that there are two spe-

* 作者简介:朱元成(1963—),男,甘肃甘谷人,天水师范学院教授、博士,主要从事生物无机化学及溶液体系配合物研究。

cies MLL'H(L' = Im) and MLL' for Cd(Ⅱ) and Co(Ⅱ) containing system, three species including MLL'(OH) for Ni(Ⅱ) and Cu(Ⅱ) containing system, and four species including MLL'_2 for Zn(Ⅱ) containing system.

INTRODUCTION

Vitamin B_5 (VB_5, nicotinic acid) and imidazole (Im) are the biologically important ligands. It was found that vitamin B_5 not only has an effecton growth and metabolism, but also play an important role in enhancing zinc and iron utilization[1]. On the other hand, vitamin B_5 can be converted to nicotinamide *invivo* and became a moiety of two coenzymes: nicotinamide adenine dinucleotide (NAD) and nicotinamide adenine dinucleotide phosphate(NADP), which are necessary for lipid metabolism, tissue respiration and glycogenolysis. Imidazole, similar to vitamin B_5, is also an active moiety of several proteins that interact with metal ions. The binary complexes of vitamin B_5 or imidazole with transition metal ions have been reported elsewhere[2-5]. However, a systemic study under identical conditions for this binary systems and ternary mixed – ligand systems has not been undertaken. With this background information, the present paper reports the results of potentiometric studies on the binary and ternary complexes of some transition metal ions M(Ⅱ) (M = Cd, Co, Ni, Cu and Zn) with ligand vitamin B_5 or/and imidazole at 25 ±0. 1 ℃ and ionic strength I = 0. 2 mol/L NaCl.

EXPERIMENTAL

Apparatus and Chemicals

A model PXS – 215 pH/mV meter(accuracy ±0. 2 mV) assembled with model 231 glass electrode and model 232 calomel electrode (Shanghai Rex Instruments Factory, China) was employed for all potentiometric measurement. A model DAB – 1B digital automatic burette(Jiangsu electro – analytical instrument factory, China, accuracy ±0. 003 mL) was used to deliver titrant base. Sample solutions were titrated in a double – walled glass cell maintained at 25 ±0. 1 ℃ by means of water circulation from a water thermostat(TB – 85 Thermo Bath, Shimadzu) and was stirred magnetically under a continuous flow of pure nitrogen.

All reagents, obtained from Shanghai Chemical Reagents Supplier, were of analytical grade or high purity, and the water for preparing solutions was deionized by means of ion – exchanger equipment. The stock solutions of M(Ⅱ) (M = Cd, Co, Ni, Cu and Zn) ions chloride were standardized by EDTA complexometric titration. The stock solution of vitamin B_5 and imidazole, which was dried under vacuum, was prepared by weighing and kept out of sunlight. Carbonate – freed titrant NaOH was prepared by diluting the saturated stock solution, and then standardized with potassium hydrogen phthalate (dried at 120 °C for 4 h).

EMF measurements

The calibration of glass electrode system was followed the procedure of our earlier work[6] by employing the computer program MAGEC[7] according to the Nernstian equation:

$$E^{obs} = E^{0} + S_{g} \times Log[H^{+}]$$

where E^{obs}, E^{0}, S_g and $[H^{+}]$ denote the experimental measured EMF, electrode standard potential, slope of glass electrode and the calculated concentration of the free hydrogen ion in working solution, respectively. The experimental estimated S_g (59.12 ± 0.01 mV/pH) was in good agreement with the theoretical one (59.16 mV/pH), and this suggests that the experimental data obtained by this electrode system were accurate and reliable.

For the evaluation of the protonation constant of ligands, the sample solutions containing a ligand concentrations $(1.0 \le C_L \le 3.0) \times 10^{-3}$ mol/L of vitamin B_5 or imidazole and being acidified with a known excess of HCl were titrated with a standard NaOH solution. The experiment was carried out in the pH range 2.3 – 5.7 and 6.4 – 7.4 for vitamin B_5 and imidazole, respectively.

For the binary systems, the pH titrations have been carried out using 50.0 mL sample solutions containing the metal ions and ligand in 1:1, 1:2 and 1:3 ratios (moles ratio) for vitamin B_5 involving system, whereas a suite of testing solutions of 1:1, 1:2, 1:3, 1:4 and 1:6 ratios were used for the imidazole involving system. The titration for the ternary systems were carried out with M(Ⅱ):VB_5:Im in 1:1:1, 1:1:2 and 1:2:2 ratios. Sample solutions that have a changed metal ions concentration $(6.0 \le C_M \le 20) \times 10^{-4}$ mol/L were titrated with a standardized NaOH solution. All the calculations were performed with the aid of the least squares computer program MINIQUAD and MIQUV[8].

The notation β_{pqrs} (concentration constants) was defined as follows (charges are omitted for simplicity).

$$pM + qL + rL' + sH \rightleftharpoons MpLqL'rHs$$

$$\beta_{pqrs} = \frac{[MpLqL^{'}rHs]}{[M]^p [L]^q [L^{'}]^r [H]^s}$$

where p, q, r and s denote the numbers of moles of M(Ⅱ) ions, deprotonated vitamin B_5, imidazole and proton(the negative value of s denotes the hydroxyl containing complexes) respectively. The complexes species are simply referred to as the combination *pqrs* and the stability constant expressed as β_{pqrs}.

RESULTS AND DISCUSSION

Binary system

The complexes species of binary system that best fit the experimental data as well as the stability constants log β_{pqrs} values are given in Table 1. For the binary system M(Ⅱ) – VB_5, there are two complex species 1100 and 1101 were ascertained in solutions, but for the Cu(Ⅱ) – VB_5 system the result showed the third complex 1200 also existed. Based on the ascertained complexes species of Cu(Ⅱ) – VB_5 system, the calculated titration curve was shown in Fig. 1. By comparing the experimental curve to the calculated one, it is obvious that the two curves were in good agreement and this provided evidences for the ascertained complexes species.

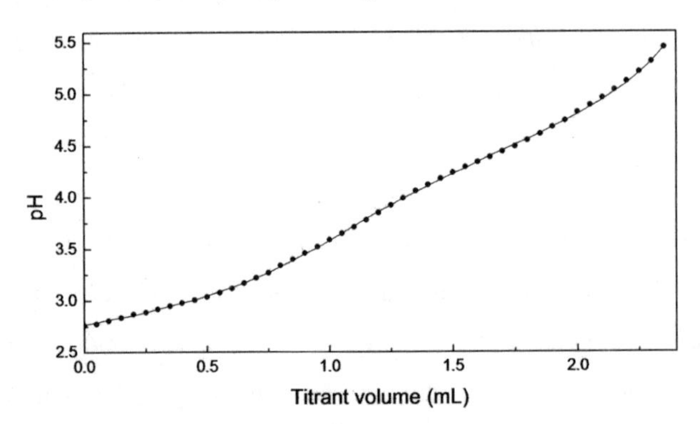

Fig. 1. – The experimental(·) and calculated(–) curve of binary Cu(Ⅱ) – VB_5 system. [Cu(Ⅱ)] = [VB_5]/2 = 0. 0015 mol/L.

The complex specie 1101 of the binary system M(Ⅱ) – VB_5 is a monoacid. Here we think that the carboxylate oxygen atom of vitamin B_5 is bound to metal ions while the pyridine nitrogen atom is protonated. The protonation constant pK_{MLH}^{H} (Table 1) of complex 1101 should be close to the pK_2 (pK_2 = log β_{0101}) value of ligand vitamin B_5, and the difference between pK_2 and pK^H_{MLH} reflects the extent of M(Ⅱ) ions acting on the ligand. In this work the values of $pK_2 - pK^H_{MLH}$ for M(Ⅱ) ions raised in the order Cd (Ⅱ)≤Co(Ⅱ)<Ni(Ⅱ)<Zn(Ⅱ)<Cu(Ⅱ). This suggests that complex 1101 of the binary system Cu(Ⅱ) – VB_5 leaves the proton out more easily or the complex 1100 will be the most stable one while compared to the other metals in present work. As shown in Table 1, the stability constants of complex 1100 for metal ions was found to be in the order: Cd(Ⅱ) < Co(Ⅱ) < Ni(Ⅱ) < Cu(Ⅱ) > Zn(Ⅱ), and this coincides with the Irving – Williams order[9]. According to the distribution curve of the binary Cu(Ⅱ) – VB_5 system(Fig. 2), complex 1101 formed firstly whereas complex 1100 is the main species when pH > 4.5. This suggests that complex 1100 is the more stable one existing in the Cu(Ⅱ) – VB_5 system.

Table 1: The protonation constants of the ligands vitamin B_5 and imidazole and the stability constants of binary systems M(Ⅱ) ions

System	pqrs	$\log\beta_{pqrs}$		pK^H_{MLH}	pH range	Reported $\log\beta$
		MIQUV	MINIQUAD			
VB_5 – H	0101	4.633(1)	4.633(3)		2.3 – 5.7	4.60[a]
	0102	6.564(4)	6.556(7)			6.79[a]
Cd(Ⅱ) – VB_5 – H	1100	1.94(4)	1.96(5)		2.7 – 5.6	
	1101	6.52(5)	6.54(6)	4.58		
Co(Ⅱ) – VB_5 – H	1100	2.15(3)	2.11(4)		2.7 – 5.6	
	1101	6.55(5)	6.49(6)	4.38		
Ni(Ⅱ) – VB_5 – H	1100	2.95(3)	2.88(4)		2.7 – 5.1	
	1101	7.24(4)	7.14(5)	4.26		
Cu(Ⅱ) – VB_5 – H	1100	3.09(4)	3.06(3)		2.7 – 5.6	3.23[a]
	1200	4.62(15)	4.61(10)			
	1101	7.23(6)	7.19(5)	4.13		
Zn(Ⅱ) – VB_5 – H	1100	2.21(4)	2.24(4)		2.7 – 5.6	
	1101	6.82(4)	6.85(4)	4.61		
Im – H	0011	6.926(1)	6.927(1)		6.4 – 7.4	7.03[a]
Cd(Ⅱ) – Im – H	1010	2.65(2)	2.64(3)		6.1 – 7.7	2.80[a]
	1020	5.15(3)	5.18(4)			4.99[a]
	101 – 1	– 5.28(1)	– 5.31(2)			
Co(Ⅱ) – Im – H	1010	2.892(6)	2.87(1)		5.7 – 7.7	2.40[a]
	1020	4.92(4)	5.01(5)			4.39[a]
	101 – 1	– 5.30(1)	– 5.33(2)			

续表

System	pqrs	$\log\beta_{pqrs}$		pK^{H}_{MLH}	pH range	Reported $\log\beta$
		MIQUV	MINIQUAD			
Ni(Ⅱ)-Im-H	1010	3.179(8)	3.18(3)		5.6-7.8	3.37[b]
	1020	5.22(9)	5.1(2)			5.70[b]
	1030	8.01(7)	8.0(2)			7.90[b]
	101-1	-4.948(9)	-4.89(3)			
Cu(Ⅱ)-Im-H	1010	4.20(1)	4.21(2)		5.4-7.9	4.21[c]
	1020	7.68(1)	7.68(2)			7.55[c]
	1030	10.62(4)	10.60(7)			10.73[c]
	1040	12.88(15)	12.98(21)			12.91[c]
	101-1	-2.76(1)	-2.76(2)			
	101-2	-10.85(2)	-10.90(4)			
Zn(Ⅱ)-Im-H	1010	2.35(2)	2.35(3)		5.9-7.5	2.55[d]
	1020	4.79(4)	4.80(6)			4.98[d]
	101-1	-5.38(1)	-5.39(2)			

a). Reference 2; b). Reference 3; c). Reference 4; d). Reference 5;

For the binary M(Ⅱ)-Im system, complexes species 1010, 1020 and 101-1 are generally existed whereas complexes species 1030 and 1040 were ascertained only in Cu(Ⅱ)-Im system. It isunderstandable that no species 1030 and 1040 existed in Cd(Ⅱ), Co(Ⅱ), Ni(Ⅱ) and Zn(Ⅱ) containing systems partly due to the higher concentration of chloride in measured solutions, which could occupy some coordinative site of metal ions that should be occupied with imidazole. In fact, mixed ligand complexes involving imidazole and chloride ion has been confirmed by Sjöberg in solutions[10]. With increasing of alkali content in solution, the hydroxide ion containing complex 101-1 was the predominant species in the binary M(Ⅱ)-Im system.

Ternary system

The systems Cd(Ⅱ)/Co(Ⅱ)-VB_5-Im showed the presence of two ternary complexes 1111 and 1110, while systems Ni(Ⅱ)/Cu(Ⅱ)-VB_5-Im showed three species 1111, 1110 and 111-1, but for the system Zn(Ⅱ)-VB_5-Im there is four mixed ligand complexes 1111, 1110, 1120 and 111-1 have been ascertained. The stability constant of ternary complexes was shown in Table 2. In order to compare the stability of ternary complexes 1111 and 1110 to the corresponding binary ones, the parameter $\Delta\log K$[11] for species 1111 and 1110 was estimated as the following:

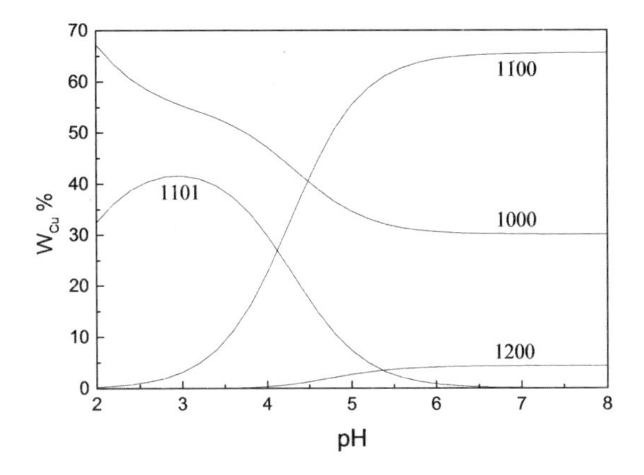

Fig. 2. – The species distribution curve of binary Cu(Ⅱ) – VB_5 system. [Cu(Ⅱ)] = [VB_5]/2 = 0. 0015 mol/L; 1000 denotes the free Cu(Ⅱ) ion.

$$\Delta \log K_{1111} = \log\beta_{1111} - (\log\beta_{1011} + \log\beta_{0110})$$

$$\Delta \log K_{1110} = \log\beta_{1110} - (\log\beta_{1010} + \log\beta_{0110})$$

Table2: Stability constants of ternary complexes in M(Ⅱ) – VB_5 – Im systems

System	pqrs	$\log\beta_{pqrs}$		pK^H_{MLH}	$\Delta\log K$	pH range
		MIQUV	MINIQUAD			
Cd(Ⅱ) – VB_5 – Im – H	1110	5. 54(1)	5. 51(2)		0. 95	3. 8 – 7. 0
	1111	12. 035(8)	12. 03(2)	6. 49	2. 86	
Co(Ⅱ) – VB_5 – Im – H	1110	4. 62(5)	4. 54(8)		– 0. 42	3. 7 – 7. 2
	1111	11. 751(9)	11. 75(2)	7. 13	2. 31	
Ni(Ⅱ) – VB_5 – Im – H	1110	6. 213(7)	6. 21(1)		– 1. 92	3. 7 – 6. 8
	1111	11. 57(2)	11. 57(4)	7. 36	1. 15	
	111 – 1	– 1. 50(2)	– 1. 49(3)			
Cu(Ⅱ) – VB_5 – Im – H	1110	7. 171(5)	7. 170(7)		– 0. 12	3. 5 – 6. 9
	1111	11. 16(9)	11. 26(14)	3. 99	– 0. 27	
	111 – 1	0. 418(8)	0. 41(1)			
Zn(Ⅱ) – VB_5 – Im – H	1110	4. 80(2)	4. 74(4)		0. 24	3. 7 – 7. 3
	1120	7. 64(2)	7. 69(3)			
	1111	11. 19(2)	11. 24(4)	6. 39	2. 02	
	111 – 1	– 3. 30(8)	– 3. 19(9)			

The $\Delta\log K$ value is negative in general. If there is an indirect ligand – ligand interaction[12] or hydrophobic interaction existing between the ligands in complex, the stability of ternary complex or $\Delta \log K$will be increased. As shows in Table 2, the observed $\Delta \log K_{1110}$ for Cd(Ⅱ) and Zn(Ⅱ) containing ternary system is positive and this hint that Cd(Ⅱ) and Zn(Ⅱ) containing ternary complexes 1110 were of more stable one when compared to the corresponding binary one 1010 or 1100. The values of $\Delta \log K_{1111}$ are positive except Cu(Ⅱ) containing ternary complex. It is obvious that ligand – ligand interaction is somewhat reduced in the Cu(Ⅱ) containing ternary complex as Cu(Ⅱ) has a preference to form a coordinative structure of square planar.

For the ternary Cu(Ⅱ) – VB_5 – Im system, the experimental titration curve was in line with calculated ones, which obtained by ascertained complexes species (Fig. 3), and this suggests that the ascertained complexes species for this system was reasonable and reliable.

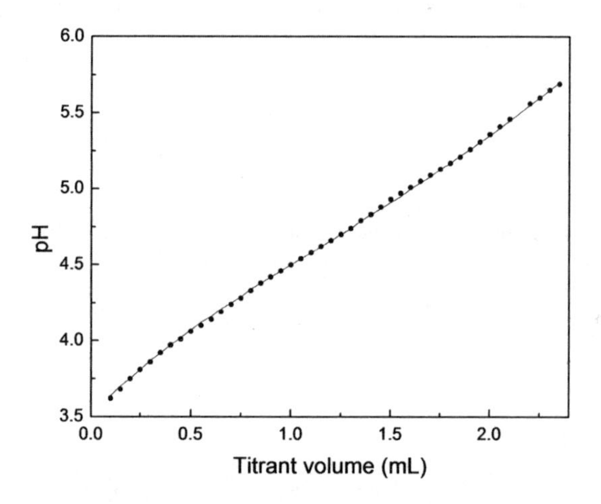

Fig. 3. The experimental (·) and calculated (–) curve of ternary Cu(Ⅱ) – VB_5 – Im system. [Cu (Ⅱ)] = [VB_5] = [Im] = 0. 0015 mol/L.

The distribution curves (complexes percentage of total metal, species with the content less than 10% was neglected) of the ternary Cu (Ⅱ) – VB_5 – Im system were shown in Fig. 4. It is noted that the binary complex 1101 formed in the pH range 2 – 4. 5 and then the formation of specie 1100 is favored. With the increasing in the pH of the measured solution, specie 1010 and ternary complex 1110 is formed in the pH range 4 – 8, and when pH > 7 the hydroxide ion containing complexes 111 – 1, 101 – 1 and 101 – 2 were the mainly species in the solution.

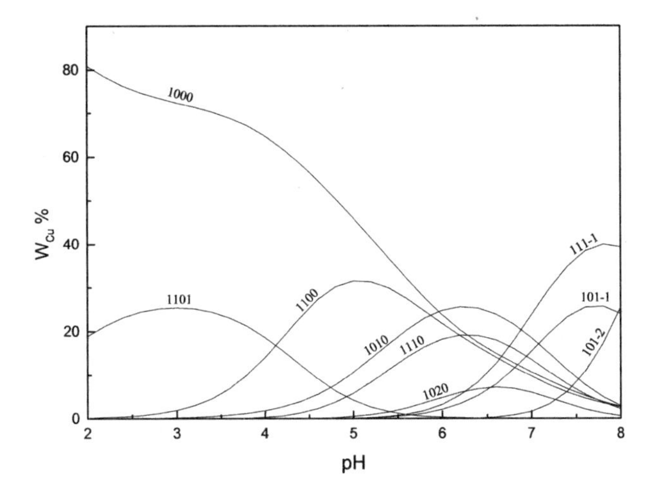

Fig. 4. The species distribution curve of ternary Cu(Ⅱ) – VB_5 – Im system. [Cu(Ⅱ)] = [VB_5] = [Im] = 0. 0015 mol/L; 1000 denotes the free Cu(Ⅱ) ion.

CONCLUSIONS

1. The complexes species and its stability constants have been determined for the present binary and ternary systems. By comparing the results obtained from program MIQUV and MINIQUAD, it is obvious that the complex species selected for the investing systems is reasonable and the stability constant is reliable.

2. For the binary system M(Ⅱ) – VB_5, the stability constants of complex 1100 for different metal ions, which was found to be Cd(Ⅱ) < Co(Ⅱ) < Ni(Ⅱ) < Cu(Ⅱ) > Zn(Ⅱ), have an Irving – Williams order.

3. The ternary complex species 1110 and 1111 were formed in M(Ⅱ) – VB_5 – Im systems, whereas the formation of species 1111 have a preference while compared to the parent binary complexes. In addition, an indirect ligand – ligand interactionor hydrophobic interaction existing between the ligands was observed in the investigated ternary systems.

REFERENCES

[1] V. V. Agte, K. M. Paknikar and S. A. Chiplonkar, *Biometals*, 1997, 10, 271.

[2] D. D. Perrin, "Stability Constants of Metal – Ion Complexes, Part B: Organic Ligands", Pergamon Press, New York, 1979, p. 144; p. 416.

[3]M. S. Nair, P. T. Arasu, M. S. Pillai and C. Natarajan, *J. Chem. Soc. Dalton trans.*, 1993, 917.

[4]M. S. Nair, B. Sivasankar and K. Rengaraj, *Indian J. Chem.*, 1988, 27*A*, 48.

[5]M. S. Nair, P. T. Arasu, M. S. Pillai and C. Natarajan, *Talanta*, 1993, 40, 1411.

[6]Y. C. Zhu, M. Q. Zhang, J. G. Wu and R. W. Deng, *chem. Pap.*, 2001, 55, 229.

[7]P. M. May and D. R. Williams, in "Computational Methods for the Determination of Stability Constants", Ed. D. J. Leggett, Plenum Press, New York, 1985, p. 37.

[8]Vacca and A. Sabatini, in "Computational Methods for the Determination of Stability Constants", Ed. D. J. Leggett, Plenum Press, New York, 1985, p. 99.

[9]H. Irving, and R. J. P. Williams, *J. Chem. Soc.*, 1953, 3129.

[10]S. Sjöberg, *Acta Chem. Scand. A*, 1977, 31, 729.

[11]E. Fischer and H. Sigel, *J. Am. Chem. Soc.*, 1980, 102, 2998.

[12]H. Sigel, B. E. Fischer and B. Prijs, *J. Am. Chem. Soc.*, 1977, 99, 3142.

(本文发表于2003年《*Revue Roumaine de Chimie*》48卷1期)

Electronic Structure of Gold Carbonyl Compounds RAuL(R = CF_3 , BO, Br, Cl, CH_3 , HCC, Mes_3 P, SIDipp; L = CO, N_2 , BO) and Origins of Aurophilic Interaction in the Clusters [RAuL]$_n$ (n = 2 – 4) : A Theoretical Study

Zhi – Feng Li *

摘要:利用 B3LYP,M06 – 2X – D3,MP2 及 CCSD(T)等方法对 RAu – L 及其低聚簇[RAuL]$_n$(n = 2 – 4)的结构及亲金作用进行了研究,同时与实验合成的[Mes_3PAu – CO]$^+$ and [SIDippAu – CO]$^+$进行了对比。结果表明,Au – CO 键 Au ←CO 供给及 Au →CO π 反馈特征。LMOEDA 结果显示 RAu – L 作用的主成分为静电项,其与作用能之间呈现线性关系。静电作用对四聚簇[CF_3AuCO]$_4$的稳定起到关键作用。

The bonding nature of CF_3Au – CO and its clusters [CF_3AuCO]$_n$(n = 2 – 4) (*Angew. Chem.*, *Int. Ed.* 2011, 50, 6571) have been theoretically investigated with density functional theory(B3LYP, B3LYP – D3, M06 – 2X, M06 – 2X – D3, M05 – 2X, M06L, B3PW91), the Hartree – Fock method (HF), second – order Møller – Plesset perturbation theory (MP2) and the coupled cluster method with perturbative triples [CCSD(T)] using a series of basis sets. For comparison, larger complexes that have been studied experimentally, [Mes_3PAu – CO]$^+$ and [SIDippAu – CO]$^+$ were also computed. Various ligands as well as their gold clusters [RAu – L]$_{2-4}$(R = OB, Br, Cl, CH_3, HCC; L = CO, N_2, OB) were also investigated. The Au – CO bonds consist of electrostatic attraction, Au←CO donation, and Au →CO π – back – bonding components.

---

* 作者简介:李志锋(1974—),男,甘肃庆阳,理学博士,天水师范学院化学工程与技术学院副教授,主要从事计算化学研究。

The LMOEDA results show that the major contributors of RAu – *L* are found to be electrostatic, which linearly correlates with the interaction energy. Electrostatic stabilization is mainly responsible for aurophilic interactions in the formation of CF_3AuCO clusters.

INTRODUCTION

The popularity of gold chemistry is rapidly growing because of its relevance to a large number of fields, such as nanotechnology,[1] medicine,[2] and catalysis.[3] The potential applications overlap many sub – disciplines of chemistry, as gold nanoparticles (Au NPs)[4] have been found to act as efficient catalysts.[5] For example, oxide – supported gold nanoparticle catalysts were prepared by the general strategy that has been developed by Zheng et al.[6] Subsequently, Zhang and co – authors further discovered that the catalytic activity of gold nanocatalysts can be dramatically boosted by the low – cost and non – toxic promoters in the selective oxidation of alcohols under mild solvent – free conditions.[7] As a type of Au NP, the first gold – carbonyl complex ClAuCO was discovered 90 years ago[8] and it has been used as a common starting material for Au(I) complexes, since the carbonyl species can be readily displaced by other ligands. Theoretical work concerning the relative stability of the complexes ClMCO, M being a group 11 metal, was first carried out at the HF and MP2 level using relativistic and non – relativistic energy – adjusted pseudopotentials for the metal atoms.[9] The crystal structure of ClAuCO reveals that the molecules are arranged in head – to – tail antiparallel infinite chains with Au ···Au contacts of 3.38 Å.[10] The structure and photochemistry of the dimer and trimer of ClAuCO was supported by computations at the MP2 level performed by Omary et al.[11] The electronic structure of complexes with ClAuCNR are rather similar to that of ClAuCO and the complex of solution association was examined also by Omary and co – authors.[12] Undoubtedly, the understanding of the Au – CO and Au – CNR bonding in gold carbonyls and isonitriles has been significantly enriched in the past decade and is expected to be further deepened by both experimental and theoretical studies.[13]

The typical metal – CO bond can be described using a modified synergistic bonding model (Scheme S1), which indicates the qualitative contributions of the σ – and π – bonding along with the oxidation states (n) of the metal atoms and the energy of the CO vibrations ν_{CO}, respectively, for (a) predominantly π – bonded, highly reduced carbonylmetalates ($n = -2, -3, -4$; $\nu_{CO} < 2080\ cm^{-1}$), (b) typical metal carbonyls ($n = -1, 0, +1$; $2080\ cm^{-1} < \nu_{CO} < 2180\ cm^{1}$), and (c) largely σ – bonded metal carbonyl cations(n = +1, +2, +3; ν_{CO} > 2180 cm^{-1}).[14] Apart from the covalent(σ - and π -) bonding contributions which were regarded as complementary, electrostatic effects, which significantly influence the CO bond, were considered to cause blue - shifting of CO stretching modes.[15]

A recent paper reported a procedure[16] to obtain monodisperse Au NPs with a 28.7 nm average size consisting of a hydrolyzed homoleptic trifluoromethyl derivative [$Au(CF_3)_2]^-$ that goes through a short - lived species [CF_3Au · CO]. Subsequently, the unstable and highly reactive intermediate species, CF_3Au ·CO, was synthesized, isolated, and characterized by Martínez - Salvador and co - workers.[17] Two other reports on the synthesis and characterization of cationic gold(I) carbonyl compounds, [Mes_3PAu - $CO]^+$ [15a] and [SIDippAu - $CO]^+$,[15b] suggest that the polarization of the CO bond caused by the electrostatic effect of the cationic gold center is mainly responsible for the large blue - shifting in the CO stretching frequency. For an objective understanding of the actual driving forces of the interaction, decomposition of the total energy into various components has been a reliably used in the literature.[15a,18] Several energy decomposition schemes,[19] such as the local molecular orbital energy decomposition analysis (LMOEDA),[19a] are available. An accurate partitioning of the total interaction energy data is particularly important in the area of force - field parametrization development.

The apparent attraction between two or more nominally monovalent Au(I) centers in gold carbonyl compounds has been known for a long time.[20] Schmidbaur coined the name "aurophilic attraction" for this phenomenon.[21] Aurophilic binding has been the subject of numerous theoretical studies at various levels of sophistication, and results have recently been reviewed in the general context of the theoretical chemistry of gold.[22]

In the present article, we report a systematic study of the structures and properties of both RAu - L complexes and their clusters $[RAuL]_n$ (n = 2 - 4) (R = CF_3, CH_3, Cl, Br, HCC, Mes_3P, SIDipp and L = N_2, CO and BO) by employing density functional theory, the second - order Møller - Plesset method and the coupled cluster method with a series of basis sets.

COMPUTATIONAL METHODS

Theoretical investigations of metal - CO and aurophilic interactions are sensitive to the calculated methods and basis set.[18a,22b,23] Also, corrections for Basis Set Superposition Error(BSSE)generally affect geometries and aurophilic distances. Thus, we present here a combination of eight methods(including B3LYP,[24] M06 – 2X,[25] M05 – 2X,[26] M06 – L[27], B3PW91,[24b] B3LYP – D3,[28] M06 – 2X – D3,[28] HF and MP2[29]) with three basis sets [BS1:6 – 31G(d) for C, O, N, 6 – 31G(d,p) for H, 6 – 31 + G(d) for F, Cl, Br and SDD for Au; BS2: aug – cc – pVDZ – PP[30] for Au and 6 – 311 + + G(d,p)[31] for other atoms; BS3: aug – cc – pVTZ – PP for Au and 6 – 311 + + G(d,p) for other atoms] with and without BSSE corrections, employed to obtain reliable geometries of complexes and clusters.

It is well known that the MP2 and the CCSD(T) methods can accurately evaluate the metal – CO and aurophilic interaction energies.[18a, 22b, 23a – i] Therefore, the MP2 and the CCSD(T) methods with BS1 to BS3, BS4(LANL2DZ for Au and 6 – 311 + + G(d, p) for other atoms), BS5(6 – 31 + G(d) for F, 6 – 31G(d,p) for H, LANL2DZ for Au and 6 – 31G(d) for other atoms) and BS6(MCP – TZP[32] for all atoms) were used to calculate the interaction energies with basis set superposition error(BSSE), E^{CP}.[33]

The different contributions to the interaction energies were obtained by using the LMOEDA method developed by Su and Li[19a] as implemented in GAMESS 2011.[34] The interaction energy has been decomposed into its electrostatic(E_{ES}), exchange(E_{EX}), repulsion(E_{REP}), polarization(E_{POL}) and the dispersion contribution(E_{DISP}) contributions using the MP2 method. The counterpoise method proposed by Boys and Bernardi[33] for correcting the BSSE is implemented in LMOEDA so that the complexes use the supermolecule basis set.

The geometries of all the structures were fully optimized using the GAUSSIAN09 A.01 program suite[35] except the B3LYP – D3 optimization is computed using the GAUSSIAN09 D.01 program suite.[36] Atoms – in – molecules(AIM) analyses were performed with the AIMALL program.[37] The Multiwfn 2.4 suite of program[38] has been used to visualize the molecular graphs of complexes and clusters. The natural bond orbital (NBO) analysis was also carried out using the NBO 5.0 procedure.[39]

RESULTS AND DISCUSSION

Structures of Gold – Centered Complexes and Clusters

Since the tractability of wave function – based quantum chemical methods [MP2, CCSD, CCSD(T)] that can be used to study aurophilic interactions is rather limited, we initially optimized two representative systems. One is the monomer CF_3AuCO(Ⅰ) and the other is its triangular cluster [CF_3AuCO]$_4$ (Tetr – iii$_I$). Calculated and experimental parameters of I, Tetr – iii$_I$, [Mes_3PAu – CO]$^+$ and [SIDippAu – CO]$^+$ are shown in Table S1 and Table S2. From Tables S1 and S2, as well asrelated discussions, one can find that the B3LYP/BS1 method without BSSE correction is fairly reliable. Therefore, considering accuracy versus economy in the following discussion, B3LYP/BS1 is adopted to optimize the RAu – L complex and the larger clusters [RAu – L]$_{2-4}$ (For a detailed discussion of the calculated methods, see the Table S1 – S2 and the related parts). Also, the subsequent qualitative nature of the geometry analyses is based on geometries computed at this level of theory.

A NBO analysis was performed to evaluate the different electronic properties of the Au – CO and the Au···Au interaction in complexes and clusters because the NBO description has been recognized to be a reliable tool for the rationalization of weak bond interactions.[40] The direction and magnitude of the charge – transfer (CT) interactions can also be evaluated with NBO analysis. The theory of AIM developed by Bader[41] and others has also been used to clarify the nature of interactions in weakly bound systems such as those with the character of the bond properties of M—Y (M = U, Au, Ti, Sr, Y = C, O),[42] metallophilic attraction[43] and carbonyl – metal interactions.[44]

Complexes RAu – L structures

For geometric comparison, ten ligand variants have been investigated, shown in Figure 1. Selected geometric parameters are collected in Table 1.

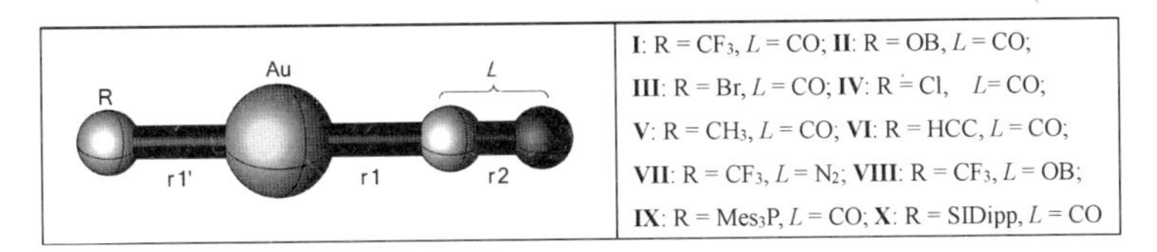

Figure 1. Molecular representations of the complexes I—X.

Table 1. The key geometries parameters of ten complexes I—X
(Bond length: Å, stretching frequencies: cm^{-1})

	Ⅰ	Ⅱ	Ⅲ	Ⅳ	Ⅴ	Ⅵ	Ⅶ	Ⅷ	Ⅸ	Ⅹ
r_1	1. 9844	2. 0377	1. 9262	1. 9159	1. 9886	1. 9538	2. 1188	2. 0454	2. 0061	1. 9864
r_2	1. 1356	1. 1350	1. 1398	1. 1398	1. 1397	1. 1395	1. 1055	1. 2236	1. 1331	1. 1326
$r_1{}'$	2. 0832	2. 0461	2. 3968	2. 2771	2. 0587	1. 9743	2. 0437	2. 1445	2. 4073	2. 0598
$\Delta r_2{}^a$	–0. 0021	–0. 0027	0. 0020	0. 0020	0. 0019	0. 0018	0. 0002	–	–0. 0047	–0. 0051

续表

	I	II	III	IV	V	VI	VII	VIII	IX	X
$v_{RAuC\equiv O}$	2229.5	2226.6	2201.4	2206.0	2193.9	2200.0	2435.7	1895.1	2243.9	2252.5
$\Delta v_{RAuC\equiv O}{}^{b}$	18.9	16.0	-9.2	-4.6	-16.7	-10.6	-22.4	-	33.3	41.9

^{a} For I - VI and IX, X, $\Delta r_2 = r_2$(C ≡O: calculated in complex) - 1.1377 Å(calculated in free CO);
for VII, $\Delta r_2 = r_2$(N ≡N: calculated in complex) - 1.1053 Å(calculated in free N_2);
^{b} For I - VI and IX, X, $\Delta v_{RAuC\equiv O} = v_{RAuC\equiv O}$(calculated in complex) - 2210.6 cm^{-1}(calculated in free CO)
for VII $\Delta v_{RAuN\equiv N} = v_{RAuN\equiv N}$(calculated in complex) - 2458.1 cm^{-1}(calculated in free N_2).

The complex CF_3Au - CO(I), has a computed C - O bond length of 1.1356 Å. This is slightly shorter than that of calculated free CO(1.1377 Å). The stretching frequency of C - O bond in CF_3Au - CO is 2229.5 cm^{-1}, which is in line with the experimental v_{CO} frequency in the solid state(2194 cm^{-1})[17] and [Au(OSO_2F)(CO)](2195 cm^{-1}),[45] and it is blue - shifted compared to the stretching frequency(2210.6 cm^{-1}) of free CO. Another key bond length, Au - CO is 1.9844 Å, which is agreement with the experimental value 1.9772 Å[17] and similar to those found in the cationic species Au$(CO)_2^+$(1.9728 Å),[46] but shorter than the Au - CO bond lengths in [(Mes_3P)Au(CO)]$^+$(2.019 Å)[15a] and [(SIDipp)Au(CO)]$^+$(1.996 Å).[15b] Martínez - Salvador reported that the Au - CO interaction in [(Mes_3P)Au(CO)]$^+$ is electrostatic whereas in CF_3Au - CO is not electrostatic because the Au - CO distance in [(Mes_3P)Au(CO)]$^+$ is far longer than that in CF_3Au - CO.[17]

As can be seen from Table 1, comparing to free CO, the distances C - O(r_2) in group A(III - VI) are elongated(positive) whereas those in group B(I, II, IX, X) are shortened(negative) and consequently their stretching frequencies are red - and blue - shifted, respectively. The substituent groups Br and Cl(in group A)/SIDipp(in group B) have the biggest positive/negative effect on r_2 than other substituent groups. Additionally, the complexes in group A are classical transition metal carbonyl complexes while the group B, which is termed nonclassical because its C - O stretching mode is shifted towards higher wave numbers relative to free CO.[14a,44b,47]

In RAuCO complexes, the lower C - O stretching frequency is usually interpreted as the result of dM →π* CO back donation, which weakens the CO bond and its distance, is increased.[48] As for RAu - CO complexes, the electron population on two π* of CO are all increased(about 0.12e ~0.18e), this indicates that the CO distance is also increased when CO coordinate with Au. On the other hand, previous theoretical studies of several CO complexes disclosed that the electrostatic effect of the cation moiety leads to shortening of the C – O bond distance.[49] The same effect is observed here for all complexes. Therefore, in group B, the bond elongation of π back – donation is more pronounced than bond shortening by the electrostatic interaction in group A.

In complex Ⅶ, the Au – N_2 bond length (2.1188 Å) is compared with the Mo – N_2 (2.164 Å) and W – N_2 (2.126 Å) and longer than that of Cr – N_2 (1.936 Å) and Ni – N_2 (1.823 Å), whereas the N – N bond distance (1.1055 Å) is shorter than that in above four species (1.139 – 1.144 Å).[23k] It is worth notice that the Au – *L* distances in I and Ⅶ are 1.9844 vs 2.1188 Å respectively.

The electron populations of the MOs of R – Au and CO fragments are shown in Table 2. As for complex I, the population on the lowest unoccupied molecular orbital (LUMO) of CF_3 – Au is increased to 0.3453e, where the LUMO mainly consists of the Au σ_s orbital character. This corresponds with the population on the lone – pair orbital (the highest occupied molecular orbital HOMO, of the CO) which considerably decreases to 1.6933e. On the other hand, the populations of the $\pi_1{}^*$ and $\pi_2{}^*$ orbital of the CO both slightly increase to 0.0851e. Consistent with this increase in the population, the electron populations on HOMO – 1 and HOMO – 2 of the CF_3Au moiety both slightly decrease by 0.0972e, where HOMO – 1 and HOMO – 2 mainly consist of the π_d orbital of the Au. The population of π^* obtained is 0.1703e, which is about half of that the LUMO obtained 0.3453e.

Table 2. Important molecular orbitals and their electron populations (*e*)[a] of RAu and CO Ligand in RAu*L*. The second order stabilization energies ($E_{ij}^{(2)}$, kcal/mol).

Complexes	RAu			CO			$E_{ij}^{(2)}$		
	LUMO ← $E_{ij-1}^{(2)}$	HOMO – *m* → $E_{ij-2}^{(2)}$	HOMO – *m* → $E_{ij-3}^{(2)}$	5σ	π_1^*	π_2^*	$E_{ij-1}^{(2)}$	$E_{ij-2}^{(2)}$	$E_{ij-3}^{(2)}$
I (*m* = 1, *n* = 2)	0.3453	1.9028	1.9028	1.6933	0.0851	0.0851	193.3	15.5	15.5
Ⅱ (*m* = 3, *n* = 4)	0.2578	1.9091	1.9091	1.7403	0.0734	0.0734	166.6	13.0	13.0
Ⅲ (*m* = 3, *n* = 4)	0.2565	1.9307	1.9307	1.7294	0.0728	0.0728	240.9	23.8	23.8
Ⅳ (*m* = 3, *n* = 4)	0.2650	1.9271	1.9271	1.7105	0.0631	0.0576	259.6	8.9	14.2
V (*m* = 1, *n* = 2)	0.2446	1.9337	1.9337	1.7519	0.0605	0.0605	244.7	20.4	20.4
Ⅵ (*m* = 3, *n* = 4)	0.2735	1.9239	1.9239	1.7246	0.0662	0.0662	286.3	22.2	22.2

续表

Complexes	RAu			CO			$E_{ij}^{(2)}$		
	LUMO $\xleftarrow{E_{ij-1}^{(2)}}$	HOMO $-m$ $\xrightarrow{E_{ij-2}^{(2)}}$	HOMO $-m$ $\xrightarrow{E_{ij-3}^{(2)}}$	5σ	π_1^*	π_2^*	$E_{ij-1}^{(2)}$	$E_{ij-2}^{(2)}$	$E_{ij-3}^{(2)}$
Ⅸ(m =7,n =8)	0.3281	1.9184	1.9184	1.6935	0.0736	0.0736	169.1	13.4	13.4
Ⅹ(m =6,n =7)	0.3353	1.9120	1.8971	1.6731	0.0786	0.0780	198.0	14.9	14.5

[a]The electron population of each MO is presented here. In the LUMO, the population increases from zero to the number here in the complex. In the doubly occupied orbital (HOMO − m, HOMO − n, and 5σ), the population decreases from two to the number here in the complexes.

As for other complexes, the populations obtained in LUMO of RAu are also bigger than that accept in π^* of CO. The MO analysis of RAu − L bond showed that the main orbital interaction between RAu and L is $n(\mathrm{C,N})_s \to \sigma^*(\mathrm{Au}_s - \mathrm{R}_s)$. As for CF_3Au − CO, its second order stabilization energy is 193.3 kcal/mol while the back − donation interaction occurred between $LP_{(4,5)}$Au and $\pi^*_{(1,2)}$(C − O) with the same second stable energy 15.5 kcal/mol. It is evident that the $E_{ij}^{(2)}$ of charge donating interactions $n_s \to \sigma^*(\mathrm{Au}_s - \mathrm{R}_s)$ are over six times those of the back − donating $LP_{(4,5)}\mathrm{Au} \to \pi^*_{(1,2)}(L)$, increasing to over eleven times larger for ClAu − CO.

The charge decomposition analysis (CDA) based on Frenking's scheme,[48a] represents a valuable tool for analyzing the interactions between molecular fragments on a quantitative basis.[50] CDA was performed and the results show that the CO − to − metal (σ − donation) is stronger than that of metal − to − CO (π − back − donation) (see Table S3 and further discussions in SI). Combing with the results of the MO analysis above, one can no doubt claim that the σ − donation from CO to Au is strong, which is similar to that of the (RNC) AuX (X = Cl, Br and I), in which the RNC is better at σ − donation than π − accepting.[11-12,51] This case provides a significant contribution to the studied RAu − CO bonds. The NRT (natural resonance theory) and the WBI (Wiberg bond index) analyses showed that the RAu − CO interaction is weakly ionic (see Table S4 and further discussions in SI). The calculated electronic configuration of Au(I) in CF_3Au − CO,[17] $[Mes_3PAu-CO]^+$[15a] and $[SIDippAu-CO]^+$[15b] are $6s^{1.07}5d^{9.58}$, $6s^{0.92}5d^{9.68}$ and $6s^{0.97}5d^{9.58}$ respectively, which indicates that roles of Au(I) in these three experimental complexes have no significant difference.

Transition metal carbonyls have been successfully investigated by the AIM analysis.[44b,52] Via identification of bond critical points (BCPs), the interaction between Au and different ligands can be further classified as ionic or covalent. Popelier[53] proposed that for covalent bonds the value of the Laplacian of the electron density $\nabla^2\rho(r)$ is negative, while for ionic bonds, hydrogen bonds, and van der Waals interactions, values of $\nabla^2\rho(r)$ are generally positive. Popelier[53] proposed a set of criteria for the existence of hydrogen bonding within the AIM formalism. The most prominent are 1) the existence of a bond path between the donor hydrogen nucleus and the acceptor, 2) a BCP in which the electron density $\rho(r)$ ranges from 0.002 to 0.035 a. u. and 3) $\nabla^2\rho$ values ranging from 0.024 to 0.139 a. u. The ratio of the potential-energy density $|V_c|$ and the kinetic-energy density G_c at the critical point of the bond can also be used to characterize a bond in a better descriptor of bonding.[54] When $|V_c|/G_c < 1$, interactions in a chemical system are characteristic of closed-shell interactions; those with $|V_c|/G_c > 2$ are typically covalent interactions; and when $1 < |V_c|/G_c < 2$, they are of intermediate character.

The BCP chart of the complexes illustrated in Figure 2, the Au-L contacts the values of ρ, $\nabla^2\rho$, and $|V_c|/G_c$ at MP2/BS2 are tabulated in Table 3 and the molecular graphs of complexes are also presented (see Figure S1). It is observed that both the $\rho(r)$ values of Au⋯L and their corresponding Laplacian $\nabla^2\rho(r)$ values are all larger than that the generally accepted range of a hydrogenbond, 0.002-0.035 a. u. and 0.024-0.139 a. u. respectively.[53]

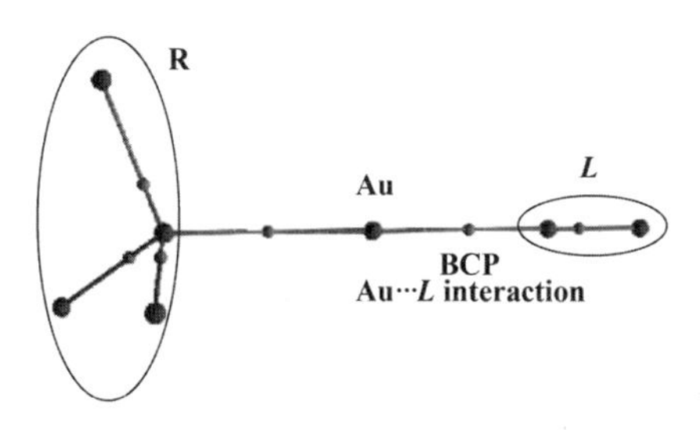

Figure 2. BCP chart of the complexes

Table 3. BCP characters of RAu – *L* bond at MP2/BS2 calculated level.

Parameters	Ⅰ	Ⅱ (Au – CO)	Ⅱ (OB – Au)	Ⅲ	Ⅳ	Ⅴ	Ⅵ	Ⅶ	Ⅷ	Ⅸ	Ⅹ
ρ	0.140	0.124	0.134	0.160	0.164	0.137	0.149	0.087	0.132	0.134	0.140
$\nabla^2\rho$	0.416	0.392	–0.074	0.451	0.455	0.438	0.447	0.437	–0.017	0.395	0.404
$\lvert V_c\rvert$	0.236	0.201	0.138	0.280	0.289	0.234	0.261	0.150	0.145	0.219	0.234
G_c	0.170	0.150	0.060	0.196	0.202	0.172	0.186	0.130	0.070	0.159	0.168
$\lvert V_c\rvert/G_c$	1.388	1.345	2.307	1.425	1.435	1.364	1.399	1.156	2.060	1.378	1.398

BS2:aug – cc – pVDZ – PP for Au and 6 – 311 + + G(d,p) for other atoms

In Table 3, the $|V_c|/G_c$ values at BCP of the Au – CO bond are in the range of 1.3 to 1.5, so these Au – CO interactions ofintermediate character between electrostatic interactions and the typically covalent interactions.[54] There may be ionic character present because their values are close to 1, which is consistent with the NRT results. As for the Au – BO bonds in CF_3Au – BO and OB – AuCO, their interactions are typically covalent, which is verified by their values of $|V_c|/G_c$ and $\nabla^2\rho$ being above 2 and negative, respectively. This indicates that, although the BO^- is isoelectronic to CO, its interaction with Au is very different. When replacing the CO of CF_3Au – CO by isoelectronic N_2, the Au – N_2 bond in CF_3Au – N_2 is not clearly different to the bond topology of CF_3 Au – CO. Typically, the Au – CO bonding character of BCPs in CF_3Au – CO(Ⅰ) and [Mes_3PAu – CO]$^+$ (Ⅸ) is very similar..

Cluster [RAu – L]$_{2-4}$ structure and bonding

In this section, the oligomeric clusters (from dimer to tetramer) of RAu – *L* are investigated. Seven possible oligomeric clusters, one dimer (Dim), three trimers (Tri – i, Tri – ii, Tri – iii), and three tetramers (Tetr – i, Tetr – ii, Tetr – iii)[55] are obtained for complexes Ⅰ, Ⅱ, Ⅴ and Ⅶ (see Figure S2). Selected geometry parameters of the clusters are summarized (see Table S5), with a corresponding histogram illustrated (see Figure S3).

As for complex Ⅰ, the main skeleton of $Dim_{Ⅰ}$ is in the same plane. The approach of the metal centers takes place vertically to the CF_3AuCO molecular axis to reach equilibrium. The $Dim_{Ⅰ}$ posesses an antiparallel orientation, which has also been identified in the dimers of (CyNC)AuX (X = Cl, Br and I),[56] [$(CH_3)_3CCH_2C(CH_3)_2NC$]AuCl[11] and OCAuCl.[10] The dihedral angle (∠ClAuAuCl) of $Dim_{Ⅰ}$ in calculation is – 179.9 ° which is close to the experimental dihedral angle 180.0 °(∠XAuAuX) of (CyNC) Au Ⅸ

(X = Cl, Br and I), $[(CH_3)_3CCH_2C(CH_3)_2NC]AuCl$ and OCAuCl dimers. In the oligomeric crystal $[CF_3Au-CO]_4$, each of the Au^I centers (CF_3Au-CO) shows weak aurophilic interactions with three symmetry - related Au^I neighbors located in a plane perpendicular to the C - Au - CO axis, which is different from the X - ray crystal structures of the oligomeric species $[RNCAu]_2[R = (CH_3)_3CCH_2C(CH_3)_2]$. The C - O distances are shortened by -0.0018 and -0.0039 Å compared to complex I and free CO respectively. The corresponding C - O stretching frequency is blue - shifted by $\Delta v = 12\ cm^{-1}$ compared to complex I. In the trimer Tri_I and tetramer $Tetr_I$, the Au - CO bond lengths are increased and the C - O bond lengths are decreased, which weaken the Au - C bond and blue - shift the C - O stretching frequency of the clusters compared to the complexI. The Tri - i_I, - ii_I and - iii_I clusters have C_1, C_s, and C_1 point group symmetry, respectively. In the trimers, the Au - CO bond distances are also increased while the C - O bond length is decreased. This change is greatest in Tri - iii_I, with changes of +0.0178 and -0.0024 Å, respectively. The Au ⋯Au distance in Tri - i_I is 5.6730 Å, which suggests a negligible Au ⋯Au interaction. As for Tri - ii_I and iii_I, the Au ⋯Au distances are 3.7456, 6.8293, 3.7458 and 3.5788, 5.5222, 3.4835 Å in respectively. In the tetramer Tetr - i_I, the three Au ⋯Au bond distances are 3.9825, 3.8564 and 3.6909 Å respectively. The Au ⋯Au interaction distances of Tetr - ii_I are 4.2356, 4.2281, 3.8167, 3.7556, and the three bond distances of Tetr - iii_I are all 3.3509 Å. This indicates that the aurophilic interaction of Tetr - iii_I is largest. The other clusters, as shown in Figure S2, have similar complexation character (see Figure S3 and Table S5).

The NBO analysis reveals that the aurophilic interactions between two adjacent Au atoms (denote as Au^a and Au^b) in the above mentioned clusters $[RAu-L]_{2-4}$ are all bidirectional, $LP_{(3)}[Au^{a,(b)}] \xrightarrow{(\leftarrow)} BD^*_{(1)}[Au^{b,(a)} - C_R]$ (one is $LP_{(3)}[Au^a] \rightarrow BD^*_{(1)}[Au^b - C_R]$, and another is $LP_{(3)}[Au^b] \rightarrow BD^*_{(1)}[Au^a - C_R]$, C_R: the carbon atom of substituent group R). In Tetr - iii_I, the *inward* and *outward* aurophilic interactions (denoted as Tetr - iii_I - i and Tetr - iii_I - o) are shown in Figure 3. The adjacent Au^a or Au^b not only act as the electron acceptor (A), and the electron donors (D), with bidirectional D(A) $\xrightarrow{(\leftarrow)}$ A(D) interactions. The total second stable energy $E_{ij}^{(2)}$ of Tetr - iii_I - i (10.39 kcal/mol) is 2.5 kcal/mol larger than that of the Tetr - iii_I - o (7.89 kcal/mol). The electron donor D $LP_{(3)}[Au]$ is the d orbital of Au and the electron acceptor A is the σ^* (Au – C_R) bond composed of Au(s) – C($sp^{1.91}$) in Tetr – iii_I – *i*. In Tetr – iii_I – *o*, the electron acceptor A is σ^* [Au(s) – C_R ($sp^{1.95}$)]. The three – dimensional [Figure 3(a),3(b)] and two – dimensional [Figure 3(c),3(d)] representations suggest that the orbital overlap extent of Tetr – iii_I – *o* is weaker than that of Tetr – iii_I – *i*, which is further verified their $E_{ij}^{(2)}$ orders. We also investigated the interaction of aurophilic interactions between two Au atoms using the NRT[57] analyses, which shows that the aurophilic interaction in Dim_I has an ionic component of 100%. Also, the Au ···Au interaction for Tetr – iii_I [CF_3AuCO]$_4$ is completely ionic. The WBIs of Au ···Au in tetramer clusters are close to zero, which again verified this type of bond as a weak interaction(see Table S6).

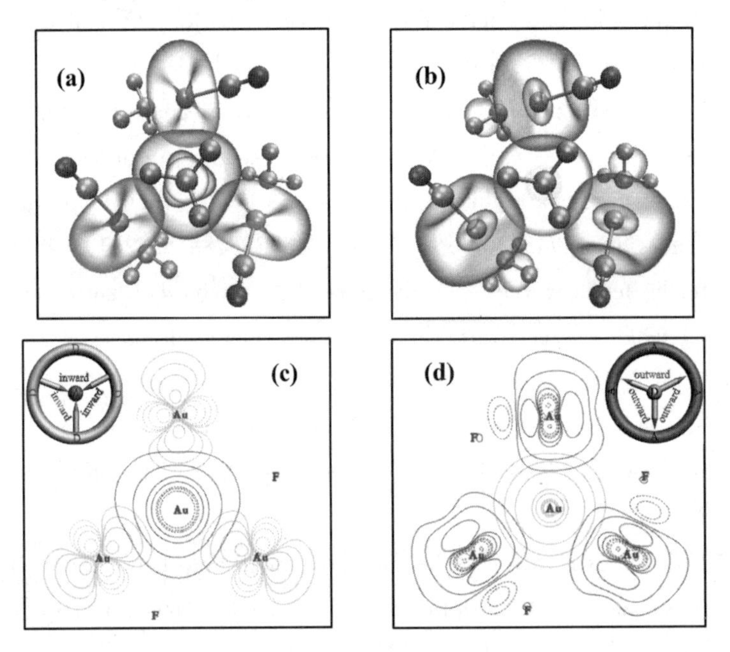

Figure 3. The orbital interaction of aurophilic interactions in Tetr – iii_I cluster. (a), (c) Tetr – iii_I – *i* and (b), (d) Tetr – iii_I – *o*. (blue: electron acceptor A $BD^*_{(1)}$ [Au – C_R], green: electron donors D $LP_{(3)}$ [Au])

AIM method has been used to study a number of transition metal organometallic compounds and metal – metal bonded clusters, such as Cu ···Cu, Fe ···Fe, Mn ···Mn, As ···As, Cr ···Cr and Co ···Co, etc.[43,58] To the best of our knowledge, few studies exist on the AIM analysis of dinuclear or polynuclear gold clusters.[59] The AIM analysis results of the aurophilic interactions for clusters of Ⅰ, Ⅴ and Ⅶ are listed(see Table S7) and the molecular graphs of clusters are collected (see Figure S4). The molecular graphs showed that there were BCPs located at the midpoint between two Au atoms, and two bond paths linked the BCP to each Au atoms. The topology structures confirmed the presence of the Au ···Au aurophilic interactions. As for the electron density, all the ρ values of the BCPs at the Au ···Au bonds values are in the range of 0.0026—0.0160 a. u. while the $\nabla^2\rho$ values are in the range of 0.0076—0.0430 a. u. Interestingly, the ranges lie within the lower limits of typical hydrogen bonds, suggesting that the Au ···Au bond strength is comparable to a weaker hydrogen bond.

From the above discussion, we can see that the most important criteria of AIM for the hydrogen bond are not all echoed in the aurophilic interactions. This indicates the different nature of the two types of intermolecular interactions. In addition, the ionic character is predominant for this type of aurophilic interaction because the value of $\nabla^2\rho$ is positive and the maximum values of $|V_c|/G_c$ are close to 1, which is also consistent with the result of NRT analysis.

Interaction Energies

In the paper, the BSSE - corrected interaction energies computations using the GAUSSIAN09 program will be denoted with a superscript CP. That is to say, the E^{CP} respectively denote the interaction energies E are obtained by using the GAUSSIAN09 program.

Interaction energy of RAu ···L in complexes

The binding energies with BSSE corrections E^{CP} for complexes Ⅰ - Ⅹ at different levels are given in Table 4. The metal - CO bond interaction energy in metal carbonyls is often used as a probe of the stability of carbonyl clusters. Calderazzo[60] estimated the interaction energies of ClAuCO →AuCl + CO at around - 48 kcal/mol and the MP2 and CCSD(T) calculated values are - 53 kcal/mol and - 44 kcal/mol,[9] which is in excellent agreement with our calculated MP2 value (- 56.6 kcal/mol) and our single - point CCSD(T) result (- 44.2 kcal/mol). As can be seen that, the E^{CP} orders, Ⅶ < Ⅱ < Ⅴ < Ⅰ < Ⅸ < Ⅹ ≈Ⅵ < Ⅲ < Ⅳ < Ⅷ, at different levels of theory are consistent. The smallest E^{CP} is calculated for $CF_3Au - N_2$ (ca. - 16 kcal/mol) and the biggest E^{CP} is for $CF_3Au - BO$ (- 103.8 kcal/mol). As for the Au carbonyls complexes, the interaction energy is in the range of - 28.8 to - 56.6 kcal/mol at the MP2/BS2 level.

Table 4. The E^{CP} of complexes RAu – L at different calculated levels(kcal/mol).

	Ⅰ	Ⅱ	Ⅲ	Ⅳ	Ⅴ	Ⅵ	Ⅶ	Ⅷ	Ⅸ	Ⅹ
MP2/BS2	-35.1	-28.8	-52.8	-56.6	-31.0	-45.9	-16.2	-103.8	-37.1	-45.7
MP2/BS3	-38.7	-31.2	-56.1	-59.6	-33.7	-50.4	-18.3	-105.4	-39.1	-48.0
MP2/BS4	-25.9	-19.2	-35.9	-38.6	-21.9	-34.6	-10.0	-97.1	-27.6	-34.7
CCSD(T)/BS2	-27.6	-22.1	-40.8	-44.2	-23.8	-36.4	-11.4	-94.4	–	–
CCSD(T)/BS3	-30.1	-24.5	-43.5	-47.1	-26.4	-39.9	-13.5	-96.2	–	–

BS2: aug – cc – pVDZ – PP for Au and 6 – 311 + + G(d,p) for other atoms;

BS3: aug – cc – pVTZ – PP for Au and 6 – 311 + + G(d,p) for other atoms;

BS4: LANL2DZ for Au and 6 – 311 + + G(d,p) for other atoms

The MP2/BS2 level of theory was first used to perform the LMOEDA calculation. However, this case is not valid because the h polarization function of Au is not identified by GAMESS (see Table S8). The LANL2DZ basis set has successfully used for Au in many cases,[11,13b,15b,23q,49,61] therefore the following LMOEDA calculations are based on MP2/BS4 for RAu – L (Table 5).

It is found from Table 5 that the values of E^{CP} and its corresponding E_{tot} are close using MP2/BS4, also their trends are both consistent with those listed in Table 4 at other higher levels of theory. It is evident that the total energy has a trend that very closely resembles that of the electrostatic energy (Figure 4(a)). This leads to the inference that, in anactivated Au···L interaction, the electrostatic term is the major contributor in stabilizing the complex. As for RAu – L, an excellent correlation ($R^2 = 0.96$) was observed between the E_{tot} and the E_{ES} with a linear equation $E_{ES} = -26.81 + 1.49 \times E_{tot}$ (Figure 4(c)). Curiously, the energies components and the E_{tot} value for CF_3Au-CO and $Me_3PAu-CO$ lievery close to each other, especially the E_{ES} and the E_{POL} components, which suggests that the stabilizing contributors of CF_3Au-CO and $Me_3PAu-CO$ are similar. The relationship between E_{EX} and the E_{POL} is linear, with $R^2 = 0.95$ (Figure 4d).

Table 5. LMOEDA results of complexes RAu – L at MP2/BS4 level.

	Ⅰ	Ⅱ	Ⅲ	Ⅳ	Ⅴ	Ⅵ	Ⅶ	Ⅷ	Ⅸ	Ⅹ
E_{ES}	-69.2, -70.3[a]	-61.1	-87.5	-88.9	-72.4	-74.5	-29.2	-176.4	-69.5, -70.3[a]	-66.8
E_{EX}	-108.7, -110.4[a]	-98.4	-135.4	-135.9	-120.8	-115.2	-52.5	-176.5	-110.5, -110.2[a]	-103.2

续表

	Ⅰ	Ⅱ	Ⅲ	Ⅳ	Ⅴ	Ⅵ	Ⅶ	Ⅷ	Ⅸ	Ⅹ
E_{REP}	211.4, 214.8[a]	191.0	269.6	270.4	233.7	225.2	99.1	335.5	216.7, 217.8[a]	202.9
E_{POL}	-50.3, -48.5[a]	-41.8	-65.0	-67.1	-50.7	-55.7	-22.7	-76.8	-50.8, -49.3[a]	-51.7
E_{DISP}	-11.5, -9.5[a]	-11.2	-17.9	-18.2	-12.8	-14.9	-5.4	-7.9	-15.5, -13.6[a]	-16.7
E_{tot}	-28.2, -24.1[a]	-21.5	-36.3	-39.6	-23.0	-35.1	-10.8	-102.0	-29.7, -26.5[a]	-35.5

[a] Calculated at MP2/BS5 level

BS4: LANL2DZ for Au and 6-311++G(d,p) for other atoms;

BS5: 6-31+G(d) for F, 6-31G(d,p) for H, LANL2DZ for Au and 6-31G(d) for other atoms

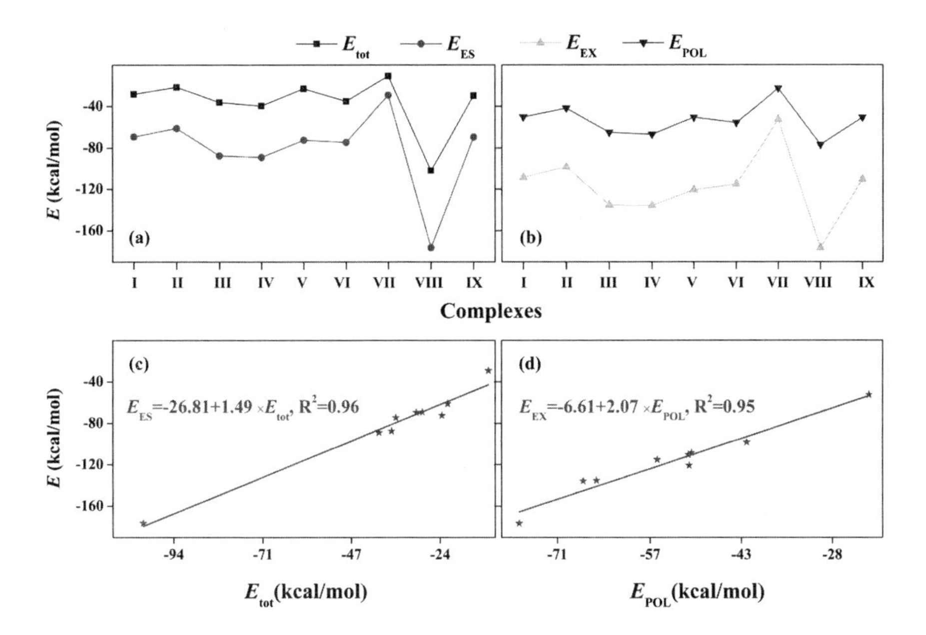

Figure 4. Trends of interaction energies (a), (b) and the relationship between the E_{ES} and E_{tot} (c), E_{POL} and the E_{EX} (d) for complexes.

Interaction energies of clusters

The interaction energies (E^{CP}) of clusters $Dim_{I,V,VII}$ at the MP2/BS2//B3LYP/BS1, MP2/BS2//B3LYP/BS2and MP2/BS3//B3LYP/BS3 levels of theory, are nearly identical (Table 6). Therefore, the MP2/BS2//B3LYP/BS1 method was used to investigate the binding interaction energies E^{CP}.

The results of experiments so far consistently show that aurophilic binding is a weak force associated with bond energies in the range of 5 – 15 kcal/mol.[22b] In this section, two types of the interaction energies: interaction energies of one added monomer (E_{add}^{CP}) and energies of total complexation(E_{tot}^{CP}) are investigated. E_{add}^{CP} and E_{tot}^{CP} are defined as Equ. (1) and (2),

$$E_{add}^{CP}[(RAuL)_n] = E(RAuL)_n - E(RAuL)_{n-1} - E(CF_3AuL) + BSSE \quad (1)$$

$$E_{tot}^{CP}[(RAuL)_n] = E(RAuL)_n - nE(RAuL) + BSSE \quad (2)$$

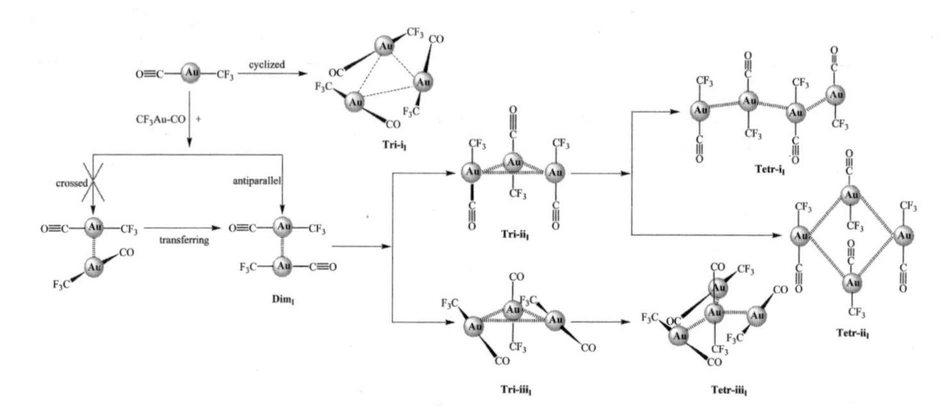

Scheme 1. The model of clusters formation

The model formation diagram of clusters $[CF_3AuCO]_n$ (n = 2 – 4) is showed in Scheme 1 (others are similar to this model). Interaction energies E_{add}^{CP} and E_{tot}^{CP} of clusters in Figure S2 are listed in Table 6.

Table 6. Interaction energies E^{CP} of clusters at MP2/BS2 calculated level (kcal/mol)

	Dim	Tri – i	Tri – ii	Tri – ii	Tetr – i	Tetr – ii	Tetr – iii
$E_{add}^{CP,I}$	– 8.8, – 8.6^a, – 8.9^b	– 8.5*	– 6.9	– 8.7	– 5.8	– 10.9	– 10.2
$E_{tot}^{CP,I}$	– 8.8, – 8.6^a, – 8.9^b	– 11.4	– 16.1	– 17.6	– 23.1	– 27.5	– 30.9
$E_{add}^{CP,V}$	– 5.0, – 4.8^a, – 5.2^b	– 2.4	– 6.7	– 6.7	– 4.0	– 7.8	– 5.1
$E_{tot}^{CP,V}$	– 5.0, – 4.8^a, – 5.2^b	– 3.5	– 11.6	– 19.5	– 16.6	– 20.7	– 17.3
$E_{add}^{CP,VII}$	– 8.6, – 8.5^a, – 8.9^b	– 7.6	– 6.6	– 8.9	–	– 10.1	– 12.4
$E_{tot}^{CP,VII}$	– 8.6, – 8.5^a, – 8.9^b	– 10.6	– 15.6	– 17.5	–	– 26.4	– 29.8

^{a}MP2/BS2//B3LYP/BS2; ^{b}MP2/BS3//B3LYP/BS3

* The E_{add}^{CP} (Tri – i_I, 8.45 kcal/mol) = E(Tri – i_I) – 2 $E[(CF_3AuCO)_2]$ – $E[(CF_3AuCO)]$ + BSSE, where we did not optimize the $(CF_3AuCO)_2$ but assumed their geometries to be the same as those in the Tri – i_I.

^{I,V,VII} denote that the clusters are formed by complexes Ⅰ, Ⅴ and Ⅶ respectively.

BS2: aug – cc – pVDZ – PP for Au and 6 – 311 + + G(d,p) for other atoms;

BS3: aug – cc – pVTZ – PP for Au and 6 – 311 + + G(d,p) for other atoms

As for Dim_I, the calculated interaction energy is −8.8 kcal/mol. Three clusters Tri−i_I, Tri−ii_I and Tri−iii_I, are generated by three paths respectively, Tri−i_I comes from three complexes I and the others, Tri−ii_I and Tri−iii_I derive from combining one Dim_I and one complex I. The circled cluster Tri−i_I has a total trimer interaction energy −11.4 kcal/mol. Tri−ii_I and Tri−iii_I are both based on addition of Dim_I and CF_3AuCO, and energies of assembling are −6.9 and −8.7 kcal/mol, respectively.

The three tetramers can also formed by two pathways. The first pathway is combining one Tri−ii_I and one monomer and the latter is associated one Tri−iii_I and one monomer. In these processes, the E_{add}^{CP} of Tetr−i_I is −5.8 kcal/mol and those of Tetr−ii_I and Tetr−iii_I are about double times of that of Tetr−i_I, (−10.9 and −10.2 kcal/mol, respectively). In the first path, the tetramer cluster of Tetr−i_I shows a chain form, while Tetr−ii_I features a "square" of gold atoms and in which the neighboring dimers are antiparallel.

Table7. LMOEDA analysis of clusters [CF_3Au-CO]$_{2-4}$ and comparing their total energy E_{tot} with E_{tot}^{CP} (kcal/mol)

	Dim_I	Tri−i_I	Tri−ii_I	Tri−iii_I	Tetr−i_I	Tetr−ii_I	Tetr−iii_I
E_{ES}^{a1}	−10.9	−17.9	−17.4	−19.0	−25.2	−28.1	−33.1
E_{EX}^{a1}	−10.3	−8.2	−16.4	−23.6	−21.9	−23.8	−48.2
E_{REP}^{a1}	17.2	14.2	27.2	39.4	36.3	39.5	80.8
E_{POL}^{a1}	−2.4	−3.3	−4.0	−5.4	−5.4	−6.5	−9.9
E_{DISP}^{a1}	−2.0	1.2	−4.4	−6.4	−5.8	−7.3	−14.0
E_{tot}^{a1}	−8.4	−14.1	−15.0	−14.9	−21.9	−26.1	−24.3
$E_{tot}^{CP\,a1}$	−7.7	−13.1	−14.0	−13.7	−20.5	−24.3	−22.5
E_{ES}^{a2}	−8.6	−15.3	−14.2	−14.4	−20.7	−23.2	−23.7
E_{EX}^{a2}	−10.3	−8.2	−16.7	−23.9	−22.2	−24.1	−48.5
E_{REP}^{a2}	17.0	13.8	27.0	39.0	36.1	39.3	79.6
E_{POL}^{a2}	−3.6	−4.0	−5.7	−7.9	−7.6	−8.6	−16.1
E_{DISP}^{a2}	−4.7	−0.9	−8.8	−12.0	−11.8	−14.0	−24.2
E_{tot}^{a2}	−10.3	−14.5	−18.4	−19.3	−26.2	−30.6	−32.9

[a1] calculated at MP2/BS4 level; [a2] calculated at MP2/BS6 level

BS4: LANL2DZ for Au and 6−311++G(d,p) for other atoms

BS6: MCP−TZP for all atoms

The E_{tot}^{CP} for Dim_I, Tri−i_I, Tri−ii_I, Tri−iii_I, Tetr−i_I, Tetr−ii_I and Tetr−iii_I are 8.8, 11.4, 16.1, 17.6, −23.1, −27.5 and −30.9 kcal/mol. E_{tot}^{CP} is increased with the number of interacting monomers. The E_{tot}^{CP} of the trimers are increasing with the trend Tri – i_I < Tri – ii_I < Tri – iii_I , while the E_{tot}^{CP} of tetramers is increasing with the order Tetr – i_I < Tetr – ii_I < Tetr – iii_I . In these clusters, except the Tri – i_I , interaction energies are explained by aurophilic interaction. Due to the point group symmetry of Tetr – iii_I (C_{3v}), the single Au ···Au interaction energy – 10. 3 kcal/mol could be further evaluated with E_{tot}^{CP} dividing by three. The Tetr – iii_I E_{tot}^{CP} value(–30. 9 kcal/mol) for three aurophilic bonds is slightly larger in magnitude than three times the Dim_I E_{tot}^{CP} value(–8. 8 kcal/mol), suggesting a small degree of cooperativity. As for other possible tetramer clusters, (V and Ⅶ), the E_{tot}^{CP} order of Tetr – iii_V (–17. 3 kcal/mol) < Tetr – ii_V (–20. 7 kcal/mol) is contrary to the order of complex I.

The LMOEDA results of clusters at MP2/BS6[62] (Table 7) indicate that the electrostatic component of the interaction energy is actually the leading term for the studied aurophilic interaction, which is contrary to the model of Pyykkö and co – workers[23i, 63] that the metallophilic interactions arise due to attractive dispersive forces between d^{10} – d^{10} or even $d^{10}s^2$ – $d^{10}s^2$ closed shells, but is consistent with the investigation of Cu(I)···Cu(I) interactions by Novoa and coworkers.[64] The relationship between E_{tot} and E_{ES} is $E_{tot} = -3.34 + 0.63 \times E_{ES}$ ($R^2 = 0.92$, Figure S5). The relationships among these components and E_{tot} are less linear with correlation coefficients less than 0. 7.

Unfortunately, unlike other weak interaction, we don't find any linear relationship between thetopological parameter with the interaction energies, because their trends are very different(see Figure S6).

CONCLUSIONS

In order to obtain detailed theoretical information on the bonding of RAu – L (R = CF_3, CH_3, HCC, Cl, Br, OB, Mes_3P, SIDipp; L = CO, N_2, OB) and their aurophilic interactions in $[RAu-L]_n$ (n = 2 – 4), Density Functional Theory (B3LYP, B3LYP – D3, M06 – 2X, M06 – 2X – D3, M05 – 2X, M06L, B3PW91), the second – order Møller – Plesset(MP2) method, the coupled cluster method [CCSD(T)], and qualitative analysis via LMOEDA, AIM, and NBO methods, are tested with a series of basis sets, BS1 to BS6. The results show that the interaction energies and geometries of RAuL and its clusters are both strongly affected by the theoretical methodology.

The C≡O bonds of RAuCO in nonclassical (F_3CAuCO, OBAuCO, [Mes_3 PAu-

CO]$^{+}$,[SIDippAuCO]$^{+}$) and classical(BrAuCO, ClAuCO, CH_3AuCO, HCCAuCO) Au – carbonyl complexes respectively exhibit higher and lower stretching frequencies than that of free CO and present normal blue – and red – shifted character. The carbonyl $C_{5\sigma}$ donations are stronger than the Au_{5d} back – donations, which are identified by the NBO and CDA investigations. The E^{CP} are in the range of – 16 to – 104 kcal/mol at MP2/BS2 while those of the CCSD(T)/BS2, aredecreased from – 11 to – 95 kcal/mol. The interactions between RAu and the L are mainly electrostatic. The electronic configuration analysis further verified that the interaction of neutral CF_3Au – CO and cationic [Mes_3PAu – CO]$^{+}$ is not different and also it is not strongly based on Au – CO distance variation. Although the OB^{-} and the N_2 both are the isoelectronic species of CO, the interaction character of CF_3Au – BO is covalent while that in CF_3Au – CO is electrostatic. Also, interaction energy of CF_3Au – BO is significantly different from those of carbonyl complexes.

AlthoughE^{CP} range of the Au ···Au(– 4 ~ – 13 kcal/mol) has drawn comparisons of aurophilic bonding to hydrogen bonding, the hydrogen bonding criteria from AIM calculations are not all echoed in the aurophilic interactions. Some of the aurophilic interactions studied are bidirectional $D(A) \xrightarrow{(\leftarrow)} A(D)$ and the corresponding orbital interactions are $LP_{(3)}[Au^{a,(b)}] \xrightarrow{(\rightarrow)} BD^{*}_{(1)}[Au^{b,(a)} - C_R]$. The electrostatic character of aurophilic interactions is verified by combining with LMOEDA, NRT and AIM results. The experimentally *inward* and *outward* CT structural unit of [CF_3Au – CO]$_4$(Tetr – iii$_{I}$) among all studied clusters of CF_3Au – CO is most stable, which is rationalized by the energy contribution of each CF_3Au – CO and its largest E^{CP} among the clusters investigated.

ACKNOWLEDGMENTS

This work was supported by the National Natural Science Foundation of China (Grant Nos. 21463023), QingLan Talent Engineering Funds of Tianshui Normal University and the Foundation of Key Laboratory for New Molecule Design and Function of Gansu Universities. We thank the Gansu Computing Center, the high – performance grid computing platform of Sun Yat – Sen University and Guangdong Province Key Laboratory of Computational Science for generous computer time. We would like to thank Prof. Zhao Cunyuan, Prof. PeiFeng Su and Dr. Nathan J. DeYonker for some instructive suggestions, as well as Zhao Cunyuan give generous computer time for the manuscript revision. We would also like to thank Prof. Jones, P. G. for providing the crystal data of ClAuCO.

REFERENCES

[1] Liu, X. ; Zhang, J. ; Guo, X. ; Wu, S. ; Wang, S. Nanotechnology 2010, 21, 095501.

[2] (a) Xia, Y. Nat. Mater. 2008, 7, 758. (b) Sperling, R. A. ; Rivera Gil, P. ; Zhang, F. ; Zanella, M. ; Parak, W. J. Chem. Soc. Rev. 2008, 37, 1896. (c) Wilson, R. Chem. Soc. Rev. 2008, 37, 2028. (d) Li, Y. ; Schluesener, H. ; Xu, S. Gold Bull. 2010, 43, 29. (e) Cobley, C. M. ; Chen, J. ; Cho, E. C. ; Wang, L. V. ; Xia, Y. Chem. Soc. Rev. 2011, 40, 44.

[3] (a) Wayne Goodman, D. Nature 2008, 454, 948. (b) Haruta, M. Nature 2005, 437, 1098.

[4] (a) Vaughan, O. Nat. Nanotechnol. 2010, 5, 5. (b) Edwards, P. P. ; Thomas, J. M. Angew. Chem. 2007, 119, 5576.

[5] (a) Corma, A. ; Garcia, H. Chem. Soc. Rev. 2008, 37, 2096. (b) Hutchings, G. J. Chem. Commun. 2008, 1148. (c) Ishida, T. ; Haruta, M. Angew. Chem. 2007, 119, 7288.

[6] Zheng, N. ; Stucky, G. D. J. Am. Chem. Soc. 2006, 128, 14278.

[7] Zheng, N. ; Stucky, G. D. Chem. Commun. 2007, 3862.

[8] Manchot, W. ; Gall, H. Ber. Bunsen – Ges. Phys. Chem. 1925, 58, 2175.

[9] Antes, I. ; Dapprich, S. ; Frenking, G. ; Schwerdtfeger, P. Inorg. Chem. 1996, 35, 2089.

[10] Jones, P. G. Z. Naturforsch. , B 1982, 37, 823.

[11] Elbjeirami, O. ; Yockel, S. ; Campana, C. F. ; Wilson, A. K. ; Omary, M. A. Organometallics 2007, 26, 2550.

[12] Elbjeirami, O. ; Omary, M. A. J. Am. Chem. Soc. 2007, 129, 11384.

[13] (a) Xu, Q. Coordin. Chem. Rev. 2002, 231, 83. (b) Zhang, C. ; Li, F. J. Phys. Chem. A 2012, 116, 9123.

[14] (a) Willner, H. ; Aubke, F. Angew. Chem. Int. Ed. 1997, 36, 2402. (b) Willner, H. ; Aubke, F. Angew. Chem. 1997, 109, 2506.

[15] (a) Dias, H. V. R. ; Dash, C. ; Yousufuddin, M. ; Celik, M. A. ; Frenking, G. Inorg. Chem. 2011, 50, 4253. (b) Dash, C. ; Kroll, P. ; Yousufuddin, M. ; Dias, H. V. R. Chem. Commun. 2011, 47, 4478. (c) Goldman, A. S. ; Krogh – Jespersen, K. J. Am. Chem. Soc. 1996, 118, 12159.

[16] Zopes, D. ; Kremer, S. ; Scherer, H. ; Belkoura, L. ; Pantenburg, I. ; Tyrra, W. ; Mathur, S. Eur. J. Inorg. Chem. 2011, 2011, 273.

[17] Martínez – Salvador, S. ; Forniés, J. ; Martín, A. ; Menjón, B. Angew. Chem. , Int. Ed. 2011, 50, 6571.

[18] (a) Liu, R. – F. ; Franzese, C. A. ; Malek, R. ; Z̀uchowski, P. S. ; Angyán, J. n. G. ; Szc-

ze, sśniak, M. M. ; Chałasinński, G. J. Chem. Theory. Comput. 2011, 7, 2399. (b) Fang, H. ; Zhang, X. – G. ; Wang, S. – G. Phys. Chem. Chem. Phys. 2009, 11, 5796. (c) Gordon, M. S. ; Fedorov, D. G. ; Pruitt, S. R. ; Slipchenko, L. V. Chem. Rev. 2011, 112, 632.

[19] (a) Su, P. ; Li, H. J. Chem. Phys. 2009, 131, 014102. (b) Kitaura, K. ; Morokuma, K. Int. J. Quantum. Chem. 1976, 10, 325. (c) Mitoraj, M. P. ; Michalak, A. ; Ziegler, T. J. Chem. Theory. Comput. 2009, 5, 962. (d) Glendening, E. D. ; Streitwieser, A. J. Chem. Phys. 1994, 100, 2900. (e) Jeziorski, B. ; Moszynski, R. ; Szalewicz, K. Chem. Rev. 1994, 94, 1887. (f) Ziegler, T. ; Rauk, A. Theor. Chem. Acc. 1977, 46, 1. (g) van Lenthe, E. ; Baerends, E. J. ; Snijders, J. G. J. Chem. Phys. 1994, 101, 9783. (h) Mo, Y. ; Gao, J. ; Peyerimhoff, S. D. J. Chem. Phys. 2000, 112, 5530. (i) Khaliullin, R. Z. ; Cobar, E. A. ; Lochan, R. C. ; Bell, A. T. ; Head – Gordon, M. J. Phys. Chem. A 2007, 111, 8753.

[20] R. Hesse in Advances in the Chemistry of Coordination Compounds (Ed. : S. Kirschner), MacMillan, New York, 1961, pp. 314 – 320.

[21] Scherbaum, F. ; Grohmann, A. ; Huber, B. ; Krüger, C. ; Schmidbaur, H. Angew. Chem. Int. Ed. 1988, 27, 1544.

[22] (a) Pyykkö, P. Angew. Chem. , Int. Ed. 2004, 43, 4412. (b) Schmidbaur, H. ; Schier, A. Chem. Soc. Rev. 2008, 37, 1931. (c) Pyykkö, P. Chem. Soc. Rev. 2008, 37, 1967. (d) Sculfort, S. ; Braunstein, P. Chem. Soc. Rev. 2011, 40, 2741. (e) Schmidbaur, H. ; Schier, A. Chem. Soc. Rev. 2012, 41, 370.

[23] (a) Pyykkö, P. ; Runeberg, N. ; Mendizabal, F. Chem. – Eur. J. 1997, 3, 1451. (b) Omary, M. A. ; Sinha, P. ; Bagus, P. S. ; Wilson, A. K. J. Phys. Chem. A 2005, 109, 690. (c) Vener, M. V. ; Egorova, A. N. ; Churakov, A. V. ; Tsirelson, V. G. J. Comput. Chem. 2012, 33, 2303. (d) Hashemian, S. ; Moslemine, M. H. Asian J Chem 2010, 22, 4641. (e) Chen, Y. ; Pan, X. ; Yan, H. ; Tan, N. Phys. Chem. Chem. Phys. 2011, 13, 7384. (f) Yenagi, J. ; Arlikatti, N. V. ; Tonannavar, J. Spectrochim. Acta A 2010, 77, 1025. (g) Riley, K. E. ; Pitonňák, M. ; Jurečka, P. ; Hobza, P. Chem. Rev. 2010, 110, 5023. (h) Granatier, J. ; Lazar, P. ; Otyepka, M. ; Hobza, P. J. Chem. Theory. Comput. 2011, 7, 3743. (i) Pyykko, P. Chem. Soc. Rev. 2008, 37, 1967. (j) Matito, E. ; Solà, M. Coordin. Chem. Rev. 2009, 253, 647. (k) Ehlers, A. W. ; Dapprich, S. ; Vyboishchikov, S. F. ; Frenking, G. Organometallics 1996, 15, 105. (l) Szilagyi, R. K. ; Frenking, G. Organometallics 1997, 16, 4807. (m) Lupinetti, A. J. ; Jonas, V. ; Thiel, W. ; Strauss, S. H. ; Frenking, G. Chem. – Eur. J. 1999, 5, 2573. (n) Barnes, L. A. ; Rosi, M. ; Bauschlicher, J. C. W. J. Chem. Phys. 1990, 93, 609. (o) Sherwood, D. E. ; Hall, M. B. Inorg. Chem. 1983, 22, 93. (p) Pyykko, P. ; Zaleski – Ejgierd, P. J. Chem. Phys. 2008, 128, 124309. (q) Elbjeirami, O. ; Gonser, M. W. A. ; Stewart, B. N. ; Bruce, A. E. ; Bruce, M. R. M. ; Cundari, T. R. ; Omary, M. A. Dalton T 2009, 1522.

[24] (a) Lee, C. ; Yang, W. ; Parr, R. G. Phys. Rev. B 1988, 37, 785. (b) Becke, A. D. J. Chem. Phys. 1993, 98, 5648. (c) Becke, A. D. Phys. Rev. A 1988, 38, 3098.

[25]Zhao,Y. ;Truhlar,D. Theor. Chem. Acc. 2008,120,215.

[26]Zhao,Y. ;Schultz,N. E. ;Truhlar,D. G. J. Chem. Theory. Comput. 2006,2,364.

[27]Zhao,Y. ;Truhlar,D. G. J. Chem. Phys. 2006,125,194101.

[28](a) Grimme,S. ;Antony,J. ;Ehrlich,S. ;Krieg,H. J. Chem. Phys. 2010,132,154104. (b) Grimme,S. ;Ehrlich,S. ;Goerigk,L. J. Comput. Chem. 2011,32,1456.

[29](a) Møller,C. ;Plesset,M. S. Phys. Rev. 1934,46,618. (b) Head - Gordon,M. ;Pople, J. A. ;Frisch,M. J. Chem. Phys. Lett. 1988,153,503.

[30]Peterson,K. A. ;Puzzarini,C. Theor. Chem. Acc. 2005,114,283.

[31](a) Krishnan,R. ;Binkley,J. S. ;Seeger,R. ;Pople,J. A. J. Chem. Phys. 1980,72,650. (b) McLean,A. D. ;Chandler,G. S. J. Chem. Phys. 1980,72,5639.

[32](a) Miyoshi,E. ;Mori,H. ;Hirayama,R. ;Osanai,Y. ;Noro,T. ;Honda,H. ;Klobukowski,M. J. Chem. Phys. 2005,122,074104. (b) Sakai,Y. ;Miyoshi,E. ;Tatewaki,H. J Mol Struc - Theochem 1998,451,143. (c) Miyoshi,E. ;Sakai,Y. ;Tanaka,K. ;Masamura,M. J Mol Struc - Theochem 1998,451,73. (d) Sakai,Y. ;Miyoshi,E. ;Klobukowski,M. ;Huzinaga,S. J. Chem. Phys. 1997,106,8084. (e) Sakai,Y. ;Miyoshi,E. ;Klobukowski,M. ;Huzinaga,S. J. Comput. Chem. 1987,8,226. (f) Nakashima,H. ;Mori,H. ;Mon,M. S. ;Miyoshi,E. In Proceedings of the 1st WSEAS International Conference on Computational Chemistry;World Scientific and Engineering Academy and Society(WSEAS):Cairo,Egypt,2007,p 11.

[33]Boys,S. F. ;Bernardi,F. Mol. Phys. 1970,19,553.

[34]Schmidt,M. W. ;Baldridge,K. K. ;Boatz,J. A. ;Elbert,S. T. ;Gordon,M. S. ;Jensen,J. H. ;Koseki,S. ;Matsunaga,N. ;Nguyen,K. A. ;Su,S. ;Windus,T. L. ;Dupuis,M. ;Montgomery,J. A. J. Comput. Chem. 1993,14,1347.

[35]Frisch,M. J. ;Trucks,G. W. ;Schlegel,G. W. ;Scuseria,G. W. Gaussian 09,Revision A. 01;Gaussian,Inc. ,Wallingford CT,2011.

[36]Frisch,M. J. ;Trucks,G. W. ;Schlegel,G. W. ;Scuseria,G. W. Gaussian 09,Revision D. 01;Gaussian,Inc. ,Wallingford CT,2013.

[37]Keith,T. A. AIMAll(Version 11. 06. 09),http://aim. tgkristmill. com,2011.

[38]Lu,T. ;Chen,F. J. Comput. Chem. 2012,33,580.

[39]Glendening,E. D. ;Badenhoop,J. K. ;Reed,A. E. ;Carpenter,J. E. ;Bohmann,J. A. ;Morales,C. M. ;Weinhold,F. NBO 5. 0,Theoretical Chemistry Institute,University of Wisconsin,Madison,WI,2001.

[40](a) Jabłoński,M. ;Palusiak,M. J. Phys. Chem. A 2012,116,2322. (b) Grabowski,S. J. J. Phys. Chem. A 2011,115,12340. (c) Sakota,K. ;Kageura,Y. ;Sekiya,H. J. Chem. Phys. 2008,129,054303. (d) Mahanta,S. ;Paul,B. K. ;Balia Singh,R. ;Guchhait,N. J. Comput. Chem. 2010,32,1. (e) Youn,I. S. ;Kim,D. Y. ;Singh,N. J. ;Park,S. W. ;Youn,J. ;Kim,K. S. J. Chem. Theory. Comput. 2011,8,99. (f) Alkorta,I. ;Blanco,F. ;Elguero,J. ;Estarellas,C. ;Frontera,A. ;

Quiñonero, D. ; Deya ? , P. M. J. Chem. Theory. Comput. 2009, 5, 1186. (g) Weinhold, F. J. Comput. Chem. 2012, 33, 2440. (h) Weinhold, F. J. Comput. Chem. 2012, 33, 2363.

[41] (a) Bader, R. F. W. In Atoms in Molecules: A Quantum Theory. The International Series of Monographs of Chemistry; Halpern, J. , Green, M. L. H. , Eds. ; Clarendon Press: Oxford, U. K. , 1990. (b) Bader, R. F. W. Chem. Rev. 1991, 91, 893. (c) Bader, R. F. W. J. Phys. Chem. A 2007, 111, 7966.

[42] (a) Zhurova, E. A. ; Tsirelson, V. G. Acta Crystallogr B 2002, 58, 567. (b) Reisinger, A. ; Trapp, N. ; Knapp, C. ; Himmel, D. ; Breher, F. ; Rüegger, H. ; Krossing, I. Chem. - Eur. J. 2009, 15, 9505. (c) Zhurov, V. V. ; Zhurova, E. A. ; Pinkerton, A. A. Inorg. Chem. 2011, 50, 6330. (d) Krossing, I. Angew. Chem. , Int. Ed. 2011, 50, 11576.

[43] Dinda, S. ; Samuelson, A. G. Chem. - Eur. J. 2012, 18, 3032.

[44] (a) Wang, D. - Y. ; Chou, H. - L. ; Lin, Y. - C. ; Lai, F. - J. ; Chen, C. - H. ; Lee, J. - F. ; Hwang, B. - J. ; Chen, C. - C. J. Am. Chem. Soc. 2012, 134, 10011. (b) Tiana, D. ; Francisco, E. ; Blanco, M. A. ; Macchi, P. ; Sironi, A. ; Marti ? n Pendás, A. J. Chem. Theory. Comput. 2010, 6, 1064.

[45] Willner, H. ; Aubke, F. Inorg. Chem. 1990, 29, 2195.

[46] Küster, R. ; Seppelt, K. Z Anorg Allg Chem 2000, 626, 236.

[47] Willner, H. ; Aubke, F. Organometallics 2003, 22, 3612.

[48] (a) Dapprich, S. ; Frenking, G. J. Phys. Chem. 1995, 99, 9352. (b) Cotton, F. A. ; Wing, R. M. Inorg. Chem. 1965, 4, 314. (c) Cotton, F. A. Inorg. Chem. 1964, 3, 702.

[49] Zeng, G. ; Sakaki, S. Inorg. Chem. 2012, 51, 4597.

[50] (a) Vyboishchikov, S. F. ; Frenking, G. Chem. - Eur. J. 1998, 4, 1439. (b) Katari, M. ; Rao, M. N. ; Rajaraman, G. ; Ghosh, P. Inorg. Chem. 2012, 51, 5593. (c) Amgoune, A. ; Ladeira, S. ; Miqueu, K. ; Bourissou, D. J. Am. Chem. Soc. 2012, 134, 6560.

[51] Mathieson, T. ; Schier, A. ; Schmidbaur, H. Journal of the Chemical Society, Dalton Transactions 2001, 1196.

[52] (a) Pilme, J. ; Silvi, B. ; Alikhani, M. E. J. Phys. Chem. A 2003, 107, 4506. (b) Lupinetti, A. J. ; Fau, S. ; Frenking, G. ; Strauss, S. H. J. Phys. Chem. A 1997, 101, 9551. (c) Macchi, P. ; Sironi, A. Coordin. Chem. Rev. 2003, 238 - 239, 383.

[53] Popelier, P. L. A. J. Phys. Chem. A 1998, 102, 1873.

[54] (a) Jenkins, S. ; Morrison, I. Chem. Phys. Lett. 2000, 317, 97. (b) Espinosa, E. ; Alkorta, I. ; Elguero, J. ; Molins, E. J. Chem. Phys. 2002, 117, 5529. (c) Varadwaj, P. R. ; Marques, H. M. Phys. Chem. Chem. Phys. 2010, 12, 2126.

[55] Pyykko, P. ; Schneider, W. ; Bauer, A. ; Bayler, A. ; Schmidbaur, H. Chem. Commun. 1997, 0, 1111.

[56] White - Morris, R. L. ; Olmstead, M. M. ; Balch, A. L. ; Elbjeirami, O. ; Omary, M. A. In-

org. Chem. 2003,42,6741.

[57]Because the investigated clusters are complicated, the NRT results of clusters DimI and the Tetr – iiiI of representative monomer CF_3Au-CO are listed.

[58](a)Farrugia, L. J. ; Macchi, P. ; Springer, Berlin, :2010. (b) Farrugia, L. J. ; Senn, H. M. J. Phys. Chem. A 2010, 114, 13418. (c) Bianchi, R. ; Gervasio, G. ; Marabello, D. Inorg. Chem. 2000,39,2360. (d) Macchi, P. ; Proserpio, D. M. ; Sironi, A. J. Am. Chem. Soc. 1998, 120, 13429. (e) Macchi, P. ; Donghi, D. ; Sironi, A. J. Am. Chem. Soc. 2005, 127, 16494. (f) Macchi, P. ; Garlaschelli, L. ; Sironi, A. J. Am. Chem. Soc. 2002, 124, 14173. (g) Platts, J. A. ; Evans, G. J. S. ; Coogan, M. P. ; Overgaard, J. Inorg. Chem. 2007, 46, 6291. (h) Li, X. ; Sun, J. ; Sun, Z. ; Zeng, Y. ; Zheng, S. ; Meng, L. Organometallics 2012, 31, 6582.

[59](a) Colacio, E. ; Lloret, F. ; Kivekas, R. ; Suarez – Varela, J. ; Sundberg, M. R. ; Uggla, R. Inorg. Chem. 2003, 42, 560. (b) Hermann, H. L. ; Boche, G. ; Schwerdtfeger, P. Chem. – Eur. J. 2001, 7, 5333.

[60]Calderazzo, F. J. Organomet. Chem. 1990, 400, 303.

[61]Tlahuice, A. ; Garzon, I. L. Phys. Chem. Chem. Phys. 2012, 14, 7321.

[62]First, the LMOEDA of clusters are investigated at MP2/BS4 level. Although the trends of LMOEDA total energy(Etot) and the interaction energy(EtotCP) of clusters(in Table 7) at this level is consistent, they are not agreement with the EtotCP order at higher calculated level MP2/BS2(Table 6). Therefore, the BS4 used to investigate the interaction energies of aurophilic interactions is not reliable and this case is also verified by the ref. 23(p). The triple zeta quality valence basis sets, MCP – TZP(denoted as BS6) is reliable for Au in the GAMESS in many investigated cases, therefore, the LMOEDA of clusters are calculated at this level and the results showed their Etot trend(in Table 7) is very agreement with that of the MP2/BS2 energies EtotCP(in Table 6). Therefore, the energy components are disscused using the MP2/BS6 results. Moreover, comparing the LMOEDA values at MP2/BS4 and MP2/BS6 in Table 7, the EEX and EREP at this two levels are very agreement, the EES is overestimated while the EPOL and the EDISP are underestimated at MP2/BS4 level, which lead to the Etot trend at MP2/BS4 is abnormal, as well as the Etot is underestimated.

[63]Schax, F. ; Limberg, C. ; Mügge, C. Eur. J. Inorg. Chem. 2012, 2012, 4661.

[64]Carvajal, M. A. ; Alvarez, S. ; Novoa, J. J. Chem. – Eur. J. 2004, 10, 2117.

(本文发表于2014年《Organometallics》33卷19期)

Fabrication and Characterization of Tunable Wettability Surface on Copper Substrate by Poly(ionic liquid) Modification via Surface - Initiated Nitroxide - Mediated Radical Polymerization

Shijia Long　Fei Wan　Wu Yang　Hao Guo
Xiaoyan He　Jie Ren　Jinzhang Gao *

摘要:通过表面引发氮氧自由基聚合技术,在微米/纳米级 CuO/Cu 复合基底上成功制备了润湿性可调的聚离子液体表面。利用 X 射线光电子能谱、冷场发射扫描电子显微镜和静态水接触角测量在内的各种表征技术来表征每一改性表面。动力学研究表明,聚合物链从表面生长是"活性可控的"聚合过程。通过阴离子交换,可以很容易地获得润湿性可调、亲水性和疏水性可逆转换的表面。

Poly(ionic liquid) surfaces with tunable wettability were successfully prepared on micro/nanoscale CuO/Cu composite substrates by a surface - initiated nitroxide - mediated radical polymerization technique. Various characterization techniques inCluding X - ray photoelectron spectroscopy, cold field emission scanning electron microscopy, and static water contact angle measurement were used to characterize the surfaces for each surface modification step. Kinetic studies revealed that the polymer chain growth from the surface was a controlled/"living" polymerization process. The surface with tunable wettability, reversible switching between hydrophi - licity and hydrophobicity can be easily achieved by sequential counteranion exchange.

---

* 作者简介:龙世佳(1976—),女,陕西西安,分析化学博士,天水师范学院化工学院副教授,从事无机有机纳米复合材料的研究。

INTRODUCTION

Metals, such as copper, as very important engineering materials, have had many practical and potential applications, for example, in architecture, auto, aviation, and power transmission fields. But, effective protection and anticorrosion of the material surfaces have been puzzling material researchers. As we know, surface properties of metals influence their applications. So, to search for a precise control technique of the surface properties is still challenging.

Because of the correlation with a surface tension gradient, wett – ability control provides a more flexible and efficient way for wide applications. Recently, wettability control has attracted extensive interests for the development of advanced devices, such as self – Cleanliness, [1] discrete liquid droplet manipulators, [2] and tunable optical lenses. [3] This control relies on surface free energy and surface roughness. So, it is a key to construct an appropriate surface structure for wettability control. In many cases, tethering of polymer chains onto a solid substrate pro – vides an expedient method for modifying the surface properties of the substrate. [4] Polymer chains can be firmly covalently anch – ored to the substrate via either the "grafting to" or "grafting from" technique. "Grafting to" technique directly grafts end – functionalized polymer chains onto the solid substrate. Whereas in "grafting from" technique, the grafting reaction can proceed by in situ polymerization from the surface. Because of high tethering density, the "grafting from" technique is more attrac – tive. In this technique, initiator groups are first immobilized on the surface of the substrate, subsequent polymerization from the surface – immobilized initiator moieties leads to a growth of teth – ered polymers on the surface.

Compared with other surface assembly techniques such as plasma grafting, [5] layer by layer self – assembly, [6] and so forth., surface – initiated radical polymerization has more advantages, inCluding high reaction activity, controlled polymerization, firm combination of the polymer film with the substrate, and or – dered molecular assembly and high tolerance of functional groups. [7,8]

Ionic liquids (ILs) are molten salts at ambient temperature with low melting point (<100s) and low flammability. Recently room temperature ILs have been widely studied because of their remarkable properties inCluding nonvolatil – ity, chemical and thermal stability, and high ionic conduc – tivity. [9-11] Their polymeric form might constitute a new Class of polymer material with exceptional properties, such as high thermal stability, excellent mechanical and electrochemical properties.[12-15] Especially, convenient counter anion exchange provides a possibility for reversible control of the surface wettability.

We ever published a poly(allytriphenylphosphonium) brush - ini - tiated reversible wettability on silicon substrate.[16] As a systemat - ical study, it is very important and interesting to Clarify the effect of modification of different poly(ionic liquids) on surface wettability of substrates. Herein, we reported a new, smart copper surface with tunable wettability, reversible switching between moderate hydrophilicity and hydrophobicity by modi - fying it with a new poly(ionic liquid). This surface can be obtained by in situ growth of poly[1 - (4 - vinylbenzyl) - 3 - butylimi - dazolium hexafluorophosphate] (PVBIm - PF6) on a CuO/Cu substrate via surface initiated nitroxide - mediated radical poly - merization(NMRP). It was found that poly(imidazolium hexa - fluorophosphate) modified surface had a stronger hydrophobic property than that modified by poly (quaternary phosphonium hexafluorophosphate) reported in Ref. 16.

MATERIALS AND METHODS

Materials

Tert - butyl hydroperoxide(TBHP, chemical grade, Sinopharm Chemical Reagent, China), 2,2,6,6 - tetramethylpiperidine 1 - oxyl radical(TEMPO, Alfa Aesar, 98%), 3 - chloropropyltrimethoxysi - lane(Alfa Aesar, 97%), 2,6 - di - tertbutyl - 4 - methylphenol(DBMP, Aldrich, 98%), ammonium hexafluorophosphate(Aldrich, 98%), 4 - vinylbenzyl chloride(Aldrich, 90%), $K_2S_2O_8$ (Laiyang Chemical Reagent Plant, analytical grade, China), KOH (Sian Chemical Re - agent Plant, analytical grade, China), methanol(Tianjin Chemical Reagent Plant, analytical grade, China) were used as received. Xylene and dioxane(Tianjin Chemical Reagent Plant, analytical grade, China) were refluxed over sodium and distilled twice before use. Copper sheet(Tianjin Chemical Reagent Plant, 99.5%, China) were Cleaned using 4 mol/L HCl for 15 min, then rinsed with distilled water several times and dried under a stream of Clean nitrogen. Other reagents were of analytical grade and used as received. All aqueous solutions were prepared with the deionized water.

Characterization

The static water contact angles were determined using a DSA100 contact angle goniometer(KRU¨ SS, Germany). Images of polymer – grafted flower – shape micro/nanoscale CuO surface were obtained with a JSM – 6701F cold field emission scanning electron micro – scopic(JEOL, Japan). The X – ray photoelectron spectroscopy(XPS) analysis was carried out on a PHI – 5702 multifunctional XPS, using Al Ka radiation as an exciting source(Electrophysics). The binding energies of the target elements were determined at a pass energy of 29. 35 eV, with a resolution of 60. 3 eV, using the binding energy of the gold(Au4f: 84. 0 eV) as a reference. Hydrogen and carbon nuClear magnetic resonance(1H – NMR and ^{13}C – NMR) spectra were measured with a MERCURY 400 MHz spectrometer with DMSO – d6 or D_2O as a solvent(VARIAN). Crystal structure of the monomer was measured with a Smart APEX X – ray single crystal diffractiometer with Mo Ka radiation as an exciting source, 3 KW(Bruke, Germany). Gel permeation chromatography(GPC) was used to measure molecular weights and molecular weight distributions using poly (ethylene glycol) as a standard. GPC experiments were performed at 70℃ in N, N – dimethylformamide(DMF) (with 0. 05 mol/L LiBr to suppress interaction with column packing) using a GPC2000 instrument fitted with a differential refractometer detector (Waters). The atte – nuated total reflection infrared spectroscopy(ATR – FTIR) was recorded on a Nicolet 870 infrared spectrometer equipped with a smart ATR accessory with 300 scans and a resolution of 4 cm^{-1}.

Methods

Synthesis of the IL Monomer 1 – (4 – Vinylbenzyl) – 3 – butylimida – zolium Hexafluorophosphate. The synthesis of the IL monomer 1 – (4 – vinylbenzyl) – 3 – butylimidazolium hexafluorophosphate ($VBIm_{-PF6}$) was performed according to a slight modification reference method. 4 To a dried flask was added 3. 1 g of N – butyli – midazole(25 mmol), 4. 2 g of 4 – vinylzenzyl chloride(27 mmol) and 0. 05 g of the inhibitor DBMP. The mixture was magnetically stirred at 42℃ under N_2 atmosphere for 48 h to obtain a viscous liquid 1 – (4 – vinylbenzyl) – 3 – butylimidazolium chloride. The rough product was washed with an excess of ethyl ether and dried over – night under vacuum at room temperature to obtain a transparent viscous liquid with a yield of 84%. Target product was obtained through an anion exchange process between 1 – (4 – vinylbenzyl) – 3 – butylimidazolium chloride and ammonium hexafluorophosphate. The product was a waxy solid. The solid was recrystallized with a methanol and ethanol mixed solvent to obtain needle – like crystals.

mp:87 – 89℃. ^1H – NMR[400 MHz, δ, ppm, $DMSO_{-d6}$)]:0.88(3H, t, –CH_3), 1.24(2H, m, N – CH_2CH_2 – CH_2 – CH_3), 1.78(2H, m, N – CH_2 – CH_2 – CH_2CH_3), 4.15(2H, t, N – CH_2 – $CH_2CH_2CH_3$), 5.29(1H, d, CH_2 = CH –), 5.40(2H, s, Ph – CH_2 – N –), 5.86(1H, d, CH_2 = CH –), 6.71(1H, m, CH_2 = CH –), 7.38(2H, d, Ph), 7.52(2H, d, Ph), 7.81(2H, s, N – CH = CH – N), 9.27(1H, s, N – CH – N). ^{13}C – NMR(400MHz, δ, $DMSO_{-d6}$):138.2(N – CH – N), 136.7(CH_2 = CH –), 136.6(Ph), 134.9(Ph), 129.3(Ph), 127.3(Ph), 123.4(N – CH = CH – N – Bu), 123.2(N – CH = CH – N – Bu), 115.9(CH_2 = CH –), 52.4(Ph – CH_2 – N –), 49.3(N – CH_2 – $CH_2CH_2CH_3$), 31.9(N – CH_2 – CH_2 – CH_2CH_3), 19.4(N – CH_2CH_2 – CH_2 – CH_3), 13.9(N – $CH_2CH_2CH_2$ – CH_3).

Preparation of Flower – Shape Micro/Nanoscale CuO Surface. Pre – viously Cleaned copper sheets were immersed in a mixed solution of $K_2S_2O_8$ solution(0.065 mol/L, 20 mL) and KOH solution(2.5 mol/L, 40 mL) and maintained at 65℃ for 1 h. The sheets were removed from the solution and rinsed with distilled water several times and then dried in air. The dried sheets were heated to 180 ℃ for 2 h in an oven to get the flower – shape micro/nanoscale CuO surface. Relative chemical reaction equation was follows:

$$Cu + K_2S_2O_8 + 4KOH \rightarrow Cu(OH)_2 + 2K_2SO_4 + 2H_2O$$

$$Cu(OH)_2 \rightarrow CuO + H_2O$$

Immobilization of 3 – Chloropropyltrimethoxysilane onto the Micro/Nanoscale CuO Surface. The treated sheets were immersed in a solution of 3 – chloropropyltrimethoxysilane in methanol at room temperature for 24 h without stirring. The sheets were removed from the solution and rinsed orderly with acetone and methanol and then dried in a stream of nitrogen. The sheets were directly used for the next step.

Introduction of Peroxide Groups onto Micro/Nanoscale CuO Surface. Dioxane(14 mL), TBHP(4 mL) and Na_2CO_3(0.05 g) were sequentially added to a dry Bunsen flask of 100 mL equipped with a magnetic stirrer. After the 3 – chloropropyltrime – thoxysilane modified copper sheets were placed, the flask was degassed and backfilled with nitrogen three times and left under a nitrogen atmosphere. After slowly stirred for 12 h under nitrogen at 20℃ in the dark, the copper sheets were removed from the flask and rinsed with toluene and alcohol several times, and then dried in a stream of nitrogen. The sheets were also directly used for the next step.

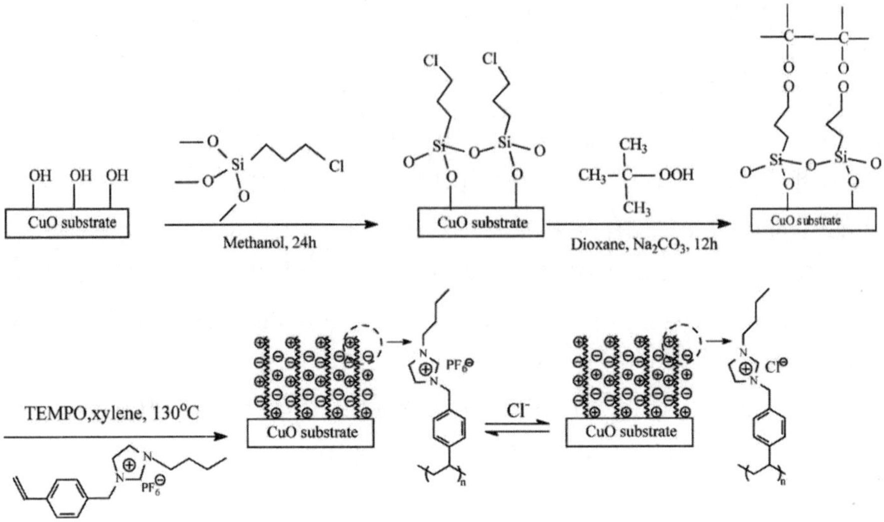

Scheme 1. Preparation process of tunable wettability surface by poly(ionic liquid) film modifying.

Synthesis of $PVBIm_{-PF6}$ Film Via Surface – Initiated NMRP. The prepared IL monomer $PVBIm_{-PF6}$ (1.928 g, 5.0 mmol), xylene (15 mL) and TBHP (0.075 mL) were added into a dry Bunsen flask of 100 mL which had been degassed and backfilled with nitrogen three times. After the mixed solution was slowly stirred several minutes at 80℃ until the solution became homogeneous, the peroxide group – immobilized copper sheets were placed, and then 23.4 mg of TEMPO was added. The flask was degassed and backfilled with nitrogen three times again. The reaction was performed in an oil bath at 130℃ for various reaction times, and then, the copper sheets were removed from the flask and rinsed with DMF for several times to remove physically absorbed polymer chains and then dried in a stream of nitrogen.

Tuning of the Wettability of Poly(ionic liquid) Modified Surfaces by Counter Anion Exchange. The PVBIm – PF6 modified copper sheets were immersed in 0.2 mol/L NaCl aqueous solution for 6 h. The sheets were removed from the beaker, rinsed with distilled water some times and then dried in a stream of nitrogen. The reversibly altered wettability from moderately hydrophilic to hydrophobic can be easily achieved by re – immers – ing PVBIm – Cl modified sheets into 0.1 mol/L NH_4PF_6 aqueous solution for 2 h.

RESULTS AND DISCUSSION

Tunable wettability surface was prepared according to the Scheme 1.

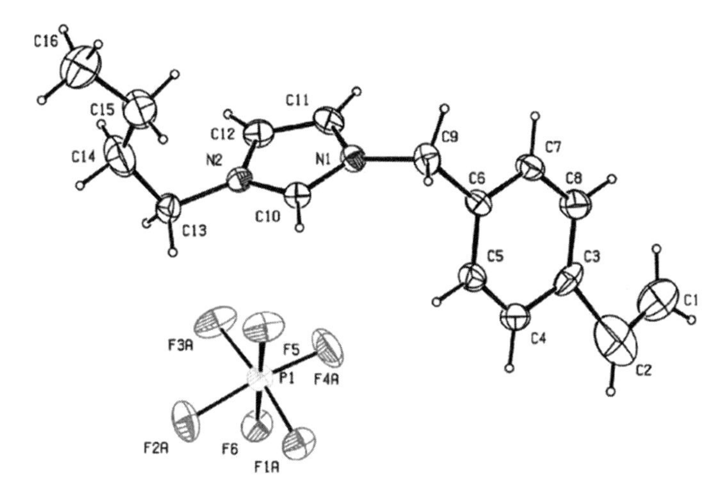

Figure 1. The molecular structure of VBIm – PF6. [Color figure can be viewed in the online issue, which is available at wileyonlinelibrary. com.]

Characterization of the Crystal Structure of the Monomer *PVBIm – PF*$_6$

Single crystal of the monomer molecule suitable for X – ray dif – fraction study was obtained in methanol and ethanol mixed sol – vent. We measured the crystal and molecular structure of the monomer molecule. Its molecular structural formula is shown in Figure 1 and the selected bond lengths and angles are given in Table I. Crystallographic data and refinement detail are listed in Table Ⅱ.

The C13, C9 are almost in imidazole ring plane of the molecule(vertical distance of 0. 017 and 0. 007 A, respectively). The N – C

Table I. Selected Bond Distances(A ?) and Bond Angles(8) for *PVBIm – PF*$_6$

Bonds	Bon lengths(Å)[a]	Bond angles	Bond angles(°)[a]
N(1)—C(9)	1. 446(6)	N(1)—C(10)—N(2)	109. 6(5)
N(1)—C(11)	1. 354(7)	C(10)—N(2)—C(13)	125. 7(5)
N(2)—C(10)	1. 293(6)	C(9)—N(1)—C(10)	137. 82(9)
N(2)—C(13)	1. 456(6)		
N(1)—C(10)	1. 325(6)		
N(1)—C(2)	1. 409(5)		
N(2)—C(12)	1. 351(6)		

aThe numbers in parentheses stand for absolute errors.

Table Ⅱ. Crystallographic Data and Refinement Details for $PVBIm_{-PF6}$

Empirical formula	Fw	Crystal system	Space group	a (Å)	b (Å)	c (Å)	β (°)
$C_{16}H_{21}F_6N_2P$	386.81	Triclinic	P-1	9.695(3)	12.176(4)	16.597(6)	78.22(2)
V (Å^3)	Z	D_{calc} (g cm^{-3})	Crystal size (mm^3)	F (000)	μ (mm^{-1})	θ range	Reflns collected
1906.1(12)	2	1.341	0.38 × 0.33 × 0.29	794	0.200	1.25-25.50	10202
Independent reflns	R(int)	Observed reflns [$I > 2\sigma(I)$]	R_1; wR_2 [$I > 2\sigma(I)$]	R_1; wR_2 (all data)	GOF (F^2)		
6950	0.0954	3097	0.0818, 0.2270	0.1442, 0.2693	0.998		

bond length in imidazole ring is 1. 325(6), 1. 354(7), 1. 293(6), and 1. 351(6) A ? , respectively. The N1 - C10 - N_2 bite angle is 109. 6(5)°.

Silane Coupling Agent Monolayer Characterization

Introduction of 3 - chloropropyltrimethoxysilane layer onto the micro/nanoscale CuO surface is very important to graft polymer chains from the surface as a linker between the substrate and polymer chains.

Figure 2 shows a typical XPS survey spectrum and high - resolu - tion elemental scan of C1s, Cl2p, and Si2p which were recorded from 3 - chloropropyltrimethoxysilane modified micro/nanoscale CuO surface. Curve splitting proved the C1s core - level spectrum inCluded three peak components, respectively, at 283. 8, 284. 8, and 286. 4 eV, attributable to the C - Si, C - H/C - C, and C - N. The presence of the Cl_{2p} and Si_{2p} peaks at the BEs of about 200. 3 and 102. 3 eV indicated that the silane coupling agent spe - cies had been successfully immobilized on the micro/nanoscale CuO surface.

Characterization of PVBIm - PF6 Modified Micro/Nanoscale CuO Surface Via a Surface - Initiated NMRP Reaction

XPS, SEM and contact angle analysis were respectively used to monitor the formation of the PVBIm - PF6 modified surface.

Figure 3 shows a typical XPS survey spectrum and high - resolution elemental scan of F1s, P 2p, and N1s of the $PVBIm - PF_6$ modified micro/nanoscale CuO surface. The peaks located at686. 5, 136. 4, and 401. 7 eV were respectively attributable to F1s, P2p, and N1s species. The molar ratio of [N]:[F]:[P] for the $PVBIm - PF_6$ modified CuO surface was about 2:6. 2:1 which was in fairly good agreement with the theoretical result. After PF_6^- was replaced by Cl^-, F1s, and P2p peaks disappeared and Cl 2p appeared, indicating that the counter anion PF_6^-had been successfully exchanged by Cl^- (Figure 4).

Figures 5 and 6, respectively, show SEM morphologies of flower - shape micro/nanoscale CuO surface before and after $PVBIm - PF_6$ modifying. Obviously CuO film is

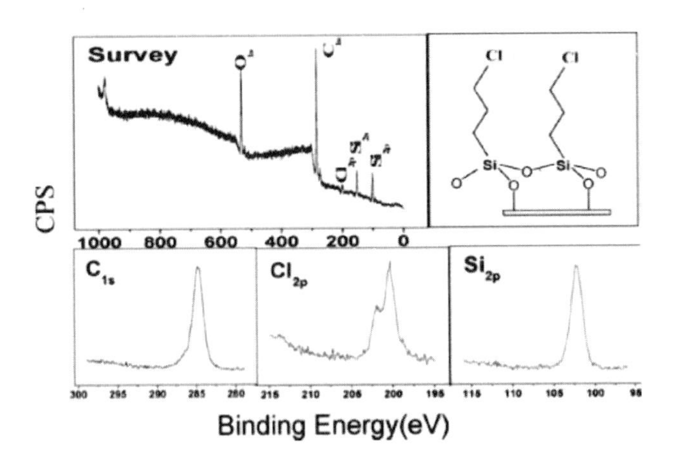

Figure 2. XPS survey spectrum and high – resolution elemental scan of Cl2p, C 1s and Si2p of 3 – chloropropyltrimethoxysilane modified micro/ nanoscale CuO surface.

composed of a large number of micro/nanoscale composition structures and shows a flower petal – like morphology. This micro/nanoscale composition structure and appropriate roughness was a main reason to show superhydrophobic property. [17]

According to the Refs. [18-20], the mechanism of the formation of flower petal – like CuO surface with a micro – nanoscale compo – sition structure was inferred. In the presence of KOH, CuO was at first oxidized to $Cu(OH)_2$, and then $Cu(OH)_2$ dehydrated to form CuO nuClei. Follow – up Cu2 ions were adsorbed on the nuClei, which resulted in the formation of large nano – petals. Al – kali played an important role in formation of CuO nano – flow – ers. It was reported that OH^- influenced the anisotropic growth rate along different crystal axis and OH – ions kinetically controlled

Figure 6 shows PVBIm – PF6 film has completely and uniformly covered CuO nano – petals. Compared with bare CuO film the polymer – covered "flower leaves" became evidently thicker indi – cating that poly(ionic liquid) chains had been successfully grafted. It is just because of covering of PVBIm – PF6 film of low surface energy that polymer modified CuO films show stronger hydrophobicity.

Figure 7 shows IR spectra of initiator and poly(ionic liquid) brush modified CuO surfaces. In the spectrum of the initiator modified substrate [Figure 7(a)], the peaks at 967 and 1192 cm – 1 were attributed to SiAO stretching vibration. ATR – FTIR spectrum of $PVBIm - PF_6$ is showed in Figure 7(b). The strong peak appeared at 853cm –

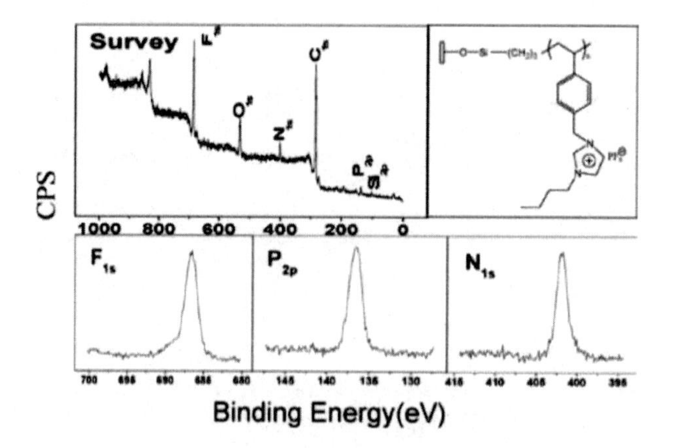

Figure 3. XPS survey spectrum and high – resolution elemental scan of F1s, P2p, and N1s of the *PVBIm – PF_6* modified micro/nanoscale CuO surface. the growth rate of specific faces through selective adsorption on these faces. [22,23]

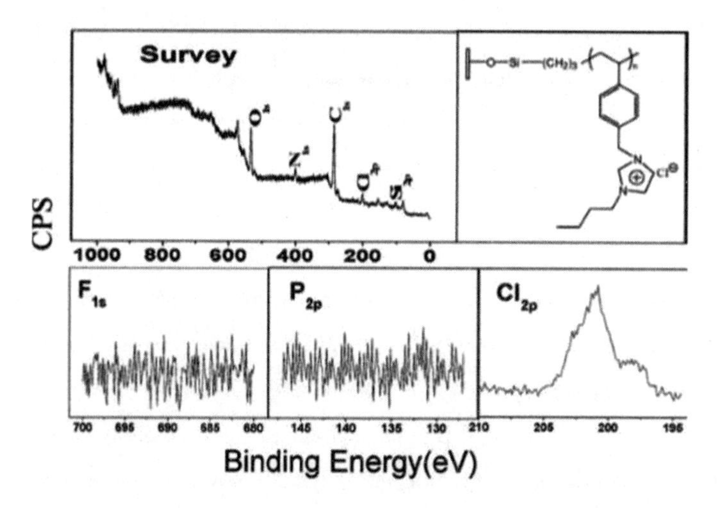

Figure 4. XPS survey spectrum and high – resolution elemental scan of F1s, P2p and Cl2p of the PVBIm – Cl modified micro/nanoscale CuO surface.

1 was assigned to P – F stretching vibra – tion and the peaks between 2800 – 3300 and 1554 cm – 1 were characterization absorption peaks of the PVBIm cation. Compared with *PVBIm – PF_6* modified surface, after PF_{6-} ions were substituted by Cl^- ions an ob-

vious change came from the dis – appearance of the characterization peaks of PF_6^- at 853 cm^{-1} .

Figure 5. SEM image of the flower – shape micro/nanoscale CuO surface.

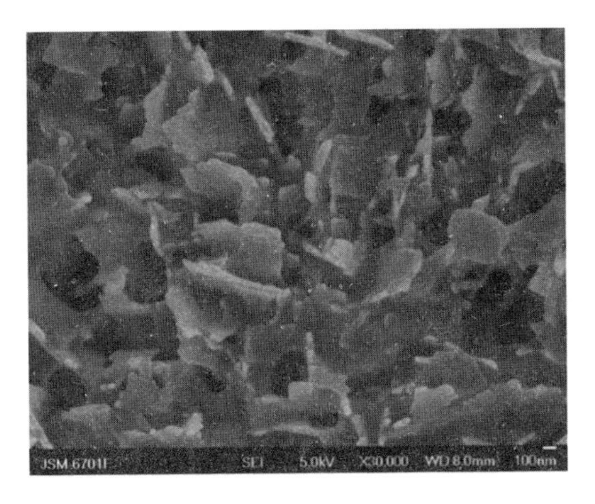

Figure 6. SEM image of the $PVBIm - PF_6$ **modified micro/nanoscale CuO surface.**

To prove that the polymerization of the functional IL mono – mers was a controlled process, we added free initiator in solu – tion and used the homopolymer formed by free initiator in so – lution to monitor the surface grafted polymerization process. Considering the fact that the free and surface – grafted polymer molecules have the same molecular weight and molecular weight distribution, this treatment is reasonable. [24-27] Figure 8(a) shows the linear relationship between ln([M0]/[M]) and the reaction time, where [M0] was the initial monomer concen - tration and [M] was instantaneous monomer concentration. Figure 8(b) shows the dependence of molecular weight Mn and polydispersity index(Mw/Mn) of "free" $PVBIm - PF_6$ on the con - version of the VBIm - PF6 monomer. The Mn of the "free" poly - mer increased linearly with the monomer conversion increasing and the polydispersity index was less than 1.4. The above results revealed that the graft polymerization of $PVBIm - PF_6$ on CuO substrate via NMRP was a controlled/"living" polymerization.

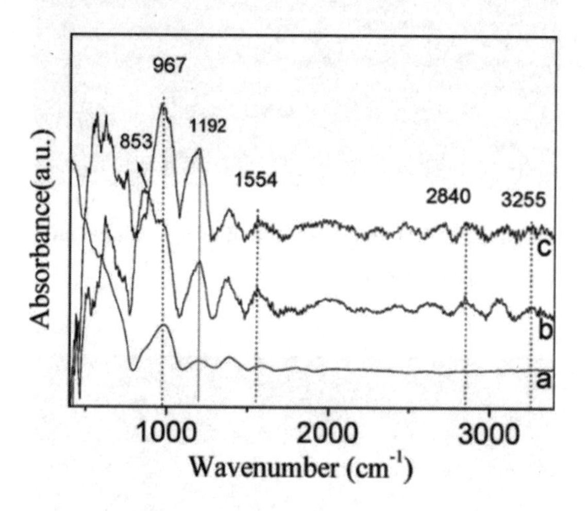

Figure 7. ATR - FTIR spectra of the initiator modified CuO surface(a), $PVBIm - PF_6$ modified CuO surface(b) and PVBIm - Cl modified CuO surface.

Counter Anion Exchange and Reversible Wettability According to the Ref. [28] for imidazolium IL, PF_6^- salts are hydrophobic and Cl^- salts are hydrophilic. So Cl^- was selected to exchange PF_6^- to induce a reversal of the surface wettability. The counter anion exchange and resulting reversible wettability behavior of the poly(ionic liquid) modified surfaces were confirmed by XPS and contact angle analysis. Figure 4 shows the typical XPS survey spectrum and high - resolution elemental scan of F1s, P2p, and Cl2p of the PVBIm - Cl modified micro/nanoscale CuO surface. Disappearance of the F1s(686.5 eV) and P2p(136.4 eV) peaks and appearance of the Cl2p component at the BE of 200.8 eV indicated that the PF_6^- has been exchanged with Cl^-. Through XPS analysis, it was found that the [N]:[Cl] ratio for the PVBIm - Cl modified silicon surface was

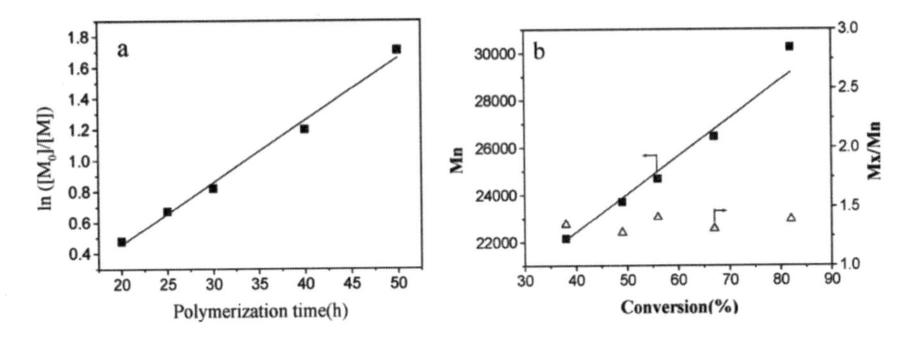

Figure 8. Relationships between ln([M0]/[M]) and the polymerization time (a) and between Mn of "free" $PVBIm-PF_6$ formed in the solution and the monomer conversion (b). [Color figure can be viewed in the online issue, which is available at wileyonlinelibrary. com.]

about1. 6 : 1, which was also in agreement with the theoretical result.

Table Ⅲ. Static Water Contact Angles Poly (ionic liquid) Modified CuO Surfaces

Samples	Reaction time (h)	Static water contact angle (°)
Bare CuO		120 ± 3
Silane coupling agent modified CuO		87 ± 3
PVBIm-PF$_6$/CuO(1)	10	128 ± 3
		92 ± 3
PVBIm-Cl/CuO(1)		
PVBIm-PF$_6$/CuO(2)	20	132 ± 3
PVBIm-Cl/CuO(2)		89 ± 3
PVBIm-PF$_6$/CuO(3)	30	140 ± 3
		98 ± 3
PVBIm-Cl/CuO(3)		
PVBIm-PF$_6$/CuO(4)	40	139 ± 3
PVBIm-Cl/CuO(4)		95 ± 3
PVBIm-PF$_6$/CuO(5)	50	134 ± 3
PVBIm-Cl/CuO(5)		91 ± 3

By contact angle analysis, we can find that the wettability can be easily reversed and tuned by simply counter anion exchange. When PF_6^- ions were substituted by Cl^- ions the static water contact angles changed from 140° to 98°.

Table Ⅲ shows the changes of static water contact angles between $PVBIm-PF_6$ and $PVBIm_{-cl}$ modified micro/nanoscale CuO surfaces at different time, it was Clear that from 10 to 50 h, the changes were nearly the same (more than 40°). At 30 h, the water

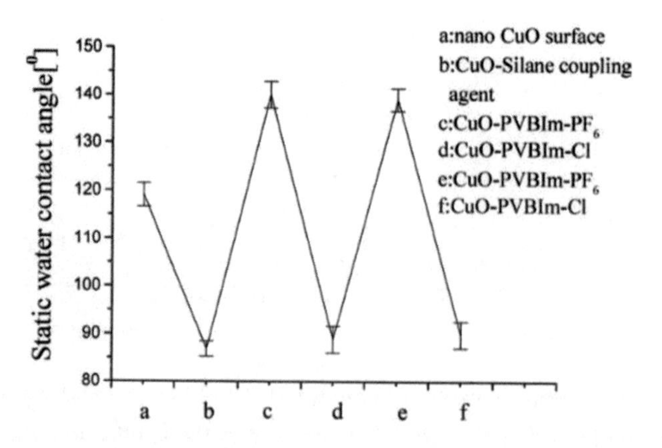

Figure 9. Changes of static water contact angles corresponding to various surfaces of copper substrates. The insets show six photographs of the shapes of water droplets on different surfaces.

contact angle of $PVBIm - PF_6$ modified surface was the biggest(about 140°). That is because the wettability depends on surface roughness and surface free energy. The water contact angle of unmodified flower - shape micro/nanoscale CuO surface was about 120°. With the polymerization time increasing from 10 to 30 h, the polymer chains gradually grew on the surface, which led to a decrease of the surface free energy and increase of the water contact angle. But, when the polymerization time exceeded 30 h, longer polymer chains would lay on the substrate surface to cause the surface roughness and water contact angle to reduce. Figure 9 shows when counter anions were sequentially exchanged again and again, the surface wettability maintained excellent reproducibility.

CONCLUSIONS

A double bond functionalized IL $PVBIm - PF_6$ was synthesized and its crystal and molecular structures were measured by X - ray single crystal diffraction method. Then, through a simple chemical oxidation procedure, micro/nanostructural flower - shape CuO surfaces were constructed on copper substrates. Finally, poly - meric IL $PVBIm - PF_6$ films were successfully grafted onto the micro/nanoscale CuO surfaces by a surface - initiated NMRP pro - cess using the newly synthesized IL as monomer. Kinetic studies revealed that the polymer chain growth from the surface was a controlled/ "living" polymerization process. The surface with tunable wettability, reversible switching between hydrophilicity and hydrophobicity can be easily achieved by sequential coun – teranion exchange.

ACKNOWLEDGMENTS

The authors are grateful to National Natural Science Foundation (No. 20873101) and Key Lab of Bioelectrochemistry and Environ – mental Analysis of Gansu Province for its financial support.

REFERENCES

[1] Milner, S. T. Science 1991, 251, 905.

[2] Prucker, O.; Ruhe, J. Macromolecules 1998, 31, 592.

[3] Maynor, B. W.; Filocamo, S. F.; Grinstaff, M. W.; Liu, J. J. Am. Chem. Soc. 2002, 124, 522.

[4] He, X. Y.; Yang W.; Pei, X. W. Macromolecules 2008, 41, 4615.

[5] Fichenscher, T.; Schwolen, A. Microwave Opt. Tech. Lett. 2006, 48, 1928.

[6] Yang, M.; Lu, S. F.; Lu, J. L.; Jiang S. P.; Xiang, Y. Chem. Commun. 2010, 9, 1434.

[7] Liu, P.; Su, Z. X. Polym. Bull. 2005, 55, 411.

[8] Barbey, R.; Lavanaut, L.; Paripovic, D.; Schuwer, N.; Sagnaux, C.; Tugulu, S.; Klok, H. A. Chem. Rev. 2009, 109, 5437.

[9] Ding, S.; Tang, H.; Radosz, M.; Shen, Y. J. Polym. Sci. A: Polym. Chem. 2004, 42, 5794.

[10] Masahiro, Y.; Ohno, H. Electrochim. Acta. 2001, 46, 1723.

[11] Washiro, S.; Yoshizawa, M.; Nakajima, H.; Ohno, H. Polymer 2004, 45, 1577.

[12] Azzaroni, O.; Moya, S.; Farhan, T.; Brown, A. A.; Huck, W. T. S. Macromolecules 2005, 38, 10192.

[13] Sun, Y. B.; Ding, X. B.; Zheng, Z. H.; Cheng, X.; Hu, X. H.; Peng, Y. X. Eur. Polym. J. 2007, 43, 762.

[14] Ding, S.; Tang, H.; Radosz, M.; Shen, Y. J. Polym. Sci. A: Polym. Chem. 2005, 43, 1432.

[15] Shen, Y.; Zhang, Y.; Zhang, Q.; Niu, L.; You, T.; Ivaska, A. Chem. Commun. 2005, 33, 4193.

[16] Yang, W.; He, X. J.; Gao, J. Z.; Guo, H.; He, X. Y.; Wan, F.; Zhao, X. L.; Yu, Y.; Pei, B. Chin. Sci. Bull., 2010, 55, 3562.

[17] Guo, Y. G.; Wang, Q. H.; Wang, T. M. Facile fabrication of superhydrophobic surface with micro/nanoscale binary structures on aluminum substrate, Appl. Surf. Sci. 2011, 257, 5831.

[18] Chen, L. Q.; Xiao, Z. Y.; Chan P. C. H.; Lee, Y. – K. L. J. Micromech. Microeng. 2010, 20, 105001.

[19] Wong, T. S.; Ho C. M. Langmuir 2009, 25, 12851.

[20] Ma, K.; Li, H.; Zhang, H.; Xu, X. L.; Gong, M. G.; Yang, Z. Chin. Phys. B 2009, 18, 1942.

[21] Yang, R.; Gu, Y. G.; Li, Y. Q.; Zheng, J.; Li, X. G. Acta. Materialia 2010, 58, 866.

[22] Murphy, C. J. Science 2002, 198, 2139.

[23] Zhang, X.; Bourgeois, L.; Yao, J.; Wang, H.; Webley, P. A. Small 2007, 3, 1523.

[24] Werne, T.; Patten, T. E. J. Am. Chem. Soc. 2001, 123, 7497.

[25] Ohno, K.; Koh, K.; Tsujii, Y.; Fukuda, T. Macromoles 2002, 35, 8989.

[26] Yu, W. H.; Kang, E. T.; Neoh, K. G. J. Phys. Chem. B 2003, 107, 10198.

[27] Matyjaszewski, K.; Miller, P. J.; Shukla, N.; Immarapom, B.; Gelman, A.; Luokala, B. B.; SiClovan, T. M.; Kickelbick, G.; Vallant, T.; Hoffmann, H.; Pakula, T. Macromoles 1999, 32, 8716.

[28] Ma, L. L.; Lu, Y. F.; Yuan, J.; Wu, Y. H. Chem. J. Chin. Univ. 2006, 27, 2182.

（本文发表于 2013 年《应用高分子科学》128 卷 第 5 期）

An In - situ Surface Modification Route for Realizing the Synergetic Effect in P3HT - SnO_2 Composite Sensor and Strikingly Improving Its Sensing Performance

Tianyu Zhao　Xianwei Fu　Xinhang Cui　Gang Lian
Yang Liu　Side Song　Kang Wang
Qilong Wang　Deliang Cui *

摘要:通过一种新型的原位表面修饰方法,对 SnO_2 多孔纳米固体进行修饰,合成了性能优良的 P3HT - SnO_2 复合气敏传感器。实验结果表明:由空白的 SnO_2 多孔纳米块体制备的气敏传感器对 NO_2 表现出微弱的响应;相反地,通过去除空白 SnO_2 多孔纳米固体表面吸附的杂质分子,并运用原位复合途径使其孔道与 P3HT 复合制备的 P3HT - SnO_2 复合气敏传感器,具有工作温度低、高响应、响应恢复快及优秀的选择性的特性。最后通过电子在 P3HT 与 SnO_2 之间转移导致它们之间的协同效应的消失和显现合理地解释了这一实验结果。

By developing a new in - situ surface modification route, P3HT - SnO_2 composite gas sensor with strikingly improved performance was fabricated via modifying the surface of SnO_2 porous nanosolid (SnO_2 PNS). The experimental results indicate that the sensor fabricated from pristine SnO_2 PNS exhibited quite poor sensing performance to NO_2 gas. In contrast, when the adsorbed impurity molecules were removed from the surface of SnO_2 PNS, followed by introducing P3HT into the pores in in - situ way, P3HT - SnO_2 composite gas sensor with greatly improved performances were fabricated, namely, lower working temperature, higher sensor response, much faster response - recovery

---

* 作者简介:赵天宇(1989—),男,甘肃天水,材料物理与化学专业博士,天水师范学院化学工程与技术学院讲师,主要从事气敏材料和光电材料的研究。

speed and excellent selectivity. This phenomenon was explained by the appearance and disappearance of "synergetic effect" between P3HT and SnO_2, which was resulted from the forward electron transfer process from P3HT to SnO_2 and the backward process.

1. INTRODUCTION

Gas sensors are usually utilized for the detection of toxic pollutants and early alarming of hazardous and flammable gas leaks, thus they are very important for the safety of civil life and industrial production. As one of the most common toxic and harmful gases, NO_2 is mainly originated from industrial synthesis of nitric acid and the exhaust of automotive engines [1,2]. It is hazardous to both human health and environment even at few ppm concentration [3 – 5]. For example, acting as a cofactor, NO_2 can result in the formation of ozone in the environment, resulting in the appearance of global warming [6]. Besides, NO_2 can induce respiratory diseases such as bronchitis, asthma etc [7, 8]. Therefore, it is crucial to fabricate efficient NO_2 gas sensors with low cost, high sensitivity and low working temperature for the practical applications.

Most of the nanostructured NO_2 sensors fabricated hitherto are composed of semiconducting metaloxides including SnO_2[9,10], ZnO [11,12], TiO2 [13,14], In2O3 [15,16], WO_3[2,6,17,18,19]. In particular, Tin dioxide(SnO_2) is widely used as a gas sensing material owing to its high sensitivity, excellent chemical stability, and low cost. However, high working temperature and low selectivity also restricted these metal oxide gas sensors. For overcoming these disadvantages, many novel sensing materials including specially designed nanostructures [20,21], noble metal decorated SnO_2 nanoparticles [22,23] and organic – inorganic composites [24 – 27] were utilized in the fabrication of NO_2 gas sensors. Among the composites, conducting polymer – metal oxide nanocomposites attracted much attention. For example, Wu et al. prepared polythiophene – SnO_2 composites for NO_2 gas sensing [26,28], Tai et al. fabricated a NH_3 gas sensor using polyaniline – TiO_2 thin film [29], Navale et al. prepared CSA doped PPy/α – Fe_2O_3 thin film for the application of room temperature NO_2 gas monitoring [30]. Besides, Mane et al. demonstrated the sensing performance of DBSA doped PPy – WO_3 nanocomposite films to NO_2 gas [6], Sadek et al. examined the sensing property of polyaniline – In_2O_3 nanofiber composite sensor to H_2, CO and NO_2 gases [31] etc.

Herein, we developed a new in – situ surface modification route, by which the pores surface of our novel SnO_2 porous nanosolid(PNS) [32] was modified with ploly –

3 – hexythiophene(P3HT), thus P3HT – SnO_2 composite was prepared. The gas sensor fabricated from this P3HT – SnO_2 composite exhibited excellent sensor response, good selectivity and rather short response and recovery times when being used for detecting NO_2 gas.

2. EXPERIMENTAL

2.1. Synthesis of SnO_2 nanoparticles

SnO_2 nanoparticles were synthesized by following the experimental procedure described in references [33,34]. The starting materials used in the synthesis process were $SnCl_4 \cdot 5H_2O$ (AR, Sinopharm Chemical Reagent Co. Ltd, China), citric acid (AR, Tianjin Guangcheng Chemical Reagent Co. Ltd, China), ammonia (AR, Tianjin Kemiou Chemical Reagent Co. Ltd, China) and deionized water. All the chemical reagents were used as received without further purification. In a typical synthesis, $SnCl_4$ solution was prepared by dissolving 10 g $SnCl_4 \cdot 5H_2O$ into 200 ml deionized water, and 1 g citric acid was added into the resultant solution under stirring. Afterwards, ammonium aqueous solution of 1 mol/L was transferred into the $SnCl_4$ solution in dropwise under vigorous stirring until the pH value reached 3.0, thus $Sn(OH)_4$ precipitate was prepared. After being separated by centrifugation, the obtained precipitate was washed with deionized water for several times in order to completely remove the chloride ions, and the resultant product was dried at 80℃ in vacuum. Finally, the $Sn(OH)_4$ power was calcined at 600℃ in air for 2h to obtain SnO_2 nanoparticles (with average particles size of 20 nm).

2.2. Preparation of SnO_2 porous nanosolid

The SnO_2 porous nanosolid was prepared via a solvothermal hot – press (SHP) process [32], and the starting materials were dioxane (AR, purchased from Sinopharm Chemical Reagent Co. Ltd, China) and SnO_2 nanoparticles (with average particle size of 20 nm). Firstly, 4 g SnO_2 nanoparticles were mixed with 5 ml dioxane and ground in a planet – type ball mill at a speed of 180 r/min for 4 h. Secondly, the resultant mixture was transferred into a SHP autoclave (Supplementary information S – 1), which was heated at a rate of 2.5℃/min to 100℃ and kept constant for 0.5 h. After that, a pressure of 60 MPa was applied on the mixture and maintained constant during the whole experimental process. Thirdly, the temperature was further raised to 200℃ at the same rate, and kept constant for 3 h. Finally, the autoclave was cooled to room temperature naturally, and the pressure was released. After heat – treating the resultant solid sample at 500℃ for 2 h in air, a well - defined SnO_2 porous nanosolid was obtained(Fig. 1).

2.3. Modification of SnO_2 PNS with P3HT and fabrication of P3HT - SnO_2 composite gas sensor

Firstly, the SnO_2 PNS was cut into square - shaped chips with dimensions of L7.0 × W7.0 × T0.5 mm (L - length, W - width and T - thickness), and gold electrodes with 0.5 mm × 0.5 mm were sputter - coated on their four vertices. At the same time, P3HT(with regioregularity of 97%, Rieke Metals Company, USA) solutions were prepared by dissolving appropriate amount of P3HT in to 2 ml chloroform(AR, Sinopharm Chemical Reagent Co. Ltd, China). Secondly, the SnO_2 PNSs were heat treated in a three - necked flask at 150℃ for 3 h in a vacuum of 2.3×10^{-3} Pa. After cooling naturally in vacuum to room temperature, P3HT solution was introduced into the flask to immerse the pre - treated SnO_2 PNS for 24h. Thirdly, the SnO_2 PNS was recovered and heated in a vacuum of 1×10^{-3} Pa at 160℃ for 1 h, thus a P3HT - SnO_2 composite gas sensor was fabricated(Inset of Fig. 5(a)). This method was called vacuum in - situ composite route(VISCR). For examining the effect of P3HT loading amount on the performance of P3HT - SnO_2 composite gas sensors, four P3HT - SnO_2 composite gas sensors were fabricated by immersing SnO_2 PNSs into P3HT solutions of 1.0 mg/ml, 5.0 mg/ml, 10 mg/ml and 20 mg/ml for 24 h, respectively, and the gas sensors thus prepared were denoted as S1, S5, S10 and S20. For comparison, gas sensor S0 was also fabricated by treating SnO_2 PNS with the same process, except that the P3HT solution immersing process was eliminated.

2.4. Characterization of the samples

FTIR absorption spectra of the samples were collected on a Nicolet NEXUS 670 Fourier transformation infrared(FTIR) spectrometer, with a wavenumber resolution of 4 cm^{-1} (4000 - 650 cm^{-1}). The morphology of the samples was observed using a Hitachi S - 4800 scanning electron microscope(SEM). The pore size distribution of the samples was determined by nitrogen adsorption - desorption isotherms obtained at - 196℃ on an Accelerated Surface Area and Porosimetry 2000 Analyzer. Sensing performance of the sensors was tested on a HANWEI HW - 30A sensor characterization equipment(Hanwei Electronics Co. Ltd., Henan, China, Supplementary information S - 2) within 60 - 16℃ with relative humidity of 25 ~ 35%. The target gases with different concentrations were mixed with dry air and injected into the testing chamber of volume 4L by a syringe. In order to examine the selectivity of the sensors, NO_2 (1% NO_2 in N_2), SO_2 (1%

SO_2 in N_2), CH_4, NH_3(1% NH_3 in N_2), CO, H_2(10% H_2 in Ar) and $(CH_3)_3N$ were selected as the reference gases.

For oxidizing gases, the sensor response S is defined as

$$S = R_g/R_a \quad (1)$$

For the reducing gases, S is defined as

$$S = R_a/R_g \quad (2)$$

Where R_g and R_a are sensor resistances in the target gas and air, respectively. The response(recovery) times of the sensors were defined as the time intervals in which the variation of the resistance reaching 90% of the total change upon introducing(evacuating) the gases, respectively. The carrier concentration and mobility of the samples were determined by Hall Effect measurement results, which were recorded on an Ecopia HMS3000 electric transportation performance testing system (see Supplementary information S-3).

3. RESULTS AND DISCUSSION

3.1. Morphology and sensing performance of pristine SnO_2 PNS sensor

The SEM images shown in Fig. 1 indicate that the SnO_2 porous nanosolid was a three-dimensional network constructed by interconnected SnO_2 nanoparticles, with large amount of uniform-sized channels or pores existing in it. This characteristic was also verified by the nitrogen adsorption-desorption isotherms presented in Fig. 2(a). Obviously, the slopes of both absorption and desorption curves are very steep, and the hysteresis loop is rather narrow. This phenomenon indicates that the pressures of condensation and evaporation are quite close to the saturation vapor pressure [35]. Be-

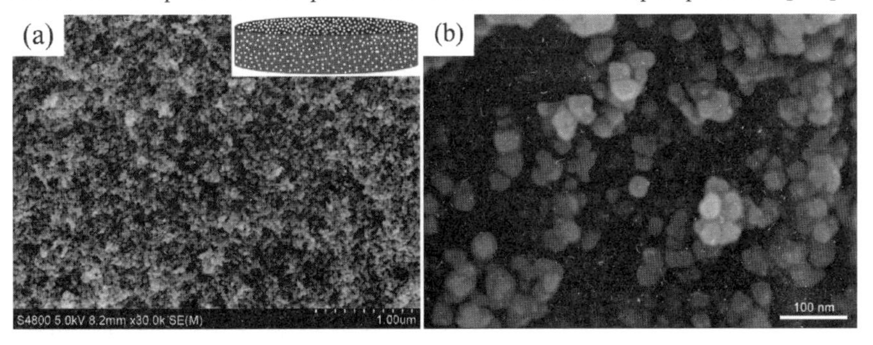

Fig. 1SEM images of a SnO_2 porous nanosolid with different magnification ratios. Inset of(a) shows its schematic structure.

sides, the pores size of the sample was very uniform, i. e. , it distributed within the range of 40 ~ 150 nm (Fig. 2 (b)). The total pore volume of SnO_2 PNS is 0. 095 cm^3/g and its BET surface area is 23. 57 m^2/g.

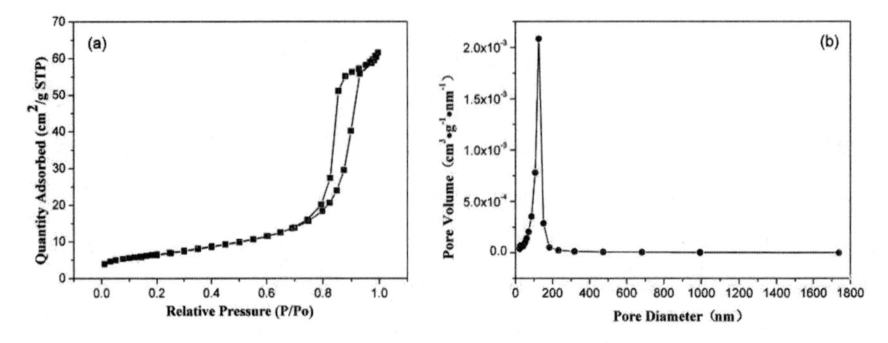

Fig. 2Nitrogen adsorption – desorption isotherms (a) and pore size distribution (b) of a SnO_2 PNS.

The porous structural characteristic, together with the high surface reactivity, make SnO_2 porous nanosolid rather sensitive to the gases, thus it was believed to be an appropriate candidate for the fabrication of gas sensors. The data presented in Fig. 3 (a) indicate that this sensor truly exhibits response to 10 ppm NO_2 gas, and the response decreased strikingly with the increase of temperature. However, Fig. 3 (b) indicates that the response of this pristine SnO_2 PNS sensor is quite poor. More importantly, its recovery time is longer than 2000 s after adsorbing 10 ppm NO_2, i. e. , the gas sensor fabricated from pristine SnO_2 porous nanosolid is nearly unrecoverable.

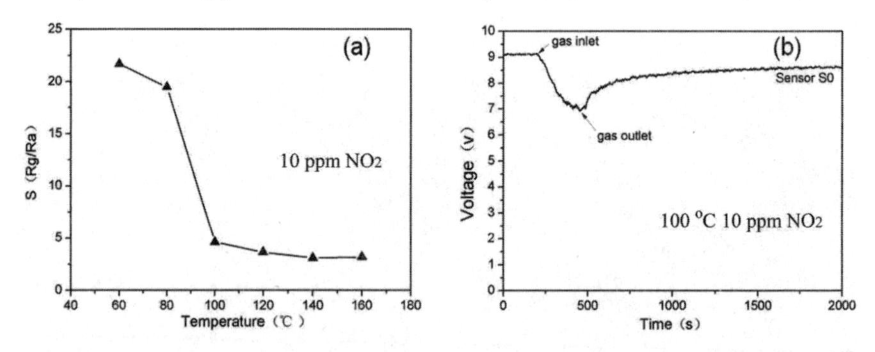

Fig. 3 Sensing performance of pristine SnO_2 PNS sensor S0 to NO_2 with concentration of 10 ppm. (a) Sensor response *vs* temperature, (b) Dynamic response to 10 ppm NO_2 at 100℃.

3.2. Characterization of P3HT – SnO_2 composite

Generally, the gas sensors fabricated from inorganic semiconductors exhibit rather good stability, while their selectivity is usually poor and the working temperature is high. In contrary, the organic semiconductor sensors usually posses much lower working temperature and improved selectivity. It is prospected that the composite semiconductor should possess the merits of both organic and inorganic moieties. Considering this fact, we fabricatedP3HT – SnO_2 composite gas sensor by modifying the pores surface of SnO_2 PNS with P3HT. The FTIR spectra of SnO_2 PNS, P3HT and P3HT – SnO_2 composite are presented in Fig. 4(a). In this figure, the strong peak at 668 cm^{-1} should be attributed to the vibration of Sn – O bond [36 – 38]. For P3HT and P3HT – SnO_2 composite, the peak at 825 cm^{-1} comes from the off – plane vibration of C – H bond of thiophene ring, while the peak at 1097 cm^{-1} should be attributed to its in – plane bending vibration. The peaks at 1261 cm^{-1}were ascribed to the stretching vibration of inter – rings C – C bond [39 – 42]. Especially, the peaks at 1400 ~ 1500 cm^{-1}, coming from the stretching

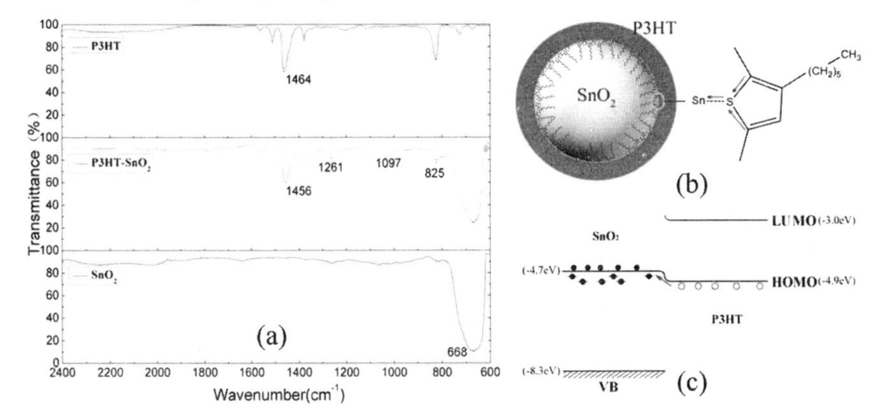

Fig. 4 FTIR spectra and energy – level alignment of P3HT – SnO_2 composite sensor. (a) FTIR spectra of SnO_2, P3HT and P3HT – SnO_2 composite. The absorption peaks in red circle were attributed to the stretching vibration of C = C bond on thiophene ring, which red – shifted by 8 cm^{-1} after P3HT combined with SnO_2 to form the composite. (b) A schematic model depicting the coordination bond between P3HT and SnO_2 nanoparticle. The red arrows denote the electron transfer from thiophene ring to SnO_2, which resulted in a "synergetic effect" and striking increase of conductivity of P3HT – SnO_2 composite. (c) Energy – level alignment of P3HT and SnO_2 [41].

vibration of C = C bond of thiophene ring, red – shifted by about 8 cm^{-1} after the formation of P3HT – SnO_2 composite by combing P3HT with SnO_2 PNS. This phenomenon indicates that part of electrons on the thiophene rings transferred to SnO_2 via the coordination bonds between S atom and Sn of SnO_2 nanoparticles, thus a "synergetic effect" appeared and the conductivity of P3HT – SnO_2 composite strikingly improved [43]. In order to clearly depict the interfacial state between P3HT and SnO_2, a schematic model was proposed and shown in Fig. 4(b) and (c). In fact, coordination bonds can only form between SnO_2 and its adjacent P3HT molecules, which were represented by dotted lines in Fig. 4(b).

3. 3. Enhanced gas – sensing performance of P3HT – SnO_2 composite sensor

Compared with the sensor fabricated from pristine SnO_2 porous nanosolid, the sensors prepared from P3HT – SnO_2 composite exhibited strikingly improved sensing performance. Fig. 5 clearly indicates that both S10 and S20, which were prepared from P3HT – SnO_2 composite, show much higher sensor responses and greatly improved recovery characteristic than S0 (fabricated from pristine SnO_2 PNS). On the other hand, all the sensors exhibited monotonically decreased responses with the increase of temperature, thus it seems that the optimal working temperatures of these sensors should be lower than 60℃. However, the response and recovery times of a gas sensor are also key parameters for its practical applications. By carefully analyzing the data in Table 1, it can be found that sensor S0 is almost unrecoverable below 100℃, even sensors S10 and S20 also require rather long time to recover after adsorbing NO_2 gas. Based on the fact that both the response and recovery times of the sensors decreased dramatically at 100℃, their optimal working temperature was set as 100℃ in the following experiments.

Besides the sensor response and recovery performance, the selectivity ofP3HT – SnO_2 composite sensor was also improved to a rather large extent compared with that of pristine SnO_2 PNS sensor. It can be found from Fig. 6 that, the response of sensor S10 was as high as 192 to 100 ppm NO_2, while its response was less than 1. 5 to all the other gases, including 100 ppm SO_2, 1000 ppm NH_3, 1000 ppm $(CH_3)_3N$, 1000 ppm CH_4, 1000 ppm H_2 and 1000 ppm CO. This result verifies that the P3HT – SnO_2 composite sensors possess strikingly improved selectivity compared to pristine SnO_2 PNS sensor (also see Supplementary information S – 4).

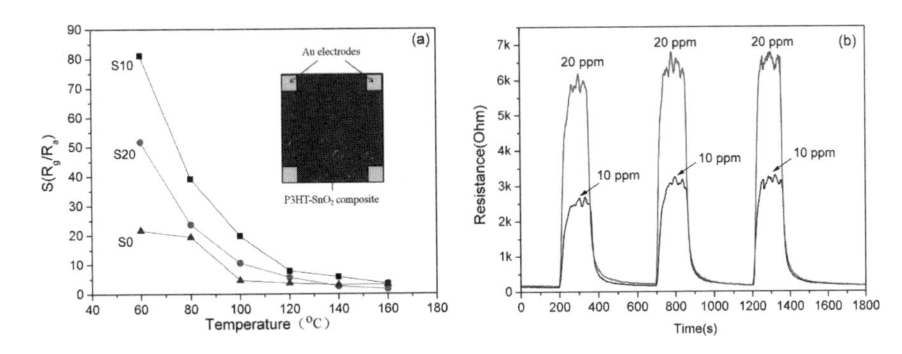

Fig. 5 (a) Sensor response vs temperature of P3HT – SnO_2 composite sensors S0, S10 and S20 to 10 ppm NO_2. Inset shows the schematic diagram of a P3HT – SnO_2 composite gas sensor. The four yellow squares are Au electrodes. (b) Dynamic response curve of P3HT – SnO_2 composite sensor S10 to 10 ppm and 20 ppm NO_2 at 100℃.

Table 1 Response and recovery times of the sensors

Temperature (℃)	Response time (s)					Recovery time (s)				
	60	80	100	120	160	60	80	100	120	160
S0	178	175	178	165	135	–	–	–	>425	>400
S10	100	90	50	50	45	250	170	30	30	28
S20	110	60	70	45	45	170	120	50	45	40

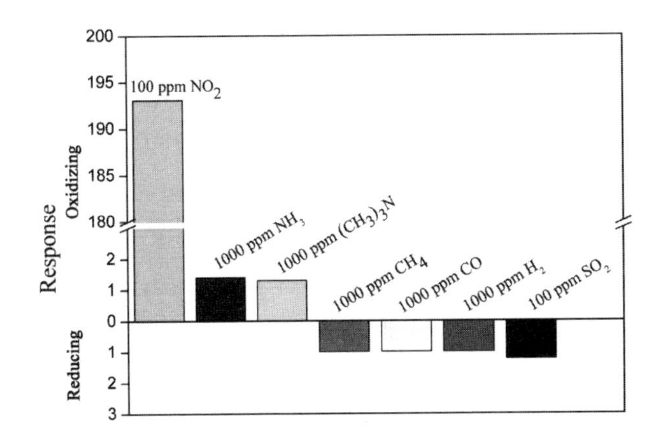

Fig. 6 The response of P3HT – SnO_2 composite sensor S10 to different gases at 100℃.

As a sensor for detecting low concentration NO_2 gas, the response of P3HT – SnO_2

composite sensors also showed quite good linearity with the NO_2 concentration. Fig. 7 presents the dynamic response – recovery curves of sensor S10 to different NO_2 concentrations at 100℃. The inset of Fig. 7 clearly indicates that the response value of S10 increased linearly with the increase of NO_2 concentration within the range of 2 ~ 30 ppm.

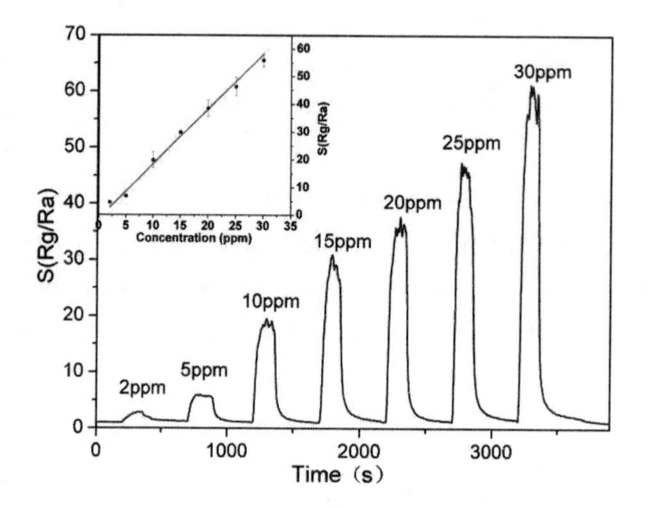

Fig. 7 Dynamic response of P3HT – SnO_2 composite sensor to NO_2 of different concentrations at 100℃. Inset shows linear fit of response *vs* concentation.

3. 4. Explanation of the sensing mechanism of P3HT – SnO_2 composite sensor

In order to analyze the sensing mechanism of the sensors, Hall Effect measurement was conducted before and after their exposure to 100 ppm NO_2 gas. The data presented in Table 2 reveal that the electron concentrations of S5 and S10 changed by 45. 9% and 55. 5% respectively upon exposing to NO_2, while that of S0 changed much less, namely, 5. 28%. Furthermore, the electron mobility of S5 and S10 increased but that of S0 decreased correspondingly. It is well known that conductivity σ is proportional to the product of electron concentration n and mobility μ, thus the change in conductivity before and after the exposure to NO_2 gas can be expressed as

$$D\sigma = \mu \times Dn + n \times D\mu \qquad (3)$$

Obviously, the higher the μ is, the larger the $D\sigma$ is. In other words, the sensor with high electron mobility will exhibit much higher sensor response than the one with lower electron mobility.

Table 2 Electron concentration and mobility of pristine SnO_2 PNS and P3HT - SnO_2 composites

Sensors	in air, 100℃		in 100 ppm NO_2, 100℃		Variation	
	n ($10^{16}/cm^{-3}$)	μ (cm^2/Vs)	n ($10^{16}/cm^{-3}$)	μ (cm^2/Vs)	Δn/n	Δμ/μ
Sensor S0	4. 92	1. 07	4. 66	0. 92	- 5. 28%	- 14%
Sensor S5	61. 6	2. 33	33. 3	2. 52	- 45. 9%	+ 8. 15%
Sensor S10	82. 4	2. 67	36. 7	2. 98	- 55. 5%	+ 11. 6%

Note: all the data were recorded after the sensors exposed to the gases for 2 min in order to reach equilibrium.

On the other hand, when thepristine SnO_2 PNS gas sensor was exposed in air, oxygen molecules adsorbed on its surface and captured electrons from its conduction band, resulting in the increase of resistance of the sensor. During this process, some species including O_2^-, O^- and O^{2-} formed, with O_2^- as the dominant one at low temperatures (e. g., < 150℃) [44, 45]. When NO_2 molecules were introduced, they directly interacted with the surface tin sites and bridging - oxygen vacancies of SnO_2, capturing additional electrons from its conduction band and resulting in the further increase of its resistance [46 - 48]. Due to the adsorption competition between O_2 and NO_2 molecules on SnO_2 surface, together with the fact that the former was adsorbed prior to the latter in practical applications, there were much fewer active sites to be occupied by NO_2 molecules, thus the pristine SnO_2 PNS sensor exhibited poorer performance to NO_2 gas (Fig. 8 (a)). Besides, the NO_2 molecules interacted directly with the available Sn sites on SnO_2 surface, rather than the adsorbed O_2^- species, making the adsorption of NO_2 molecules and the subsequent reaction to be slow processes, thus the response and recovery times were quite long at low temperatures [2].

In comparison, most of the active sites on SnO_2 surface were occupied by P3HT molecules in P3HT - SnO_2 PNS composite, and an electron transfer process from P3HT to SnO_2 took place via the S→Sn coordination bond. As a result, a synergetic effect between P3HT and SnO_2 appeared, resulting in the striking increase of both the mobility and concentration of electrons in P3HT - SnO_2 PNS composite [43]. When P3HT - SnO_2 PNS composite sensor was exposed to NO_2, NO_2 molecules might interact with P3HT via - O···H bonds, attracting electrons from the thiophene rings in P3HT (Fig. 8 (b)) [26, 49, 50]. Accordingly, the electrons previously transferred from P3HT to SnO_2

PNS flew back to P3HT and NO_2 molecules(denoted by blue arrows in Fig. 8(b)),thus the above – mentioned synergetic effect disappeared and the conductivity of P3HT – SnO_2 PNS composite greatly decreased. Furthermore, the density of available sites for NO_2 molecules on the surface of P3HT – SnO_2 PNS composite was rather high because of lacking adsorption competition. All the above facts make the P3HT – SnO_2 composite gas sensors show greatly increased response to NO_2 gas. On the other hand, due to the weak nature of O···H bond, it is much easier for NO_2 molecules to adsorb and desorb from the surface of P3HT – SnO_2 composite, thus the response and recovery times of P3HT – SnO_2 PNS composite sensor obviously decreased compared with that of pristine SnO_2 PNS sensor.

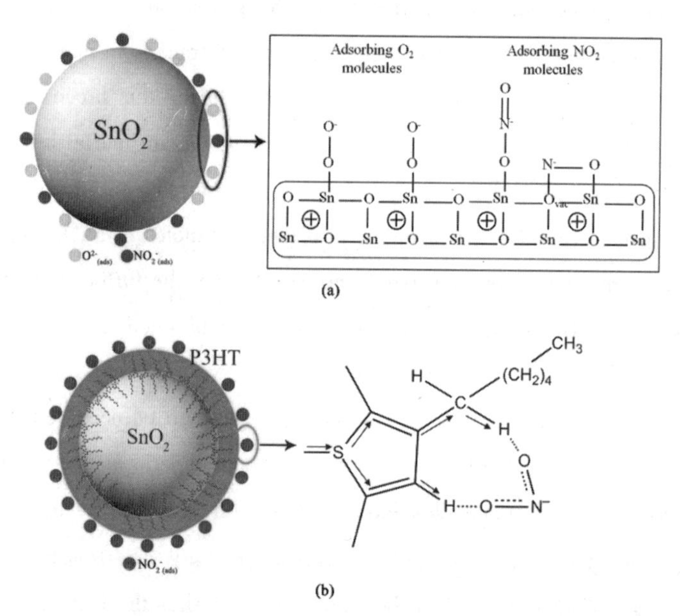

Fig. 8Propose model for explaining the adsorption of oxygen and NO_2 molecules on the surface of pristine SnO_2 PNS and P3HT – SnO_2 PNS composite sensors. (a) Adsorption competition between O_2 and NO_2 molecules on the surface of SnO_2 nanoparticles, (b) NO_2 molecule was adsorbed on the surface of P3HT – SnO_2 composite, attracting electrons flew back from SnO_2 nanoparticle to P3HT. As a result, the "synergetic effect" disappeared and the conductivity of P3HT – SnO_2 composite greatly decreased.

4. CONCLUSIONS

Although gas sensors fabricated from metal oxides usually exhibited rather high stability and sensor response, they still suffered from some intrinsic disadvantages, including high working temperature, poor selectivity and recovery characteristics etc. An effective route for overcoming these disadvantages is to prepare composite sensors by combining metal oxides with appropriate organic semiconductors. Our results verified that, by completely removing the adsorbed impurities on the surface of metal oxides, together with carefully optimizing energy - level alignment of organic - inorganic couples, the prepared composite gas sensors will possess strikingly improved performances via the "synergetic effect" between inorganic and organic moieties. It is reasonable to anticipate that this phenomenon will find a variety of applications in fabricating composite optoelectronic devices with "super" performances.

Acknowledgement

This work was supported by the Natural Science Foundation of China (NSFC 51372143, 51102151, 50990061) and Natural Science Foundation of Shandong Province (2013GGX10208).

References

[1] V. B. Raj, A. T. Nimal, M. Tomar, M. U. Sharma, V. Gupta, Novel scheme to improve SnO_2/SAW sensor performance for NO_2 gas by detuning the sensor oscillator frequency, Sens. Actuators, B: Chem. 220 (2015) 154 - 161.

[2] A. Sharma, M. Tomar, V. Gupta, WO_3 nanoclusters - SnO_2 film gas sensor heterostructure with enhanced response for NO_2, Sens. Actuators, B: Chem. 176 (2013) 675 - 684.

[3] D. Zhang, Z. Liu, C. Li, T. Tang, X. Liu, S. Han, B. Lei, C. Zhou, Detection of NO_2 down to ppb Levels Using Individual and Multiple In2O3 Nanowire Devices, Nano Lett. 4 (2004) 1919 - 1924.

[4] T. Becker, S. Mühlberger, C. B. - v. Braunmühl, G. Müller, T. Ziemann, K. V. Hechtenberg, Air pollution monitoring using tin - oxide - based microreactor systems, Sens. Actuators, B: Chem. 69 (2000) 108 - 119.

[5] B. T. Marquis, J. F. Vetelino, A semiconducting metal oxide sensor array for the detection of NOx and NH3, Sens. Actuators, B: Chem. 77 (2001) 100 - 110.

[6] A. T. Mane, S. T. Navale, V. B. Patil, Room temperature NO_2 gas sensing properties of DB-

SA doped PPy – WO_3 hybrid nanocomposite sensor, Org. Electron. 19(2015)15 – 25.

[7] W. J. Gauderman, E. Avol, F. Lurmann, N. Kuenzli, F. Gilliland, J. Peters, R. McConnell, Childhood Asthma and Exposure to Traffic and Nitrogen Dioxide, Epidemiology 16(2005)737 – 743.

[8] H. J. Lee, P. Koutrakis, Daily ambient NO_2 concentration predictions using satellite ozone monitoring instrument NO_2 data and land use regression, Environ. Sci. Technol. 48(2014)2305 – 2311.

[9] M. C. Horrillo, P. Serrini, J. Santos, L. Manes, Influence of the deposition conditions of SnO_2 thin films by reactive sputtering on the sensitivity to urban pollutants, Sens. Actuators, B: Chem. 45(1997)193 – 198.

[10] M. A. Martı ? n, J. P. Santos, H. Vάsquez, J. A. Agapito, Study of the interferences of NO_2 and CO in solid state commercial sensors, Sens. Actuators, B: Chem. 58(1999)469 – 473.

[11] Y. Gönüllü, G. C. M. Rodríguez, B. Saruhan, M. Ürgen, Improvement of gas sensing performance of TiO2 towards NO_2 by nano – tubular structuring, Sens. Actuators, B: Chem. 169(2012) 151 – 160.

[12] R. Lu, W. Zhou, K. Shi, Y. Yang, L. Wang, K. Pan, C. Tian, Z. Ren, H. Fu, Alumina decorated TiO2 nanotubes with ordered mesoporous walls as high sensitivity NOx gas sensors at room temperature, Nanoscale 5(2013)8569 – 8576.

[13] M. Chen, Z. Wang, D. Han, F. Gu, G. Guo, Porous ZnO Polygonal Nanoflakes: Synthesis, Use in High – Sensitivity NO_2 Gas Sensor, and Proposed Mechanism of Gas Sensing, J. Phys. Chem. C115(2011)12763 – 12773.

[14] X. Liu, J. Sun, X. Zhang, Novel 3D graphene aerogel – ZnO composites as efficient detection for NO_2 at room temperature, Sens. Actuators, B: Chem. 211(2015)220 – 226.

[15] Z. Dai, C. – S. Lee, Y. Tian, I. – D. Kim, J. – H. Lee, Highly reversible switching from P – to N – type NO_2 sensing in a monolayer Fe2O3 inverse opal film and the associated P – N transition phase diagram, J. Mater. Chem. A 3(2015)3372 – 3381.

[16] G. Neri, A. Bonavita, S. Galvagno, P. Siciliano, S. Capone, CO and NO_2 sensing properties of doped – Fe2O3 thin films prepared by LPD, Sens. Actuators, B: Chem. 82(2002)40 – 47.

[17] T. Kida, A. Nishiyama, Z. Hua, K. Suematsu, M. Yuasa, K. Shimanoe, WO_3 Nanolamella Gas Sensor: Porosity Control Using SnO_2 Nanoparticles for Enhanced NO_2 Sensing, Langmuir 30 (2014)2571 – 2579.

[18] J. Zhang, S. Wang, Y. Wang, Y. Wang, B. Zhu, H. Xia, X. Guo, S. Zhang, W. Huang, S. Wu, NO_2 sensing performance of SnO_2 hollow – sphere sensor, Sens. Actuators, B: Chem. 135 (2009)610 – 617.

[19] C. Jiang, G. Zhang, Y. Wu, L. Li, K. Shi, Facile synthesis of SnO_2 nanocrystalline tubes by electrospinning and their fast response and high sensitivity to NOx at room temperature, Crys-

tEngComm 14(2012)2739 - 2747.

[20] F. H. Saboor, T. Ueda, K. Kamada, T. Hyodo, Y. Mortazavi, A. A. Khodadadi, Y. Shimizu, Enhanced NO_2 gas sensing performance of bare and Pd - loaded SnO_2 thick film sensors under UV - light irradiation at room temperature, Sens. Actuators, B: Chem. 223(2016)429 - 439.

[21] Z. Wang, Y. Zhang, S. Liu, T. Zhang, Preparation of Ag nanoparticles - SnO_2 nanoparticles - reduced graphene oxide hybrids and their application for detection of NO_2 at room temperature, Sens. Actuators, B: Chem. 222(2016)893 - 903.

[22] I. Matsubara, K. Hosono, N. Murayama, W. Shin, N. Lzu, Organically hybridized SnO_2 gas sensors, Sens. Actuators, B: Chem. 108(2005)143 - 147.

[23] M. Kimura, R. Sakai, S. Sato, T. Fukawa, T. Ikehara, R. Maeda, T. Mihara, Sensing of Vaporous Organic Compounds by TiO2 Porous Films Covered with Polythiophene Layers, Adv. Funct. Mater. 22(2012)469 - 476.

[24] M. Xu, J. Zhang, S. Wang, X. Guo, H. Xia, Y. Wang, S. Zhang, W. Huang, S. Wu, Gas sensing properties of SnO_2 hollow spheres/polythiophene inorganic - organic hybrids, Sens. Actuators, B: Chem. 146(2010)8 - 13.

[25] M. W. G. Hoffmann, J. D. Prades, L. Mayrhofer, F. Hernandez - Ramirez, T. T. Järvi, M. Moseler, A. Waag, H. Shen, Highly Selective SAM - Nanowire Hybrid NO_2 Sensor: Insight into Charge Transfer Dynamics and Alignment of Frontier Molecular Orbitals, Adv. Funct. Mater. 24 (2014)595 - 602.

[26] F. Kong, Y. Wang, J. Zhang, H. Xia, B. Zhu, Y. Wang, S. Wang, S. Wu, The preparation and gas sensitivity study of polythiophene/SnO_2 composites, Mater. Sci. Eng., B. 150(2008)6 - 11.

[27] H. Tai, Y. Jiang, G. Xie, J. Yu, X. Chen, Z. Ying, Influence of polymerization temperature on NH3 response of PANI/TiO2 thin film gas sensor, Sens. Actuators, B: Chem. 129(2008)319 - 326.

[28] S. T. Navale, G. D. Khuspe, M. A. Chougule, V. B. Patil, Camphor sulfonic acid doped PPy/[small alpha] - Fe2O3 hybrid nanocomposites as NO_2 sensors, RSC Adv. 4(2014)27998 - 28004.

[29] A. Z. Sadek, W. Wlodarski, K. Shin, R. B. Kaner, K. Kalantar - zadeh, A layered surface acoustic wave gas sensor based on a polyaniline/In2O3 nanofibre composite, Nanotechnology. 17 (2006)4488 - 4492.

[30] Q. Yu, K. Wang, C. Luan, Y. Geng, G. Lian, D. Cui, A dual - functional highly responsive gas sensor fabricated from SnO_2 porous nanosolid, Sens. Actuators, B: Chem. 159(2011)271 - 276.

[31] Z. Li, W. Shen, X. Zhang, L. Fang, X. Zu, Controllable growth of SnO_2 nanoparticles by citric acid assisted hydrothermal process, Colloids and surf., A: Physicochemicl and Engineering Aspects 327(2008)17 - 20.

[32] J. Wang, L. Liu, S. - Y. Cong, J. - Q. Qi, B. - K. Xu, An enrichment method to detect

low concentration formaldehyde, Sens. Actuators, B: Chem. 134(2008)1010 - 1015.

[33] K. S. W. Sing, D. H. Everett, R. A. W. Haul, L. Moscou, R. A. Pierotti, J. Rouquerol, T. Siemieniewska, Reporting physisorption data for gas/solid systems with special reference to the determination of surface area and porosity, Pure Appl. Chem. 57(1984)603 - 619.

[34] J. Zhang, S. Wang, M. Xu, Y. Wang, H. Xia, S. Zhang, X. Guo, S. Wu, Polypyrrole - Coated SnO_2 Hollow Spheres and Their Application for Ammonia Sensor, J. Phys. Chem. C 113(2009) 1662 - 1665.

[35] D. N. Srivastava, S. Chappel, O. Palchik, A. Zaban, A. Gedanken, Sonochemical Synthesis of Mesoporous Tin Oxide, Langmuir18(2002)4160 - 4164.

[36] G. Zhang, M. Liu, Preparation of nanostructured tin oxide using a sol - gel process based on tin tetrachloride and ethylene glycol, J. Mater. Sci. 34(1999)3213 - 3219.

[37] T. - A. Chen, X. Wu, R. D. Rieke, Regiocontrolled Synthesis of Poly(3 - alkylthiophenes) Mediated by Rieke Zinc: Their Characterization and Solid - State Properties, J. Am. Chem. Soc. 117(1995)233 - 244.

[38] G. Louarn, M. Trznadel, J. P. Buisson, J. Laska, A. Pron, M. Lapkowski, S. Lefrant, Raman Spectroscopic Studies of Regioregular Poly(3 - alkylthiophenes), J. Phys. Chem. 100(1996) 12532 - 12539.

[39] M. J. Winokur, D. Spiegel, Y. Kim, S. Hotta, A. J. Heeger, Structural and absorption studies of the thermochromic transition in poly(3 - hexylthiophene), Synth. Met. 28(1989)419 - 426.

[40] M. S. A. Abdou, S. Holdcroft, Mechanisms of photodegradation of poly(3 - alkylthiophenes) in solution, Macromolecules 26(1993)2954 - 2962.

[41] Y. Geng, T. Zhao, G. Lian, X. Cui, Y. Liu, J. Liu, Q. Wang, D. Cui, A positive synergetic effect observed in the P3HT - SnO_2 composite semiconductor: the striking increase of carrier mobility, RSC Adv. 6(2016)2387 - 2393.

[42] S. C. Chang, Oxygen chemisorption on tin oxide: Correlation between electrical conductivity and EPR measurements, J. Vac. Sci. Technol. 17(1980)366 - 369.

[43] A. Sharma, M. Tomar, V. Gupta, SnO_2 thin film sensor with enhanced response for NO_2 gas at lower temperatures, Sens. Actuators, B: Chem. 156(2011)743 - 752.

[44] B. Ruhland, T. Becker, G. Müller, Gas - kinetic interactions of nitrous oxides with SnO_2 surfaces, Sens. Actuators, B: Chem. 50(1998)85 - 94.

[45] A. Maiti, J. A. Rodriguez, M. Law, P. Kung, J. R. McKinney, P. Yang, SnO_2 Nanoribbons as NO_2 Sensors: Insights from First Principles Calculations, Nano Lett. 3(2003)1025 - 1028.

[46] J. D. Prades, A. Cirera, J. R. Morante, J. M. Pruneda, P. Ordejón, Ab initio study of NOx compounds adsorption on SnO_2 surface, Sens. Actuators, B: Chem. 126(2007)62 - 67.

[47] S. T. Navale, A. T. Mane, G. D. Khuspe, M. A. Chougule, V. B. Patil, Room temperature NO_2 sensing properties of polythiophene films, Synth. Met. 195(2014)228 - 233.

[48] M. K. Ram, O. Yavuz, M. Aldissi, NO_2 gas sensing based on ordered ultrathin films of conducting polymer and its nanocomposite, Synth. Met. 151(2005)77-84.

本文发表于2017年《Sensors and Actuators B:Chemical》241期)

A study on photo – induced intramolecular electron – transfer in fullerence – benzothiadiazole – triphenylamine using time – dependent density functional theory

Huixue Li　Sujuan Pan　Xiaofeng Wang
Zhifeng Li　Huian Tang　Renhui Zheng *

摘要:我们采用第一性原理研究了三苯胺—苯并噻二唑—富勒烯(C60 – BTD – TPA)体系、三苯胺—二苯并噻二唑—富勒烯(C60 – PBTD – TPA)体系以及三苯胺—富勒烯(C60 – TPA)体系光诱导电子转移过程。C60 – BTD – TPA、C60 – PBTD – TPA 和 C60 – TPA 基态几何构型采用密度泛函进行优化,相应的激发态几何构型采用含时 HF 以及含时密度泛函进行考察,长程校正的密度泛函 CAM – B3LYP 能给出与实验数据相吻合的跃迁能。基于 CAM – B3LYP 杂化密度泛函的波函数,采用广义 Mulliken – Hush(GMH)方法可计算得到电子分离以及回传过程的电子转移积分,进而根据 Marcus 理论计算得到了电子转移及回传的速率常数。计算结果表明 C60 – PBTD – TPA 和 C60 – TPA 体系的电荷分离过程的速率常数与实验较为吻合,但(C60 – BTD – TPA)体系的电荷分离速率常数计算值与实验值相差两个数量级。对于这些化合物的电荷回传速率常数,由于 Marcus 电子转移理论的局限性,计算值与实验值不相符。

We employed first – principle calculations to study the photo – induced electron transfer (PIET) process of a fullerene – benzothiadiazole – triphenylamine (C60 – BTD – TPA), fullerene – diphenylbenzothiadiazole – triphenylamine (C60 – PBTD – TPA), and fullerene – triphenylamine (C60 – TPA). The ground state geometries of C60 –

---

* 作者简介:李会学(1969—),男,甘肃天水,天水师范学院副教授、博士,主要从事有机分子材料的电荷传输机制研究。

BTD – TPA, C60 – PBTD – TPA, and C60 – TPA were optimized using density functional theory (DFT). Their excited states were investigated using time – dependent HF, and time – dependent DFT(TDDFT) methods. The long – range corrected CAM – B3LYP functional was found to give the best agreements with the experimentally observed transition energies. CAM – B3LYP – based wave functions were also employed to calculate the charge transfer integrals using generalized Mulliken – Hush (GMH) approach, and the photo – induced charge separation (k_{CS}) and charge recombination rate constants (k_{CR}) were calculated using Marcus theory. The results showed the calculated k_{CS} and observed k_{CS} of C60 – PBTD – TPA and C60 – TPA correspond to each other, however, the both of C60 – BTD – TPA differ by two orders of magnitude. For k_{CR} of these compounds, the calculated and observed values were more contrary to each other due to improper application of Marcus electron – transfer theory.

1. INTRODUCTION

Efficient utilization of solar power to provide sustainable energy from theabundant source of the solar radiation is still a grand challenge. [1] Plants or photosynthetic bacteria, as the natural light harvesting systems, are considerably efficient in converting and storing solar energy, due to their unique donor – acceptor systems which funnel the absorbed energy into a reaction center, where further transformation of the excitation energy occurs. To simulate such photosynthetic systems, a number of donor – acceptor molecules have been synthesized and their photo – induced charge transfer properties have been measured. [2 – 11] In these systems, Fullerenes have been widely used as excellent electron acceptors due to their unique π – electron system, small reorganization energy, and absorption spectra extending to most of the visible region. [12 – 15] Using fullerene or its derivatives covalently bounds to electron donors, for example, phthalocyanines, [16,17] ruthenium complexes, [18,19] and oligothiophene, [20,21] efficient charge separation(CS) and slow charge recombination(CR) have been achieved. [22] The efficiencies and rates of electron – transfer processes in the C60 based dyads and triads can further be tuned by the distances and orientations between the electron donor and C60 moieties. [23 – 29]

Recently, Sandanayaka, Zeng and coworkers [30 – 32] synthesized C60 – BTD – TPA, C60 – PBTD – TPA, and C60 – TPA compounds and investigated their photo – induced electron transfer process. C60 – BTD – TPA and C60 – PBTD – TPA, the triad systems contain a triphenylamine(TPA), a 4,7 – Diphenyl – 2,1,3 – benzothiadiazole (BTD), and a C60 moiety, while the dyad system C60 – TPA contains a triphenylamine (TPA) and a C60 moiety (see Fig. 1). In the experiments, laser pulse at 532 nm was used to excite these molecules and lead to a cascade of transitions between the three components. The charge – separated states were found to have a long lifetime of 690 and 1420 nanosecond in DMF for C60 – BTD – TPA and C60 – PBTD – TPA. The long lifetimes of these CS states have the potential to be exploited in building a molecular solar cell. For the compound C60 – TPA, Zeng *et al*[32] have shown that charge – separated state $C60^-$ – TPA^+ decays quickly to the ground state within 6 ns in DMF.

In this paper, we study the above mentioned three compounds by quantum chemistry calculations. In all these systems, the TPA group is the electron donor and the C60 moiety acts as electron acceptor. When different bridge molecules were inserted between the donor and the acceptor, the distance between TPA and C60 will change. In order to understand the influence on molecular properties with alteration of distance, for instance, the solvent reorganization energy, excited states, and the charge transfer integral, a detail analysis of the electronic structure is necessary in order to quantify the CS and CR constants.

First of all, when both the compounds C60 – BTD – TPA and C60 – PBTD – TPA appear maximum absorption band at 440 and 413nm, these excited states are generally assigned as the transition from TPA to BTD (or PBTD), obviously, these transitions possess the characteristic of charge transfer, we have to decide which density functionals is effective for the calculation of the title compounds. Currently, TD – DFT is the most widely applied ab initio tool to model electronic spectra, it can incorporate environmental effects too. However, conventional TD – DFT (for example, pure and general hybrid functionals) methods are notappropriate for charge – transfer electronic transitions due to the self – interaction error, recently developed long – range corrected hybrid functionals (LC – PBE, LC – ωPBE, and CAM – B3LYP) can overcome the shortage and give correct UV/vis spectra, which explicitly consider long – range effects. Thus we first work out their absorption spectra using different DFT functionals. Second, based on the appropriate functional, the dipolemoments of the compounds for the ground state and excited states can be calculated, as well as the transition moment between the ground state and excited states, these data could help to make clear the problem that C60 – BTD (or PBTD) – TPA and C60 – TPA how to turn into $^-C60$ – BTD (or PBTD) – TPA^+ and

$^{-}$C60 – TPA^{+}, meanwhile the charge transfer integral between the acceptor and donor can be obtained using Generalized Mulliken – Hush method(GMH). Usually the rate constants of CS and CR process can be estimated employed Marcus theory, which involves two parameters: reorganization energy and electron transfer integral, Weller equation can be used to obtain the solvent reorganization energy. In this paper, we attempt to theoretically investigate the change trend of the CS and CR process as the distance between donor(TPA) and the acceptor(C60) increases. Such studies could be useful in finding promising materials for efficiently organic solar cell.

2. METHODOLOGY AND COMPUTATIONAL DETAILS

Prior to the calculation of excited states, the ground – state geometries were optimized using B3LYP functional with the 3 – 21G * basis set for all the title compounds. All the calculations were carried out using the Gaussian 09 program. [33] The ground – state geometries were employed throughout all the calculations of the excited states based on the Franck – Condon principle.

Currently, one of the most widely applied *ab initio* tool for modeling electronic spectra is the time – dependent density functional theory(TD – DFT). [34] TD – DFT calculations can incorporate environmental effects[35,36] and calculate the UV/Vis spectra for relatively large molecules. [37 – 40] However, TD – DFT is also known hard to describe electronic transitions of significant charge transfer(CT) character with the conventional density functionals and hybrid density functionals. [39,41] Since such limitations could be serious drawbacks for treating the excited states of the title compounds, we employed three recently developed functionals: LC – ωPBE, [42] CAM – B3LYP, [43] and ωB97XD, [44] which are designed to well model the UV/Vis spectra of CS states. Properties of the three long – range corrected functionals are briefly summarized here: LC – ωPBE has been built based on the PBE exchange functional, introducing range separation into the exchange component and replacing the long – range portion of the approximate exchange by its Hartree – Fock counterpart. CAM – B3LYP is a hybrid functional built by using the same procedure of B3LYP and including a long – range correction proposed by Hirao and colleagues. [45] Both LC – ωPBE and CAM – B3LYP have been specifically designed for a suitable treatment of long – range charge transfer transitions. ωB97X – D is a hybrid DFT – D functional, which includes 100% long – range exact exchange, a small fraction(about 22%) of short – range exact exchange, and empirical dispersion corrections.

The Marcus theory was used to calculate the charge transfer rates, [46,47] which is proportional to the square of the electronic coupling matrix element H_{ij},

$$k_{et} = \frac{2\pi}{\hbar} |H_{ij}|^2 \left(\frac{1}{4\pi\lambda k_B T}\right)^{1/2} \exp\left[-\frac{(\Delta G^0 + \lambda)^2}{4\lambda k_B T}\right] \tag{1}$$

where λ is the total reorganization energyincluding inner(λ_i) and outer reorganization energy(λ_s) from the solvent, ΔG^0 is the variation of the Gibbs free energy in the reaction. The electronic coupling matrix element between the initial and final diabatic state Ψ_i and $\Psi_j$is defined as

$$H_{ij} = \langle \psi_i | H | \psi_j \rangle \tag{2}$$

The electronic couplingH_{ij} is determined by the electronic nature of the molecules or fragments involved, it can be fitted by experimental data in many works as well. [48] The Condon approximation provides a convenient way to calculate the electronic coupling without using highly precise models, [49] it is due to the external coordinates, such as the solvent configuration or many vibrational degrees of freedom, generally do not affect the strength of electronic coupling significantly. [50] Therefore, the electronic coupling can be obtained using quantum chemistry computation. [51]

In this work the generalized Mulliken – Hush(GMH) theory was employed to estimate the nonperturbative calculation ofH_{ij}. Cave and Newton[46] developed the GMH formalism and expressed H_{ij}as

$$H_{ij} = \frac{m_{ij}\Delta E_{ij}}{\sqrt{(\Delta\mu_{ij})^2 + 4(m_{ij})^2}} \tag{3}$$

where $\Delta E_{ij}$is the energy gap between the initial adiabatic state and the final one, $\Delta\mu_{ij}$is the dipole moment difference between states i and j, and m_{ij}denotes the transition dipole moment connecting the two states.

3. RESULTS AND DISCUSSION

3.1 Illuminated states of the title compounds

The ground state properties of the title compounds were calculated and the benzothiadiazole moiety in both C60 – BTD – TPA and C60 – PBTD – TPA is planar, however, this moiety and attached phenyl rings are not in the same plane, the formed dihedral angles are from 28.8° to 32.8°. The calculated dipole moments for C60 – BTD – TPA, C60 – PBTD – TPA, and C60 – TPA are 5.47, 4.92 and 3.82 Debye in vacuum,

7.33,6.72 and 5.24D in DMF. This indicates that the dipole moments of these compounds increase significantly in the polar solvent.

The excited energies were calculated using time - dependent HF, conventional time - dependent DFT andlong - range corrected functionals. The frontier orbitals involved in the low - lying states of C60 - BTD - TPA are illustrated in Fig. 1 (the frontier orbitals of C60 - PBTD - TPA and C60 - TPA are shown in Fig. S1 and S2). The calculated longest wavelength of maximal absorption (λ_{max}) and oscillator strengths (f) for the title compounds using the different functionals are presented in Table 1. The λ_{max} for C60 - BTD - TPA using TD - B3LYP/3 - 21G * are 555.3 nm in vacuum and 553.4 nm in DMF, which is unacceptably longer than the experimental value of 440 nm in DMF. Those λ_{max} from the long - range corrected functionals CAM - B3LYP are: 408.3nm in vacuum and 405.4nm in DMF. The situation for C60 - PBTD - TPA is similar, where λ_{max} from CAM - B3LYP is 380.8 nm in vaccum and 379.4 nm in DMF, it accords preferably with the experimental value of 408 nm in DMF. The other simulated data using long - range corrected functionals are listed in Table 1, the most error is 88nm derived from LC - ωPBE, comparably the most error is only 35 nm from CAM - B3LYP. In contrast with experiment, B3LYP gives a too large error of 135 nm.

The deficiency of the TD - B3LYP method can be traced to the significant charge - transfer character of the lowest optically allowed transition. One can see in table 3 and fig. 1 the dominantly transition of excited state with λ_{max} for C60 - BTD - TPA is HOMO(314)→LUMO + 4 (319), ① and one for C60 - PBTD - TPA is HOMO - 2 (332)→LUMO + 4(339). Both these transitions possess characteristic of partial electron transfer from TPA to BTD moiety. The dipole moments of the excited states are 18.8 and 13.37 Debye respectively for C60 - BTD - TPA and C60 - PBTD - TPA in DMF, these values are twice as large than those of ground states, which illustrates the low - lying excited states are really CT states. As it is well known, a major drawback of standard TDDFT is to give substantial errors for CT excited states, [41,52] where the

① The excited process of C60 - BTD - TPA from the ground to the illuminated state contains lots of excited configurations, at 440 nm the configuration coefficient (CC) of 314→319 transition is 0.62, which is the largest in all the configurations, the CC of 312→319 transition is 0.05, the CC of 311→319 transition is 0.04, the CC of 312→319 transition is 0.05, et al., though the spatial overlap between 315 and 319 orbitals is really small, the oscillator strength of electron transition process is the largest.

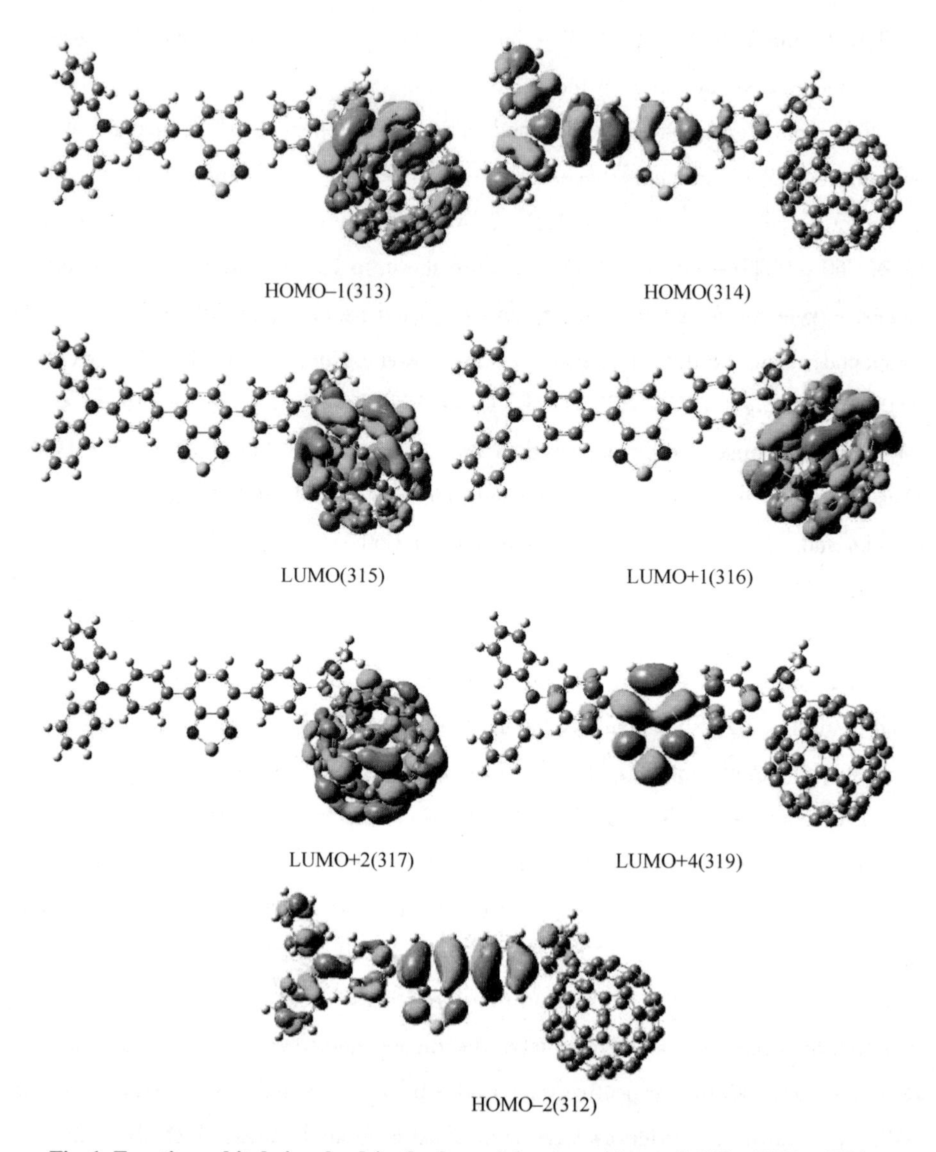

Fig. 1. Frontier orbitals involved in the low – lying transitions of C60 – BTD – TPA.

excitation energies are usually drastically underestimated. In contrast, the other xc functionals that take long – range exchange into account, give much better excitation energies.

Table 1. The Vertical Excitation Energies(ν/nm) with the largest Oscillator Strengths f for the Ttitle Compounds Using Different Theory at 3 -21G * Basis Set

Compound		B3LYP		CAM - B3LYP		LC - ωPBE		ω - B97X - D		HF	
		f	v	f	v	f	v	f	v	f	v
C60 - BTD - TPA	Invacuum	0. 389	555. 3	0. 808	408. 32	0. 998	354. 3	0. 845	394. 2	1. 114	349. 21
	In DMF	0. 43	553. 4	0. 87	405. 43	1. 02	352. 03	0. 804	391. 2	1. 04	341. 11
C60 - PBTD - TPA	Invacuum	0. 213	556. 2	0. 904	380. 83	0. 284	340. 53	0. 842	371. 2	0. 981	340. 26
	In DMF	0. 285	543. 4	0. 805	379. 4	0. 93	336. 29	1. 042	369. 6	1. 161	348. 89
C60 - TPA	Invacuum	0. 058	602. 5	0. 036	444. 77	0. 082	273. 57	0. 041	434. 1	0. 022	610. 14
	In DMF	0. 028	634. 0	0. 041	452. 88	0. 071	286. 91	0. 074	443. 5	0. 028	616. 31

The experimental excited energies: C60 - BTD - TPA is 440 nm, [30] C60 - PBTD - TPA is 408 nm[31] and C60 - TPA is 435 nm[32]

As to C60 - TPA, the frontier orbitals involved low - lying transitions are between HOMO -2 and LUMO +2, which are π - type or like π - type orbitals except HOMO - 2. HOMO -2 spreads mostly on1 - methyl -2,5 - dihydro - 1H - pyrrole group, it is like n - type orbital mainly from N atom. HOMO orbital distributes mainly on TPA group, others locating on C60 moiety. The first two λ_{max} from the transition on fullerence by CAM - B3LYP are 726. 51 and 452. 88 nm in DMF, the corresponding experimental data are 705 and 435 nm. Both the computation and observation are close to each other, and the errors are less than 25 nm. However, the first two λ_{max} from B3LYP are 736. 47 and 634nm respectively, the first computed λ_{max} from B3LYP or CAM - B3LYP is close to the observation, because the electron excitation only locates on C60 moiety. Nevertheless, the second λ_{max} from B3LYP shows a far difference from the experiment. Table 4 shows that S_9 in DMF are illuminated states, the configuration of electron transition 257 →261 is dominant in the process, where 257 orbital concentrates mostly on pyrrolidine and partly on C60 but 261 orbital is all on C60 moiety, so this process has CS characteristic. Interestingly, the computing values by ωB97X - D are better than those by CAM - B3LYP, the first λ_{max} is 705. 01 nm and it is almost identical to the experiment, the second λ_{max} is 443. 5 nm and is also very closer to the observed value.

TDHF calculations using the same basis set were also performed. λ_{max} of C60 - BTD - TPA is 349. 2 nm in vacuum and 341. 1 nm in DMF respectively. Both values are too short(by about 99 nm) in comparing with experimental results. The error can be attributed to the neglect of electron correlation in the HF method. Thus only the long - range corrected TDDFT results will be presented in later studies. Also, since the results from the CAM – B3LYP method as a whole are closest to experiment, the following calculations of dipole moments of excited states and charge transfer integrals are performed using the CAM – B3LYP method. For comparison, results from B3LYP are given in Table S1, S2 and S3 in the supporting information.

3.2 Charge separated states of the title compounds

The CS state is another important state in the PIET processed. The calculated results by CAM – B3LYP functional indicate that the CT states of C60 – BTD – TPA and C60 – PBTD – TPA are S_7 and S_{10} in vacuum, with dipole moments of 63.0 and 64.5 Debye, respectively. In DMF, the calculated CS states are S_9 and S_{11} with dipole moments of 56.9 and 74.1 Debye, respectively. Comparing with the gas phase results, the dipole moment of C60 – BTD – TPA decreases in DMF slightly, it may be due to different component of each configuration in the CS state. The mainly transition in gas phase is from the HOMO to the LUMO, in which configuration coefficients (CE) is 0.6537, but in DMF, the CE of this transition decreases to 0.6145. This means the component of ET diminishes, thus the dipole moment in DMF is less than one in gas phase. On the contrary, for C60 – PBTD – TPA, the CE from the HOMO to the LUMO is 0.5873 in DMF and 0.5083 in gas phase. The component of ET in DMF is larger than one in gas phase, as a result the dipole moment increase in the solvent. All the computed results are shown in Tables 2, 3 and 4.

The transition energy of CS states can also be estimated using Coulomb's law. By assuming that the separated charges in the CT states can be treated as point charges, the distance – dependent excitation energy of the CT state $E_{CT}(R)$ can simply be calculated as[52]

$$E_{CT}(\mathrm{R}) \approx IP_{TPA} + EA_{C60} - 1/R \quad (4)$$

IP_{TPA} is adiabatic ionic potential of TPA and EA_{C60} is the adiabatic electron affinity of fullerene, and 1/Ris the electrostatic attraction between the two point charges. R is the distance between the charges, which in our approximation is chosen to be center – to – center distance between the donor and acceptor. The center of TPA (donor) is placed on nitrogen, and that of the fullerene (acceptor) is placed on the center of mass, the distances are 18.13, 21.91 and 9.67Å for C60 – BTD – TPA, C60 – PBTD – TPA and C60 – TPA, respectively. These data and excitation energies are given in table 5. We have ignored the influence of benzothiadiazole bridge, since it has only a minor effect on HO-

MOs and LUMOs. As shown in Table 5, the calculated frontier orbital energy levels for the three compounds, which are obtained by B3LYP or CAM – B3LYP, are very close; the largest difference is 0.07eV among all the HOMOs and LUMOs.

Table 2. Transition Energies (in eV), Oscillator Strengths, Dipole Moments (Debye) and Charge Transfer Integral of C60 – BTD – TPA by CAM – B3LYP

state	transition	[a]E/eV	[b]f	[c]μ_{ij}/D	[d]μ_x/D	[d]μ_y/D	[d]μ_z/D	[e]μ_{tot}/D	[f]H_{ij}/eV
				In gas phase					
S_{12}	314→319	3.0365	0.8084		−16.2327	7.5851	2.2177	18.054	
S_1	313→315	1.7214	0.0115	0.066	−5.5551	5.7017	−0.2198	7.963	-4.91×10^{-3}
S_2	313→316	2.2987	0.0055	0.386	−10.0324	7.6492	0.6403	12.632	3.32×10^{-2}
S_3	311→315	2.5160	0.0022	0.529	−2.3096	3.2661	−0.8210	4.084	1.73×10^{-2}
S_4	313→317	2.5525	0.0039	0.205	−7.2153	6.5155	−0.1087	9.722	1.00×10^{-2}
S_5	311→315	2.5559	0.0012	0.105	−1.6151	2.7626	−0.1036	3.202	2.29×10^{-3}
S_6	310→315	2.5713	0.0045	0.420	−3.2998	4.6057	−0.5471	5.692	1.37×10^{-2}
S_7	314→315	2.7226	0.0018	2.139	−62.6359	6.3997	−2.3531	63.006	-1.43×10^{-2}
S_8	311→316	2.7445	0.0005	0.125	−5.1189	4.3230	0.1637	6.702	2.70×10^{-3}
S_9	309→315	2.7948	0.0482	0.555	−5.6426	8.6644	−1.5304	10.452	-1.09×10^{-2}
S_{10}	308→316	2.9029	0.0063	0.582	−4.4448	4.3220	−0.2827	6.206	-6.19×10^{-3}
$S_7\rightarrow S_0$									-1.40×10^{-2}
				In DMF					
S_{12}	314→319	3.0581	0.8697		−16.0795	9.6338	1.5379	18.8076	
S_1	313→315	1.7104	0.0145	0.1039	−5.9749	8.0533	−0.4284	10.0369	-1.14×10^{-2}
S_2	313→316	2.2763	0.0073	0.5457	−10.4611	10.0851	0.4122	14.5366	5.99×10^{-2}
S_3	312→315	2.5183	0.0032	0.5533	−2.3160	5.7331	−0.9873	6.2615	1.91×10^{-2}
S_4	313→317	2.5413	0.0059	0.3167	9.1395	9.9958	0.0172	13.5442	1.99×10^{-2}
S_5	308→315	2.5683	0.0011	0.2988	−1.8162	5.1025	−0.7341	5.4656	8.00×10^{-3}
S_6	309→315	2.5692	0.0047	0.2603	−2.5131	6.3861	−0.9504	6.9283	7.12×10^{-3}
S_7	311→316	2.7399	0.0435	0.8803	−6.5312	10.5687	−1.1362	12.4757	-2.24×10^{-2}
S_8	311→316	2.7438	0.0319	0.4856	−6.3417	9.8421	−1.3449	11.7853	1.34×10^{-2}
S_9	314→315	2.8802	0.0018	2.8466	−56.2096	8.6534	−2.4369	56.9240	-1.24×10^{-2}
S_{10}	308→316	2.9018	0.0058	0.3444	−7.5940	6.7426	−0.4254	10.1643	-4.98×10^{-3}
S_{11}	309→316	2.9045	0.0228	0.4235	−8.6959	8.7373	−1.2113	12.3866	3.48×10^{-4}
$S_9\rightarrow S_0$									-1.90×10^{-2}

The calculations are performed at the level of B3LYP/3 – 21G *. *a* transition energy (in eV). *b* Oscillator strengths. *c* Transition dipole moment from the illuminated state (S_{12} in gas phase and in DMF) to the specified state. *d* The X, Y and Z direction component of the dipole moments of the specified state. *e* The total dipole moments of the specified state. *f* Electron transfer integral between the illuminated state (S_{12} in gas phase and in DMF) and the specified state S_i (in eV). $S_7\rightarrow S_0$ means excited state S_7 transits back to S_0 and only electron transfer integral is provided, $S_9\rightarrow S_0$ is the same.

The transition energies of CS states for C60 - TPA, C60 - BTD - TPA and C60 - PBTD - TPA are2. 3142, 2. 7226 and 2. 909eV from TD - CAM - B3LYP, and those estimated from electrostatic model are 2. 3747, 3. 0696 and 3. 2066eV, respectively. All the values are in reasonable agreement with calculations of TD - CAM - B3LYP. In contrast, TD - B3LYP drastically underestimates the transition energies, the counterparts are 1. 0395, 1. 1643 and 1. 1961eV, respectively.

Table 3. Transition Energies (in eV), Oscillator Strengths, Dipole Moments (Debye) and Charge Transfer Integral of C60 - PBTD - TPA by CAM - B3LYP

state	transition	[a]E/eV	[b]f	[c]μ_{ij}/D	[d]μ_x/D	[d]μ_y/D	[d]μ_z/D	[e]μ_{tot}/D	[f]H_{ij}/eV
				In gas phase					
S_{17}	332 → 339	3. 256	0. 9042		-41. 3827	8. 2069	-1. 6839	42. 2222	
S_1	333 → 335	1. 721	0. 0114	1. 1775	-14. 8105	7. 6178	1. 4056	16. 7140	-5.74×10^{-2}
S_2	333 → 336	2. 298	0. 0053	1. 1831	-16. 3979	9. 4879	1. 4532	19. 0006	-4.07×10^{-2}
S_3	331 → 335	2. 517	0. 0022	2. 4401	-8. 9453	3. 1879	1. 4810	9. 6111	5.42×10^{-2}
S_4	333 → 337	2. 549	0. 0042	1. 0993	-14. 7115	6. 0839	0. 0898	15. 9201	2.75×10^{-2}
S_5	329 → 336	2. 557	0. 0008	1. 3193	-16. 8534	6. 8314	2. 1344	18. 3101	3.61×10^{-2}
S_6	330 → 335	2. 571	0. 0042	0. 3788	-9. 6356	4. 4671	2. 3525	10. 8782	4.95×10^{-3}
S_7	331 → 336	2. 743	0. 0003	0. 7461	-8. 8650	5. 9908	0. 8480	10. 7330	-1.13×10^{-2}
S_8	328 → 335	2. 800	0. 0364	1. 2757	-12. 7957	9. 3351	1. 2518	15. 8884	7.57×10^{-3}
S_9	329 → 336	2. 899	0. 0012	28. 8007	-33. 4011	7. 9099	0. 0689	34. 3250	-0. 177
S_{10}	334 → 335	2. 909	0. 0029	41. 4750	-63. 8017	9. 4942	0. 6027	64. 5070	-0. 167
S_{11}	330 → 336	2. 931	0. 0176	11. 1042	-19. 4821	10. 4228	1. 5035	22. 1461	0. 328
S_{12}	330 → 337	3. 081	0. 0010	0. 4175	-10. 8079	5. 4737	0. 1975	12. 1166	1.21×10^{-2}
S_{13}	331 → 337	3. 124	0. 0073	3. 5364	-11. 1671	7. 5709	-1. 2824	13. 5524	1.89×10^{-2}
S_{14}	328 → 336	3. 168	0. 0491	6. 8195	-9. 4684	5. 1314	1. 5300	10. 8777	2.55×10^{-2}
S_{15}	331 → 338	3. 178	0. 0596	6. 5307	-19. 7289	2. 9729	-0. 3132	19. 9541	-2.17×10^{-2}
S_{16}	332 → 335	3. 209	0. 0097	10. 3052	-63. 6738	12. 3034	-1. 0064	64. 8593	2.46×10^{-2}
S_{10}→ S_0									1.30×10^{-2}
				In DMF					
S_{17}	332 → 339	3. 2679	0. 8046		-12. 4649	4. 5999	-1. 5367	13. 3751	
S_1	333 → 335	1. 7086	0. 0145	1. 3052	-9. 0996	6. 0895	0. 2674	10. 9524	0. 247
S_2	333 → 336	2. 2724	0. 0071	1. 0997	-10. 5827	7. 9608	-0. 9922	13. 2797	-6.27×10^{-2}
S_3	331 → 335	2. 5181	0. 0030	1. 4213	-4. 7023	2. 0498	0. 2889	5. 1378	-0. 107
S_4	333 → 337	2. 5354	0. 0058	1. 1932	-11. 2119	6. 1963	-0. 4093	12. 8168	-6.00×10^{-2}
S_5	329 → 335	2. 5697	0. 0050	0. 5427	-4. 2784	2. 6390	0. 7856	5. 0878	2.61×10^{-2}

续表

state	transition	$^{a}E/eV$	^{b}f	$^{c}\mu_{ij}/D$	$^{d}\mu_{x}/D$	$^{d}\mu_{y}/D$	$^{d}\mu_{z}/D$	$^{e}\mu_{tot}/D$	$^{f}H_{ij}/eV$
In DMF									
S_6	328 → 335	2.5712	0.0008	1.6171	-9.1240	5.4572	-0.2602	10.6347	0.172
S_7	331 → 336	2.7396	0.0027	2.2888	-4.2933	5.5197	-1.3648	7.1247	6.53×10^{-2}
S_8	330 → 335	2.7499	0.0620	3.5525	-6.5378	7.9194	-0.6247	10.2883	1.05×10^{-2}
S_9	328 → 336	2.8985	0.0045	1.4746	-4.3379	5.5223	-1.1399	7.1142	3.90×10^{-2}
S_{10}	329 → 336	2.9077	0.0130	1.7974	-8.6794	8.8266	-1.9393	12.5300	-9.94×10^{-3}
S_{11}	334 → 335	3.0467	0.0036	16.1891	-73.3874	9.8328	-2.3386	74.0801	-5.07×10^{-2}
S_{12}	329 → 337	3.076	0.0007	0.3387	-5.8965	4.1202	-2.5413	7.6291	-8.59×10^{-3}
S_{13}	331 → 337	3.1055	0.0140	1.4666	-5.6677	4.9520	-2.6461	7.9779	-2.39×10^{-2}
S_{14}	330 → 336	3.1336	0.0343	2.8964	-3.2858	5.6359	-1.2249	6.6378	-2.60×10^{-2}
S_{15}	333 → 338	3.1635	0.0404	0.6530	-7.7926	3.0703	0.5884	8.3963	-9.21×10^{-3}
S_{16}	327 → 335	3.2554	0.2721	2.3845	-10.0684	6.7116	-1.5660	12.2012	5.11×10^{-3}
$S_{11} \to S_0$									-0.0213

The calculations are performed at the level of B3LYP/3 - 21G *. *a* transition energy (in eV). *b* Oscillator strengths. *c* Transition dipole moment from the illuminated state (S_{17} in gas phase and in DMF) to the specified state. *d* The X, Y and Z direction component of the dipole moments of the specified state. *e* The total dipole moments of the specified state. *f* Electron transfer integral between the illuminated state (S_{17} in gas phase and in DMF) and the specified state S_i (in eV). $S_{10} \to S_0$ means excited state S_{10} transits back to S_0 and only electron transfer integral is provided, $S_{11} \to S_0$ is the same.

It is well known that the excitation energy of a CT state in TDDFT involves the difference of the orbital energies between the electron acceptor and donator orbitals, so it is very important to correctly estimate the energies of involved frontier orbitals. Within HF theory the occupied orbitals are calculated for the N - electron system, while the virtual orbitals are formally evaluated for the ($N + 1$) - electron system. According to Koopman's theorem, HOMO and LUMO energies correspond to the ionization potential of the donor and to the electron affinity of the acceptor, respectively. However, the computed transition energy is usually larger than expected value for neglect of electron correlation. While a local or hybrid xc functional is employed to calculate the occupied and virtual orbitals, the HOMO still corresponds to the IP, however, the LUMO is generally more strongly bound in DFT than in HF theory and cannot be related to the EA, the LUMO energy level is therefore much larger than the true EA for its more negative energy, as a consequence, the orbital energy difference corresponding to a CT state is usually a drastic underestimation of its correct excitation energy.

Furthermore, the transferred electron in orbital a, which comes from occupied orbit-

al i, experiences the electrostatic repulsion with itself still being in orbital *i* when solving TDDFT equation, it is called so self – interaction effect. [41] This can be canceled in TDHF by the response of the HF exchange term, nonetheless in TDDFT employing approximate xc functionals, HF exchange is not present or part present and the electron – transfer self – interaction effect is not exactly canceled, leading to an incorrect long – range behavior of their potential energy curves. In general self – interaction error of B3LYP hybrid density functional in CT state is remarkable and can not be ignored. In principle electron transfer self – interaction error can be canceled and the right 1/R asymptote can be recovered. To remove self – interaction error, generally the Coulomb operator of the Hamiltonian is split into two parts, a short – range and a long – range part, the short – range part is evaluated using the xc potential from DFT, the long – range part is calculated with exact Hartree – Fock exchange. It is CAM – B3LYP functional to take nonlocal HF exchange into the xc potential, which comprises of 0.19 Hartree – Fock (HF) plus 0.81 Becke 1988 (B88) exchange interaction at short – range, and 0.65 HF plus 0.35 B88 at long – range, the intermediate region is smoothly described through the standard error function with parameter 0.33, [43] the correct $1/R$ long – range behavior of the potential energy surfaces is obtained. The result from CAM – B3LYP indeed corrects the failures of TDDFT for CT excited states.

Table 4. Transition Energies (in eV), Oscillator Strengths, Dipole Moments (Debye) and Charge Transfer Integral of C60 – TPA by CAM – B3LYP

state	transition	^{a}E/eV	^{b}f	$^{c}\mu_{ij}$/D	$^{d}\mu_x$/D	$^{d}\mu_y$/D	$^{d}\mu_z$/D	$^{e}\mu_{tot}$/D	$^{f}H_{ij}$/eV
In gas phase									
S_9	256→261	2.7976	0.0357		5.2897	−5.9077	−4.5009	9.1181	
S_1	259→261	1.7203	0.0104	1.1269	4.5873	−3.4555	−1.8580	6.0362	-5.32×10^{-2}
S_2	259→262	2.2949	0.0047	0.4190	9.6814	−5.0503	−1.3536	11.0030	9.37×10^{-3}
S_3	260→261	2.3142	0.0027	0.6389	37.1277	−2.1781	−3.1809	37.3274	7.84×10^{-3}
S_4	258→261	2.5253	0.0024	0.7608	1.3066	−1.2384	−1.8184	2.5588	-1.78×10^{-2}
S_5	259→262	2.5504	0.0043	0.4253	7.4017	−4.6895	−1.7791	8.9410	-2.64×10^{-2}
S_6	255→261	2.5588	0.0006	0.5137	−0.1857	−0.9189	−1.1763	1.5041	2.17×10^{-3}
S_7	257→261	2.5702	0.0033	1.2288	1.6590	−2.3900	−2.1114	3.5948	3.99×10^{-2}
S_8	258→262	2.7423	0.0003	0.3093	4.0659	−2.4979	−1.1031	4.8978	1.04×10^{-3}
S_3→S_0					2.3808	−1.9637	−1.1527	3.2944	1.29×10^{-2}

续表

state	transition	${}^{a}E/eV$	${}^{b}f$	${}^{c}\mu_{ij}/D$	${}^{d}\mu_x/D$	${}^{d}\mu_y/D$	${}^{d}\mu_z/D$	${}^{e}\mu_{tot}/D$	${}^{f}H_{ij}/eV$
In DMF									
S_8	257→261	2.7377	0.0411		-6.1807	7.5052	-4.1885	10.5864	
S_1	259→261	1.7066	0.0135	0.8257	-5.1073	4.9881	-2.4335	7.5424	2.32×10^{-2}
S_2	259→262	2.2692	0.0068	0.9063	-9.8425	6.6080	-1.8600	12.0000	-8.60×10^{-2}
S_3	260→261	2.4538	0.0014	0.6609	-31.2451	3.8192	-3.6041	31.6834	2.14×10^{-3}
S_4	259→263	2.5340	0.0030	0.4711	-9.1989	5.9352	-2.6470	11.2629	1.41×10^{-2}
S_5	258→261	2.5375	0.0076	1.0211	-8.1152	3.8867	-2.1457	9.2502	-4.06×10^{-2}
S_6	256→261	2.5700	0.0049	1.4061	-1.2520	3.7603	-3.0683	5.0122	-3.22×10^{-2}
S_7	255→261	2.5732	0.0005	0.6603	-0.2773	2.4127	-2.0282	3.1641	-5.77×10^{-3}
$S_3\rightarrow S_0$									2.86×10^{-2}

The calculations are performed at the level of B3LYP/3 - 21G *. *a* transition energy (in eV). *b* Oscillator strengths. *c* Transition dipole moment from the illuminated state (S_9 in gas phase and S_8 in DMF, respectively) to the specified state. *d* The X, Y and Z direction component of the dipole moments of the specified state. *e* The total dipole moments of the specified state. *f* Electron transfer integral between the illuminated state (S_9 in gas phase and S_8 in DMF, respectively) and the specified state S_i (in eV). $S_3\rightarrow S_0$ means excited state S_3 transits back to S_0 and only electron transfer integral is provided.

3.3 Charge transfer integral and kinetic constants of the title compounds

It is very important to determine the radii of the cation and the anion, which are produced after photo - induced charge transfer between the donor and acceptor, we have to know the data of the ion radii while calculating solvent reorganization energy (λ_s) with Marcus expression (see formula 5) [53] or Coulomb energy (ΔG_s) with Weller equation. [54]

$$\lambda_s = \frac{e^2}{2}(\varepsilon_{op}^{-1} - \varepsilon_s^{-1})\left(\frac{1}{d} + \frac{1}{a} - \frac{2}{R}\right) \tag{5}$$

where ε_{op} is high frequency dielectric constants of solvent and ε_s is static dielectric constants of solvent, d corresponds to the radius of donor, a corresponds to the radius of acceptor, e is charge of electron, R is the distance between both the point charges. For the title compounds, TPA is the electron donor and turns into the cation after providing an electron, C60 moiety is the electron acceptor and becomes anion after getting an electron, here we employ the crystal structure parameters of TPA and fullerence, [55] the radius of the cation refers to the distance from nitrogen atom to the para - position hydrogen atom on benzene ring, it is 5.17 Å, and the radius of the anion is 3.53 Å corresponding to C60. The high frequency and static dielectric constants of solvent DMF are

1.43 and 38.3, the calculated λ_s by Marcus expression are 1.22, 1.28 and 0.83 eV for C60 - BTD - TPA, C60 - PBTD - TPA and C60 - TPA, respectively.

Table 5. The Excited Energies (Eex/eV) of CT States by Electrostatic Model, Solvent Reorganization Energy λ_s (in eV) and Frontier Orbital Energy Levels (a. u.)

	R(Å)	Eex	λ_s	E_{CT}	CAM - B3LYP		B3LYP	
					HOMO	LUMO	HOMO	LUMO
C60 - BTD - TPA	18.13	0.7943	1.22	3.0696	-0.22851	-0.10149	-0.18459	-0.13429
C61 - PBTD - TPA	21.91	0.6572	1.28	3.2066	-0.22934	-0.10175	-0.18424	-0.13468
C60 - TPA	9.67	1.4891	0.83	2.3747	-0.23207	-0.10194	-0.18612	-0.13474

Furthermore, we paid attention to the ET dynamics through the electronic coupling matrix element H_{ij}. The values of H_{ij} for the electron transition between the optically allowed excited state with the largest oscillator strength and the low - lying excited states were calculated using Eq 3 and were listed in Tables 2, 3 and 4.

In the case of vacuum, for C60 - BTD - TPA, the H_{ij} between the illuminated state (S_{12}) and the ET states (S_7) obtained by GMH method is -0.0143 eV, the free energy change (ΔG_{CS}) for this process is -0.314 eV in our calculation, which is equal the difference between excitation energies of S_{12} and S_7. Similarly, the ΔG_{CR}, free energy change of charge recombination, is -2.72 eV between S_7 and S_0 (i. e. the excitation energy of S_7), and the H_{ij} of the charge recombination is -0.014eV. For C60 - PBTD - TPA, the H_{ij} between the illuminated state (S_{19}) and the ET states (S_{10}) is -0.167 eV, and correspondingly the free energy change ΔG_{CS} is -0.347 eV. The charge recombination ΔG_{CR} is -2.909 eV between S_{10} and S_0, the H_{ij} of this process is 0.013 eV. In the same way, the H_{ij} of charge separation for C60 - TPA is 0.0078 eV between S_9 and S_3, and the ΔG_{CS} is -0.4834 eV; The H_{ij} of the charge recombination is 0.057 eV and the ΔG_{CR} is -2.314 eV between S_3 and S_0.

However, all the experimental data were obtained in DMF, after the solvent effect is taken account into, all the calculated ΔG_{CS} are -0.178, -0.221 and -0.284 eV for C60 - BTD - TPA, C60 - PBTD - TPA and C60 - TPA, respectively, and all the H_{ij} of the processes for charge separation are -0.0124, -0.0507 and 0.00214 eV. Obviously these data decrease compared with those in vacuum, but the order of magnitude agrees with each other, all the computed ΔG_{CS} and ΔG_{CR} values, which take account of solvent effect, are listed in Table 6.

Table 6. The Computed and Experimental ΔG_{CS} (eV), ΔG_{CR} (eV), k_{CS} (s^{-1}) and k_{CR} (s^{-1}) of Title Compounds in DMF

Compound	ΔG_{CS} (comp.)	ΔG_{CS} (exp.)	ΔG_{CR} (comp.)	ΔG_{CR} (exp.)	k_{CS} (exp.)	k_{CS} (comp.)	k_{CR} (exp.)	k_{CR} (comp.)	k_{CS} (OEA)
C60 - TPA	-0.284	-0.38	-2.453	-1.37	9.1×10^{9}	2.61×10^{9}	$>3.4\times10^{6}$	1.778×10^{3}	7.773×10^{12}
C60 - BTD - TPA	-0.178	-0.47	-2.880	-1.42	1.3×10^{10}	4.2×10^{8}	1.5×10^{6}	3.855×10^{2}	8.848×10^{13}
C60 - PBTD - TPA	-0.221	-0.62	-3.047	-1.43	1.2×10^{10}	7.89×10^{9}	7.5×10^{5}	0.684	1.602×10^{12}

OEA: One - electron approximation method

In the aspect of experiment, the free energy change ΔG_{CS} and ΔG_{CR} can be evaluated using the Weller equation. For C60 - BTD - TPA, the experimentally estimated driving force ΔG_{CS} and ΔG_{CR} were -0.47 and -1.42 eV in DMF,[30] respectively. The experimental and computing ΔG_{CS}, by contrast, exist considerable difference, the experiment value is more than double observed one; the ΔG_{CR} is similar to the ΔG_{CS}, the calculated datum is twice as large as the experiment value. There are multiple possible reasons for discrepant results between observed and calculated studies. Firstly due to the large molecular system, we can only employ 3 - 21G * base set to perform the calculation, which lead to inaccuracy of the result. Secondly each model in treating solvent effect has its own merits and demerits, the electrostatic contribution, cavity contribution, dispersion and repulsion contribution to the solvation free energy could be differential using different models, and the obtained solvation energies will deviate from the real values more or less. In addition, we assume the ΔG_{CS} and ΔG_{CR} are approximativelyequal the difference between excitation energies of involved excited states, in fact the difference is only the enthalpy change of charge - transfer process, based on $\Delta G = \Delta H - T\Delta S$, the entropy change of the process need to be known to obtain the exact free energy change, as it is well known any spontaneous process will make ΔS go up, obviously ΔG will be more negative than ΔH, thus the absolute values of experimental ΔG_{CS} and ΔG_{CR} are certainly more larger than those of calculations. At last the geometry of the molecule in CT process is frozen, this can in fact be problematic because molecular reconstruction is inevitable, unfortunately so far we have no proper method to optimize the structure of ET state, and the calculated frequence and thermodynamic parameter of excited state can not be obtained.

There exist similar case for the other two compounds, the computing ΔG_{CS} of C60 - PBTD - TPA and C60 - TPA are -0.221 and -0.284 eV, the corresponding observed values are -0.62 and -0.38 eV, respectively. Moreover the computing ΔG_{CR} of C60 - PBTD - TPA and C60 - TPA are -3.047 and -2.453 eV, the corresponding observed values are -1.43 and -1.37 eV, respectively.

Despite offering the ΔG_{CS} and ΔG_{CR} of these compounds are hardly exact for charge transfer, the Marcus electron - transfer theory can be still applied to the field to gain some clues about the process, which is helpful to understand the characteristical of electron transition. In DMF the calculated rate constant of charge separation (k_{CS}) of C60 - BTD - TPA, C60 - PBTD - TPA and C60 - TPA are 4.2×10^8, 7.89×10^9 and 2.61×10^9 s^{-1}, respectively. The corresponding observed data are 1.3×10^{10}, 1.2×10^{10} and $9.1 \times 10^9 S^{-1}$ (all the data are shown in Table 6). The calculated k_{CS} for C60 - PBTD - TPA and C60 - TPA agree well with experiment, disappointedly there is quite discrepant between computation and experiment of C60 - BTD - TPA. Besides the underestimated ΔG_{CS}, the other factor is reorganization energy maybe be overestimated, the experimentally fitting value of C60 - BTD - TPA was 0.86 eV including λ_s and λ_i, [30] but the calculated λ_s is 1.22eV. Li[56,57] pointed out that in the ultrafast processes such as electron transfer, photon absorption and emission the earlier theories[58-61] overestimated the solvent reorganization energy by a factor of about 2, which caused the calculated k_{CS} of C60 - BTD - TPA is less than experiment.

In addition, we calculated the k_{CR} of these three compounds based on Eq 1. and the ΔG_{CR} mentioned above, the results are also listed in Table 6. The computed k_{CR} of C60 - BTD - TPA, C60 - PBTD - TPA and C60 - TPA are 1.78×10^3, 3.85×10^3 and 0.68 s^{-1} in DMF, they are far less than the observed values. The main reason perhaps is correct structure of CS states can not be obtained. For C60 - BTD - TPA, the process of charge separation is very fast, and the lifetime of the illuminated state have been proved to be only 30 ps,[30] the solvent effect will be indistinctive due to a short interaction time between the excited molecule and solvent molecules around. However, as to the process of charge recombination, the lifetimes of ET state can approach microsecond of magnitude, and the excited molecule has enough time to interact with the ambient solvent in order to get the most stable structure, which severely lower the internal energy of the CS state. Thus there are significant differences between the calculated and the observed ΔG_{CR}, for example, the calculated ΔG_{CR} of C60 - BTD - TPA is -2.88 eV and the experimental one is -1.42 eV, this makes the calculated k_{CR} decrease extremely. Moreover, Haque et al. pointed out that simulating charge recombination using Marcus electron transfer theory is not appropriate, they found applied bias, electrolyte composition and light intensity can effect extremely on the sensitivity of the recombination kinetics, it is clearly inconsistent with a simple Marcus analysis, which involves only electronic coupling and reorganization energy. [62] So developing other theory to explain the mechanism of charge recombination is meaningful topic.

3.4 One – electron approximation

Since we are interested in " one electron transfer processes" , we can treat the processes in terms of an effective one – particle model. [63 – 65] To apply the GMH method, within Koopmans' approximation and the Condon – Slater rules, [66] one can calculated the difference $\mu_1 - \mu_2$ of the adiabatic dipole moments and the transition moment μ_{12} as follows:

$$\mu_1 - \mu_2 = \sum_{i,j=1}^{M} (C_{i,OCC}C_{i,OCC} - C_{j,VIR}C_{j,VIR}) d_{ij} \tag{6}$$

$$\mu_{12} = \sum_{i,j=1}^{M} C_{i,OCC}C_{j,VIR}d_{ij} \tag{7}$$

Here, d_{ij} are the matrix elements of the dipole operator defined for atom orbitals i and j. $C_{i,OCC}$ and $C_{j,VIR}$ stand for the ith occupied orbital denoting an electron and the jth virtual orbital accepting an electron.

As mentioned above, we can suppose charge separation forC60 – BTD – TPA in DMF as follows, an electron on the HOMO is excited to the 319 molecular orbital when the molecule absorbs a photon, then the electron goes into 315 molecular orbital, i. e. LUMO, at last it returns to HOMO by nonradiative transition. Thus the electron completes a cycle. Based on one – electron approximation, the corresponding H_{ij} and ΔG_{CS} are – 0.0233 and – 1.305 eV between 319 and 315 orbital, and the results were applied to calculation of charge transfer rate constant, k_{CS} is $7.773 \times 10^{12} s^{-1}$.

Things are a little different for C60 – PBTD – TPA in DMF, an electron on 332 orbital is excited to 339, then it goes to 335 (i. e. LUMO), at the same time, an electron on 334 (i. e. HOMO) runs to 332 orbital, at last the electron on LUMO return to HOMO. Employing one – electron approximation, the calculated H_{ij} and ΔG_{CS} are – 0.0774 and – 1.263 eV between 339 and 335 orbital, and the results were applied to calculation of charge transfer rate constant, k_{CS} is $8.848 \times 10^{13} s^{-1}$.

ForC60 – TPA, first of all an electron on HOMO – 3 orbital is excited into LUMO by a photon, then an electron on HOMO transfers to HOMO – 3 to achieve charge separation, at last the electron on LUMO turns back to HOMO and charge recombination is accomplished. The H_{ij} and ΔG_{CS} from one – electron approximation are – 0. 0103 and – 0. 96 eV between HOMO and HOMO – 3 orbital, and the results were applied to calculation of charge transfer rate constant, k_{CS} is $1.602 \times 10^{12} s^{-1}$. Obviously one – electron approximation method is not accurate without considering other configurations, however, the method has many advantages such as simplification and small amount of calculation.

4. Conclusion

In this work, the geometries of C60 – BTD – TPA, C60 – PBTD – TPA and C60 – TPA were optimized and the excited energies of these compounds were investigated using HF and DFT. These calculations have been performed with conventional hybrid functionals (B3LYP) and long – range corrected hybrid functionals (LC – ωPBE, ωB97XD and CAM – B3LYP). The computed λ_{max} were obtained by the above mentioned theories, the λ_{max} values follows the B3LYP > CAM – B3LYP > ωB97XD > LC – ωPBE > HF sequence. The estimates using CAM – B3LYPfunctional coincided well with the result of the experiments, the excited energies from HF method are too high and those from B3LYP are too low, obviously the CAM – B3LYP functional takes electron correlation and self – interaction error into account.

The excited electronic states of the title compounds were studied using TD – CAM – B3LYP. The calculations performed for the C60 – BTD – TPA suggested that the excited state ofoptical – allowed transitions is initiated from S_{12} in the gas phase as well as in DMF, owing to the dominant oscillator strengths. The ET state is S_7 in the gas phase but S_9 in DMF, however, the molecular orbital analysis shows both S_7 in the gas phase and S_9 in DMF result from the electron transition from the HOMO to LUMO. For C60 – PBTD – TPA, one of optical – allowed transitions is initiated from S_{17} in the gas phase as well as in DMF. The ET state is S_{10} in the gas phase but S_{11} in DMF, the electron transition is from the HOMO to LUMO. As to C60 – TPA, it is not the case, the dominant oscillator strengths is about 0. 04 which corresponds to S_8 in DMF, the electron transfer only takes place on C60 moiety from orbital 257 to 261 (LUMO), then the electron in HOMO(i. e. 260 orbital) which spreads on TPA can transfer to HOMO – 3(i. e. 257 orbital) for advantaged energy. So the ET of C60 – TPA is from occupied orbitals instead of virtual orbitals.

At last we worked out the rate constant of ET based on the electronic coupling matrix element calculations using GMH theory, the computed data are less than experiment. On the one hand the solvent reorganization energy is overestimated, on the other hand, the free energy change of the charge separation is underestimated. However, the calculated and observed k_{CS} of C60 – PBTD – TPA and C60 – TPA are of the same order of magnitude.

Acknowledgments

This work was supported by the Key Laboratory for New Molecule Material Design and Function of Tianshui Normal University, the Scientific Research Projects of Middle – aged and Young Researchers in Tianshui Normal University (TSA1116), the National Natural Science Foundation of China (21071110), and the Fund of the Educational Commission of Gansu Province (1108 – 03).

References

[1] T. W. Hamann, R. A. Jensen, A. B. F. Martinson, H. Van Ryswyk, J. T. Hupp, Energy & Environmental Science 1 (2008) 66.

[2] P. W. M. Blom, V. D. Mihailetchi, L. J. A. Koster, D. E. Markov, Advanced Materials 19 (2007) 1551.

[3] I. W. Hwang, C. Soci, D. Moses, Z. G. Zhu, D. Waller, R. Gaudiana, C. J. Brabec, A. J. Heeger, Advanced Materials 19 (2007) 2307.

[4] A. Kotiaho, R. Lahtinen, H. K. Latvala, A. Efimov, N. V. Tkachenko, H. Lemmetyinen, Chemical Physics Letters 471 (2009) 269.

[5] I. D. Petsalakis, G. Theodorakopoulos, Chemical Physics Letters 466 (2008) 189.

[6] T. Hasobe, K. Saito, P. V. Kamat, V. Troiani, H. J. Qiu, N. Solladie, K. S. Kim, J. K. Park, D. Kim, F. D'Souza, S. Fukuzumi, Journal of Materials Chemistry 17 (2007) 4160.

[7] H. Hoppe, N. S. Sariciftci, Journal of Materials Chemistry 16 (2006) 45.

[8] J. H. Seok, S. H. Park, M. E. El – Khouly, Y. Araki, O. Ito, K. Y. Kay, Journal of Organometallic Chemistry 694 (2009) 1818.

[9] Y. Araki, O. Ito, Journal of Photochemistry and Photobiology C – Photochemistry Reviews 9 (2008) 93.

[10] P. V. Kamat, Chemical Reviews 93 (1993) 267.

[11] S. C. Lo, P. L. Burn, Chemical Reviews 107 (2007) 1097.

[12] H. Imahori, K. Hagiwara, T. Akiyama, M. Akoi, S. Taniguchi, T. Okada, M. Shirakawa, Y.

Sakata, Chem. Phys. Lett. 263(1996)545.

[13] D. M. Guldi, K. D. Asmus, J. Am. Chem. Soc. 119(1997)5744.

[14] H. Imahori, M. E. El – Khouly, M. Fujitsuka, O. Ito, Y. Sakata, S. Fukuzumi, J. Phys. Chem. A 105(2001)325.

[15] H. Imahori, K. Tamaki, D. M. Guldi, C. Luo, J. Am. Chem. Soc. 123(2001)2607.

[16] M. V. Martinez – Diaz, N. S. Fender, M. S. Rodriguez – Morgade, M. Gomes – Lopes, F. Dietrich, L. Echioyen, J. F. Stoddart, T. J. Torres, Mater. Chem. 12(2002)2095.

[17] D. M. Guldi, J. Ramey, M. V. Martinez – Diaz, A. de la Escosura, T. Torres, T. Da Ros, M. Prato, Chem. Comm. (2002)2774.

[18] M. Maggini, D. M. Guldi, S. Mondini, G. Scorrano, F. Paolucci, P. Ceroni, S. Roffia, Chem. Eur. J. 4(1998)1992.

[19] M. Maggini, A. Dono, G. Scorrano, M. Prato, J. Chem. Soc. Chem. Commun. (1998)845.

[20] P. A. van Hal, E. H. A. Beckers, S. C. J. Meskers, R. A. J. Janssen, B. Jousselme, P. Blanchard, J. Roncali, Chem. Eur. J. 8(2002)5415.

[21] E. H. A. Beckers, P. A. van Hal, A. Dhanabalan, S. C. J. Meskers, J. Knol, J. C. Hummelen, R. A. J. Janssen, J. Phys. Chem. A 107(2003)6218.

[22] M. R. Wasielewski, G. P. Wiederrecht, W. A. Svec, M. P. Niemczyk, Sol. Energy Mater. Solar Cells 38(1995)127.

[23] H. Imahori, Y. Sakata, Adv. Mater. 9(1997)537.

[24] N. Martin, L. Sanchez, B. Illescas, I. Perez, Chem. Rev. 98(1998)2527.

[25] D. M. Guldi, M. Prato, Acc. Chem. Res. 33(2000)695.

[26] D. Gust, T. A. Moore, A. L. Moore, Acc. Chem. Rec. 34(2001)40.

[27] H. Imahori, T. Umeyama, S. Ito, Accounts of Chemical Research 42(2009)1809.

[28] H. Imahori, T. Umeyama, Journal of Physical Chemistry C 113(2009)9029.

[29] H. Lehtivuori, T. Kumpulainen, A. Efimov, H. Lemmetyinen, A. Kira, H. Imahori, N. V. Tkachenko, Journal of Physical Chemistry C 112(2008)9896.

[30] A. S. D. Sandanayaka, K. Matsukawa, T. Ishi – i, S. Mataka, Y. Araki, O. Ito, Journal of Physical Chemistry B 108(2004)19995.

[31] A. S. D. Sandanayaka, Y. Taguri, Y. Araki, T. Ishi, S. Mataka, O. Ito, Journal of Physical Chemistry B 109(2005)22502.

[32] H. P. Zeng, T. T. Wang, A. S. D. Sandanayaka, Y. Araki, O. Ito, Journal of Physical Chemistry A 109(2005)4713.

[33] G. W. T. M. J. Frisch, H. B. Schlegel, G. E. Scuseria, , J. R. C. M. A. Robb, G. Scalmani, V. Barone, B. Mennucci, , H. N. G. A. Petersson, M. Caricato, X. Li, H. P. Hratchian, , J. B. A. F. Izmaylov, G. Zheng, J. L. Sonnenberg, M. Hada, , K. T. M. Ehara, R. Fukuda, J. Hasegawa, M. Ishida, T. Nakajima, , O. K. Y. Honda, H. Nakai, T. Vreven, J. A. Montgomery, Jr. , , F. O. J. E. Peralta, M.

Bearpark, J. J. Heyd, E. Brothers, , V. N. S. K. N. Kudin, R. Kobayashi, J. Normand, , A. R. K. Raghavachari, J. C. Burant, S. S. Iyengar, J. Tomasi, , N. R. M. Cossi, J. M. Millam, M. Klene, J. E. Knox, J. B. Cross, , C. A. V. Bakken, J. Jaramillo, R. Gomperts, R. E. Stratmann, , A. J. A. O. Yazyev, R. Cammi, C. Pomelli, J. W. Ochterski, , K. M. R. L. Martin, V. G. Zakrzewski, G. A. Voth, , J. J. D. P. Salvador, S. Dapprich, A. D. Daniels, , J. B. F. O. Farkas, J. V. Ortiz, J. Cioslowski, , a. D. J. Fox, (Gaussian, Inc. , Wallingford CT, 2009.).

[34] J. P. Perdew, A. Ruzsinszky, J. M. Tao, V. N. Staroverov, G. E. Scuseria, G. I. Csonka, Journal of Chemical Physics 123(2005).

[35] M. Cossi, V. Barone, Journal of Chemical Physics 115(2001)4708.

[36] R. Improta, V. Barone, Journal of Molecular Structure - Theochem 914(2009)87.

[37] D. Jacquemin, J. Preat, V. Wathelet, J. M. Andre, E. A. Perpete, Chemical Physics Letters 405(2005)429.

[38] D. Jacquemin, J. Preat, E. A. Perpete, Chemical Physics Letters 410(2005)254.

[39] E. A. P. t. Denis Jacquemin, Gustavo E. Scuseria, Ilaria Ciofini, and, C. Adamo, J. Chem. Theory Comput. 4(2008)123.

[40] A. Dreuw, G. Fleming, M. Head - Gordon, Physical Chemistry Chemical Physics 5 (2003)3247.

[41] A. Dreuw, M. Head - Gordon, Journal of the American Chemical Society 126(2004) 4007.

[42] O. A. Vydrov, J. Heyd, A. V. Krukau, G. E. Scuseria, Journal of Chemical Physics 125 (2006)234109.

[43] T. Yanai, D. Tew, N. Handy, Chemical Physics Letters 393(2004)51.

[44] J. D. Chai, M. Head - Gordon, Physical Chemistry Chemical Physics 10(2008)6615.

[45] Y. Tawada, T. Tsuneda, S. Yanagisawa, T. Yanai, K. Hirao, Journal of Chemical Physics 120(2004)8425.

[46] R. J. Cave, M. D. Newton, Chem. Phys. Lett. 249(1996)15.

[47] A. A. Voityuk, N. Ro ? sch, J. Chem. Phys. 117(2002)5607.

[48] M. Bixon, J. Jortner, J. W. Verhoeven, J. Am. Chem. Soc. 116(1994)7349.

[49] S. Speiser, Chem. Rev. 96(1996)1953.

[50] N. S. Hush, J. Chem. Phys. 28(1958)962.

[51] C. - P. Hsu, Accounts of Chemical Research 42(2009)509.

[52] A. Dreuw, M. Head - Gordon, Chemical Reviews - Columbus 105(2005)4009.

[53] R. A. Marcus, Journal of Chemical Physics 43(1965)679.

[54] W. A. Z, Phys. Chem. Neue Folge 133(1982)93.

[55] D. Konarev, A. Kovalevsky, A. Litvinov, N. Drichko, B. Tarasov, P. Coppens, R. Lyubovskaya, Journal of Solid State Chemistry 168(2002)474.

[56] X. Y. Li, K. X. Fu, Q. Zhu, M. H. Shan, Journal of Computational Chemistry 25(2004) 835.

[57] X. Y. Li, K. X. Fu, Journal of Computational Chemistry 25(2004)500.

[58] M. Basilevsky, G. Chudinov, I. Rostov, Y. Liu, M. Newton, Journal of Molecular Structure: THEOCHEM 371(1996)191.

[59] M. Basilevsky, I. Rostov, M. Newton, Chemical Physics 232(1998)189.

[60] M. Cossi, V. Barone, The Journal of Chemical Physics 112(2000)2427.

[61] M. Newton, M. Basilevsky, I. Rostov, Chemical Physics 232(1998)201.

[62] S. A. Haque, Y. Tachibana, R. L. Willis, J. E. Moser, M. Grätzel, D. R. Klug, J. R. Durrant, The Journal of Physical Chemistry B 104(2000)538.

[63] C. A. Mirkin, M. A. Ratner, Annual Review of Physical Chemistry 43(1992)719.

[64] M. D. Newton, Chemical Reviews 91(1991)767.

[65] A. Voityuk, N. R sch, The Journal of Chemical Physics 117(2002)5607.

[66] I. N. Levine, Quantum Chemistry, Prentice Hall, 1991.

(本文发表于 2013 年《Organic Electronics》第 1 期)

Theoretical Study of the Phosphorescence Spectrum of Tris(2 - phenylpyridine) iridium Using the Displaced Harmonic Oscillator Model

Xiao - Feng WANG　Guo - Fang ZUO
Zhi - Feng LI　Hui - Xue LI *

摘要:本文采用谐振子模型理论探讨了振动模式对 $Ir(ppy)_3$ 配合物的磷光光谱的影响。多原子分子发射光谱的一般形式可以从两个绝热电子态之间的热振动关联函数推导出,相应地势能面之间的位移和 Duschinsky 转动的影响也被包含在多维谐振子模型的表达式中,所得关系式模拟出了 $Ir(ppy)_3$ 较为精细的磷光发射光谱。计算结果表明 T_1 态到 S_0 态之间的 0→1 振动跃迁对发射光谱贡献较大,尤其振动频率小于 1600 cm^{-1} 的振动模贡献更多,配体中苯和吡啶环上 C = C 和 C = N 的呼吸振动,是 $Ir(ppy)_3$ 出现肩峰的主要原因。玻耳兹曼分布使得主峰和肩峰的强度下降,并且两峰相互接近。该谐振子模型与密度泛函理论(DFT)结合,可以较好地定量描述多原子分子光物理过程的发射光谱以及详细了解光谱谱图的细节。

We present a comprehensive investigation into the phosphorescence spectrum of $Ir(ppy)_3$ (ppy = 2 - phenylpyridine), which is greatly influenced by the vibration of the complex. General formalism of emission spectra is derived using a thermal vibration correlation function formalism for the transition between two adiabatic electronic states in polyatomic molecules. Displacements and Duschinsky rotation of potential energy surfaces are included within the framework of a multidimensional harmonic oscillator model. This formalism gives a reliable description of the emission spectrum of $Ir(ppy)_3$. The

---

* 作者简介:王晓峰(1977—),甘肃天水人,天水师范学院讲师、硕士,主要从事化学信息学和计算化学方面的研究。

calculated results indicated the 0→1 transition between T_1 state and S_0 state have larger contribution to the emission spectrum, especially the vibrational modes below 1600 cm^{-1} contribution more, the breathing vibration of ligands, the C = C and C = N stretching vibration of benzene and pyridine rings are the major reason for appearance of the shoulder peak in the spectrum. The Boltzmann distribution makes the intensities of both the main peak and the shoulder peak decrease, and both the peaks are close to each other. When coupled with first – principles density functional theory (DFT) calculations, the present approach appears to be an effective tool to obtain a quantitative description and detailed understanding of spectra and photophysical processes in polyatomic molecules.

1 INTRODUCTION

Transition metal complexeshave attracted comprehensive interest among researchers all over the world, in particular as active components in organic photoelectric devices. The transition moment of Iridium complexes is not zero between S_0 and T_1 states due to the large amount of spin – orbit coupling induced by the heavy metal ion, which can increase the rate of electron spin flip and breaks the prohibition of spectrum selection rule, so the experimental phosphorescence can be observed and some studies showed that Ir complexes are good organic phosphorescent materials for use in organic light emitting diodes (OLEDs), [1-3] the internal efficiencies of almost 100% [4] had been achieved by using the phosphorescent emission from fac – tris (2 – phenylpyridine) iridium (Ⅲ) [Ir(ppy)$_3$]. In addition, these complexes possess the advantages such asversatility, ease of chemical synthesis, convenient processing, low weight, and flexibility, which is suitable for mass production.

A number of theoretical studies have been undertaken on Ir(ppy)$_3$, [5-6] which indicate that the lower energy excited states are metal – toligand charge transfer (MLCT) states, and the observed phosphorescence originates from the lowest lying MLCT state that has a strong admixture of singlet character. Moreover there exists a high density of these spin – mixed states, the character of these states can vary from either being predominantly singlet or triplet to being a mixture of singlet and triplet states *via* the process of intersystem crossing (ISC). Wu *et al.* [7] calculated the phosphorescent emission spectra of Ir(ppy)$_3$ based on the time – dependent approach according to the Herman – Kluk semiclassical initial value representation method, taking the Duschinsky rotation effect explicitly into account, the potential energy surfaces for the S_0, T_1, and T_2 states with the corresponding normal modes for each electronic state were investigated. The results showed emission from the T_2 state is unlikely, the Duschinsky rotation effect has little effect on the emission spectrum from the T_1 state. Jansson *et al.*[8] calculated the spin - orbit coupling effects and the radiative lifetime of Ir(ppy)$_3$ in the high temperature limit by time - dependent density functional theory using quadratic response technology, they found that the orbital structure of the T_1 state has a localized character and that the $T_1 \rightarrow S_0$ transition is determined mostly by charge transfer from one of the ligands to the metal. Breu *et al.*[9] found the crystal of Ir(ppy)$_3$ was severely hampered by systematic twinning and pseudo - symmetry, the packing motifs with intermolecular " π - πinteractions" of T - shaped and " shifted πstack" geometry were realized. The systematic twinning leads to the rigorously alternating chirality, which resulted in the differences of the emission spectra in solvent and crystal. Fu *et al.*[10] prepared crystalline Ir(ppy)$_3$ microrods and nanowires, they found the phosphorescence decay of Ir(ppy)$_3$ microrods and nanowires was much faster than that in degassed solution and the film, the phosphorescence of microrods was green and the nanowires actually emitted yellow light, it afforded a novel strategy of phosphorescence emission color tuning by controlling the nano - to microstructure dimensions. Hay *et al.*[5] investigated the electronic properties of Ir(ppy)$_3$ using time - dependent density functional theory (TDDFT), the calculated results were in good agreement with experimental absorption spectra and luminescence, in addition, the calculated results indicated the metal orbitals involved in the transitions have a significant admixture of ligand πcharacter, all of the low - lying transitions were categorized as MLCT transitions.

Theoretical study and quantitative analysis to the decay processes of the electronic excitedstates have important significance to illuminatephosphorescence spectrum, we studied the influences of the Duschinsky rotation effect and the reorganization energy between the ground state and the triplet state on phosphorescence spectrum. The Duschinsky rotation effect may affect the results of calculated emission spectra peak, which comes from themixing of the normal modes in the initial and final electronic states; in addition, the reorganization energy of molecule is important factor to affect the shape andthe width of spectrum, the projection ofreorganization energy into the internal coordinates can show the effect of change of the internal coordinatesto the reorganization energy.

In this paper, we took Boltzmann temperature population into account by combing with displacement harmonic oscillator model, and all the transition vibration configuration were contained too, thus the sum – over – states of the Franck – Condon integrals can be transformed into the integrals of the thermal vibration about the correlationfunction, the phosphorescence spectrum of $Ir(ppy)_3$ can be obtained and verified.

2 THEORERICAL METHOD

2.1 Optical spectroscopy formalism

Suppose an absorption or emission transition happens between initial vibronic state and final vibronic state. In general, the interaction of the electromagnetic field with molecules can be treated by a simple quantum perturbation theory. The corresponding rates of absorption and emission photon can be obtained using Fermi gold rule. The absorption spectrum is given as theabsorption cross section $\sigma_{\mathrm{abs}}(\omega)$ with dimensions of cm^2. This cross section is defined as the rate of photon energy absorption per molecule and per unit radiant energy flux, which is equivalent to the ratio of the power absorbed by the molecule to the incident power per unit area, the $\sigma_{\mathrm{abs}}(\omega)$ can be written as follows:[11-12]

$$\sigma_{abs}(\omega) = \frac{4\pi^2\omega}{3\hbar c}\sum_{i,f} P_i \, |M_{fi}|^2\delta(\omega - \omega_{fi}) \tag{1}$$

when the incident light intensity is given, the greater the molecular absorption cross section, the greater the molecular absorption power, P_i is the probability of being in the i th state, it is Boltzmann distribution function at thermal equilibrium, M_{fi} is molecular transition dipole moment ($M_f = <\psi_i|\mu|\psi_f>$), ω is vibration frequency, $\delta(\omega - \omega_{fi})$ is delta function, here we apply the Born – Oppenheimer approximation, on which the vibronic states are described by the products of the electronic states and the vibrational states, $\psi_i = \varphi_i\theta_{i,\nu i}$, the letters i and f are used only as labels of the initial and the final electronic states, respectively. For strongly allowed transitions (that is, the electron transition dipole moment $\mu_{fi} = <\varphi_i|\mu|\varphi_f>$ plays a leading role), the Condon approximation can be employed, the equation can be rewritten as follows:[13-14]

$$\sigma_{abs}^{FC}(\omega) = \frac{4\pi^2\omega}{3\hbar c}|\mu_{fi}|^2\sum_{i,f} P_i \, |\langle\theta_{f,v_f}|\theta_{i,v_i}\rangle|^2\delta(\omega - \omega_{fi}) \tag{2}$$

For weakly strongly allowed or forbidden transitions (that is, the electron transition dipole moment μ_{fi} is almost zero), the higher order term about M_{fi} must be taken into account, such as Herzberg - Teller effect. The emission spectrum is given as the differential spontaneous photon emission rate $\sigma_{emi}(\omega)$. This is a dimensionless quantity defined as the rate of spontaneous photon emission per molecule and per unit frequency between ω and $\omega + d\omega$. The explicit expression for $\sigma_{emi}(\omega)$ is given by the following formula:[13-14]

$$\sigma_{emi}(\omega) = \frac{4\omega^3}{3\hbar c^3}\sum_{v_i,f_i} P_{iv_i}(T)\ |\langle \theta_{f,v_f}|\mu_{fi}|\theta_{i,v_i}\rangle|^2 \delta(\omega_{iv_i fv_i} - \omega) \tag{3}$$

Here c is the velocity of light. $P_{ivi}(T)$ is the Boltzmann population of initial states, μ_{fi} is the electric transition dipole moment. For strong dipole allowed transition, the equation can be rewritten as follows:[11-12]

$$\sigma_{emi}^{FC}(\omega) = \frac{4\omega^3}{3\hbar c^3}|\mu_{fi}|^2\sum_{v_i,f_i} P_{iv_i}(T)\ |\langle \theta_{f,v_f}|\ \theta_{i,v_i}\rangle|^2 \delta(\omega_{iv_i fv_i} - \omega) \tag{4}$$

2.2 Displaced Harmonicoscillator model

For large and semirigid molecules, since nonadiabatic couplings are negligible and displaced harmonic approximation is reliable.[15-16] In this approximation, supposing the distortion effect of potential energy surface (PES) can be ignored, so Duschinsky rotation effect is little, thus the normal mode frequencies and eigenvectors are the same for both electronic states but the equilibrium positions are shifted relative to each other. Under the harmonic PES approximation, the spectrum is usually dominated by the zero - order term of the expansion (FC spectrum), in this case the integrals in Eqs. (2,4) reduce to a sum of products of 1D integrals, the formalism is simple and possesses a clearer physical picture, both the forms of absorption cross section $\sigma_{abs}(\omega)$ and photon emission rate $\sigma_{emi}(\omega)$ are the same except their respective frequencies.

When absolute temperature T is zero, eq. (4) can be rewritten as:

$$\sigma_{emi}^{FC}(\omega) = \frac{4\omega^3}{3\hbar c^3}|\mu_{fi}|^2\sum_{v_k}\prod_k\ |\langle \theta_{fv_k}|\ \theta_{i0}\rangle|^2 \delta(\omega_{i0,fv_f} - \omega) \tag{5}$$

in which Franck - Condon factor can be expressed as direct product of one dimensional states ($|\theta_k>$) for each mode k, and Franck - Condon factor can be rewritten by a Poisson distribution as follows:[17]

$$|\langle \theta_{fv_k}|\ \theta_{i0}\rangle|^2 = \frac{S_k^{v_k}}{v_k!}e^{-S_k} \tag{6}$$

$$\prod_k\ |\langle \theta_{fv_k}|\ \theta_{i0}\rangle|^2 = e^{-S}\prod_k \frac{S_k^{v_k}}{v_k!} \tag{7}$$

where S_k is Huang – Rhys parameter of the kth mode, which is defined as follows:

$$S_k = \frac{1}{2}\delta_k^2 = \frac{\omega_k}{2\hbar}D_k^2 \tag{8}$$

S is the sum of all the Huang – Rhys parameters.

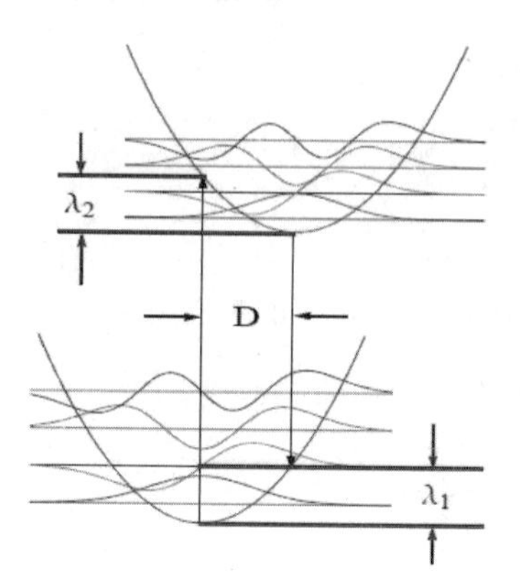

Fig. 1 One dimension displaced harmonic oscillator model

The one dimension displaced harmonic oscillator model is illustrated in Fig. 1, both the frequencies $\omega_1 = \omega_2$ due to no distortion effect in PES, and their reorganization energies($\lambda_{1,2} = S\hbar\omega_{1,2}$) are equal $\lambda_1 = \lambda_2$ too. The model indicates that there exist the other transition except $0 \to 0$ transition with Huang – Rhys parameter being not zero.

When T is not zero, eq. (4) can be rewritten as:

$$\sigma_{emi}^{FC}(\omega, T) = \frac{4\omega^3}{3\hbar c^3}|\mu_{fi}|^2 \sum_{v_i, v_f} P_{iv_i}(T) \prod_k |\langle \theta_{fv_{fk}} | \theta_{i,ik} \rangle|^2 \delta(\omega_{iv_i fv_f} - \omega) \tag{9}$$

due to Boltzmann population, the transition arises from the quantum number of the initial state $v_{ik} \neq 0$, the eq. (9) can be simplified by Laguerre polynomials and Fourier transforms as:[18]

$$\sigma_{emi}^{FC}(\omega, T) = \frac{2\omega^3}{3\pi\hbar c^3}|\mu_{fi}|^2 \int_{-\infty}^{\infty} dt e^{i(\omega - \omega_{if})t}$$

$$\exp\{-\sum_k S_k[(2\bar{n}_k + 1) - (\bar{n}_k + 1)e^{i\omega_k t} - \bar{n}_k e^{-i\omega_k t}]\} \tag{10}$$

Where $\bar{n}_k = (e^{\hbar\omega_k/k_B T} - 1)^{-1}$ is the average phonon number, ω_{if} is energy between the initial state and the final state.

2.3 Computational details

Geometry optimization and frequency calculations were carried out with the Gaussian 03 program package.[19] The computations of the singlet and triplet geometries, electronic structure, as well as electronic emission spectra for Ir(ppy)$_3$ were performed using DFT and TDDFT. The molecular structure of Ir(ppy)$_3$ insinglet ground and triplet states has been optimized with B3LYP/Lanl2DZ level of theory. Lanl2DZ is a kind of effective core potentials which consist of a LANL RECP and a double $-\zeta$ valence basis set, it has the advantages of relatively low cost, highreliability and accuracy.[20]

In general, DFT calculations with the B3LYP hybrid functional overestimate the vibrational frequencies and so we follow the common practice of scaling the computed results by a factor 0.9614, according to Koch and Holsthausen.[21] The correlation function of emission was calculated with home-built programs.

3 RESULTS AND DISCUSSION

3.1 Geometric structures of Ir(ppy)$_3$ in the singlet ground state S_0 and first triplet state T_1

The geometric structures of Ir(ppy)$_3$ were fully optimized in the singlet ground state S_0 and first triplet state T_1 employed B3LYP/Lanl2DZ. The bond length of the central atom Ir to C and N atoms in ligand ppy were listed in Table 1, these Ir-N and Ir-C bond lengths in the S_0 and T_1 optimized geometries were reported in earlier experiments and calculations as well. Although there are small differences in Ir-N bond lengths of about 0.01 nm between our calculations and the crystal structures, such differences are not surprising since the calculations are carried out on a single molecule in vacuum. The bond parameters Using mixed basis set (Ir using Lanl2DZ and the other atoms using 6-311G* basis set) were listed too, compared with those by all pseudo potential basis set, of which the calculation error is seemingly larger, however, the optimized geometries of the S_0 state with both the pseudo potential basis set and mixed basis set have C_3 symmetry, e.g. all Ir-N are at the same distance and so do Ir-C bond lengths. On the contrary, for the optimized T_1 state, it only appears A symmetry, the distances between the central atom Ir to N, C atoms in the three ligands are different, Ir-N(3) and Ir-C(3) are the shortest in all Ir-N and Ir-C bonds and it indicates this ligand is the nearest to the central atom (shown in Fig. 2), while the other two ligands are away from Ir atom, obviously the geometry of T_1 state has great changes when Ir(ppy)$_3$ is excited from S_0 state to T_1 state.

Table1 Part bond lengths(nm) in the optimized S_0 and T_1 states (the numbers in parentheses denote the various ppy ligands)

	T_1	S_0				
	Calc.[e]	Calc.[d]	Calc.[e]	Exp.[d]	Exp.[e]	Exp.[f]
Ir－N(1)	0.2169	0.2152	0.2183	0.2088	0.2086	0.2132
Ir－C(1)	0.2050	0.2035	0.2033	0.2066	0.2034	0.2024
Ir－N(2)	0.2176	0.2152	0.2183	0.2088	0.2086	0.2132
Ir－C(2)	0.2030	0.2035	0.2033	0.2066	0.2034	0.2024
Ir－N(3)	0.2117	0.2152	0.2183	0.2088	0.2086	0.2132
Ir－C(3)	0.2000	0.2035	0.2033	0.2066	0.2034	0.2024

Calc.[d]:by B3LYP/Lanl2DZ, Calc.[e]: Ir atom by B3LYP/Lanl2DZ and the other atoms by B3LYP/6－311G *, Exp.[d] is from [22], Exp.[e] is from [9], Exp.[f] is from [23]

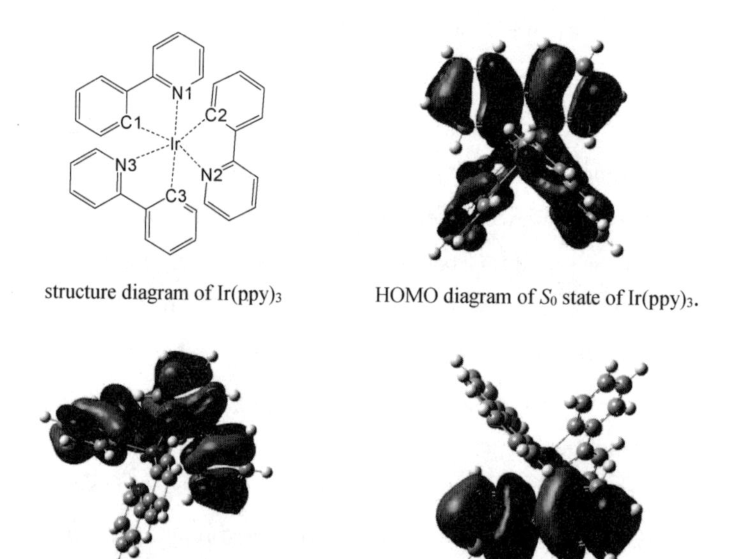

structure diagram of Ir(ppy)3　　HOMO diagram of S_0 state of Ir(ppy)3.

Low SOMO diagram of T_1 state of Ir(ppy)3.　　High SOMO diagram of T_1 state of Ir(ppy)3.

Fig. 2 Structure diagram and Frontier molecular orbital diagrams of $Ir(ppy)_3$

The above change could be understood from the contour plot of frontier molecular orbital. The contour plot of the highest occupied orbital(HOMO) inS_0 state and the contour of singly occupied molecular orbital(SOMO) in T_1 state were shown in Fig. 2, one can see the electron density on HOMO in S_0 is evenly distributed on the three ligands, while those on low SOMO in T_1 are distributed mainly on the two ligands, and those on high SOMO are distributed mainly on the other ligand. When an electron is excited from

S_0 state to T_1 state, the electron density will decrease due to lack of an electron at the HOMO in original state S_0, the bond strength between Ir and C, N atoms will weaken, all Ir—N and Ir—C bond lengths are elongated accordingly and all ligands will be away from the center atom, but the excited electron into the LUMO (corresponding to the high SOMO in T_1 state), which localized in one of the ligands, will give rise to an increase of the electron density on this ligand and Ir atom, so the interaction between the center atom and this ligand is enhanced, which draw center atom and this ligand closer to each other.

3.2 Analysis about vibration mode of $Ir(ppy)_3$

For S_0 state of $Ir(ppy)_3$ with C_3 symmetry, it has 177 vibrational modes, which can be categorized in A and E irreducible representations based on the group theory. According to the molecule spectrum theory, all the normal vibrational modes of propylene are Raman active and IR active, compared to the S_0, the T_1 state of $Ir(ppy)_3$ has only A irreducible representation, its all vibrational modes are Raman active and IR active too. As for ligand ppy anion, of which molecular formula is $C_{11}H_8N^-$ and it has 162 vibrational modes, in these modes, there are 15 vibrational modes between the center atom Ir and the ligands, the frequencies of these modes are generally below $400cm^{-1}$ due to existence of heavy metal atom. The calculated frequencies of the S_0, the T_1 state and the assigned vibrational modes of $Ir(ppy)_3$ by B3LYP/Lanl2DZ are listed in Table 2. To understand the vibrational characteristic deeply, the vibrational modes of benzene,[24-25] pyridine[26] and other literature[27] can be available to assign its vibration. For S_0 state, the Ir—C and Ir—N scaled stretching vibration are 156, 172, 174, 278, 311, 312 cm^{-1} by B3LYP/Lanl2DZ, the calculated bending vibration are 191, 207, 209 cm^{-1}, and there are six low frequency vibration (twisting) between Ir and ppy. For T_1 state, its vibrational modes have some change compared with those of the S_0 state due to the geometry deformation, the modes of 278, 311 cm^{-1} in the Ir—C and Ir—N stretching vibrations disappear, instead of the ones of 220, 227 cm^{-1}, the bending vibrations between both the rings in S_0 state are taken the place by the torsion vibration too.

Table2 Part calculated frequencies and the assigned vibrationalmodes of $Ir(ppy)_3$ by B3LYP/Lanl2DZ

	S_0 state		T_1 state	
No.	Freq. (cm^{-1})	Mode description	Freq. (cm^{-1})	Mode description
1	33. 8	metal - ligand Twisting	31. 9	metal - ligand Twisting
2	34. 6	metal - ligand Twisting	35. 5	metal - ligand Twisting
3	35. 4	metal - ligand Twisting	37. 4	metal - ligand Twisting
4	42. 9	metal - ligand Twisting	41. 8	metal - ligand Twisting
5	44. 4	metal - ligand Twisting	44. 4	metal - ligand Twisting
6	52. 6	metal - ligand Twisting	53. 0	metal - ligand Twisting
7	84. 6	ring - ring butterfly	77. 0	ring - ring butterfly
8	85. 7	ring - ring butterfly	85. 7	ring - ring butterfly
9	89. 1	ring - ring butterfly	88. 8	ring - ring butterfly
10	125. 0	ring - ring twisting	107. 8	ring - ring twisting
11	127. 8	ring - ring twisting	122. 9	ring - ring twisting
12	130. 9	ring - ring twisting	125. 9	ring - ring twisting
13	155. 9	metal - ligandIr—N stretching	154. 6	metal - ligandIr—N stretching
14	172. 6	metal - ligandIr—N stretching	168. 3	metal - ligandIr—N stretching
15	174. 3	metal - ligandIr—N stretching	174. 2	metal - ligandIr—N stretching
19	231. 3	ring - ring scissoring	220. 1	metal - ligandIr—C stretching
20	232. 3	ring - ring scissoring	227. 4	metal - ligandIr—C stretching
21	267. 1	ring - ring scissoring	252. 9	ring - ring torsion
22	277. 9	metal - ligandIr—C stretching	260. 0	ring - ring torsion
23	280. 4	ring - ring wagging	271. 4	ring - ring torsion
24	283. 0	ring - ring wagging	279. 1	ring - ring torsion
25	291. 7	ring - ring wagging	286. 0	ring - ring torsion
26	311. 3	metal - ligandIr—C stretching	292. 8	ring - ring torsion
27	311. 8	metal - ligandIr—C stretching	310. 3	metal - ligandIr—C stretching
28	375. 4	ring - ring stretching	371. 2	ring - ring stretching
29	376. 0	ring - ring stretching	373. 4	ring - ring stretching
30	383. 8	ring - ring stretching	383. 4	ring - ring stretching
37	489. 8	ring - ring rocking	476. 0	both ring out of plane bending
38	493. 3	ring - ring rocking	480. 3	ring - ring rocking
39	493. 7	ring - ring rocking	490. 6	ring - ring rocking
52	681. 2	phenyl and pyridyl ring in plane deformation	674. 0	phenyl and pyridyl ring in plane deformation

续表

	S_0 state		T_1 state	
No.	Freq. (cm^{-1})	Mode description	Freq. (cm^{-1})	Mode description
53	681.5	phenyl and pyridyl ring in plane deformation	681.3	phenyl and pyridyl ring in plane deformation
88	1033.6	phenyl and pyridyl ring C—H out plane wagging	1022.8	Phenyl and pyridyl ring breathing
89	1033.9	phenyl and pyridyl ring C—H out plane wagging	1028.2	phenyl ring in plane deformation
124	1346.0	phenyl and pyridyl ring C—C stretching	1344.8	phenyl and pyridyl ring C—C stretching
125	1346.8	phenyl and pyridyl ring C—C stretching	1347.4	phenyl and pyridyl ring C—C stretching
126	1348.0	phenyl and pyridyl ring C—C stretching	1348.5	phenyl and pyridyl ring C—C stretching
139	1509.5	phenyl and pyridyl ring C = C stretching	1485.5	phenyl and pyridyl ring C = C stretching
140	1511.6	phenyl and pyridyl ring C = C stretching	1507.0	phenyl and pyridyl ring C = C stretching
141	1513.1	phenyl and pyridyl ring C = C stretching	1510.0	phenyl and pyridyl ring C = C stretching
142	1534.1	phenyl and pyridyl ring C = C, C = N stretching	1511.3	phenyl and pyridyl ring C = C stretching
143	1554.8	phenyl and pyridyl ring C = C, C = N stretching	1531.4	phenyl and pyridyl ring C = C stretching
144	1584.8	phenyl and pyridyl ring C = C stretching	1551.6	phenyl and pyridyl ring C = C stretching
146	1599.4	phenyl and pyridyl ring C = C, C = N stretching	1583.6	phenyl and pyridyl ring C = C stretching
147	1600.4	phenyl and pyridyl ring C = C, C = N stretching	1584.6	phenyl and pyridyl ring C = C stretching

The vibrational modes of the ligands itself contain the vibration of benzene ring and pyridine ring, those between both the rings are contained too, generally these vibrations are greater than 400 cm^{-1}. In S_0 state, the modes with 84, 86, 89 cm^{-1} can be assigned to butterfly vibration between the three ligands. In addition, the twisted vibrations (125, 128, 131 cm^{-1} modes), the scissoring vibration (231, 232, 267 cm^{-1} modes), the wagging vibrations (280, 283, 291 cm^{-1}), the stretching vibrations (375, 376, 384 cm^{-1} modes), and the rock vibrations (490, 493, 494 cm^{-1} modes) are assigned between the benzene ring and pyridine ring, respectively. The vibrational modes with 1346, 1347, 1348 cm^{-1} are C—C stretching vibration in benzene ring or pyridine ring. The 1500 – 1600 cm^{-1} vibrations mainly come from C = C or C = N stretch in the benzene ring and pyridine ring, the other high frequencies modes are C—H stretching vibrations. The most of the vibrations in S_0 state were validated by experiments.[27] The other vibrational modes in T_1 state have their counterpart in S_0 state, only the frequencies are different.

Though the frequencies are listed in sequence, but that does not mean the vibrational mode at final state is derived from the same sequence number one at the vibrational level of the initial electronic state, such asthe 143th vibration mode at T_1 state, the frequency is 1531 cm^{-1}, however, the corresponding one is 1554 cm^{-1} at S_0 state, the computed results show the 143th vibrational mode at T_1 state is composed of the mode with 1554 cm^{-1} (accounted for 60. 5 percent), the mode with 1534 cm^{-1} (accounted for 12 percent), and the mode with 1584 cm^{-1} (accounted for 12 percent) at S_0 state using Dushin program.

3. 3 Simulated phosphorescence spectrum of $Ir(ppy)_3$ using discretely spectral line method

Thelargest emission peak (λ_{max}^{em}) of $Ir(ppy)_3$ can be estimated approximately using energy difference between S_0 and T_1 states. We calculated the energy difference by B3LYP/Lanl2DZ with zero – point energy correction, which is 2. 37 eV (equal to 521. 9 nm). The experimental λ_{max}^{em} has different value in different solvents, different conditions and different temperatures. It is 505 nm in tetrahydrofuran at room temperature, while in toluene is 513 nm,[28] when it transforms into film, the λ_{max}^{em} is 505 nm.[10] In addition, the λ_{max}^{em} of $Ir(ppy)_3$ is affected by temperature greatly, which is about 505 nm below low temperature (165 K) in tetrahydrofuran solution, the temperature gradually raise and is more than 165 K, the λ_{max}^{em} is redshilted to 512 nm due to the solvent tetrahydrofuran is melted; the λ_{max}^{em} is redshilted to 525 nm again at 300 K,[29] which can be understood with the relaxation effects between the T_1 state of $Ir(ppy)_3$ and the solvent, the spectrum intensity decreases gradually with temperature increasing. One can see the calculated λ_{max}^{em} is in good agreement with the experimental results.

The reorganization energy of phosphorescence process is λ_1 as illustrated in Fig. 1, which is from the energy of reorganizing the S_0 state with the structure of T_1 state back to the equilibrium structure of S_0 state, and usually it is called an adiabatic potential energy surface (APES) method.[30-31] Another widely used approach to calculate the reorganization energy is based on the normal - mode analysis (NM) method.[32] When we know the vibrational frequency and displacement of each mode of the S_0 and T_1 states about the system, the total relaxation energy from all the vibrational modes is obtained employed eq. (8). The λ_1 was 0.239 eV using the APES method, and the one is 0.236 eV using the NM method, we can see that both the reorganization energies are close to each other, so the contribution of each vibrational mode to the reorganization energy can be analyzed by the displaced harmonic oscillator model.

For both the different electronic states of a real molecule, it is impossible that the displacement of potential energy surface completely accords with the displaced harmonic oscillator model, thus the other transitions can appear except the strongest 0→0 transition. Suppose the displacement of potential energy surface is small, generally 0→1 transition makes a greater contribution to the spectrum, 0→2 transition and higher order terms can be ignored. For0→0 transition, the Huang - Rhys parameter is e^{-S} with eq (6), which can be used as a criterion for the evaluation of contributions of the other vibration modes, we calculated FC factors from the vibrational ground state ($v=0$) of electronic triplet state to the first vibrational excited state ($v=1$), the phosphorescence spectrum of $Ir(ppy)_3$ has been simulated with given the full width at half maximum (FWHM). The reorganization energy of each vibration model and the displacement of PES between the singlet and triplet states using Dushin program.[33-34]

In order to investigate the influence of vibration on phosphorescence spectrum, we calculated the each FC factor that corresponds to the transition of each 0→1 vibrational mode, however, some displacements between T_1 state and S_0 state, which is corresponding some vibration modes, are too very small to be ignored, the calculated results showed that only the Huang - Rhys parameter of 13 vibrational modes are big enough, so their contribution to the displacements is significant. The frequencies of these vibrational modes, the Huang - Rhys parameters, the reorganization energies, the FC factors of 0→1 transition, and the e^{-S} values corresponding to 0→1 transition have be listed in Table 3. One can see that the FC factors corresponding to 34.6, 35.4, 42.9, 44.4, 52.6 cm^{-1} low frequencies are considerably large in spite of their reorganization energy being small, it can be understood that Huang - Rhys parameter is inversely proportional to vibrational frequency based on equation(6), especially FC factors corresponding to 42.9, 44.4 cm^{-1} are the largest, thus the impact on the emission spectrum is the most significant. However, both the emission peaks overlap together with 0→0 transition peak position due to close to 0→0 transition, therefore, both the 0→1 transition only strengthen the intensity of the largest emission peak, and it makes the emission peak frequency red shift about 50 cm^{-1}. The high frequency vibration mode of 1033.6, 1511.6, 1534.1, 1554.8 cm^{-1} have large FC factors, this is due to large displacement in both the PES before and after the electron transition, the corresponding reorganization energies are large too, which indicates the breathing vibration and stretching vibration of the ligand have a significant impact on the spectrum, it is these 0→1 transition that leads to the appearance of shoulder peak in phosphorescence spectrum. The data of other vibration mode are given in supplemental file, however, their FC factors are just a little smaller than the above modes due to the frequencies themselves, the contribution to the spectrum are not significant comparatively. In addition, considering the experimental FWHM of the phosphorescence spectrum about $Ir(ppy)_3$ is 2900 cm^{-1} at low temperature (1.5 K),[29] and the difference is 1210 cm^{-1} between the main peak and the shoulder peak,[10] suppose that the experimental spectrum mainly includes the 0→0 transition and 0→1 transition, the FWHM should be taken 845 cm^{-1} (2900/2—1210/2), but the spectral line at room temperature is broadened compared with one in low temperature, so will the FWHM be set to 900 cm^{-1}.

Table3 Calculated vibrational frequency (ω) of $Ir(ppy)_3$ by B3LYP/Lanl2DZ at T_1 state、the reorganization energy (λ) corresponding to $T_1 \to S_0$ transition process, Huang – Rhys parameter (S_k), exp($-S_k$) and the FC factors of 0→1 transition

No.	ω/cm^{-1} (scaled)[a]	λ/cm^{-1}	S_k	exp($-S_k$)	0→1 FC factor
2	34.6	3.7	0.103	0.902	0.093
3	35.4	5.3	0.143	0.867	0.124
4	42.9	12.4	0.295	0.745	0.220
5	44.4	21.7	0.493	0.611	0.301
6	52.6	8.9	0.168	0.845	0.142
22	277.9	29	0.112	0.894	0.100
23	280.4	28.8	0.106	0.899	0.095
52	681.2	72.9	0.108	0.898	0.097
56	763.5	92.3	0.126	0.882	0.111

续表

No.	ω/cm^{-1}(scaled)^a	λ/cm^{-1}	S_k	exp($-S_k$)	0→1 FC factor
88	1033.6	237.1	0.232	0.793	0.184
140	1511.6	153.6	0.102	0.903	0.092
142	1534.1	171.8	0.112	0.894	0.100
143	1554.8	246.7	0.159	0.853	0.136

^{a}scaled factor:0.963

The contribution to organization energy of each vibrational mode is shown in Fig. 3, the phosphorescence spectrum ofIr(ppy)$_3$ is simulated after taking 0→1 transition into account in Fig. 4, the difference between the main and the shoulder peak is about 1370 cm^{-1} when these frequencies are corrected, there are about 160 cm^{-1} error compared with the observed value(about 1210 cm^{-1}),[10] it was clear that the err derives from the ignorance of higher order term transition and the simplification of model. Fig. 5 shows the shape of the simulated phosphorescencespectrum using the discrete spectral line method(red dot line) and the observed spectrum of Ir(ppy)$_3$.[29]

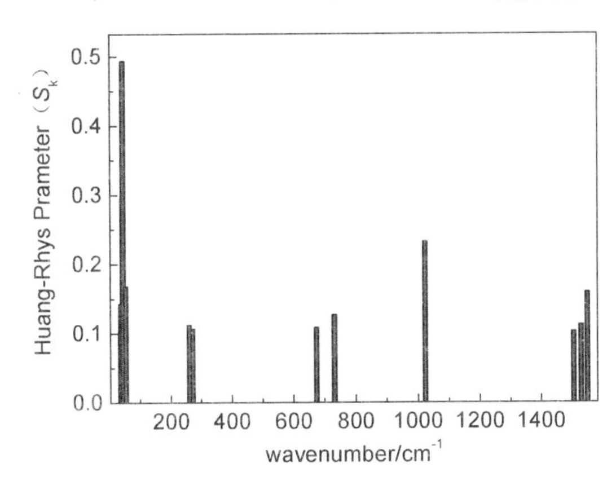

Fig. 3 Contribution of the vibrational modes to the S_k

3.4 Simulated phosphorescence spectrum of Ir(ppy)$_3$ using the displaced harmonic oscillator model with T > 0

In order to eliminate the defects of the discrete spectral line method, we simulated the phosphorescence spectrum of Ir(ppy)$_3$ using the correlation function method(eq. (10)), a Gauss broadening of 900 cm^{-1} is applied to ensure convergence of the numerical integration for the correlation function. The total time interval for the correlation function is set to [−2457.6 fs, 2457.6 fs], with a time increment, Δt, of 1.2 fs. The

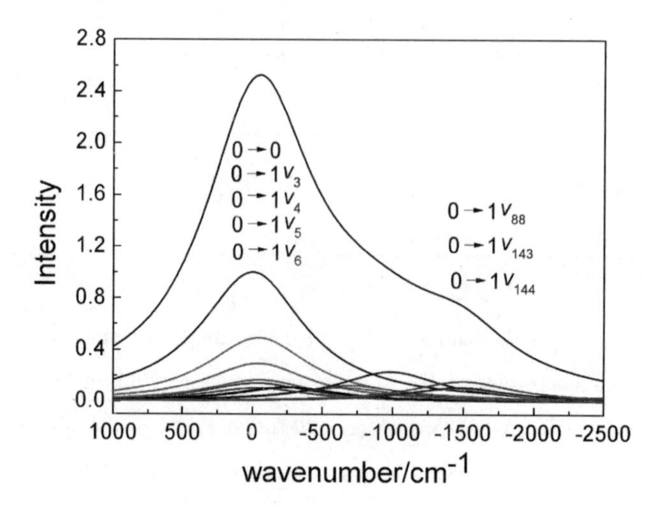

Fig. 4 Simulated phosphorescencespectrum of Ir(ppy)$_3$ using the discrete spectral line method

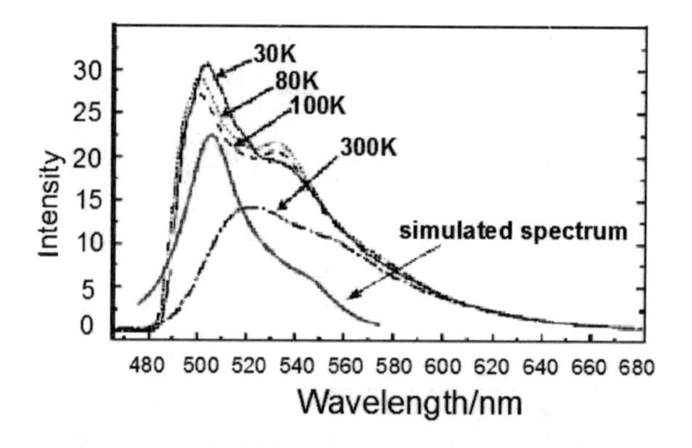

Fig. 5 Simulated phosphorescencespectrum of Ir(ppy)$_3$ using the discrete spectral line method(red dot line) and the observed spectra[29]

phosphorescent emission spectrum contains the contribution of FC factor with the different temperature in Fig. 6, two emission peaks can be seen in the spectrum, one is at about 19700 cm^{-1} and the other is at 18500 cm^{-1}, which correspond to about 507 and 540 nm, in addition, the intensities of the main peaks are stronger than the second peaks at 30, 80, and 100 K, obviously the simulated spectra are in goodagreementwiththe observed spectra.

With the increase of temperature, the intensity of emission spectrum decrease accordingly, and the spectrum lines widen in Fig. 6, this is mainly due to the Boltzmann

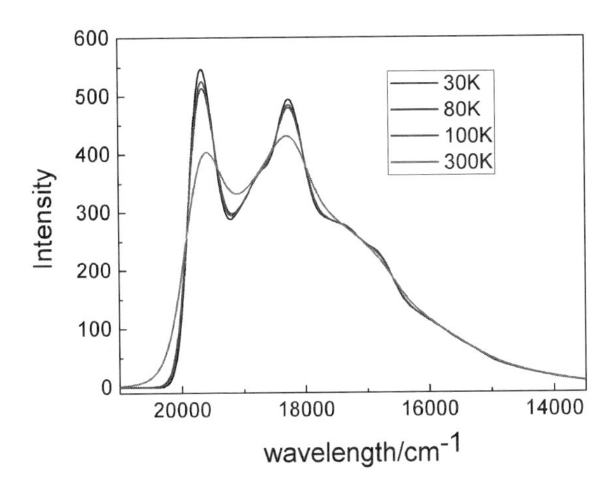

Fig. 6 Simulated phosphorescencespectrum of Ir(ppy)$_3$ using the displaced harmonic oscillator model with $T>0$

distribution, which make the molecularnumber of the vibrational ground state decrease when the temperature rises, this cuts down the molecular number of transition from T_1 to S_0 state, thus the intensity of spectrum also reduce, the λ_{max}^{em} will be also red shift for the Boltzmann distribution, the calculated λ_{max}^{em} in 300 K is red - shifted 81 cm^{-1} than one in 30 K, in addition, due to broader distribution of vibrational modes, the spectral lines are widen little by little with temperature increasing. As mentioned above, the molecular number in excited vibrational state increases while those decreases in vibrational ground state, the more molecules with extra energy in T_1 state contribute to the second λ_{max}^{em} to achieve slight blue - shift when they transits back to S_0 state, the second λ_{max}^{em} in 300 K is blue - shift 33 cm^{-1} more than one in 30 K, both the emission peaks have a tendency to close to each other with the temperature increasing, the difference between two peaks is 1293 cm^{-1} in 300 K, which is in good agreement with the experimental value and better than the one by discretely spectral line method.

Wu *et al.*[7] considered the Dushinsky rotation effect to simulate phosphorescent spectra of the complex, the spectrum diagram is shown in Fig. 7, the λ_{max}^{em} of 0→0 transition is at 2.36 eV and the λ_{max}^{em} of Ir(ppy)$_3$ $T_1 \to S_0$ transition peak is at 2.14 eV, compared with it, we simulated the emission spectrum of at 0 K employed the correlation function without taking Dushinsky rotation effect into account, which is similar to the spectrum by Wu whether peak position or peak shape, it indicated the displaced harmonic oscillator model can well describe the spectra characteristics.

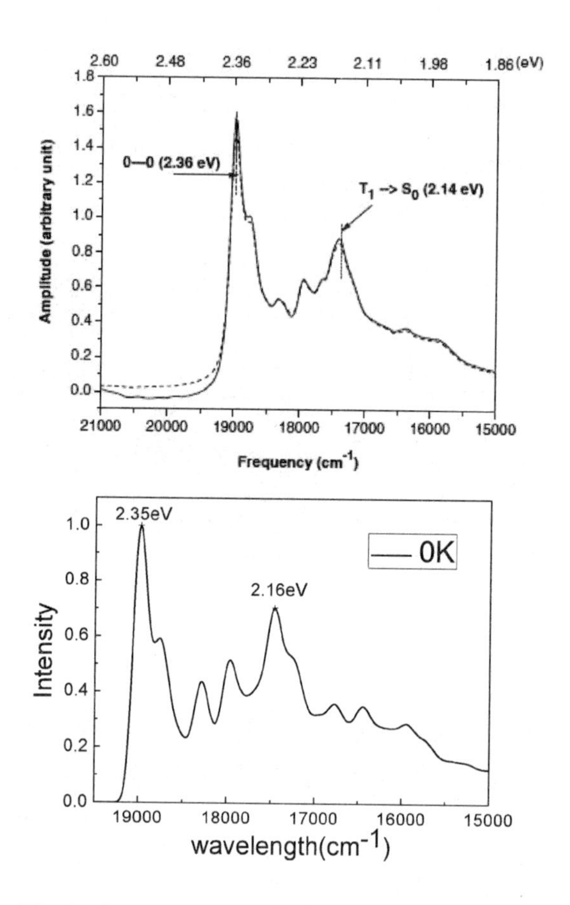

Fig. 7 Simulated emission spectrum of the T_1 state

The above figure is from Wu[7] and the below figure is ours.

4 CONCLUSIONS

In this paper, a general formalism to calculate emission spectra between two adiabatic electronic states was given, which based on a thermal vibration correlation function formalism within a multidimensional harmonic oscillator model. The formalism can automatically include all the transitions between the vibrational states of the two electronic states. The phosphorescence spectrum of Ir(ppy)$_3$ was investigated with the displaced harmonic oscillator model, the calculated results indicated the 0→1 transition between T_1 state and S_0 state have larger contribution to the emission spectrum, especially the vibrational modes below 1600 cm^{-1} contribution more, the breathing vibration of ligands, the C = C and C = N stretching vibration of benzene, pyridine rings are the main cause of appearance of the shoulder peak in the spectrum. The Boltzmann distribution makes the intensities of both the main peak and the shoulder peak decrease and both the peaks are close to each other.

Acknowledgements

We thank Prof. Qing Shi for the support and guidance in this work. Parts of the calculations were performed on the computer workstation of Qing Shi group inInstitute of Chemistry,Chinese Academy of Sciences.

References

[1] Baldo,M. ;Thompson,M. ;Forrest,S. Nature 2000,403,750.

[2] Yersin,H. Highly efficient OLEDs with phosphorescent materials,Wiley. com,2008.

[3] Yang,T – T. ;Xu,H – X. ;Wang,H. ;Miao,Y – Q. ;Du,X – G. ;Jing,S. ;Xu,B – S. Acta Phys. – Chim. Sin. 2013,29,1351.(杨婷婷,许慧侠,王华,苗艳勤,杜晓刚,景姝,许并社,物理化学学报 2013,29,1351.)

[4] Adachi,C. ;Baldo,M. A. ;Thompson,M. E. ;Forrest,S. R. J. Appl. Phys. 2001,90,5048.

[5] Hay,P. J. J. Phys. Chem. A2002,106,1634.

[6] Nozaki,K. ;J. Chin. Chem. Soc. 2006,53,101.

[7] Wu,Y. H. ;Bredas,J. L. J. Chem. Phys. 2008,129,214305.

[8] Jansson,E. ;Minaev,B. ;Schrader,S. ;Agren,H. Chem. Phys. 2007,333,157. .

[9] Breu,J. ;Stossel,P. ;Schrader,S. ;Starukhin,A. ;Finkenzeller,W. J. ;Yersin,H. Chem. Mater. 2005,17,1745.

[10] Wang,H. ;Liao,Q. ;Fu,H. B. ;Zeng,Y. ;Jiang,Z. W. ;Ma,J. S. ;Yao,J. N. J. Mater. Chem. 2009,19,89.

[11] Niu,Y. ;Peng,Q. ;Deng,C. ;Gao,X. ;Shuai,Z. J. Phys. Chem. A2010,114,7817.

[12] Santoro,F. ;Lami,A. ;Improta,R. ;Bloino,J. ;Barone,V. J. Chem. Phys. 2008,128,224311.

[13] Xu,G – X. ;Li,L – M. ;Wang,D – M. ;Cheng,M – B. Quantum Chemistry – The basic principle and ab initio calculationmethod,Science Press,Beijing,2008.(徐光宪,黎乐民,王德民,陈敏伯,量子化学—基本原理和从头计算法(下),科学出版社,北京,2008.)

[14] Liang,K. K. ;Chang,R. ;Hayashi,M. ;Lin,S. H. Principles of molecular spectroscopy and photochemistry,Chky publish,Taipei,2001.

[15] Jankowiak,H. – C. ;Stuber,J. ;Berger,R. J. Chem Phys. 2007,127,234101.

[16] Dierksen,M. ;Grimme,S. J. Chem. Phys. 2005,122,244101.

[17] Scholz,R. ;Kobitski,A. Y. ;Kampen,T. U. ;Schreiber,M. ;Zahn,D. R. T. ;Jungnickel,

G. ;Elstner,M. ;Sternberg,M. Phys. Rev. B2000,61,13659.

[18] Lin,S. H. ;Chang,C. H. ;Liang,K. K. ;Chang,R. ;Shiu,Y. J. ;Zhang,J. M. ;Yang,T. S. Adv. Chem. Phys. 2002,121,1.

[19] Frisch,M. J. ;Trucks,G. W. ;Schlegel,H. B. ;Scuseria,G. E. ;Robb,M. A. ;Cheeseman,J. R. ;Zakrzewski,V. G. ;Montgomery,J. A. ;Stratmann,R. E. ;Burant,J. C. ;Dapprich,S. ;Millam,J. M. ;Daniels,A. ;Stratmann,R. E. ;Burant,J. C. ;Dapprich,S. ;Millam,J. M. ;Daniels,A. D. ;Kudin,K. N. ;Strain,M. C. ;Farkas,O. ;Tomasi,J. ;Barone,V. ;Cossi,M. ;Cammi,R. ;Mennucci,B. ;Pomelli,C. ;Adamo,C. ;Clifford,S. ;Ochterski,J. ;Petersson,G. A. ;Ayala,P. Y. ;Cui,Q. ;Morokuma,K. ;Malick,D. K. ;Rabuck,A. D. ;Raghavachari,K. ;Foresman,J. B. ;Cioslowski,J. ;Ortiz,J. V. ;Stefanov,B. B. ;Liu,G. ;Liashenko,A. ;Piskorz,P. ;Komaromi,I. ;Gomperts,R. ;Martin,R. L. ;Fox,D. J. ;Keith,T. ;Al – Laham,M. A. ;Peng,C. Y. ;Nanayakkara,A. ;Gonzalez,C. ;Challacombe,M. ;Gill,P. M. W. ;Johnson,B. G. ;Chen,W. ;Wong,M. W. ;Andres,J. L. ;Head – Gordon,M. ;Replogle,E. S. ;Pople,J. A. Gaussian 03,Revisionb E. 01,Gaussian,Inc. ,Wallingford,CT,2004.

[20] Wadt,W. R. ;Hay,P. J. J. Chem. Phys. 1985,82,284.

[21] Koch,W. ;Holthausen,M. C. A chemist's guide to density functional theory,Wiley – Vch Weinheim,Berlin,2001.

[22] Allen,F. K. ;Kennard,O. Design Autom. News1993,8,131.

[23] Garces,F. O. ;Dedeian,K. ;Keder,N. L. ;Watts,R. J. ;Acta Crystallogr. Sect. C – Cryst. Struct. Commun. 1993,49,1117.

[24] Herzfeld,N. ;Ingold,C. K. ;Poole,H. G. J. Chem. Soc. 1946,316.

[25] Varsanyi,G. ;Hilger,A. Assignments for vibrational spectra of seven hundred benzene derivatives,Wiley,New York,1974.

[26] Long,D. ;Murfin,F. ;Thomas,E. Trans. Faraday Soc. 1963,59,12.

[27] Lai,S. X. Master thesis,Nineing Tsing Hua University,2007,p. 69 – 108.

[28] Hedley,G. ;Ruseckas,A. ;Samuel,I. Chem. Phys. Lett. 2008,450,292.

[29] Finkenzeller,W. J. ;Yersin,H. Chem. Phys. Lett. 2003,377,299.

[30] Zhang,W. ;Liang,W. ;Zhao,Y. J. Chem. Phys. 2010,133,024501.

[31] Nelsen,S. F. ;Blackstock,S. C. ;Kim,Y. J. Am. Chem. Soc. 1987,109,677.

[32] Kwon,O. ;Coropceanu,V. ;Gruhn,N. ;Durivage,J. ;Laquindanum,J. ;Katz,H. ;Cornil,J. ;Brédas,J. L. J. Chem. Phys. 2004,120,8186.

[33] Reimers,J. R. J. Chem. Phys. 2001,115,9103.

[34] Cai,Z. L. ;Reimers,J. R. J. Phys. Chem. A2000,104,8389.

（本文发表于 2015 年《物理化学学报》第 9 期）

Basic photophysical analysis of a thermally activated delayed fluorescence copper(I) complex in solid state: theoreticalestimations from a polarizable continuum model (PCM) - tuned range - separated density functional approach

Lingling Lv Kun Yuan *

摘要:定量理解光物理过程是设计新型热激活延迟荧光(TADF)材料的基础. 我们以 Cu(pop)(pz_2Bph_2)晶体作为 TADF 分子模型,利用热振动相关泛函(TVCF)方法计算了不同温度下激发单重态(S_1)和三重态(T_1)的转换和衰减速率. 对于固态环境的考虑,应用了基于非经验的、最优调控的区间分离杂化泛函与极化连续介质模型(PCM)相结合的方法. 计算结果与实验数据非常吻合。常温下,研究结果发现从 T_1 到 S_1 的反向系间窜越(RISC)速率为 $k_{RISC}=6.34\times10^5\ s^{-1}$,可以与从 T_1 到 S_0 态的辐射衰减速率($k^Tr=3.29\times10^3\ s^{-1}$)和非辐射系间穿越速率($k^0_{ISC}=1.48\times10^2\ s^{-1}$)竞争. 这意味着 S_1 状态可以从 T_1 状态重新布居形成,应该观察到 TADF 现象,通过拟合计算得到 TADF 衰变时间为 $\tau(300\ K)=9.68\ \mu s$。另外,计算表明配体中亚苯基环的自由旋转可以为 T_1 和 S_1 之间能量转换提供重要通道. 但在低温 $T<100\ K$ 时,情况会有较大变化。RISC 速率变得非常小,$k_{RISC}<<k^Tr$ 或 k_{ISC},不能诱导延迟荧光发生。

Quantitative understanding of the photophysical processes is fundamental for designing novel thermally activated delayed fluorescence (TADF) materials. Taking Cu(pop)(pz_2Bph_2) crystal as a typical TADF molecular model, we computed the conversion and

---

* 作者简介:吕玲玲(1972—),男,甘肃天水,天水师范学院教授、博士,主要从事发光材料及非绝热动力学相关的理论研究。

decay rates of the first excited singlet state (S_1) and triplet states (T_1) at different temperature by employing the thermal vibration correlation function (TVCF) approach. For considering of solid – state environment, a methodology, which is based on the combination of a nonempirical, optimally tuned range – separated hybrid functional with the polarizable continuum model, was applied. Our calculated results are in excellent agreement with the experimentally available data. It found that the reverse intersystem crossing (RISC) from T_1 to S_1 proceeds at a rate of $k_{RISC} = 6.34 \times 10^5\ s^{-1}$ and can compete with the radiative decay rate ($k_r^T = 3.29 \times 10^3\ s^{-1}$) and nonradiative intersystem crossing rate ($k_{ISC}^0 = 1.48 \times 10^2\ s^{-1}$) of T_1 at 300 K. This implies that the S_1 state can be repopulated from the T_1 state, TADF should be observed and TADF decay time is $\tau(300\ K) = 9.68\ \mu s$ by fitting calculation. In addition, calculations indicate that the free rotation of the phenylene ring in the pop ligand can provide an important channel to energy conversion between T_1 and S_1. But At low temperature $T < 100$ K, the situation will larger change. The RISC rate becomes very small, $k_{RISC} << k_r^T$ or k_{ISC}, which cannot induce an occurrence of delayed fluorescence. As a consequence, Cu(pop)(pz_2Bph_2) is highly attractive candidates for applications of TADF.

1 Introduction

Recently, the third – generation luminescent materials —thermally activated delayed fluorescence (TADF) molecules for organic light emitting diodes (OLEDs) have been extensively investigated because TADF allows the harvest of both singlet and triplet excitons and the realization of internal quantum efficiencies up to 100% as comparison to those in phosphorescent OLEDs.[1-4] In the electroluminescence device, electrons and holes are electrically injected from electrodes to form excitons in the active layer. It is well known that exciton formation under electrical excitation typically results in 25% singlet excitons with only one ($M_s = 0$) microstate and 75% triplet excitons with three spin angular projections ($M_s = 0, \pm 1$). However, at ambient temperature about 75% excitons are quenched by intramolecular vibrations and by phonons, which leads to the assumption that the emission quantum yield for fluoresence has an upper statistical limit of 25% (Figure 1).[5-7] To break through this bottleneck, more recently, one has found that TADF emitters can effectivelyconvert the lowest triplet state (T_1) into the lowest singlet state (S_1) through reverse intersystem crossing (RISC) when thetemperature rises, which largely improves the efficiency ofexciton utilization and even makes it reach 100% in principle.[8-10] Therefore, the research of TADF materials has become a hot spot for OLED.

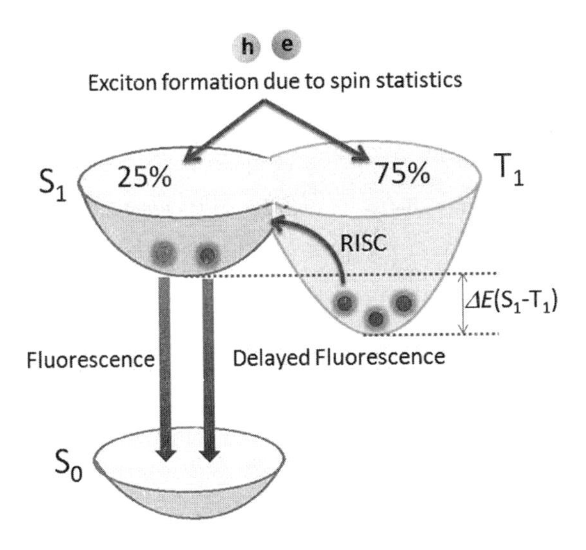

Figure 1. Schematic diagram of the decayed fluorescence processes followingthe exciton formation according to spin – statics in TADF molecules.

Efficient TADF molecules have to simultaneously satisfy these conditions of a small energy splitting between the S_1 and T_1 states, $\Delta E(S_1 - T_1)$ and minimise non – radiative decay to ensure that T_1 state lives long enough to maximise the chance of triplet harvesting through the thermally activated RISC, see Figure 1. Therefore, TADF molecules have often been designed following a strategy such that their highest occupied molecular orbital (HOMO) and lowest unoccupied molecular orbital (LUMO) are spatially separated to reduce their wave function overlap and lead to small exchange energy, under the assumption that both S_1 and T_1 can be approximated by a one – electron transition from HOMO to LUMO.[11] However, in this simple model, one can obtain both $\Delta E(S_1 - T_1)$ and the radiative decay rate k_r^S of the $S_1 \rightarrow S_0$ transition from integrals over the product of HOMO and LUMO ("transition density").[12] A small transition density implies that both $\Delta E(S_1 - T_1)$ and k_r^S are small. Thus, the main challenge of the TADF molecular design should be performed to strike the right balance and combine a small $\Delta E(S_1 - T_1)$ with a reasonable oscillator strength.

Very recently, TADF – type metal complexes came into the focus of research. In contrast to previous phosphorescence OLEDs, Cu(I) complexes are well suited because their excited states often exhibit low – lying metal to ligand charge transfer (MLCT) states of ^{3}MLCT and ^{1}MLCT character.[12-13] They often have much weaker SOC and the $T_1 \rightarrow S_0$ transition is largely forbidden. At the same time, they generally have a small $\Delta E(S_1 - T_1)$ and a suitable transition dipole moment $\mu(S_1 \rightarrow S_0)$, which meets two key features of the TADF mechanism.

Some efforts have been made to disclose the mechanism of the photophysical processes for TADF – type Cu(I) complexes through experimental measurements and theoretical calculations.[12-15] However, a thorough understanding of the photophysical processes is still scarce. For example, Yersin et al. found that there occur large variations in the photoluminescent (PL) quantum yield and PL transient decay time of a TADF guest molecules as a function of their environment in experimental study;[12] Czerwieniec et al. have reported that same Cu(I) compound can have much higher PL quantum yield in the solid state than that in solution.[14] Marian et al. also reported the photophysical properties of a cationic three – coordinate Cu(I) complex with a monodenate N – heterocyclic carbene ligand and a bidentate phenanthroline ligand using the combined density functional theory and multireference configuration interaction method (DFT/MRCI),[15] but these authors did not discuss the solid state polarization effects which can play a vital role in determining the nature of the excited states. In addition, we all know that spin – orbit coupling (SOC) interaction can provides a major mechanism for a spin – forbidden ISC radiationless transition. But in most cases, SOC between ^{3}MLCT and ^{1}MLCT of donor – acceptor Cu(I) complexes is forbidden (the same configuration). It is therefore unlikely for the interconversionprocesses of $T_1 \rightarrow S_1$ via RISC directly, especially in view of the large rate $k_{RISC} \approx 10^7\ s^{-1}$ reported.[16-17] In this case, Ogiwara et al. proposed that RISC is driven by hyperfine coupling induce ISC.[5] However, the hyperfine coupling constants are very small, usually in the range of 10^{-4} meV, and it therefore also appears highly unlikely for the large rates.

As already discussed above, from a theoretical standpoint, theoretical investigations of TADF molecules taking into account the solid state environment and thermal vibration activation are of course important but also challenging. In this study, we chose a typical Cu(I) complex TADF emitter, Cu(pop)(pz_2Bph_2), where pop = bis(2 – (diphenylphosphanyl) – phenyl) ether and pz_2Bph_2 = bis(pyrazol – 1 – yl) – diphenyl – borate (Figure 2) as a model because it has anaffluence of photophysical and spectroscopic data in experiments. [12,14] For consideration of the solid state environment, a methodology developed by Sun's group was applied, [18] this method is based on the combination of an optimal tuning of the range - separation parameter ωin a long - range corrected(LC) functional with the polarizable continuum model(PCM) - tuned approach, in which the solid - state screening effects are described via the consideration of the solid - state dielectric constant εin the context of the PCM approach(see Computational Details). The interconversion and decay rate constants of S_1 and T_1 have been quantitatively calculated by employing the thermal vibration correlation function(TVCF) rate theory in combination with the PCM - tuned LC - BLYP * method. [19-22] Absorption and emission spectrum obtained by the scalar relativistic LC - BLYP * combined with restricted open - shell configuration interaction(ROCIS) including spin - orbit coupling effects. [23] The motivation is to provide design routes forhigh - performing Cu(I) complex TADF materials.

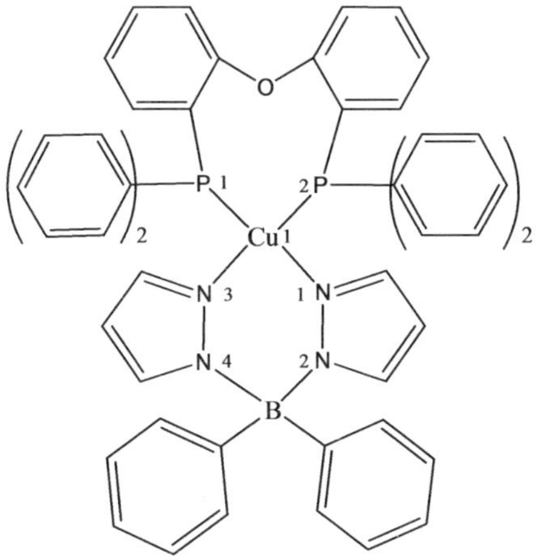

Figure 2. Chemical structure of mononuclearCu (pop)(pz_2Bph_2) complex.

2 Computation details and theoretical background

2.1Geometry optimizations. The ground state geometries of theCu(pop)(pz_2Bph_2) TADF molecule were initially optimized at the B3LYP/6 - 31 + G(d) level of theory. As for the excited state optimizations, to seek a compromise between the computational cost and accuracy, the time - dependent density functional theory(TD - DFT) is a well - established tool to study the excited states of relatively large molecular systems. However, the TADF molecules mostly have a characteristic of large CT between donor and acceptor units. TD – DFT calculations based on standard functionals can severely underestimate the excitation energieswhen dealing with such large CT systems.[24] It has been showed that the errors mainly originate from the introduction of inappropriate exchange – correlation(XC) approximations and an incorrect behavior of the electron – electron potential at asymptotically large distances.[25-27] Recently, these shortcomings are settled with the range – separated exchange(RS) density functional, in which the introduction of a suitable, fixed amount of exact – exchange (eX) has been shown to provide an improveddescription of the excited – state properties.[28-30] The generalformulaof RS functionals can be expressed by the following equation 1.[31]

$$\frac{1}{R_{12}} = \frac{1 - [\alpha + \beta \mathrm{erf}(\omega R_{12})]}{R_{12}} + \frac{\alpha + \beta \mathrm{erf}(\omega R_{12})}{R_{12}} \tag{1}$$

where the exchange term is divided into a long – range eX componentderived from Hartree – Fock and a short – range DFT component based on the error function(erf); The parameter α quantifies the fraction of eX in theshort – range limit, while $\alpha + \beta$ gives the fraction of eX in the long – range limit. The range – separation parameter ω, expressed in units of bohr^{-1}, represents the inverseof the distance R_{12} at which theexchange term switches from DFT to HF. The concept of "optimal tuning" corresponds to adjusting ω to fulfill afundamental property that the exact functional must obey in exact Kohn – Sham(KS) orgeneralized KS theory. In this work, the ω tuning can be done according to the equation 2:[18]

$$J^2 = \sum_{i=0}^{1} [\varepsilon_{\mathrm{H}}(N+i) + IP(N+i)]^2 \tag{2}$$

here ε_{H} and IP denote the correspondingHOMO energy and vertical ionization potential of the $N + i$ electron systems, respectively.

For the solid state, we used the PCM – tuned RS functional approach, where the default integral equation formalism variant PCM was imported by adding the "scrf (pcm, solvent = generic, read)" keyword.[32] Note that the term "crystal" simulated based on the presented model refers to the Cu(pop)(pz_2Bph_2) molecules in the crystalline phase compared to those in the gas phase. In addition, we also need to define the magnitude of the dielectric constant of Cu(pop)(pz_2Bph_2) crystals. The dielectric constant εwas obtained via Clausius – Mossotti equation 3:[33]

$$\frac{\varepsilon - 1}{\varepsilon - 2} = \frac{4\pi}{3}\frac{\sigma}{V} \tag{3}$$

where σdenotes the isotropic component of the molecular polarizability; V represents volume occupied by a single molecule calculated at the B3LYP/6 − 31 + G(d) level.

According to the methodology above, the tuning optDFTw procedure based on the RS functional(LC − BLYP and LC − ωPBE) with 6 − 31 + G(d) basis set is performed to locate the optimal ωvalues when the J^2 reaches the minimum;[34−35,18a] Hereafter, we denote the optimally − tuned RS functional as LC − BLYP * and LC − ωPBE *, which was applied throughout this work. The ground geometries were then reoptimized using the new ωvalues, for the sake of comparison, calculations were also performed with the widely used non − optimized CAM − B3LYP functional;[31] excited state structures were calculated using time − dependent TD − LC − BLYP * with 6 − 31 + G(d) basis set, followed by calculations of harmonic vibrational frequencies and normal modes to obtain equilibrium geometries and to calculate thermal vibration correlation functions. Allcalculations were performed using the Gaussian 09 software.[36]

2.2 Calculations of excited − state properties. For the Cu(pop)(pz_2Bph_2) crystal molecule, electronic vertical absorption and emission were simulated with the parallel version of the combinedPCM(ε = 3.82) − tuned LC − BLYP * functional(ω = 0.0475 $Bohr^{-1}$) and restricted open − shell configuration interaction with single excitations (DFT/ROCIS) methodby version 4.0 of theORCA package.[37] For DFT/ROCIS calculations, the PCM − tuned LC − BLYP * functional together with the parameters $c_1 = 0.21$, $c_2 = 0.49$, and $c_3 = 0.29$ was applied.[23,38] During all calculations, relativistic effects should be expected, which may have significant effect on the calculated spectra. The resolution of identity (RI) approximation were employed utilizing the def2/J basis setcombined withthe scalar relativistically recontracted DKH − def2 − TZVP(− f) basis set for transition metal complexes.[39] Numerical integrations were done on a dense grid(ORCA grid5). The excitation energies and transition dipole moments for the spectrum including SOC were obtained with SOC − quasi − degenerate perturbation theory (QDPT).[23] Calculations with hybrid functionals also used the RIJCOSX algorithm to speed the calculation of Hartree − Fock exchange.[40]

2.3Treatments of SOC and zero − field splitting. Spin and orbital angular momenta are coupled by the corresponding magnetic moment, which lifts the degeneracy resulting in a splitting of the spectrum. Many remarkable phenomena are associated with this splitting both in gaseous and condensed phase material science. Such splitting of degeneracy occurs even in the absence of any external field, accordingly this splitting of the spectra is called zero - field splitting(ZFS).

ZFS contributions come from classical spin - spin dipole interaction, along with the second - order SOC interaction, which introduces some angular momentum into the triplet state resulting in the ZFS spin parameters axial D and rhombic E. SOC calculationwas performed on top of the above - mentioned PCM - tuned LC - BLYP * /ROCIS calculations combined with the framework of QDPT. Herein, we employed an accurate multicenter spin - orbit mean - field(SOMF) of the Breit - Pauli SOC operator on all centers.[41]

In the SOMF method, we should note that the spin - same orbit and spin - other orbit contributions as well as exchange effects are all treated to a good approximation. These calculations were performed with a key word of SOCFlags 1,3,3,1 in the ORCA 4.0 program.[37] For comparison, SOC and the ZFS parameters are also calculated at the level of complete active space self consistent field(CASSCF) wave function.

2.4 Fluorescence and phosphorescence rate calculations. Intense fast fluorescence occurs from the singlet state(the $S_1 \rightarrow S_0$ spin - allowed transition), whereas triplet transitions($T_1 \rightarrow S_0$) are strictly forbidden in the regime of an unrelativistic treatment. However, the forbidden emission can borrow dipole activity from spin - allowed transitions ($S_0 \leftrightarrow S_n$ and $T_{1,\zeta} \leftrightarrow T_{m,\zeta}$ see equation 4) through the perturbation SOC interactions, resulting in nonzero intensity of transitions. The intensity of the transition is proportion to the square of the $\mu(S_0 \leftarrow T_{1,\zeta})$ transition moment. $\mu(S_0 \leftarrow T_{1,\zeta})$ can be written as the following:[42-43]

$$\mu(S_0 \leftarrow T_{1,\zeta}) = \langle S_0 \mid \mu_\alpha \mid T_{1,\zeta} \rangle = \sum_n \frac{\langle S_0 \mid \mu_\alpha \mid S_n \rangle \langle S_n \mid \hat{H}_{SOC} \mid T_{1,\zeta} \rangle}{E(T_{1,\zeta}) - E(S_n)} + \sum_m \frac{\langle T_{1,\zeta} \mid \mu_\alpha \mid T_m \rangle \langle T_m \mid \hat{H}_{SOC} \mid S_0 \rangle}{E(T_m) - E(S_0)} \tag{4}$$

where ζ(= Ⅰ, Ⅱ, and Ⅲ) represents one of the three SOC sublevels of triplet $T_{1,\zeta}$ state being subject to the ZFS induced by internal magnetic perturbations; μ_α denotes an electric dipole moment operator projection on the α axis; and $\hat{H}_{SOC}$ is the SOC operator. The corresponding calculations were performed with the PCM - tuned LC - BLYP * /ROCIS method using the ORCA 4.0 program.[37] The electric transition dipole moments and vertical emission energies of the received spin - mixed wave functions can be used to calculate the rates according to equation 5.[42-43]

$$k_{r,\zeta} = \frac{4e^2}{3c^3 \hbar^4} \Delta E^3_{S_0 \leftarrow T_{1,\zeta}} \left| \mu(S_0 \leftarrow T_{1,\zeta}) \right|^2 \tag{5}$$

wherein$\Delta E_{S_0 \leftarrow T_{1,\zeta}}$ denotes a vertical emission energy.

The k_r, including the electronic – vibrational coupling by considering origin displacements, distortions, and Duschinsky rotation within a multimode harmonic oscillator model, is also obtained employing the TVCF method.[19-22] The k_r formalism can be expressed as the integration of equation 6:[20]

$$\sigma(\omega, T) = \frac{4e^2}{3c^3 \hbar^4} |\mu(S_0 \leftarrow T_{1,\zeta})| \int e^{-i\omega t} e^{i\omega_{S_0 \leftarrow T_1} t} Z_i^{-1} \rho_{em}(t, T) \mathrm{d}t \tag{6}$$

$$k_r = \int_0^{\infty} \sigma_{em}(\omega) \mathrm{d}\omega \tag{7}$$

where, $Z_{T_1}^{-1} = \sum_{v=\{0_1, 0_2, \ldots, 0_N\}}^{\infty} e^{-\beta E_v^{T_1}}$ denotes the partition function, and N is the number of normal modes; the$\rho_{em}(t, T) = \mathrm{Tr}[e^{i\tau_{T_1} \hat{H}_{T_1}} e^{i\tau_{S0} \hat{H}_{S_0}}]$ is defined as the TVCF form and can be solved analytically by multidimensional Gaussian integrations and their derivatives. Here, $\tau_i = -i\beta - (t/\hbar)$, $\tau_f = t/\hbar$, $\beta = (k_B T)^{-1}$, and $\hat{H}_{T_1}$ ($\hat{H}_{S_0}$) represents the harmonic oscillator Hamiltonian of the triplet (singlet) electronic state. These calculations were performed using the MOMAP program.[19-22]

2.5 Calculations of intersystem crossing rates. Since the T_1 and S_1 states in TADF Cu(I) complexe are of the same MLCT nature, there is almost no SOC – induced mixing between them. Therefore, the vibrational contributions to the ISC and RISC rates are of especially important, which are calculated with the TVCF method bythe MOMAP program.[19-22] Thermal average ISC from initial S_1 electronic state with the vibrational quantum numbers u to the final T_1 electronic state with the vibrational quantum numbers v may be expressed as equation 8.[21,44]

$$k_{ISC} = \frac{2\pi}{\hbar} |\langle T_1 | \hat{H}_{SOC} | S_1 \rangle|^2 Z_{T_1}^{-1} \sum_{v,u} e^{-\beta E_v^{T_1}} |\langle \Theta_{T_1,v} | \Theta_{S_1,u} \rangle|^2 \delta(E_{T_1,v} - E_{S_1,u}) \tag{8}$$

Here, the physical significances of the parameters are similar to equation 9. The delta function δis to keep the conservation of energy. Applying the Fourier transform of the δfunction, equation 8 is rewritten as

$$k_{ISC} = \frac{1}{\hbar^2} |\langle T_1 | \hat{H}_{SOC} | S_1 \rangle|^2 \int_{-\infty}^{\infty} \mathrm{d}t [e^{i\omega_{T_1,S_1} t} Z_{T_1}^{-1} \rho_{ISC}(t, T)] \tag{9}$$

in which the TVCF form is$\rho_{ISC}(t, T) = \mathrm{Tr}[e^{i\tau_{S_1}} \hat{H}_{S_1} e^{i\tau_{T1}} \hat{H}_{T_1}]$. The detailed derivation of these formulas is found in reference 21. The ISC and RISC rates were calculated for six temperatures, from 30 K to 300 K. For integration of the time correlation function, a time interval of 0. 1 fs and a grid of 65536 points were chosen.

3 Results and discussion

3. 1 Optimization of the range - separation parameter ωand the geometric structures. The tuning of the range - separation parameter ωaccording to equation 2 has been done for the LC - BLYP and LC - ωPBE functionals using the tuning optDFTw procedure.[34] Figure 3 plots the optimally tuned ωvalues derived for the Cu(pop)(pz_2Bph_2) system in the gas, the solution(CH_2Cl_2 solvent) and the solid phases. Compared to the default ω = 0. 47 $bohr^{-1}$ for LC - BLYP and ω = 0. 40 $bohr^{-1}$ for LC - ωPBE, the optimal ωvalues significantly reduce to 0. 1506 and 0. 1566 $bohr^{-1}$ for gas phase system, respectively. The PCM model(CH_2Cl_2 solvent) yields the very small optimal ω = 0. 0344 $bohr^{-1}$(LC - BLYP *) and 0. 0374 $bohr^{-1}$(LC - ωPBE *) due to the larger dielectric constants. Similar optimal ωvalues have been obtained for the solid state system, resulting in the values of 0. 0475 and 0. 0529 $bohr^{-1}$ for LC - BLYP * and LC - ωPBE * , respectively. The tuned ω value of a specific system can reflect the globaldelocalization degree, theyare the inverse relationship between the tuned ωvalue and the extent of globalelectron - delocalization. The smaller ω values derived for the simulated solid environment are consistent with the expectation that the electron density is of a more delocalized nature in the solid environment than for an individual gas molecule. In addition, the parameter ωreflects a characteristic distance for switching between short - range DFT - GGA(generalized gradient approximation) exchange and long - range eX since ω corresponds to an inverse distance, in other words, such a small value of ω impliesthat there is almost no long - range correction from exact HFexchange.

In order to elucidate this behavior, Figure 4 shows the relationshipof the exact - exchange percentage(% HF) versus the interelectronic distance(R_{12}), thedifferent curves expressed the distinct behaviors oftuned and original RS functionals. Calculations using conventionalfunctionals are also plotted for the sake of comparison. Obviously, as the optimally tuned ωvalues decrease, the curvature of lines becomesmore smaller, compared with the corresponding original ones. Here, we take the tuned ω value of the LC - BLYP * functional for the Cu(pop)(pz_2Bph_2) system as an example. At R_{12} = 2. 1 a. u. for the gas phase, the optimally tuned functionalsprovide 32% (ω = 0. 1506 $bohr^{-1}$) HF exchange, whereasLC - BLYP with a using the default value of 0. 47 $bohr^{-1}$ gives more than 82% HF exchange(Figure 4a). When using the ω value obtained for the Cu(pop)

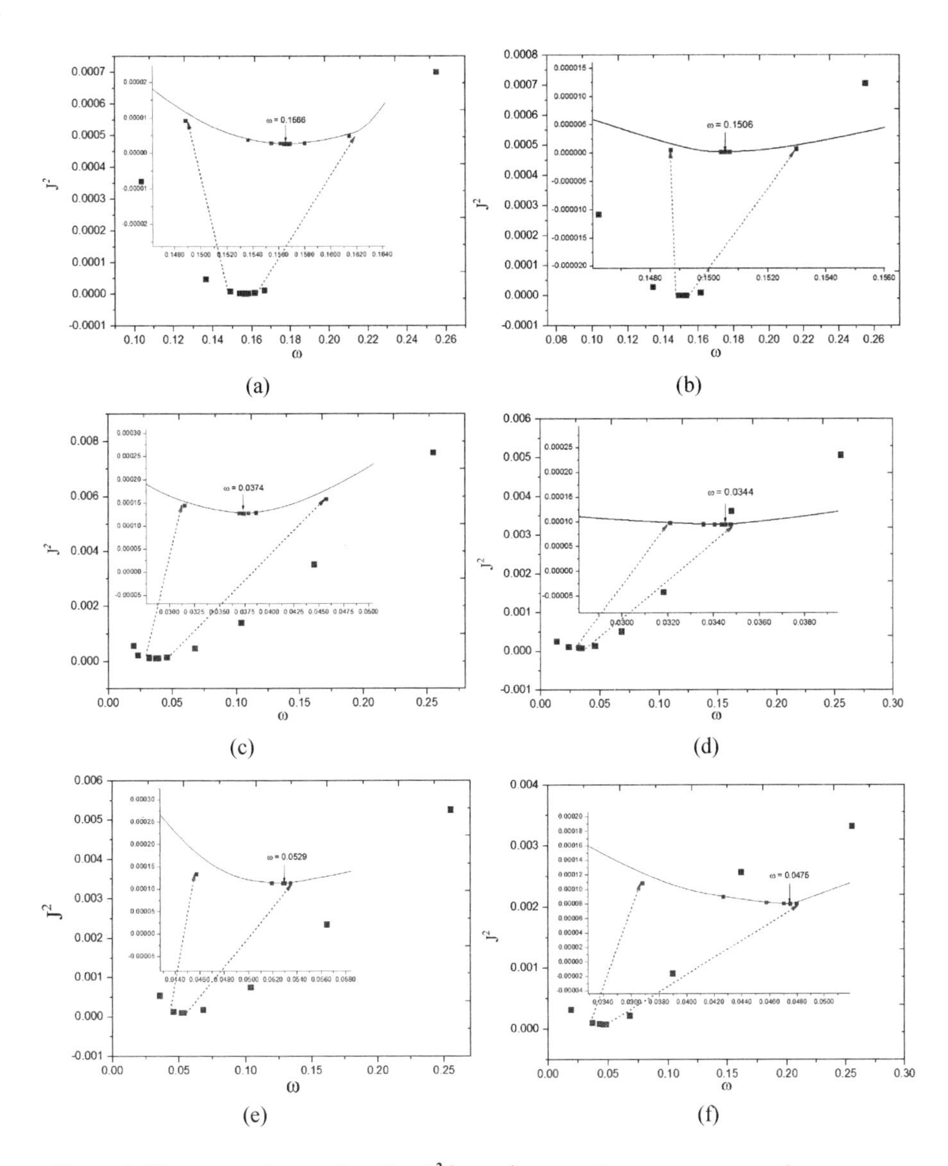

Figure 3. Diagrams of error function J^2 (a. u.) versus the range – separation parameter ω(bohr^{-1}) calculated at the LC – ωPBE * /6 – 31 + G (d) level (a : gas state ; c : solution state ; e : solid state) and LC – BLYP * /6 – 31 + G (d) level (b : gas state ; d : solution state ; f : solid state) . The optimal ω is printed inthe corresponding box.

(pz_2Bph_2) solid state, the LC – BLYP * functional includes only about 10% HF exchange and90% DFT – GGA exchange at R_{12} = 2. 1 atomic units. These results indicate that, in order to accurately describe the polarization environment in the solid state, more DFT – GGA exchange and less HF exchange are contained in the exchange functional.

A lower fraction of HF exchange is really requiredto accurately predict the electron excitation energies and themore delocalized featureof theCu(pop)(pz_2Bph_2)complex.

The geometricstructures in the ground states(S_0)ofCu(pop)(pz_2Bph_2)complex in the different environment were optimized using the optimally tuned functionals(LC – ω PBE * and LC – BLYP *)andconventionalfunctionals(B3LYP and CAM – B3LYP). Figure 5 displays the comparison of structural parameters at the equilibrium geometries with experimental values, and mean absolute deviations(MAD)of bond lengths and angles inserted in the pictures. Detailedparameters of geometry are listed in Table S1 in the Electronic Supplementary Information. It is easily seen that the geometric structure of S_0 is most sensitive to the choice of functionals. Based on the MADs values of geometric parameters, calculation results of B3LYP and CAM – B3LYP functionals exhibit largerdeviations(i. e. MADs of 0. 0085 and 0. 0568 Å for the bond lengths, respectively; 2. 18 and 2. 21 °for the bond angles) compared with the crystal data in the solid environment. While the optimally tuned RS functionals(LC – BLYP * and LC – ω * PBE) with greatly decreased MADsreveal their outstanding performance on prediction ofthe structure for CT – type molecule. A similar situation is also observed in the gas phase and the solution. Especially for the PCM – tuned($\omega = 0.0475$ $bohr^{-1}$) LC – BLYP * functional where theMADs were merely 0. 0274 Å for the bond lengths and 1. 95 °for the bond angles. Thus, considering the advantages of optimally tuned RS functionals, we ultimately chose the PCM – tuned($\omega = 0.0475$ $bohr^{-1}$) LC – BLYP * level, unless otherwise stated, to calculate the geometry structures(including the S_0, S_1 and T_1 states) and electronexcitation properties of the Cu(pop)(pz_2Bph_2) crystal. we use the Cu(pop)(pz_2Bph_2)crystal as a workhorse model as there is sufficient experimental evidence to enable comparison with theoretical results.

3. 2 Excited – state properties and singlet – triplet splitting $\Delta E(S_1 - T_1)$. In Figure 6, a comparison between experimental spectrum of Cu(pop)(pz_2Bph_2)crystal and the simulated result obtained at the PCM – tuned LC – BLYP * /ROCIS functional level without – and with – SOC effects is reported. The experimental absorption spectrum shows a weak band 370 nm, which was assigned to CT $S_0 \to S_1$ transition involving the3d metal orbitals and pop ligand – centered π * – orbital. [14]The simulated and experimental spectra are seen to match perfectly from Figure 6, with the simulated spectrum of 371. 7 nm from the $S_0 \to S_1$ transition. Calculations show that the S_1 main configuration originates from MLCT transition from the HOMO occupied orbital to the LUMO unoccu-

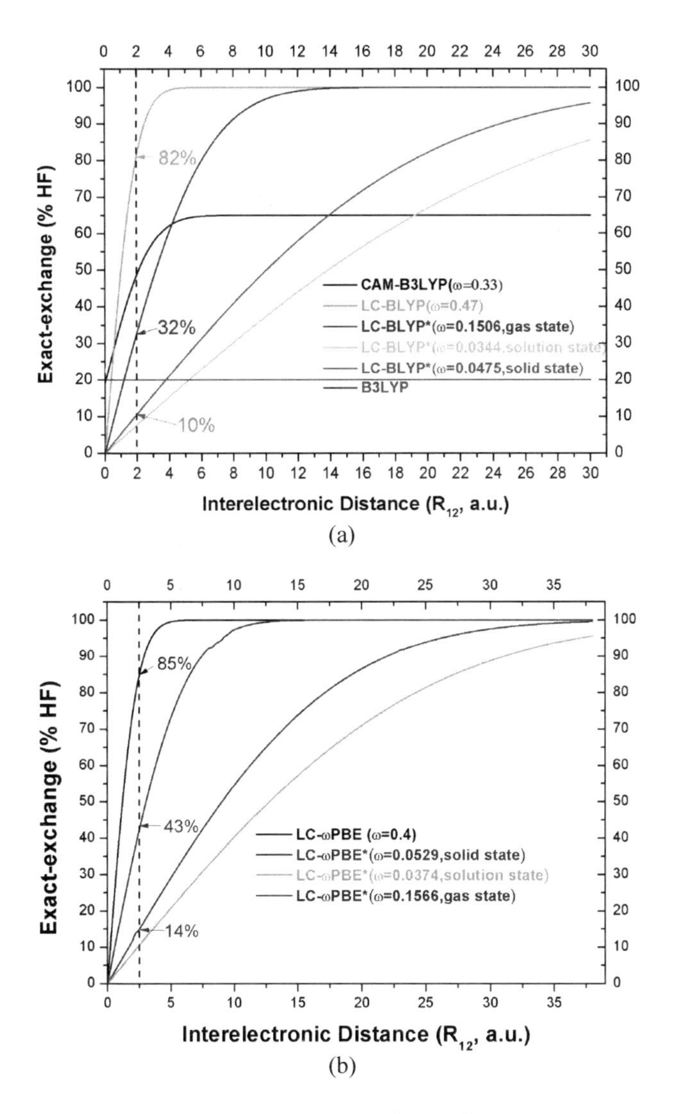

Figure 4. Percentage of exact – exchange(%HF) included as a function of the interelectronic distance(R_{12}) for LC – ωPBE functional(a) and B3LYP, CAM – B3LYP, LC – BLYP functionals(b).

pied one, for a molecular orbital scheme with graphical representations of the Kohn – Sham orbital densities is listed in Figure 7. The HOMO has d character originating from a linear combination of d orbital of the Cu(Ⅰ) atom with p orbitals of coordinating phosphorous atoms, whereas the LUMO are mainly distributed over the phenylene ring of the pop ligand. It reveals a special excited state formation, that is MLCT process with the

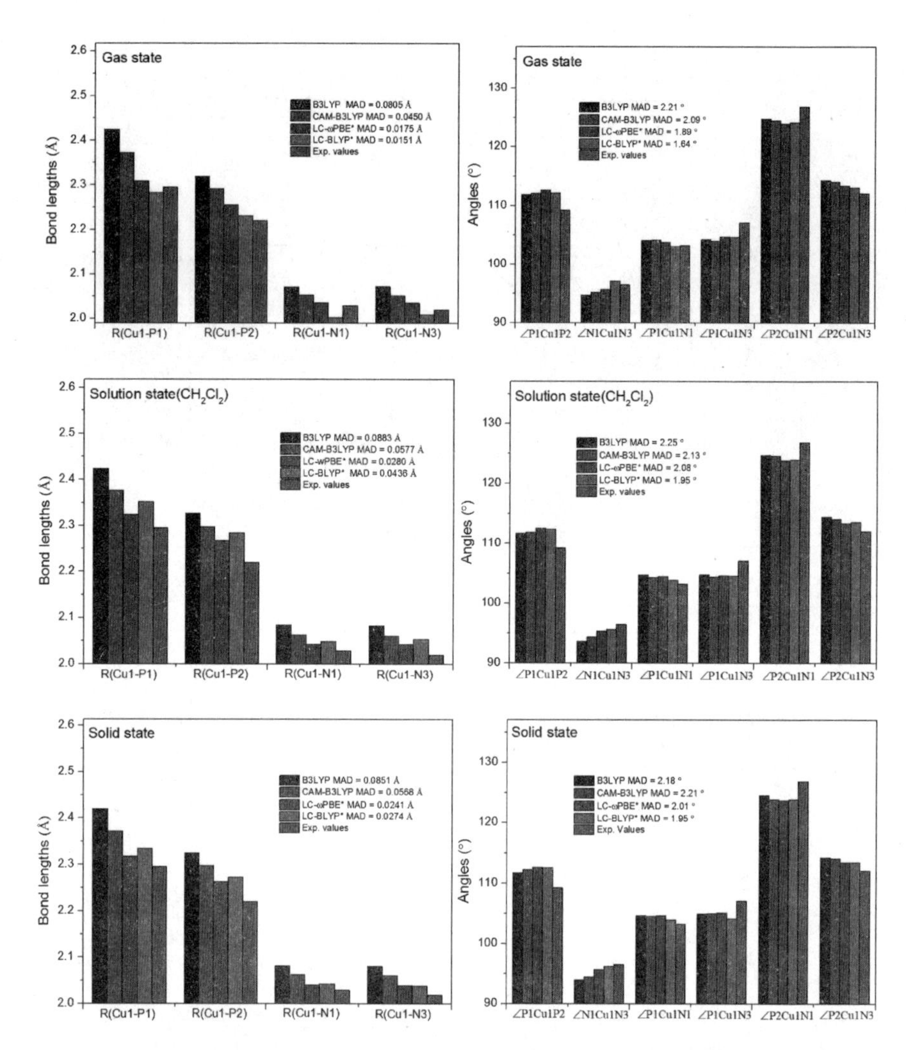

Figure 5. Calculated vital geometric parameters (bond lengths and angles) at the equilibrium geometries of the ground state S_0 for the Cu(pop)(pz_2Bph_2) TADF molecule using different density functions in the gas, solution and solid states compared to the experimental values. MAD: Mean absolute deviations of bond lengths and angles inserted in the pictures, and the MAD values are calculated with respect to the corresponding experimental values, e. g. $MAD = 1/n\sum_{1}^{n}|R_{cal.} - R_{exp.}|$.

charge transfer from metal to an empty antibonding $\pi*$ orbital of the pop ligand.

Upon inclusion of SOC, we find that S_1 absorption spectra at 371.9 nm is only slightly red-shifted and reduced in intensity with respect to the without SOC one, but it essentially preserves its singlet – singlet MLCT character. Vital differences can be seen in line spectrum(377.7 nm) where an excitation gain oscillator strength due to $S_0 \rightarrow T_1$ interaction. In principle, the SOC perturbed states borrow their intensity from those of the singlet – singlet allowed states(see equation 7). Based on equation 7, the two terms have an inverse dependence on the energy differences between the spin manifolds. Since the energy splitting between S_0 and T_m is much greater than the energy splitting between T_1 and S_n, the second term is much less than the first term(as is the n = 0 element of the first term). In this way, the T_1 state couples with the excited singlet states, S_n, mixing in contributions from electric – dipole allowed excitations in the singlet $S_0 \leftrightarrow S_n$ manifold. Thus, the formally spin forbidden $S_0 \rightarrow T_m$ excitation is activated via SOC interaction. For the PCM – tuned LC – BLYP * /ROCIS method, at 377.7 nm(26472 cm^{-1}), there is an excitation with substantial oscillator strength that has no correspondence in the spin – free spectrum. It is a $S_0 \rightarrow T_1$ excitation with some singlet excited state admixture, and the T_1 state also have a character of the MLCT excitation compared to the S_1 state.

The emission spectrum ofCu(pop)(pz_2Bph_2) crystal is in accordance with the MLCT nature of the emitting state, the emission maxima is found at λ_{max} value of 464 nm for the neat sample. The experimental result is in agreement with the calculated value of 467.7 nm for the S_1 structure in crystalline environment.[14] These also show that the PCM – tuned LC – BLYP * /ROCIS method can well simulate the excited properties of Cu(pop)(pz_2Bph_2) in the solid state.

For TADF molecules, RISC depends on the energy splitting $\Delta E(S_1 - T_1)$ between S_1 and T_1, and it should be as small as possible. As already discussed above, the S_1 and T_1 states have the same configurations, ^{1}MLCT and ^{3}MLCT, from d $\rightarrow \pi$ * MLCT excitations. In this situation, $\Delta E(S_1 - T_1)$ is well approximated by twice the exchange integral for HOMO and LUMO. The exchange integral can be interpreted as the electrostatic interaction of the transition density $\rho_{H,L}$ = HOMO ·LUMO with itself. A reason for small transition density is depicted schematically in Figure 7 as "small overlap" of HOMO and LUMO. We choose the PCM – tuned LC – BLYP * /ROCIS approach to evaluate $\Delta E(S_1 - T_1)$, at def2 – TZVP(– f) basis set level in crystalline environment. Compared to the experimental value of $\Delta E(S_1 - T_1) = 800$ cm^{-1},[14] it is apparent that the PCM – tuned LC – BLYP * /ROCIS(737.2 cm^{-1}, see Table 1) method gives the best predic-

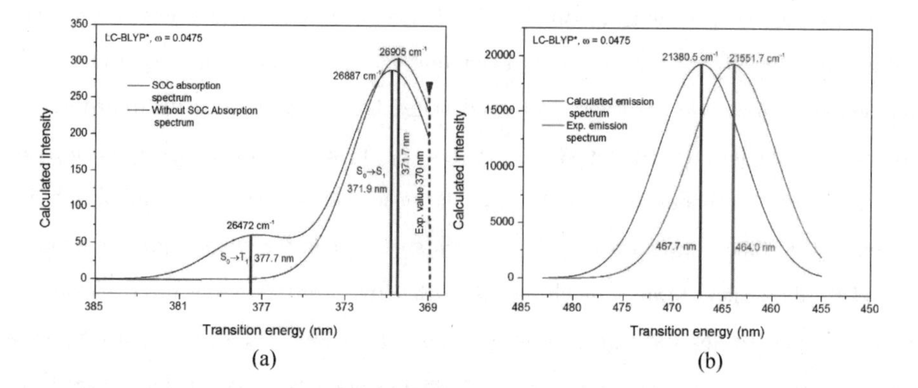

Figure 6. Absorption spectra obtained at the scalar relativistic PCM – tuned LC – BLYP * /ROCIS level and including SOC effects by means of QDPT(a) ;And the scalar relativistic PCM – tuned LC – BLYP * /ROCIS emission spectrum(b). The data of the experimental spectrum have taken from Figure 5 ofreference 14.

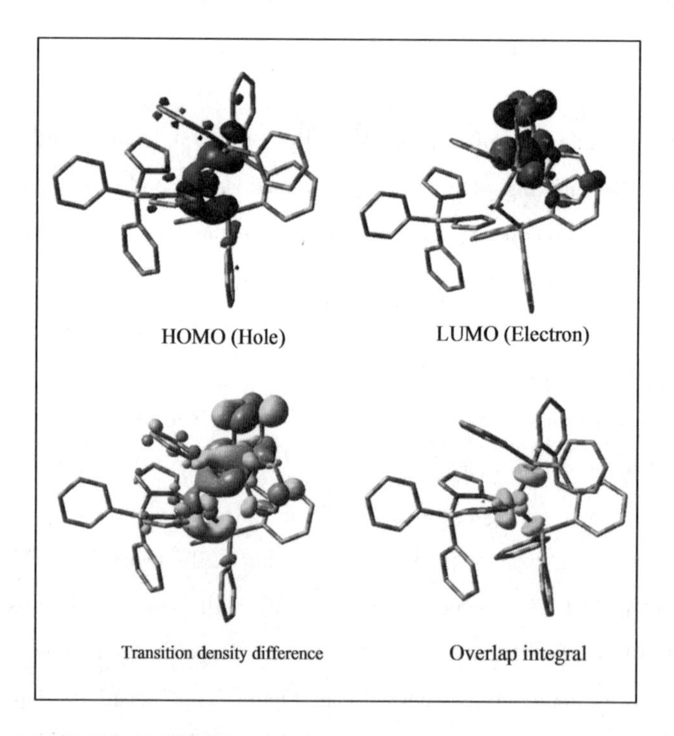

Figure 7. HOMO) and LUMO of Cu(pop) (pz_2Bph_2) displayed in solid state, as calculated at the PCM – tuned LC – BLYP * /6 – 31 + G(d) level. Hydrogen atoms are omitted for clarity. Transition density difference between HOMO and LUMO and overlap integral are displayed in the below part of the diagram.

tion of $\Delta E(S_1 - T_1)$ at the T_1 geometry.

3.3 Phosphorescence and fluorescence

In order to achieve a deeper photophysical understanding of TADF materials, a detail study of the T_1 state is vital. A triplet state consists of three substates by anisotropic spin dipolar interactions and SOCs, even in the zero field, which can cause these substates to have quite different radiative and nonradiative properties. Yersin and co-workers have experimentally determined to ZFS values of the order of 1 to 10 cm^{-1} for $Cu(pop)(pz_2Bph_2)$ crystal.[12,14] Our PCM-tuned LC-BLYP */ROCIS result shows that $\Delta E_{I,II} = 0.4\ cm^{-1}$ and $\Delta E_{II,III} \approx 3\ cm^{-1}$, in good agreement with experiment (see Table 1). For the sake of comparison, the computed values of $D = 3.19\ cm^{-1}$ and $E = 0.22\ cm^{-1}$ ($\Delta E_{I,II} = E$; $\Delta E_{II,III} = D$) using CASSCF method at the T_1 geometry, and corresponding to the vital SOC values between T_1 and S_n or T_m are all given in Table 2 at the CASSCF(10,8)/def2-TZVP(-f) level, space active orbitals in Figure S1.

Table1. Vertical transition energies ΔE, oscillator strength f, radiative rates k_r, and lifetimes τ at the T_1 minimum at the PCM-tuned LC-BLYP */ROCIS/def2-TZVP(-f) levels and corresponding experimental values listed in the table

State	$\Delta E(cm^{-1})$	f	$k_r(s^{-1})$	$\tau(\mu s)$
Solid state				
$T_{1,I}$	20643.3	4.07×10^{-6}	1.16×10^3	862
$T_{1,II}$	20643.7	1.58×10^{-5}	4.49×10^3	223
$T_{1,III}$	20646.3	1.40×10^{-6}	3.98×10^2	2513
Average			$k_{P,av} = 2.02 \times 10^3$	$\tau_{av}(T_1) = 495$
S_1	21380.5	3.44×10^{-2}	1.05×10^7	0.095
$\Delta E(S_1 - T_1)$	737.2			
Exp. values	$\Delta E(S_1 - T_1) = 800$		$k_{P,av} = 2.0 \times 10^3$	$\tau_{av}(T_1) = 480$ $\tau_I = 600$ $\tau_{II} = 170$ $\tau_{III} = 2000$ $\tau(S_1) = 0.12$

It is well know that ZFS is determined by two contributions from the spin-spin dipolar interactions and the SOC interactions. The shift in the sublevel energy mainly originates from a singlet-triplet (E_ζ^{ST}) SOC and a triplet (E_ζ^{TT}) SOC for the heavy-metal compounds, which are expressed as equations 10a and 10b, respectively:[45]

$$E_{\zeta}^{\mathrm{ST}} = \sum_{\mathrm{n}} \frac{|\langle \mathrm{T}_{1,\zeta}(^3 d\pi*) | \hat{H}_{\mathrm{SOC}} | \mathrm{S}_{\mathrm{n}}(^1 d'\pi*)\rangle|^2}{E(\mathrm{S}_{\mathrm{n}}) - E(\mathrm{T}_{1,\zeta})}, \zeta = \mathrm{I}, \mathrm{II}, \mathrm{III} \quad (10a)$$

$$E_{\zeta}^{\mathrm{TT}} = \sum_{\mathrm{m}} \frac{|\langle \mathrm{T}_{1,\zeta}(^3 d\pi*) | \hat{H}_{\mathrm{SOC}} | \mathrm{T}_{\mathrm{m},\zeta}(^1 d'\pi*)\rangle|^2}{E(\mathrm{T}_{\mathrm{m},\zeta}) - E(\mathrm{T}_{1,\zeta})}, \zeta = \mathrm{I}, \mathrm{II}, \mathrm{III} \quad (10b)$$

On the basis of equation 10a, the contribution of the SOC between T_1 and S_1 on the ZFS is almost zero because the S_1 and T_1 states have the same configurations, $^{1,3}d\pi*$, which lead to the forbidden coupling. We well known that the SOC matrix element can be written as in terms of ladder operators(equation11).[4]

$$\begin{aligned}\langle \varphi_1 | \hat{h}_{\mathrm{SOC}}(\mathrm{A}) | \varphi_2 \rangle &= \xi(\mathrm{A})\langle \chi_1 | l(\mathrm{A}) | \chi_2 \rangle \cdot \langle \theta_1 | s | \theta_2 \rangle \\ &= \xi(\mathrm{A})[\langle \chi_1 | l_z(\mathrm{A}) | \chi_2 \rangle \cdot \langle \theta_1 | s_z | \theta_2 \rangle \\ &\quad + 0.5\langle \chi_1 | l_+(\mathrm{A}) | \chi_2 \rangle \cdot \langle \theta_1 | s_- | \theta_2 \rangle \\ &\quad + 0.5\langle \chi_1 | l_-(\mathrm{A}) | \chi_2 \rangle \cdot \langle \theta_1 | s_+ | \theta_2 \rangle] \end{aligned} \quad (11)$$

$$\sum_i \hat{h}_{\mathrm{SOC}}(\mathrm{A}) = \hat{H}_{\mathrm{SOC}}$$

$$\varphi = \chi \cdot \theta \quad \text{with} \quad \theta = \uparrow, \downarrow$$

where l and $s$denote the orbital and spin angular momentum operator, respectively; spin - orbitals ϕcan be written as products of spatial orbitals χtimes spin parts θ; the arrows $\uparrow$ and $\downarrow$ represent the traditionally used spin notations $\alpha$and β, respectively. The $l_+ \cdot s_-$ or$l_- \cdot s_+$ operator in equation 11 performs a spin - flip and this process is accompanied by a change in the orbital due to the l_+/l_- raising/lowering operator. For the T_1 and S_1 states, the matrix element $\langle \mathrm{T}_1(^3 d\pi*) | \hat{H}_{\mathrm{SOC}} | S_1(^1 d\pi*)\rangle$ can be expressedby a sum of

$$\langle \pi* \downarrow | \hat{h}_{\mathrm{SOC}} | \pi* \uparrow \rangle = \xi(\mathrm{A})/2\langle \pi* | l_{\pm}(\mathrm{A}) | \pi* \rangle\langle \downarrow | s_{\mp} | \uparrow \rangle$$

$$\text{and}\langle d\downarrow | \hat{h}_{\mathrm{SOC}} | d\uparrow \rangle = \xi(\mathrm{A})/2\langle d | l_{\pm}(\mathrm{A}) | d\rangle\langle \downarrow | s_{\mp} | \uparrow \rangle$$

Because two orbitals of opposite spins in SOC have to be different spatial components, but for the triplet state T_1, its wave function cannot meet this rule: i. e. , two orbitals of opposite spins in the SOC interaction have the same spatial orbits. SOC between a $S_1(^1d\pi*)$stateand a $T_1(^3d\pi*)$substate involving the same d - orbital can be neglected. These analysis is very consistent with the small values calculated($\langle ^1\varphi | \hat{h}_{\mathrm{SOC},x} | ^3\varphi \rangle = -1.18$, $\langle ^1\varphi | \hat{h}_{\mathrm{SOC},y} | ^3\varphi \rangle = -1.16$, and $\langle ^1\varphi | \hat{h}_{\mathrm{SOC},z} | ^3\varphi \rangle = -7.11\ \mathrm{cm}^{-1}$, see Table 2).

In addition, we note that the SOC interactions between the other higher excited states S_n (n = 2, and 3) and T_1 are very strong (Table 3). Since both orbitals d and d ' are situated at the central metal Cu(I), their spin – orbitcoupling is significant (ξ(Cu) = 857 cm^{-1}). Hence, the coupling between the corresponding substates can be large, but the contributions on ZFS are neglected due to larger energy denominators. Thus a correspondingly small energy splitting in the T_1 state mainly originates from SOC – induced weak mixing of higher – lying triplet MLCT states with the lowest T_1 substates (T_I, T_{II}, and T_{III}).

Table 2. Calculated spin – orbit coupling matrix constants (SOCC) (cm^{-1}) between T_1 and S_n or T_m for the mononuclear Cu(pop)(pz_2Bph_2) complex and the tensors *D* and *E* of ZFS with unit in cm^{-1} in the CASSCF(8,7)/def2 – TZVP(f) level

States		$\langle T_1 \mid \hat{H}_{SOC} \mid S_n \rangle$ or $\langle T_1 \mid \hat{H}_{SOC} \mid T_m \rangle$			SOCC[a]	ZFS	
		x	*y*	*z*		*D*	*E*
T_1	S_1	-1.18	-1.16	-7.11	4.20	3.19	0.22
	S_2	-381.53	53.59	-48.70	224.20		
	S_3	-361.87	388.19	327.30	359.98		
	S_4	8.23	0.18	1.97	4.89		
	S_5	6.68	2.18	-1.13	4.11		
	T_1	0.00	0.00	0.00	0.00		
	T_2	-536.86	71.35	-70.93	315.35		
	T_3	515.34	-549.62	-462.19	510.32		
	T_4	1.94	-1.88	2.02	1.95		
	T_5	0.29	0.13	0.40	0.29		

[a] $SOCC = \sqrt{(|\langle T_1 \mid \hat{H}_{SOC} \mid S_n \rangle_x|^2 + |\langle T_1 \mid \hat{H}_{SOC} \mid S_n \rangle_y|^2 + |\langle T_1 \mid \hat{H}_{SOC} \mid S_n \rangle_z|^2)/3}$

In a considering ZFS case, phosphorescence and fluorescence rates or lifetimes, have been calculated using Einstein spontaneous emission formula, respectively, in the solid phase, which are listed at Table 1. At the T_1 geometry, we find that the phosphorescence radiative rates of the three substates are $k_{P,I} = 1.16 \times 10^3$ s^{-1} (τ_I = 862 μs), $k_{P,II} = 4.49 \times 10^3$ s^{-1} (τ_{II} = 223 μs), and $k_{P,III} = 3.98 \times 10^2$ s^{-1} (τ_{III} = 2513 μs), respectively, in reasonable agreement with experimentally measured values (which are τ_I = 600 μs, τ_{II} = 170 μs, and τ_{III} = 2000 μs).[14] For such small energy separations between the T_1 sublevels, these experimental values were observed at a low temperature due to the very slow spin – lattice relaxation (SLR) processes. With the increase of temperature, however, the SLR processes become significantly faster and a fast thermalization of the three substates results, an averaged emission decay time τ_{av} of three substates can be calculated by the three individual decay times according to $\tau_{av} = 3(\tau_{I}^{-1} + \tau_{II}^{-1} + \tau_{III}^{-1})^{-1}$ (τ_{I}, τ_{II}, and τ_{III} represent the emission decay times of the T_{I}, T_{II}, and T_{III} substates).[43] From Table 1 and Figure 8, the calculated mean for the three phosphorescence rate is $k_{P,av} = 2.02 \times 10^{2}\ s^{-1}$ ($\tau_{av} = 495\ \mu s$), and the rate for the fluorescence is $k_{F} = 1.05 \times 10^{7}$ ($\tau_{F} = 0.095\ \mu s$), which are in good agreement with experimentally measured values of $\tau_{av} = 480\ \mu s$ and $\tau_{F} = 0.12\ \mu s$.[14]

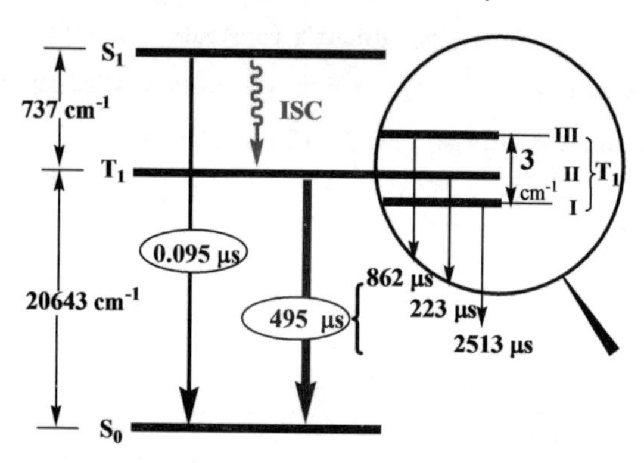

Figure 8. The energy separations including ZFS of the excited states and time constants of the transitions between the ground state for mononuclear Cu(pop)(pz$_2$Bph$_2$) complex in solid state, as calculated in the PCM – tuned LC – BLYP * /ROCIS/def2 – TZVP(– f) level. $\tau(T_1) = 495\mu s$ represents the average decay time of the three sublevels of the triplet state T_1.

3.4 TADF and RISC

As discussed above, the photophysical properties of TADF molecules are very sensitive on temperature. The emission properties is obtained by calculating decay time as a function of temperature in the range from 10 to 300 K, using the formula fitted by many experimentalists of equation 12,[46] these results are plotted in Figure 9.

$$\tau(T) = \frac{3 + \exp[-\Delta E(S_1 - T_1)/k_B T]}{\frac{3}{\tau(T_1)} + \frac{1}{\tau(S_1)}\exp[-\Delta E(S_1 - T_1)/k_B T]} \quad (12)$$

Herein, k_B is the Boltzmann constant, and $\tau(T_1)$ and $\tau(S_1)$ are the intrinsic decay times of the emitting T_1 and S_1, respectively, in the absence of thermalization. One

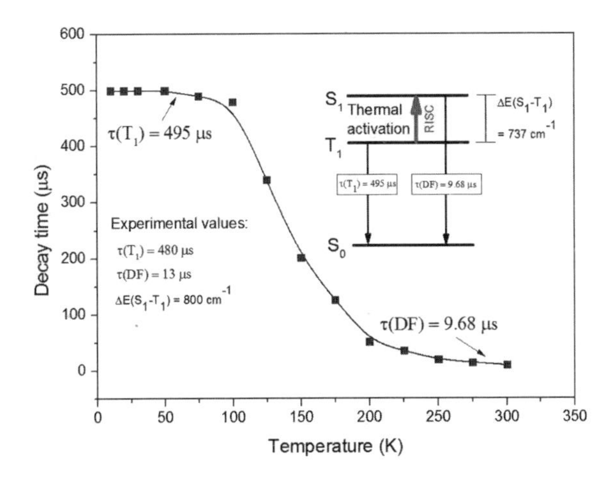

Figure 9. Emission decay time of the mononuclear Cu (pop) (pz_2 Bph_2) complex versus temperature from 10 K to 300 K result from a fit procedure by use of equation 12. Corresponding experimental values was inserted in the left part.

should note that equation 12 has a limitation at the very low temperature due to the exponential terms disappeared. But at ambient temperature, a fast thermalization between the two excited states occurs, and equation 12 can be well applied. From Figure 9, for the Cu(pop)(pz_2Bph_2) crystal, at T < 100 K, the emission decay time is almost constant and one observes a plateau with $\tau(T_1) \approx 495$ μs. This emission is assigned as phosphorescence from the triplet T_1 to the ground state S_0. With temperature rises, a sharp reduction of decay time is observed. At temperatures above $T \approx 250$ K, the contribution of the S_1 state to the emission dominates, and the emission decay time of $\tau(DF) \approx 9.68$ μs represents an $S_1 \rightarrow S_0$ fluorescence because it is fed by the long lived triplet state reservoir, which shows a delayed fluorescence. Fortunately, $\tau(DF) = 9.68$ μs at $T = 300$ K by fitting the equation 12, is very close to the experimental value of 13 μs.[14]

However, we know that TADF can effectively take place, which be achievedthrough RISC process. Thus it is crucial to understand the RISC mechanism of the interconversion processes of $T_1 \leftrightarrow S_1$. To actually take place, the S_1 state has to be repopulated with temperature increase. That signifies that the RISC rate ought to be larger than the rates of radiative and nonradiative decay of the T_1 state to the ground state. Because the S_1 and T_1 states have the same configurations and almost the equivalent weights, their mutual SOC interaction is fairly weak (detailed discussion in Section 3.4), vibronic effects may have to be taken into account.

Here, ISC and RISC rates including the vibrational contributions were computed according to equations 8 and 9 usingthe MOMAP program. RISC proceeds at a rate of $k_{RISC} = 6.34 \times 10^5\ s^{-1}$ at 300 K, which is 2 order of magnitude larger than the mean phosphorescence rate, $k_r^T = 3.29 \times 10^3\ s^{-1}$ (see Figure 10), at the same time, k_{RISC} is 3 order of magnitude larger than ISC rate of $k_{ISC}^0 = 1.48 \times 10^2\ s^{-1}$ from T_1 to S_0. This means that the S_1 state can be populated from the T_1 state. In addition, the ISC rate $k_{ISC} = 0.945 \times 10^7\ s^{-1}$ is again very closed to the fluorescence rate $k_r^S = 1.14 \times 10^7\ s^{-1}$. Therefore, at the conditions of $k_{ISC} > k_r^S + k_{nr}^S$ and $k_{RISC} > k_r^T + k_{ISC}^0$, we conclude that the S_1 and T_1 state populations rapidly equilibrate before decaying radiatively at room temperature. The delayed fluorescence occurs. Corresponding to the prompt and delayed fluorescence quantum efficiency Φ_p and Φ_d (equation 13) are calculated, respectively, at 300 K.[47]

$$\Phi_p = \frac{k_r^S}{k_r^S + k_{nr}^S + k_{ISC}} \quad \text{and} \quad \Phi_d = \sum_{m=1}^{\infty} (\Phi_{ISC}\Phi_{RISC})^m \Phi_p \qquad (13)$$

$$\text{herein } \Phi_{ISC} = \frac{k_{ISC}}{k_r^S + k_{nr}^S + k_{ISC}} \quad \text{and} \quad \Phi_{RISC} = \frac{k_{RISC}}{k_r^T + k_{ISC}^0 + k_{RISC}}$$

The resultant prompt and delayed fluorescence quantum efficiencies are 54.7 and 43.2%, respectively, at 300 K, and the total photoluminescent efficiency is 97.9%, which is agreement with the experimental value of 90 ±5% observed in solid state. As the temperature is decreased, the situation will dramatically change (see Table 3). As seen in Table 3, The values of k_r^T and k_r^S are expected to hardly change with temperature. k_{nr}^S increases with temperature decrease due to the larger energy gap between S_1 and S_0, and k_{ISC} dramatically increases with increase. More interestingly, the RISC rate k_{RISC} is substantially decreased by 8 orders of magnitude when temperature reduces from 300 to 30 K. At low temperature $T = 30$ K, k_{RISC} becomes very small, about $8.59 \times 10^{-3}\ s^{-1}$, while the k_r^T rate only changes slightly from $k_r^T = 3.29 \times 10^3\ s^{-1}$ to $3.52 \times 10^3\ s^{-1}$. Moreover, we also found that $k_{ISC} = 1.98 \times 10^0\ s^{-1}$ is about 7 orders of magnitude smaller than $k_r^S = 1.22 \times 10^7\ s^{-1}$, shows that their ratio reaches a level close to this kinetic limit case. Compared with room temperature, $k_{ISC} > k_r^S + k_{nr}^S$ and $k_{RISC} > k_r^T + k_{ISC}^0$, these limits are not obviously satisfied at low temperature. The TADF processes do not emerge.

Table3. Excitedstate decay rate constants obtained by the PCM - tuned LC - BLYP * calculations at different temperatures including thermal vibration activation(inunit of s^{-1}) forCu (pop) (pz_2Bph_2) powder

Temperature(K)	k_r^S	k_{nr}^S	k_{ISC}	k_{RISC}	k_r^T	$k_{ISC}^{0\ a}$
30	1.22×10^7	2.88×10^{10}	1.98×10^0	8.59×10^{-3}	3.52×10^3	
50	1.22×10^7	2.80×10^{10}	1.55×10^2	1.47×10^{-2}	3.52×10^3	
80	1.21×10^7	9.73×10^9	1.38×10^4	9.62×10^0	3.50×10^3	
100	1.21×10^7	2.51×10^9	9.42×10^4	2.40×10^2	3.49×10^3	
200	1.18×10^7	1.80×10^7	7.88×10^6	2.43×10^5	3.40×10^3	
300	1.14×10^7	3.01×10^3	9.45×10^6	6.34×10^5	3.29×10^3	1.48×10^2

[a]Rates of intersystem crossing k_{ISC}^0 tend to be infinitesimal between 30 K and 200 K.

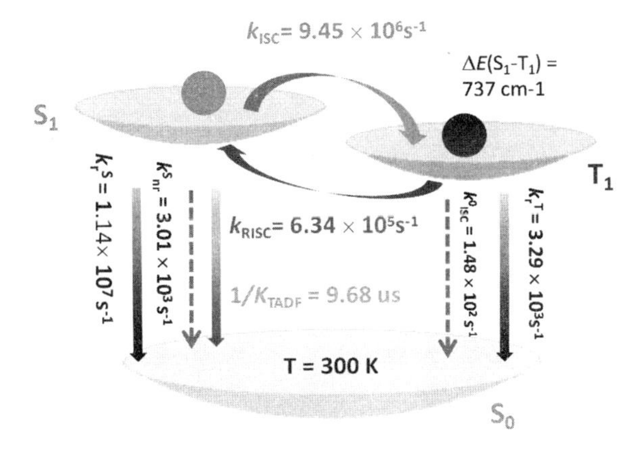

Figure 10. The calculated conversion and decay rates(in unit of s^{-1}) of the S_1 and T_1 states at 300 K. $k_r{}^S$, $k_r{}^T$, $k_r{}^S$, k_{ISC} , and k_{RISC} arerate constants of fluorescence, phosphorescence, non - radiation, intersystemcrossing, and reverse intersystem crossing.

To gain a deep insight into the structure - property relationship during the conversion processes of$T_1 \leftrightarrow S_1$ and $S_1 \rightarrow S_0$, we estimated the Huang - Rhys factors(S_i) as well as and related reorganization energy(λ) of vibration mode i, which are shown in Figure 11 and Figure S2. we know that the intramolecular reorganization energy, $\lambda_{intra,}$ can be represented as a sum of contributions from individual vibrational normal modes i, as following:[48]

$$\lambda_{intra} = \sum \lambda_i = \sum \hbar \omega_i S_i \tag{14}$$

$$S_i = \frac{\omega_i D_i^2}{2\hbar} \tag{15}$$

hereS_i, and ω_i, represent the Huang – Rhys factor and vibrational frequency for the normal mode i, respectively; D_i is the coordinate displacement from the T_1 equilibrium position to the S_1 one along the mode i. Thus, Huang – Rhys factor is a useful measure for the extent of geometry relaxation between T_1 and S_1 states. For the conversion between T_1 and S_1, some low frequency vibration modes($< 200\ cm^{-1}$) have larger S_i which correspond to the rotation motion of the phenylene ring of the pop ligand(see Figure S3). This implies that the free rotation of the phenylene ring can provide an important channel to energy conversion between T_1 and S_1, the intuitive picture comparing the S_1 and T_1 geometries for the Cu(pop) (pz_2Bph_2) is listed Figure S4. In contrast, as to the decay process from S_1 to S_0, the vibration normal modes with large λ_{intra} also occur high fre-

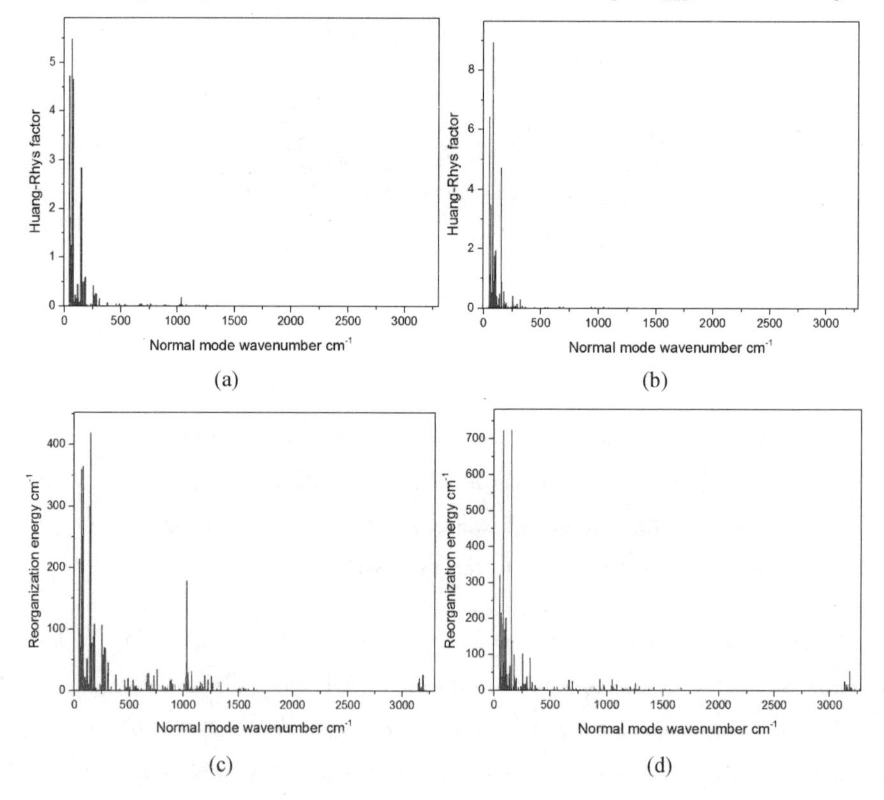

Figure 11. Calculated Huang – Rhys factors and reorganization energies versus the normal modes in term of the corresponding T_1 (a, c) and S_1 (b, d) potential surfaces at the PCM – tuned LC – BLYP * level.

quency regions, 500 cm^{-1} to 1500 cm^{-1} (Figure S2), which have reorganization energy, $\lambda_{intra}(S_1) \approx 0.47$ eV. Therefore the energy dissipation processes from S_1 to S_0 is to be much slower than the radiative decay rates.

4 Conclusions

In this study we have quantitatively investigated the geometries and photophysical properties of a TADFCu(pop)(pz_2Bph_2) crystal complex using a methodology proposed by Sun's group. This method is based on the combination of an optimal tuning of the range - separation parameter, ω in a long - range corrected functional with the PCM - tuned approach, in which the solid - state screening effects are described via the consideration of the solid - state dielectric constant, ε. The calculated results have demonstrated that optimising ω within the LC - BLYP * functional provides excellent agreement with experimental data. For example, compared to the experimental value of $\Delta E(S_1 - T_1) = 800$ cm^{-1}, it is apparent that the PCM - tuned($\omega = 0.0475$ $bohr^{-1}$) LC - BLYP */ROCIS(737.2 cm^{-1}) method gives the best prediction of $\Delta E(S_1 - T_1)$ at the T_1 geometry. As a consequence, the Cu(pop)(pz_2Bph_2) complex is highly attractive candidates for studies and applications of TADF.

Importantly, we know that TADF can effectively take place, which be achievedthrough RISC process of $T_1 \leftrightarrow S_1$. To ascertainably take place, the S_1 state has to be repopulated with temperature increase. That signifies that the RISC rate ought to be larger than the rates of radiative and nonradiative decay of the T_1 state to the ground state. However the S_1 and T_1 states have the same configurations and their mutual SOC interaction is very weak, vibronic effects may have to be taken into account. In this work, the photophysical properties including the radiative and the nonradiative decay rates arising from SOC of the excited states have been investigated theoretically using the TVCF method. At 300 K, RISC proceeds at a rate of $k_{RISC} = 6.34 \times 10^5$ s^{-1}, which is 2 order of magnitude larger than the phosphorescence rate, $k_r^T = 3.29 \times 10^3$ s^{-1}, at the same time, k_{RISC} is 3 order of magnitude larger than ISC rate of $k_{ISC}^0 = 1.48 \times 10^2$ s^{-1} from T_1 to S_0. This means that the S_1 state can be populated from the T_1 state. The delayed fluorescence can occur, computed TADF decay time is $\tau(DF) = 9.68$ μs, the experimental value of 13 μs. The prompt and delayed fluorescence quantum efficiencies Φ_p and Φ_d are 54.7 and 43.2%, respectively, and the total photoluminescent efficiency is 97.9%, which is agreement with the experimental value of 90 ±5% observed in solid state. At low temperature $T<100$ K, these limitsof the TADF process, $k_{ISC}>k_r^S+k_{nr}^S$ and $k_{RISC}>k_r^T+k_{ISC}^0$, are not obviously satisfied, TADF can not be taken place.

Acknowledgements

The work is supported by the National Natural Science Foundation of China (Grant No. 21263022, 21663025, 21663024). We gratefully thank Dr. Haitao Sun (East China Normal Universty) for providing the help in using the PCM - tuned LC - BLYP * approach.

References

[1] H. Xu, R. F. Chen, Q. Sun, W. Lai, Q. Q. Su, W. Huang and X. G. Liu, *Chem. Soc. Rev.*, 2014, 43, 3259 - 3302.

[2] Z. Y. Yang, Z. Mao, Z. L. Xie, Y. Zhang, S. W. Liu, J. Zhao, J. R. Xu, Z. G. Chi and M. P. Aldred, *Chem. Soc. Rev.*, 2017, 46, 915 - 1016.

[3] Y. Tao, K. Yuan, T. Chen, P. Xu, H. H. Li, R. F. Chen, C. Zheng, L. Zhang and W. Huang, *Adv. Mater.*, 2014, 47, 7931 - 7956.

[4] (a) H. Yersin, A. F. Rausch, R. Czerwieniec, T. Hofbeck and T. Fischer, *Coord. Chem. Rev.*, 2011, 255, 2622 - 2652. (b) A. F. Rausch, H. H. H. Homeier, H. Yersin, *Top. Organomet. Chem.* 2010, 29, 193 - 235.

[5] T. Ogiwara, Y. Wakikawa and T. Ikoma, *J. Phys. Chem. A*, 2015, 119, 3415 - 3418.

[6] M. A. Baldo, D. O'brien, Y. You, A. Shoustikov, S. Sibley, M. Thompson and S. Forrest, *Nature*, 1998, 395, 151 - 154.

[7] C. Adachi, *Jpn. J. Appl. Phys.*, 2014, 53, 060101.

[8] C. Adachi, M. A. Baldo, M. E. Thompson and S. R. Forrest, *J. Appl. Phys.*, 2001, 90, 5048 - 505.

[9] B. Zhao, T. Zhang, B. Chu, W. Li, Z. Su, Y. Luo, R. Li, X. Yan, F. Jin and Y. Gao, *Organ. Electron.*, 2015, 17, 15 - 21.

[10] H. Uoyama, K. Goushi, K. Shizu, H. Nomura and C. Adachi, Nature, 2012, 492, 234 - 238.

[11] T. Chen, L. Zheng, J. Yuan, Z. F. An, R. F. Chen, Y. Tao, H. H. Li, X. J. Xie and W. Huang, *Scientific Reports*, 2015, 5, 10923.

[12] R. Czerwieniec, M. J. Leitl, H. H. H. Homeier and H. Yersin, *Coord. Chem. Rev.*, 2016, 325, 2 - 28.

[13] (a) L. Bergmann, D. M. Zink, S. Bräse, T. Baumann and D. Volz, *Top. Curr. Chem.* (Z), 2016, 374, 22 - 39. (b) M. J. Leitl, V. A. Krylova, P. I. Djurovich, M. E. Thompson and H. Yersin,

J. Am. Chem. Soc. ,2014,136,16032 – 16038. (c) L. L. Lv, K. Yuan and Y. C. Wang, *organ. electron.* ,2017,51,207 – 219. (d) T. Hofbeck, U. Monkowius and H. Yersin, *J. Am. Chem. Soc.* ,2015, 137,399 – 404. (e) L. L. Lv, K. Yuan and Y. C. Wang, *organ. electron.* ,2018,52,110 – 122.

[14] R. Czerwieniec, J. Yu and H. Yersin, *Inorg. Chem.* 2011,50,8293 – 8301.

[15] J. Föller, M. Kleinschmidt and C. M. Marian, *Inorg. Chem.* 2016,55,7506 – 7516.

[16] F. B. Dias, K. B. Bourdakos, V. Jankus, K. C. Moss, K. T. Kamtekar, V. Bhalla, J. Santos, M. R. Bryce and A. P. Monkman, *Adv. Mater.* ,2013,25,3707 – 3714.

[17] J. Gibson, A. P. Monkman, T. J. Penfold, *ChemPhysChem*,2016,17,2956 – 2961.

[18] (a) H. T. Sun, C. Zhong and J. – L. Brédas, *J. Chem. Theory Comput.* ,2015, 11,3851 – 3858. (b) H. T. Sun, S. Ryno, C. Zhong, M. K. Ravva, Z. R. Sun, T. Körzdörfer and J. – L. Brédas, *J. Chem. Theory Comput.* ,2016, 12,2906 – 2916. (c) H. T. Sun, C. Zhong and Z. R. Sun, *Acta Phys. – Chim. Sin.* ,2016,32,2197 – 2208. (d) H. T. Sun, Z. B. Hu, C. Zhong, X. K. Chen, Z. R. Sun, and J. – L. Brédas, *J. Phys. Chem. Lett.* ,2017,8,2393 – 2398.

[19] (a) Q. Peng, Y. P. Yi, Z. G. Shuai and J. S. Shao, *J. Chem. Phys.* ,2007,126,114302. (b) Q. Peng, Y. Yi, Z. G. Shuai, J. S. Shao, *J. Am. Chem. Soc.* ,2007,129,9333 – 9339.

[20] Y. L. Niu, Q. Peng, C. M. Deng, X. Gao and Z. G. Shuai, *J. Phys. Chem. A*,2010,114, 7817 – 7831.

[21] Q. Peng, Y. L. Niu, Q. Shi, X. Gao and Z. G. Shuai, *J. Chem. Theory Comput.* ,2013,9, 1132 – 1143.

[22] Q. Peng, Q. H. Shui, Y. L. Niu, Y. P. Yi, S. R. Sun, W. Q. Li and Z. G. Shuai, *J. Mater. Chem C*,2016,4,6829 – 6838.

[23] M. Roemelt and F. Neese, *J. Phys. Chem. A*,2013,117,3069 – 3083.

[24] A. M. Dreuw and Head – Gordon, *J. Am. Chem. Soc.* ,2004,126,4007 – 4016.

[25] J. Autschbach and M. Srebro, *Acc. Chem. Res.* ,2014,47,2592 – 25602.

[26] D. J. Tozer, *J. Chem. Phys.* ,2003,119,12697 – 12699.

[27] T. Körzdörfer and J. L. Brédas, *Acc. Chem. Res.* ,2014,47,3284 – 91.

[28] S. P. Huang, Q. S. Zhang, Y. Shiota, T. Nakagawa, K. Kuwabara , K. Yoshizawa and C. Adach, *J. Chem. Theory. Comput.* ,2013,9,3872 – 3877.

[29] U. Salzner and A. Aydin, *J. Chem. Theory Comput.* ,2011,7,2568 – 2583.

[30] T. Stein, L. Kronik, R. Baer, *J. Am. Chem. Soc.* ,2009,131,2818 – 2820.

[31] T. Yanai, D. P. Tew and N. C. Handy, *Chem. Phys. Lett.* ,2004,393,51 – 57.

[32] J. Tomasi, B. Mennucci and R. Cammi, *Chem. Rev.* ,2005,105,2999 – 3094.

[33] Z. Hu, B. Zhou, Z. Sun and H. Sun, *J. Comput. Chem.* ,2017, DOI:10.1002/jcc.24736.

[34] T. Lu, optDFTw and scanDFTw program v1.0. http://sobereva.com/346(2017.3.8).

[35] A. V. Kityk, *J. Phys. Chem. A*,2012,116,3048 – 3055.

[36] M. J. Frisch, G. W. Trucks, H. B. Schlegel, et al. , Gaussian 09, Revision – D.01, Gaussi-

an Inc. Wallingford, CT, 2009.

[37] F. Neese, The ORCA program system, *WIREs Comput. Mol. Sci.*, 2012, 2, 73 - 78.

[38] M. Roemelt, D. Maganas, S. DeBeer and F. Neese, *J. Chem. Phys.*, 2013, 138, 204101.

[39] B. Sandhoefer and F. Neese, *J. Chem. Phys.*, 2012, 137, 094102.

[40] F. Neese, F. Wennmohs, A. Hansen and U. Becker, *Chem. Phys.*, 2009, 356, 98 - 109.

[41] F. Neese, *J. Chem. Phys.*, 2005, 122, 034107/034101 - 034113.

[42] B. Minaev, G. Baryshnikov and H. Agren, *Phys. Chem. Chem. Phys.*, 2016, 16, 1719 - 1758.

[43] G. Baryshnikov, B. Minaev and H. Ågren, *Chem. Rev.*, 2017, 117, 6500 - 6537.

[44] Q. Peng, D. Fan, R. H. Duan, Y. P. Yi, Y. L. Niu, D. Wang and Z. G. Shuai, *J. Phys. Chem. C*, 2017, 121, 13448 - 13456.

[45] M. Tanabe, H. Matsuoka, Y. Ohba, S. Yamauchi, S. Yamauchi, K. Sugisaki, K. Toyota, K. Sato, T. Takui, I. Goldberg, I. Saltsman and Z. Gross, *J. Phys. Chem. A*, 2012, 116, 9662 - 9673.

[46] R. Czerwieniec and H. Yersin, *Inorg. Chem.*, 2015, 54, 4322 - 4327.

[47] F. B. Dias, T. J. Penfold and A. P. Monkman, *Methods Appl. Fluoresc.*, 2017, 5, 012001.

[48] P. K. Samanta, D. Kim, V. Coropceanu and J. - L. Brédas, *J. Am. Chem. Soc.*, 2017, 139, 4042 - 4051.

（本文发表于2018年《Phys. Chem. Chem. Phys》20卷）

Theoretical studying of basic photophysical processes in a thermally activated delayed fluorescence copper(Ⅰ) complex: Determination of reverse intersystem crossing and radiative rate contants

LingLing Lv　Kun Yuan *

摘要:利用 MOMAP 程序中热振动相关泛函(TVCF)方法,在考虑了势能面之间的位移,扭曲和 Duschinsky 转动效应的谐振子模型下,对热活化延迟荧光单核 Cu(dppb)(pz_2Bph_2)复合物的光物理性质进行了研究. 通过标量相对论密度泛函理论结合限制的开壳组态相互作用(包括自旋 - 轨道耦合效应)获得光谱,其与实验数据非常吻合。研究结果发现在一阶微扰作用下,通过直接自旋轨道耦合作用让激发单重态(S_1)系间窜越(ISC)到三重态(T_1)是禁阻的,但通过与电子振动耦合而被允许。在室温300K 下,向反系间窜越(RISC)以 $K_{RISC}=3.98\times10^8\ s^{-1}$的速率进行,比平均磷光率 $K_{P,av}=7.3\times10^2\ s^{-1}$大 6 个数量级。与此同时,ISC 速率 $K_{ISC}=3.06\times10^9\ s^{-1}$也比荧光速率 $K_F=6.47\times10^6\ s^{-1}$大 3 个数量级。这意味着体系可以从 T_1状态重新布居到 S_1态,可被观察到延迟荧光 TADF 现象,通过拟合计算 TADF 的衰减时间为 τ(300 K) =2.32 μs. 但在 30K 时,情况将会改变,RISC 速率变得非常小,大约是 $K_{RISC}=1.19\times10^1\ s^{-1}$,而 ISC 速率只是从 $K_{ISC}=3.06\times10^9\ s^{-1}$到 $K_{ISC}=1.93\times10^9\ s^{-1}$略有降低。因此,Cu(dppb)($pz_2Bph_2$)复合物是 TADF 材料应用邻域高度具有吸引力的候选物.

The photophysical properties of a mononuclear Cu(dppb)(pz_2Bph_2) complex have been investigated by employing the thermal vibration correlation function (TVCF) ap-

---

* 作者简介:吕玲玲(1972—),男,甘肃天水,天水师范学院教授、博士,主要从事发光材料及非绝热动力学相关的理论研究。

proach. The harmonic oscillator model with origin displacement, distortion, and Duschinsky rotation effects for the potential energy surfaces are considered. Absorption spectrum obtained by the scalar relativistic density functional theory combined with restricted open – shell configuration interaction including spin – orbit coupling effects is in excellent agreement with the experimental data. We found that the intersystem crossing (ISC) from the first excited singlet state (S_1) to the triplet state (T_1) is forbidden by direct spin – orbit coupling at the first – order perturbation, but becomes allowed through combined with vibronic coupling. The reverse intersystem crossing (RISC) proceeds at a rate of $K_{RISC} = 3.98 \times 10^8\ s^{-1}$ at room temperature 300 K, which is about 6 order of magnitude larger than the mean phosphorescence rate, $K_{P,av} = 7.3 \times 10^2\ s^{-1}$. At the same time, the ISC rate $K_{ISC} = 3.06 \times 10^9\ s^{-1}$ is again about 3 order of magnitude larger than the fluorescence rate $K_F = 6.47 \times 10^6\ s^{-1}$. This implies that the S_1 state can be populated from the T_1 state, TADF should be observed and TADF decay time is $\tau(300\ K) = 2.32\ \mu s$ by fitting calculation. But at 30 K, the situation will change. The RISC rate becomes very small, about $K_{RISC} = 1.19 \times 10^1\ s^{-1}$, while the ISC rate only decreases slightly from $K_{ISC} = 3.06 \times 10^9\ s^{-1}$ to $K_{ISC} = 1.93 \times 10^9\ s^{-1}$. As a consequence, the Cu(dppb)(pz_2Bph_2) complex is highly attractive candidates for applications of TADF.

1. Introduction

During the past decades, extensive investigation ofOrganic light emitting diodes (OLEDs) have been thoroughly carried out because of the goal of realizing thin, stable display devices with fast responses and wide viewing angles[1,2]. Unfortunately, some of these materials used suffer from low electroluminescence quantum yield due to spin statistics[3,4]. During excition recombination, they have random spin orientation, and the singlet and triplet colliding pairs are equally probable. Thus, the excitons are created in a 1:3 ratio of singlet to triplet since the triplet state has three spin angular projections ($M_s = 0, \pm 1$) and the singlet has only one ($M_s = 0$) microstate. Therefore, the internal quantum efficiency (IQE) of the radiative decay from triplet exctions is limited to 75%; IQE for fluorescent OLEDs is limited to 25%, the so called singlet – triplet bottleneck. To break through this bottleneck, recently, one has found that thermally activated delayed fluorescence (TADF) emitters can effectively convert the lowest triplet state (T_1) into the lowest singlet state (S_1) through reverse intersystem crossing (RISC) when the temperature rises, which largely improves the efficiency of exciton utilization and even makes it reach 100% in principle[5 -7]. Therefore, the development of TADF materials has become a research hot spot for OLED[1 -8].

A crucial character of TADF material is ensuring a small energy splitting between the S_1 and T_1 states, $\Delta E(S_1 - T_1)$. In this regard, TADF molecules have often been designed following a strategy such that their highest occupied molecular orbital (HOMO) and lowest unoccupied molecular orbital (LUMO) are spatially separated to reduce their wave function overlap and lead to small exchange energy[9]. For this situation, One of the most rich TADF subfields, cheaper first - row transition metals such as copper can be used. Cu(I) complexes are well suited because their excited states often exhibit low - lying metal to ligand charge transfer (MLCT) states of ^{3}MLCT and ^{1}MLCT character. In this situation, a distinct charge separation between excited and non - excited electron occurs, which leads to the singlet - triplet splitting, $\Delta E(S_1 - T_1)$, also the quantum mechanical exchange interaction becomes small. As a consequence, ISC and RISC between the lowest triplet and the lowest singlet are reasonably fast, and therefore a TADF is possible.

Recently, Cu (I) complexes exhibiting thermally activated delayed fluorescence have received increasing attention in the theoretical and applicable fields[10 - 16]. However, a thorough understanding of the basic principles for the TADF photophysical processes is still scarce. We all know that it is crucial to understand the ISC mechanism of the interconversion processes of $T_1 \leftrightarrow S_1$ for the TADF photophysical processes. But, it is astounding that this process is not fully understood. Spin - orbit coupling (SOC) interaction can provides a major mechanism for a spin - forbidden ISC radiationless transition. But in most cases, SOC between ^{3}MLCT and ^{1}MLCT of donor - acceptor Cu(I) complexes is very small (tends to zero) and forbidden. It is therefore unlikely for the interconversion processes of $T_1 \rightarrow S_1$ via RISC directly, especially in view of the large rate $K_{RISC} \approx 10^7\ s^{-1}$ reported[17]. Alternatively Ogiwara et al[18]. proposed that RISC is driven by hyperfine coupling with an electron's spin and the magnetic nuclei of its molecule induce ISC. However, the hyperfine coupling constants are very small, usually in the range of 10^{-4} meV, and it therefore also appears highly unlikely for the large rates. This way, vibronic effects on TADF may have to be taken into account.

Lately, Some efforts have been made to reveal the mechanism of RISC through theoretical calculations including vibrational motion [19 -21]. For example, Penfold et al. observed that the spin - orbit coupling between ^{1}CT and ^{3}CT is mediated by the lowest local exciton triplet(^{3}LE) of donor in 2,8 – di(10H – phenothiazin – 10 – yl) dibenzo [b,d] thiphene – 5,5 – dioxide using quantum dynamics simulations[20]. Marian et al. reported the photophysical properties of a cationic three – coordinate Cu(I) complex with a monodenate N – heterocyclic carbene ligand and a bidentate phenanthroline ligand using the combined density functional theory and multireference configuration interaction method(DFT/MRCI)[21]. The results that RISC rate is particulary temperature – dependent, and the RISC rate becomes very small, about 8 s^{-1} at 77 K. While the direct spin – orbit coupling between S_1 and T_1 is negligible.

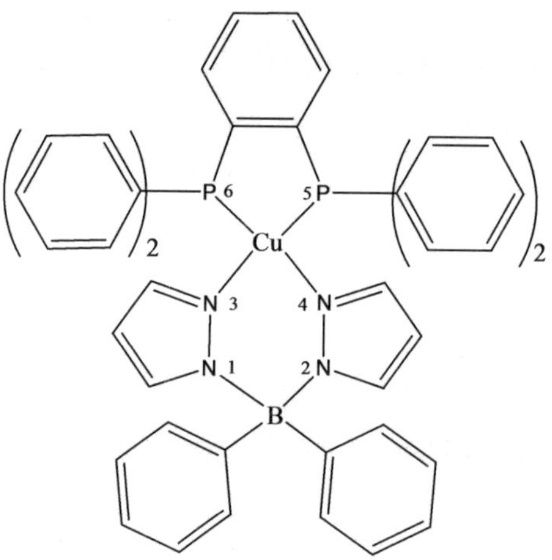

Figure 1. Chemical structure of mononuclear Cu(dppb)(pz_2Bph_2) complex.

In this work, we chose a typical Cu(I) complex TADF emitter, Cu(dppb)(pz_2Bph_2), where dppb = 1,2 – bis(diphenylphosphino) benzene and pz_2Bph_2 = diphenylbis (pyrazol – 1 – yl) borate(Figure 1) as an model because it has a wealth of photophysical and spectroscopic data in experiments[22,23]. The interconversion and decay rate constants of S_1 and T_1 have been quantitatively calculated by employing the thermal vibration correlation function (TVCF) rate theory in combination with the DFT/TD – DFT methods[24]. Absorption spectrum obtained by the scalar relativistic DFT combined with restricted open – shell configuration interaction(ROCIS) including spin – orbit coupling effects is in excellent agreement with the experimental data. The motivation would provide design routes for high – performing Cu(I) complex TADF materials by on deeper understanding of the $S_1 \leftrightarrow T_1$ ISC process.

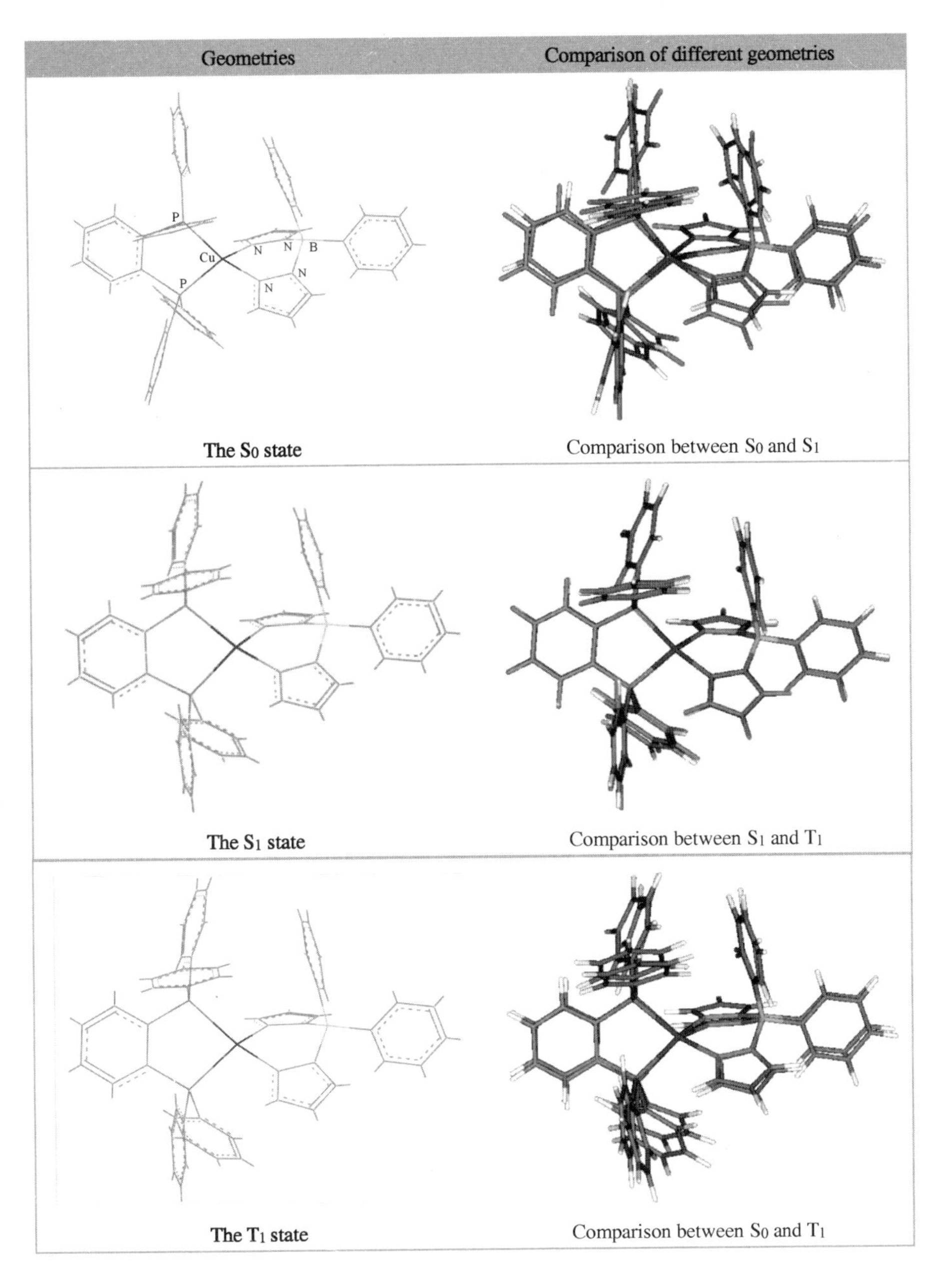

Figure 2. Front view of the CAM – B3LYP optimized ground state geometry and TD – CAM – B3LYP optimized excited state geometries using the 6 – 311 + G (d, p) basis set. The second column geometries are intuitive pictures comparing the S_0, S_1 and T_1 geometries for the mononuclear Cu(dppb)(pz_2Bph_2) complex.

2. Computation details and Theoretical background

Geometry optimizations. The mononuclear Cu(dppb)(pz_2Bph_2) TADF molecule considered here are mostly donor – acceptor charge – transfer molecule, the range – separated corrected functionals CAM – B3LYP[25,26] along with Grimme's 2010 atom – pairwise dispersion correction[27] to density functional theory (DFT) with Becke – Johnson damping(GD3BJ) may compute better since B3LYP would significantly overestimate electron delocalization in the excited states. Therefore, optimization of the ground state and excited state structures were calculated using the CAM – B3LYP functionals as well as corresponding to time – dependent TD – CAM – B3LYP with 6 – 311 + G(d, p) Gaussian – type basis set using Gaussian 09 package[28], followed by calculations of harmonic vibrational frequencies and normal modes to obtain equilibrium geometries and calculate thermal vibration correlation functions.

Excited state properties. On the basis of the CAM – B3LYP optimized structures, electronic vertical absorption were calculated with the parallel version of the combined DFT(CAM – B3LYP, or ωB97X – D3) and restricted open – shell configuration interaction with single excitations (DFT/ROCIS) method[29] by version 4.0 of theORCA package[30]. This method includes the dynamic correlation from DFT as well as the static correlation from the ROCIS approach. The excitation energies and transition dipole moments for the absorption spectrum includingSOC were obtained with SOC – quasi – degenerate perturbation theory(QDPT)[29]. Calculations with hybrid functionals used the RIJCOSX algorithm to speed the calculation of Hartree – Fock exchange[31]. For transition metal complexes, relativistic effects should be expected, which may have significant effect on the calculated spectra. Calculations of relativistic effects included thesecond – order Douglas – Kroll – Hess (DKH) correction and also taken into account picture change effects[32]. The scalar relativistically recontracted DKH – def2 – TZVP (– f) basis set and the decontracted auxiliary def2/J Coulomb fitting basis setswith ORCA Grid5 was used for all atoms.

Spin – orbit coupling and zero – field splitting. Thespin – spin dipoleandSOC interactions for the open shell triplet geometry are considered with a Hamiltonian operating on zero – order triplet wave functions, which introduces some angular momentum into the ground state resulting in the zero – field splitting(ZFS) spin parameters axial D and rhombic E. SOC calculations were performed on top of the above – mentioned DFT/RO-

CIS calculations combined with the framework of QDPT[29]. Herein, we employed an accurate multicenter spin – orbit mean – field(SOMF) of the Breit – Pauli SOC operator on all centers[33,34]. This operator explicitly takes care of the one – and two – electron parts and includes the spin – same – orbit as well as spin – other – orbit terms in its two – electron part. These calculations were performed with a key word of SOCFlags 1, 3,3,1 in the ORCA 4.0 program[30]. For comparison, SOC and the ZFS parameters are also calculated at the level of complete active space self consistent field(CASSCF) wave function.

Fluorescence and phosphorescence rates. For Fluorescence and phosphorescence rates or lifetimes, respectively, the DFT/ROCIS wave functions were calculated. Singlet – triplet transitions are strictly forbidden in the regime of an unrelativistic treatment, however, SOC interactions couple these states, resulting in nonzero probability of spin – forbidden transitions. The intensity of the spin – forbidden transition is proportion to the square of the $\mu(S_0 \leftarrow T_{1,\zeta})$ transition moment. $\mu(S_0 \leftarrow T_{1,\zeta})$ can be written as follow [35]:

$$\mu(S_0 \leftarrow T_{1,\zeta}) = \langle S_0 \mid \mu_\alpha \mid T_{1,\zeta} \rangle = \sum_n \frac{\langle S_0 \mid \mu_\alpha \mid S_n \rangle \langle S_n \mid \hat{H}_{SOC} \mid T_{1,\zeta} \rangle}{E(T_{1,\zeta}) - E(S_n)} + \sum_m \frac{\langle T_{1,\zeta} \mid \mu_\alpha \mid T_m \rangle \langle T_m \mid \hat{H}_{SOC} \mid S_0 \rangle}{E(T_m) - E(S_0)} \quad (1)$$

where $T_{1,\zeta}$ represents the ζ(= Ⅰ, Ⅱ, and Ⅲ) spin sublevel of triplet T_1 state being subject to the ZFS induced by internal magnetic perturbations; μ_α is an electric dipole moment operator projection on the αaxis; and $\hat{H}_{SOC}$ is the SOC operator.

The electric transition dipole moments of the received spin – mixed wave functions can be used to calculate the rates according to eq. 2.

$$K_{r,\zeta} = \frac{4e^2}{3c^3\hbar^4}\Delta E^3_{S_0 \leftarrow T_{1,\zeta}} \left|\mu(S_0 \leftarrow T_{1,\zeta})\right|^2 \quad (2)$$

wherein$\Delta E_{S_0 \leftarrow T_{1,\zeta}}$ denotes a vertical emission energy.

Considering the vibronic coupling from origin displacements, distortions, and Duschinsky rotation within a multimode harmonic oscillator model, we adapt the thermal vibration correlation function(TVCF) method[24]. The spontaneous radiative decay rate with time – dependent form, K_r, is the integration of eq. 4:

$$\sigma(\omega,T) = \frac{4e^2}{3c^3\hbar^4}\left|\mu(S_0 \leftarrow T_{1,\zeta})\right| \left|\int e^{-i\omega t} e^{i\omega_{S_0 \leftarrow T_1} t} Z_i^{-1} \rho_{em}(t,T)\, dt \quad (3)$$

$$K_r = \int_0^{\infty} \sigma_{em}(\omega)\mathrm{d}\omega \tag{4}$$

in which $Z_{T_1}^{-1} = \sum_{v=\{0_1,0_2,\ldots,0_N\}}^{\infty} e^{-\beta E_v^{T_1}}$ is the partition function, and N is the number of normal modes; the TVCF form is $\rho_{em}(t,T) = \mathrm{Tr}[e^{i\tau_{T_1}\hat{H}_{T_1}} e^{i\tau_{S0}\hat{H}_{S_0}}]$ and can be solved analytically by multidimensional Gaussian integrations. Here, $\tau_i = -i\beta-(t/\hbar)$, $\tau_f = t/\hbar$, $\beta = (k_B T)^{-1}$, and $\hat{H}_{T_1}$ ($\hat{H}_{S_0}$) is the harmonic oscillator Hamiltonian of the triplet (singlet) electronic state. These calculations were performed using the MOMAP program [36,37] combined with the ORCA 4.0 program[30].

Intersystem crossing rate constant. Similarly, the vibrational contributions to the ISC and RISC rates were also calculated using the MOMAP program[36,37]. Based on the time-dependent second-order perturbation theory and Born-Oppenheimer adiabatic approximation, thermal average ISC from initial T_1 electronic state with the vibrational quantum numbers v to the final S_1 electronic state with the vibrational quantum numbers u may be expressed as

$$K_{ISC} = \frac{2\pi}{\hbar} |\langle T_1 | \hat{H}_{SOC} | S_1 \rangle|^2 Z_{T_1}^{-1} \sum_{v,u} e^{-\beta E_v^{T_1}} |\langle \Theta_{T_1,v} | \Theta_{S_1,u} \rangle|^2 \delta(E_{T_1,v} - E_{S_1,u}) \tag{5}$$

Here, $Z_{T_1}^{-1} = \sum_{v=\{0_1,0_2,\ldots,0_N\}}^{\infty} e^{-\beta E_v^{T_1}}$, N is the number of normal modes; the delta function δ is to keep the conservation of energy. Applying the Fourier transform of the δ function, eq. 5 is recast as

$$K_{ISC} = \frac{1}{\hbar^2} |\langle T_1 | \hat{H}_{SOC} | S_1 \rangle|^2 \int_{-\infty}^{\infty} \mathrm{d}t [e^{i\omega_{T_1,S_1}t} Z_{T_1}^{-1} \rho_{ISC}(t,T)] \tag{6}$$

where the TVCF form is $\rho_{ISC}(t,T) = \mathrm{Tr}[e^{i\tau_{S_1}}\hat{H}_{S_1} e^{i\tau_{T1}}\hat{H}_{T_1}]$. The detailed derivation of these formulas is found in ref. 22. The ISC and RISC rates were calculated for two temperatures, 30 K and 300 K. The time correlation function was integrated over a time interval of 0.01fs and a grid of 30000 points was chosen.

3. Results and discussion

3.1 The molecular geometries

The geometric structures of mononuclear Cu(dppb)(pz_2Bph_2) complex are shown in Figure 2, and the Cartesian coordinate parameters of geometry are listed in Table S1 in the Supporting Information. The coordination geometry is distorted from the D_{2d} tetrahedral geometry that might be expected for a d^{10} metal ion. The dihedral angles between

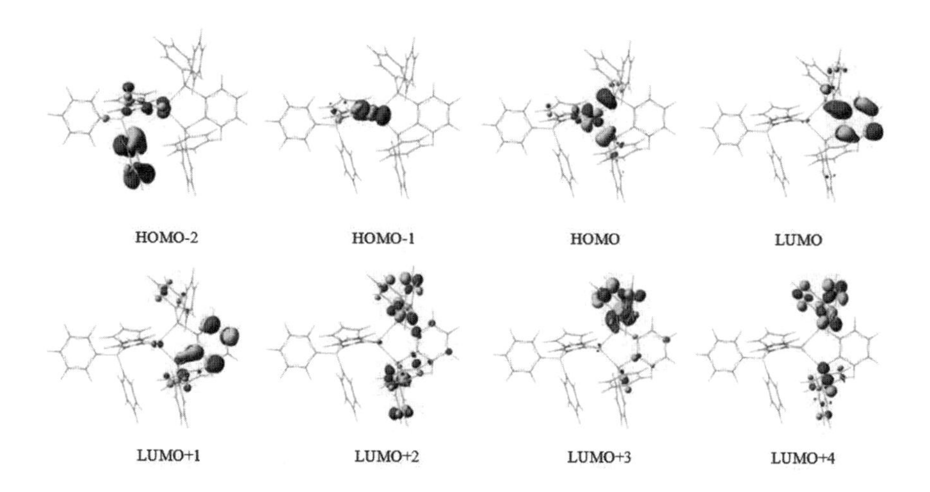

Figure 3. Singlet – singlet transition orbitals of the mononuclear Cu (dppb) (pz_2Bph_2) complex.

the two planes defined by the P5 – Cu – P6 atoms and N1 – Cu – N_2 atoms are 87. 60 ° for the ground state S_0. The parameters of the ground state equilibrium geometry are in good agreement with the experiment[23]. In the crystal structure, the Cu – N bond lengths are 2. 011 ~ 2. 018 Å, Cu – P bond is the length of 2. 257 Å, while the calculated bond lengths of the Cu – N bond and Cu – P bond are 2. 015 Å and 2. 268 Å, respectively. The dihedral angles between the two planes defined by ∠N1 – N_2 – P5 – P6 are 87. 48 °in the experiment compared to a computed value of 87. 60 °[23]. Thus the structure of Cu(dppb)(pz_2Bph_2) is well reproduced at the CAM – B3LYP/6 –311 + G (d,p) level.

Structural changes upon the S_1 and T_1 states, predicted at the TD – CAM – B3LYP level, show that excitation includes mostly charge transfer involving the 3d metal orbitals (HOMO) and dppb ligand – centered π * – orbital (LUMO). The Cu – P bonds are both elongated by about 0. 09 Å in the S_1 and T_1 states compared with the structure of the S_0 state. The distortion changes of between the P5 – Cu – P6 plane and N1 – Cu – N_2 plane are the strongest with the deviations being 28. 05 °and 29. 09 °in T_1 and S_1, respectively. However, the S_1 and T_1 geometries are very similar, with the largest deviation for the bond length being 0. 01 Å and that for the bond angle being 0. 1 °. The intuitive pictures comparing the S_0, S_1 and T_1 geometries are shown in the second column of Figure 2.

3.2 Spin – free and spin – orbit theoretical absorption spectrum

The vertical spin – free absorption spectrum of the mononuclear Cu(dppb)(pz_2Bph_2) complex have been computed for the optimized S_0 geometry, schematically depicted in Table 1. The experimental absorption spectrum has been recorded in CH_2Cl_2[22, 23]. Very weak band 440nm(≈2.81eV) was assigned to CT transition involving the 3d metal orbitals and dppb ligand – centered π * – orbital. The TDDFT and experimental spectra are seen to match perfectly from Table 1. The S_1 state lie 2.62 eV, and the excitation might gain some intensity through vibronic transition. The S_1 main configuration is single excitation from HOMO to LUMO(64.9%) and LUMO + 1(30.4%), for a molecular orbital scheme with graphical representations of the Kohn – Sham orbital densities, see Figure 3. The HOMO has d/σ character originating from a linear combination of d_{xy} – like orbital of the copper atom with p orbitals of coordinating phosphorous atoms, whereas the LUMO and LUMO + 1 are mainly distributed over the phenylene ring of the dppb ligand. It reveals a special excited state formation, that is MLCT process with the charge transfer from metal to an empty antibonding π * orbital of the dppb ligand. In the calculated spectrum, one can find the excitation with the strongest oscillator strength (f=0.20683) at 3.12 eV. This $S_0 \rightarrow S_3$ excitation is dominated by a d/σ → σ * (diphenylphosphino) configuraton. The remain three singlet excited states S_2, S_4, and S_5, are assigned to be of the obvious CT transition feature due to the spatial separation of the involved molecular orbitals, which leads to the relatively small oscillator strength f of the transition between S_0 and S_2, S_4, and S_5. Indeed, this is supported by the TD – DFT calculations giving f values (see Table 1).

Absorption spectra obtained at the scalar relativistic CAM – B3LYP(and ωB97X – D3)/ROCIS level and including SOC effects by means of QDPT is plotted in Figure 4. It can be seen that the trend of the spectrum does not change significantly when SOC effects are included. Vital differences can be seen in line spectrum where any excitations gain oscillator strength due to singlet – triplet interaction. In principle, SOC may lead to the $S_0 \rightarrow T_m$ excitation in two different ways (see eq. 1): the S_0 state can couple with triplet excited states, T_m. In this way, spin – and electric – dipole allowed excitations in the triplet manifold, from T_1 to T_m that mix with S_0 may contribute. Alternatively, the T_1 state couples with the excited singlet states, S_n, mixing in contributions from electric – dipole allowed excitations in the singlet manifold. Thus, the formally spin forbidden $S_0 \rightarrow T_m$ excitation is activated via SOC interaction. For the CAM – B3LYP method, at 498 nm (20049 cm^{-1}), and 489 nm (20413 cm^{-1}) at the ωB97X - D3 level, there is an excitation with substantial oscillator strength that has no correspondence in the spin - free spectrum. It is a $S_0 \rightarrow T_1$ excitation with some singlet excited state admixture. At the same time, SOC can involve magnetic interactions which splits the T_m manifold into three substates ($T_{m,(I,II,III)}$), i. e. ZFS, that are separated in energy in the absence of an applied field, see Figure 4c, d.

3. 3 Singlet - triplet splitting $\Delta E(S_1 - T_1)$

Through the above discussion, the S_1 and T_1 states have the same configurations, ^{1}MLCT and ^{3}MLCT, from d/σ → π * MLCT excitations. For TADF molecules, a key requirement is very small singlet - triplet splitting energy $\Delta E(S_1 - T_1)$ between the S_1 and T_1 excited states. To choose an optimal calculation approach to evaluate $\Delta E(S_1 - T_1)$, TD - DFT methods including B3LYP, M062X, and long - range correction functions (CAM - B3LYP, ωB97X - D3, LC - BLYP) at def2 - TZVP(- f) basis set level were tested. These values are listed in Table S2. Compared to the experimental value of $\Delta E(S_1 - T_1)$ = 370 cm^{-1}[22], it is clear that the CAM - B3LYP(371. 0 cm^{-1}), B3LYP (379. 1 cm^{-1}), and ωB97X - D3(372. 5 cm^{-1}) functions give the best prediction of $\Delta E(S_1 - T_1)$ at the S_1 geometry.

Table 1. Singlet - singlet transition electric dipole moments (in a. u.), transition energies (in eV), and their oscillator strength (f) of the mononuclear Cu (dppb) (pz_2Bph_2) complex at the TD - wB97X - D3/def2 - TZVP(- f) level for the optimized S_0 geometry.

Excited State(n)	<S_0 |μ_x |S_n>	<S_0 |μ_y | S_n>	<S_0 |μ_z | S_n>	$\Delta E_{S0 \rightarrow Sn}$	f	TD - DFT weights
S_1	-0. 137	-0. 559	0. 145	2. 615	0. 02256	HOMO →LUMO 64. 9% HOMO →LUMO + 1 30. 4%
S_2	-0. 685	-0. 576	0. 185	2. 770	0. 05676	HOMO →LUMO + 1 65. 9% HOMO →LUMO 32. 6%
S_3	0. 775	1. 160	-0. 872	3. 118	0. 20683	HOMO →LUMO + 2 81. 8% HOMO →LUMO + 3 13. 1%
S_4	-0. 006	-0. 434	-0. 971	3. 229	0. 08965	HOMO →LUMO + 3 84. 3% HOMO →LUMO + 2 13. 9%
S_5	-0. 300	0. 327	-0. 090	3. 388	0. 01702	HOMO - 2 →LUMO 36. 5% HOMO →LUMO + 4 48. 0%

It is well known that the S_1 and T_1 states with the same orbital configuration are

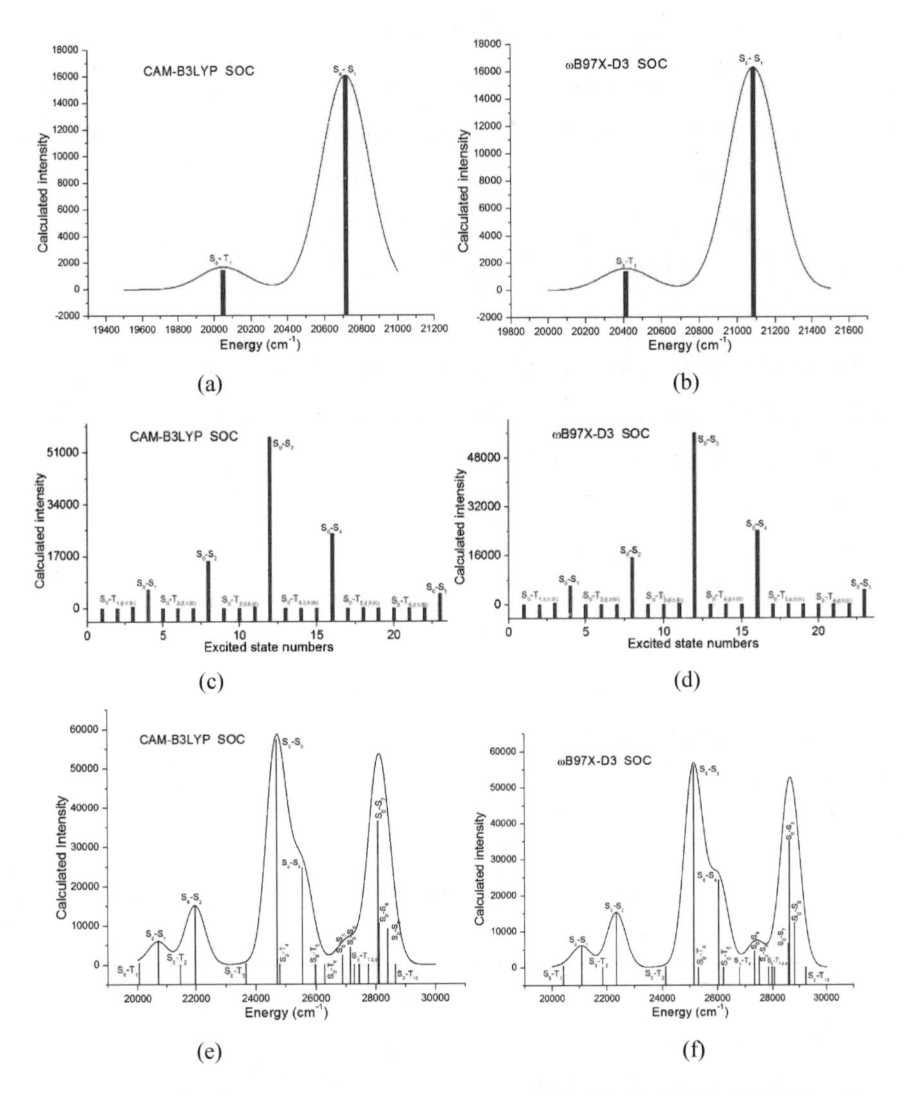

Figure 4. Absorption spectra obtained at the scalar relativistic CAM – B3LYP(and ω B97X – D3)/ROCIS level and including SOC effects by means of QDPT. (a) and(b) are the vital spin – allowed S_0 – S_1 and spin – forbidden S_0 – T_1 transitions; (c) and (d) for all transitions below excited energy of S_5 state including ZFS effects; (e) and (f) considered the ten singlet and triplet excited states, respectively.

separated by the exchange energy(J, also called as exchange coupling constant) as illustrated in eqs. 7 and 8 with ϕ_L and ϕ_H corresponding to the electron and hole orbitals involved in the transition, respectively[9]. Often ϕ_L is the LUMO and ϕ_H is the HOMO. Where the J values are relative with the spatial separation($r_1 - r_2$) and overlap integral of ϕ_L and ϕ_H at the S_0 state, higher overlap of HOMO and LUMO and smaller spatial separation lead to higher J and $\Delta E(S_1 - T_1)$.

$$\Delta E(S_1 - T_1) = E(S_1) - E(T_1) = 2J \tag{7}$$

$$J = \iint \varphi_H^*(r_1)\varphi_L(r_2)(1/r_1 - r_2)\varphi_L^*(r_1)\varphi_H(r_2)d_{r_1}d_{r_2} \tag{8}$$

Thus, in order to give a quantitative investigation, hole - electron overlap extent (S_{h-e}) and mean separation distance(D_{h-e}) of HOMO and LUMO associated of the S_1 and T_1 transitions can be calculated using the Multiwfn program[38], and calculated results are depicted in Figure 5.

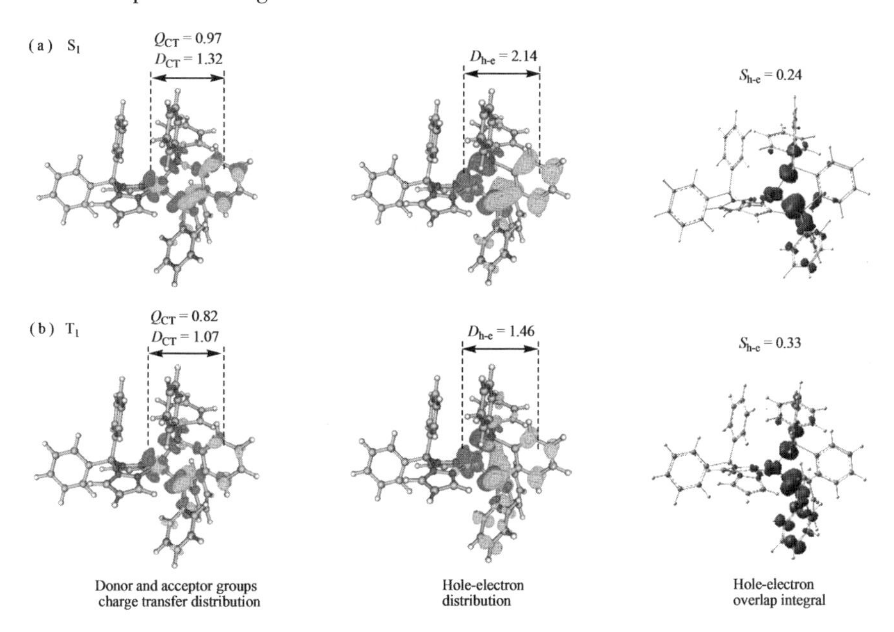

Figure 5. Computed CT and hole - electron indexes of the mononuclear Cu(dppb)(pz_2Bph_2) system for selected S_1 and T_1 states at CAM - B3LYP/6 - 311 + G(d, p) theoretical level. Length between donor and acceptor groups, D_{CT}, charge Q_{CT} are Å and a. u., respectively. Distance between centroid of hole and electron, D_{h-e} in Å and hole - electron overlap integral S_{h-e} is a. u..

Along with photo excitation, intramolecular charge transfer of electron from ground state to excited state takes place for Cu(dppb)(pz_2Bph_2), in which sufficient spatial charge separation within the TADF is desired to enhance the subsequent charge transfer processes. It is evident that both S_1 and T_1 present a marked charge transfer by excitation, where significant electron density difference are observed between the Cu group(electron donor, the density deletion zone) and the dppb ligand (electron acceptor, the density increment region). The S_1 reveals a charge transfer (Q_{CT}) of 0.97 e^-, which is slightly larger than 0.82 e^- by T_1; And charge transfer distances (D_{CT}) are 1.32 Å for S_1 and 1.07 Å for T_1 (see Figure 5). These critical parameters revealed that both the S_1 and T_1 excitations have the net CT character.

The hole - electron overlap (S_{h-e}) and separation distance (D_{h-e}) were quantified successfully. As illustrated in Figure 5, it was found that the S_1 and T_1 possess separated hole - electron with small S_{h-e} and long D_{h-e}, leading to small $\Delta E(S_1 - T_1)$. This is highly desirable in the TADF design as it leads to sufficient charge separation upon photoexcitation that in turn, reduces geminate recombination and facilitates TADF regeneration.

Table 2. Calculated spin - orbit coupling matrix constants (SOCC) (cm^{-1}) between T_1 and S_n for the mononuclear Cu(dppb)(pz_2Bph_2) complex and the tensors D and E of Zero - Field splitting (ZFS) with unit in cm^{-1} in the CASSCF(8,7)/def2 - TZVP(f) level.

		$\langle T_1 \mid \hat{H}_{SOC} \mid S_n \rangle$			SOCC[a]	ZFS	
		x	y	z		D	E
At S_1 geometry	S_1	-0.50	-2.19	0.12	1.29	0.324	0.076
	S_2	23.00	155.58	-14.73	52.65		
	S_3	-437.76	201.04	-150.71	168.24		
	S_4	405.05	494.16	28.47	213.19		
	S_5	-24.94	76.03	147.19	55.84		
At T_1 geometry	S_1	1.16	4.43	-0.22	2.65	0.415	0.064
	S_2	23.14	107.63	-7.73	36.78		
	S_3	-425.44	233.20	-132.27	167.72		
	S_4	420.16	485.72	15.57	214.14		
	S_5	-25.76	66.65	153.15	56.33		

[a] $SOCC = \sqrt{(|\langle T_1 \mid \hat{H}_{SOC} \mid S_n \rangle_x|^2 + |\langle T_1 \mid \hat{H}_{SOC} \mid S_n \rangle_y|^2 + |\langle T_1 \mid \hat{H}_{SOC} \mid S_n \rangle_z|^2)/3}$

Table 3. Vertical energies, oscillator strength f, radiative rates, and lifetimes τ at the S_1 and T_1 minimum at the CAM - B3LYP - D3BJ/ROCIS/def2 - TZVP(- f) levels.

State	$\Delta E(cm^{-1})$	f	rate(s^{-1})	$\tau(\mu s)$
At S_1 geometry				
$T_{1,I}$	22381.31	2.88×10^{-7}	9.62×10^{1}	10395
$T_{1,II}$	22381.32	3.91×10^{-6}	1.31×10^{3}	763

续表

State	ΔE(cm^{-1})	f	rate(s^{-1})	τ(μs)
		At S_1 geometry		
$T_{1,III}$	22381. 35	6.09×10^{-6}	2.04×10^{3}	490
Average			$K_{P,av}=1.15\times10^{3}$	$\tau_{av}=870$
S_1	22735. 74	1.45×10^{-2}	5.01×10^{6}	0. 199
		At T_1 geometry		
$T_{1,I}$	22576. 13	2.43×10^{-7}	8.26×10^{1}	12106
$T_{1,II}$	22576. 13	1.73×10^{-6}	5.88×10^{2}	1701
$T_{1,III}$	22576. 16	5.96×10^{-6}	2.03×10^{3}	493
Average			$K_{P,av}=9.01\times10^{2}$	$\tau_{av}=1109$
S_1	22948. 66	2.28×10^{-2}	8.06×10^{6}	0. 124

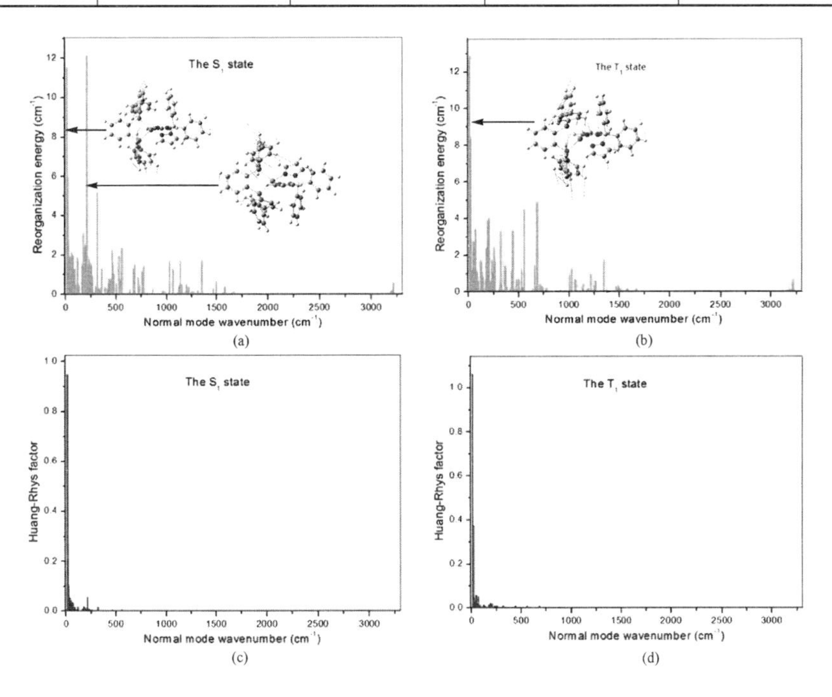

Figure 6. Calculated Huang – Rhys factors and reorganization energies versus the normal modes in term of the corresponding S_1 and T_1 potential surfaces and the normal modes with the largest reorganization energies were embedded in the pictures.

3. 4 Phosphorescence and fluorescence

Fundamentally, $T_1\rightarrow S_0$ phosphorescence emission is caused through perturbation of

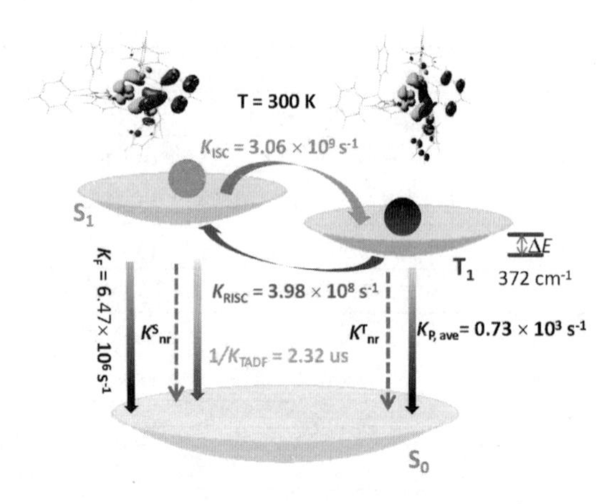

Figure 7. Fluorescence (K_F) , phosphorescence (K_P) , and ISC (K_{ISC}) rates at 300 K for the global T_1 minimum. Electronic density change induced by excitations of the S_0 to S_1 and T_1 states was inserted in the top(In light blue, loss; In deep rose, gain).

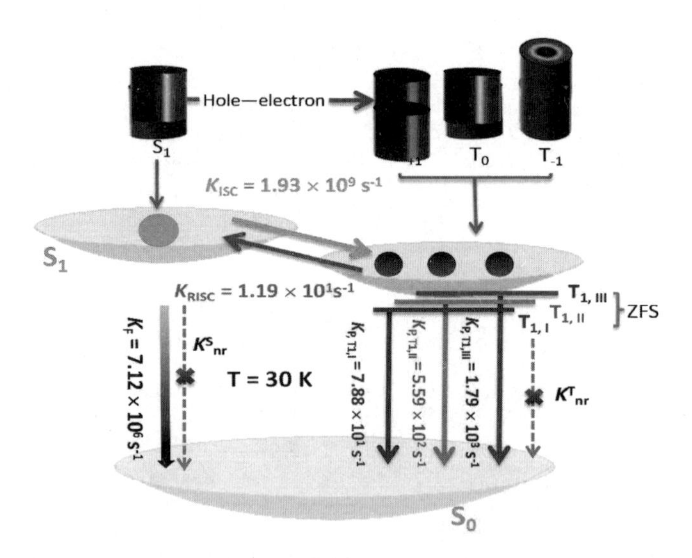

Figure 8. Exciton dynamic processes for a typical TADF emitter inOLEDs. Singlet and triplet excitons are generated in a 1:3 ratiodepending on the spin degeneracy. K_F, K_P, K_{ISC}, and K_{RISC} arerate constants of fluorescence, phosphorescence, intersystemcrossing, and reverse intersystem crossing at 30 K for the global T_1 minimum.

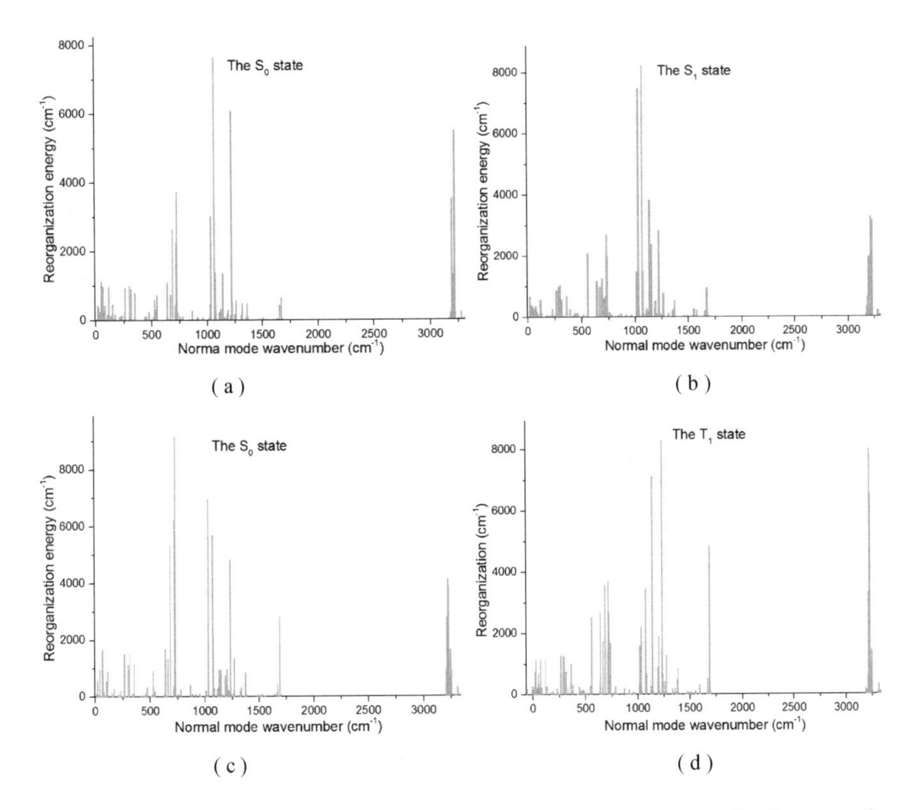

(a) (b)

(c) (d)

Figure 9. Calculated reorganization energies versus the normal modes in term of the corresponding potential surface. The S_0 and S_1 states are plotted in (a) and (b); (c) and (d) for the S_0 and T_1 states.

the pure spin states by SOC, which considers the intensity borrowing from spin – allowed electronic transitions, i. e., from $T_m \leftrightarrow T_1$ or $S_n \leftrightarrow S_0$. SOC is a relativistic property, and it can cause ZFS substates of the T_1 state have quite different radiative and nonradiative properties. However, detailed studies are only rarely found. Yersin et al. [22] have experimentally determined to ZFS values of less than 1 cm^{-1}. Our CAM – B3LYP/ROCIS calculation shows that $\Delta_{I,II} = 0.00\ cm^{-1}$ and $\Delta_{II,III} = 0.03\ cm^{-1}$, in good agreement with experiment, particularly using CASSCF methods the computed values of $D = 0.415\ cm^{-1}$ and $E = 0.064\ cm^{-1}$ ($\Delta_{I,II} = E$; $\Delta_{II,III} = D$) at the T_1 geometry, see Table 2 and 3. ZFS is very small, the first T_I and second T_{II} triplet components are virtually degenerate, and the splitting between the T_{II} and T_{III} components amounts to less than 1 cm^{-1}. A correspondingly small value is only possible if SOC – induced mixing of higher – lying singlet or triplet MLCT states with the lowest triplet substates (T_I, T_{II}, and T_{III}) is very weak.

Phosphorescence and fluorescence rates or lifetimes, by only considering electronic transition through Einstein spontaneous emission formula without any involvement of vibronic couplings, respectively, have been calculated for both the S_1 and T_1 geometries, which is listed at Table 3. The calculated rates at the S_1 and T_1 geometries are quite similar. At the T_1 geometry, we find that the phosphorescence radiative rates of the three substates are $K_{P,I} = 8.26 \times 10^1\ s^{-1}$ ($\tau_I = 12.1$ ms), $K_{P,II} = 5.88 \times 10^2\ s^{-1}$ ($\tau_{II} = 1.7$ ms), and $K_{P,III} = 2.03 \times 10^3\ s^{-1}$ ($\tau_{III} = 493\ \mu s$), in reasonable agreement with experimentally measured values (which are τ_I, and $\tau_{II} = 7.7$ ms, $\tau_{III} = 470\ \mu s$) [22]. At a low temperature, these states are not thermally equilibrated because of very slow spin – lattice relaxation processes. With the increase of temperature, however, the spin – lattice relaxation processes become significantly faster and a fast thermalization of the three substates results, an averaged emission decay time τ_{av} can be calculated by the three individual decay times according to $\tau_{av} = 3(\tau_I^{-1} + \tau_{II}^{-1} + \tau_{III}^{-1})^{-1}$. From Table 3, the calculated mean for the three phosphorescence rate is $K_{P,av} = 9.01 \times 10^2\ s^{-1}$ ($\tau_{av} = 1109\ \mu s$) at the T_1 geometry, and the rate for the fluorescence is $K_F = 8.06 \times 10^6$ ($\tau_F = 124$ ns), which are in good agreement with experimentally measured values of $\tau_{av} = 1200\ \mu s$ and $\tau_F = 180$ ns. For the S_1 geometry, we obtain values of $K_{P,av} = 1.15 \times 10^3\ s^{-1}$ ($\tau_{av} = 870\ \mu s$) and $K_F = 5.01 \times 10^6$ ($\tau_F = 199$ ns).

3.5 RISC and TADF

Due to the small difference $\Delta E(S_1 - T_1)$ between the S_1 and T_1 minima, TADF should, theoretically, be possible. In order to ascertainably take place, the S_1 state has to be repopulated. That means that the RISC rate has to be larger than the rates of radiative and nonradiative decay of the T_1 state to the S_0 state.

In the Franck – Condon approximation, ISC or RISC rate is directly proportion to the squared $T_1 \leftrightarrow S_1$ SOC element calculated for the relaxed geometry of the T_1 state. One can see that the S_1 and T_1 states have the same configurations and almost the equivalent weights, which lead to the spin forbidden intersystem crossing. It is well known that the SOC matrix element can be written as in terms of ladder operators [39] (eq. 9).

$$\langle \varphi_\mu \theta_\mu | L \cdot S | \varphi_\nu \theta_\nu \rangle = \langle \varphi_\mu | L_z | \varphi_\nu \rangle \langle \theta_\mu | S_z | \theta_\nu \rangle + 0.5 \langle \varphi_\mu | L_+ | \varphi_\nu \rangle \langle \theta_\mu | S_- | \theta_\nu \rangle$$

$$+0.5\langle \varphi_\mu \mid L_- \mid \varphi_\nu \rangle \langle \theta_\mu \mid S_+ \mid \theta_\nu \rangle \tag{9}$$

where L is the orbital angular momentum operator, and S is the spin operator; the ϕ is the space part of the molecular orbital, θ the spin of the electron. The $L_+S_- + L_-S_+$ operator in eq. 9 performs a spin – flip and this process is accompanied by a change in the orbital due to the L_+/L_- raising/lowering operator. Therefore, two orbitals of opposite spins in SOC have to be different spatial components, but for the triplet state T_1, its wave function cannot meet this rule: i. e., two orbitals of opposite spins in the SOC interaction have the same spatial orbits. These analysis is very consistent with the values calculated($\langle T_1 \mid \hat{H}_{SOC} \mid S_1 \rangle$ = SOCC = 1.29 cm^{-1} at the S_1 geometry; $\langle T_1 \mid \hat{H}_{SOC} \mid S_1 \rangle$ = SOCC = 2.65 cm^{-1} at the T_1 geometry, see Table 2). These analysis results show that their mutual spin – orbit interaction is rather small and vibronic effects may have to be taken into account.

Here, the vibrational contributions to ISC and RISC rates were also calculated using the TVCF method in the MOMAP program[33,34]. Upon a RISC, the geometry of the system changes via vibrational relaxations. To solve vibration correlation functions, the Huang – Rhys factors(S) and related reorganization energy(λ) must be estimated. The total intramolecular reorganization energy, $\lambda_{intra,}$ can be represented as a sum of contributions from individual vibrational normal modes, i, as:

$$\lambda_{intra} = \sum \lambda_i = \sum \hbar \omega_i S_i \tag{10}$$

$$S_i = \frac{\omega_i D_i^2}{2\hbar} \tag{11}$$

where S_i, and $\omega_{i,}$ denote the Huang – Rhys factor and vibrational frequency for the normal mode i, respectively; D_i is the coordinate displacement from the T_1 equilibrium position to the S_1 one along the mode i. Thus, Huang – Rhys factor is a useful measure for the extent of geometry relaxation between T_1 and S_1 states. For T_1 to S_1, the Huang – Rhys factors and reorganization energy are shown in Figure 6 with the largest reorganization energies were embedded in the pictures, the vibronic coupling is weak, presenting very small Huang – Rhys factor, which lead to small reorganization relaxation energy of λ_{intra} = 105 cm^{-1} for the T_1 state(114 cm^{-1}, the S_1 state).

Then, the RISC and ISC rates are calculated according to eq. 5 and 6, RISC proceeds at a rate of $K_{RISC} = 3.98 \times 10^8\ s^{-1}$ at 300 K, which is 5 ~ 6 order of magnitude larger than the mean phosphorescence rate, $K_{P,av} = 0.73 \times 10^3\ s^{-1}$ (see Figure 7). This implies that the S_1 state can be populated from the T_1 state. At the same time, the ISC rate $K_{ISC} = 3.06 \times 10^9\ s^{-1}$ is again about 3 order of magnitude larger than the fluorescence rate $K_F = 6.47 \times 10^6\ s^{-1}$. Therefore, at 300 K, the S_1 and T_1 state populations rapidly equilibrate before decaying radiatively. When the temperature is set to 30 K, the situation will change. The RISC rate becomes very small, about $K_{RISC} = 1.19 \times 10^1\ s^{-1}$, while the ISC rate only decreases slightly from $K_{ISC} = 3.06 \times 10^9\ s^{-1}$ to $K_{ISC} = 1.93 \times 10^9\ s^{-1}$ (see Figure 8). The phosphorescence rate $K_{P,av} = 8.09 \times 10^2\ s^{-1}$ (see Table 4), is in good agreement with the experiment value of $8.31 \times 10^2\ s^{-1}$ at low temperature. Thus, TADF should not be taken place.

In addition, we also found thatK_{RISC} is several orders of magnitude smaller than $K_F = 7.12 \times 10^6\ s^{-1}$ (Figure 8 and Table 4) and $K_{ISC} = 1.93 \times 10^9\ s^{-1}$ at 30 K, shows that their ratio reaches a level close to this kinetic limit case. Compared with room temperature, $K_{ISC} >> K_F + K_{nr}^S$ and $K_{RISC} >> K_P + K_{ISC0,}$ these limits are obviously satisfied. For the non-radiative decay, we have not computed the internal conversion rate constant, K_{nr}^S for the $S_1 \rightarrow S_0$ and ISC K_{ISC0} rate from T_1 to S_0 due to the substantial relaxation energy gap. It is know that the non-radiative decay partly including the energy dissipation through vibronic coupling can be evaluated by the normal mode reorganization energy. In order to support the above views, the calculated reorganization energies for nonradiative transition processes of T_1 to S_0 and S_1 to S_0 are shown in Figure 9, (Corresponding shift vectors and Huang-Rhys factors are plotted Figure S2 and S3), the total reorganization energy (λ_{intra}) at the ground and excited states can be obtained through eq. 10. From Figure 9, the vibration normal modes with large λ_{intra} occur high frequency regions, 500 cm^{-1} to 1700 cm^{-1}. We found that the large contributions to the total λ_{intra} from the twisting vibration of between the P5-Cu-P6 plane and N1-Cu-N_2 plane and from Cu-P bond stretching vibration. The λ_{intra} values of the T_1 state is 283827 cm^{-1} (or 35.19 eV), and for the S_1 state is 78223 cm^{-1} (or 9.69 eV). The deviations of between S_0 and S_1 or T_1 geometries are mainly attributed to the twist of between the P5-Cu-P6 plane and N1-Cu-N_2 plane and the Cu-P bond lengthen, which will lead to these processes of T_1 to S_0 and S_1 to S_0 is to be much slower than the radiative decay rates and will be neglected. Therefore, the equilibrium limit, $K_{ISC} >> K_F + K_{nr}^S$ and $K_{RISC} >> K_P + K_{ISC0,}$ can be rewritten as $K_{ISC} >> K_F$ and $K_{RISC} >> K_{P,}$ here, $K_{ISC} >> K_F$ is certainly adequate at all temperature regions, but the second limit, $K_{RISC} >> K_P$ is not.

For deeper understanding of the emission properties and the equilibrium conditions, decay time as a function of temperature in the range from 10 K to 300 K is calculated using the formula fitted by many experimentalists of eq. 12[2], the calculated results are plotted in Figure 10.

$$\tau(T) = \frac{3 + \exp[-\Delta E(S_1 - T_1)/k_B T]}{\frac{3}{\tau(T_1)} + \frac{1}{\tau(S_1)}\exp[-\Delta E(S_1 - T_1)/k_B T]} \tag{12}$$

In this equation, k_B represents the Boltzmann constant, and $\tau(T_1)$ and $\tau(S_1)$ are the emission decay times of the T_1 and S_1, respectively, in the absence of thermalization. At very low temperature, the exponential terms disappear and the decay time $\tau(T)$ equals the phosphorescence decay time $\tau(T_1)$, while at high temperature, the term containing $\tau(T_1)$ can be neglected and one essential obtains the decay time of TADF fluorescence.

Forthe mononuclear Cu(dppb)(pz_2Bph_2) system, the emission decay time is almost constant and one observes a plateau with $\tau(T_1) \approx 1111.05$ μs in the temperature range from 10 K to 50 K. This emission is assigned as phosphorescence from the T_1 to S_0. With temperature increase, a large reduction of decay time is estimated since a thermal activation of a higher – lying state leads to be significantly more allowance of the transition to the S_0 state than the T_1 state. At $T > 150$ K, the contribution of the S_1 state to the emission dominates, this effect represents a TADF. Computed decay time is τ(300 K) = 2.32 μs by fitting the equation 12, the experimental value of 3.3 μs[22].

Table 4. At different temperature, calculated vertical energies, radiative rates, and lifetimes τ at the T_1 minimum at the CAM – B3LYP – D3BJ levels including thermal vibration activation.

State	ΔE(cm^{-1})	30 K		80 K		300 K	
		rate(s^{-1})	τ(μs)	rate(s^{-1})	τ(μs)	rate(s^{-1})	τ(μs)
$T_{1,I}$	22576.13	7.88×10^1	12694	7.73×10^1	12934	7.07×10^1	14143
$T_{1,II}$	22576.13	5.59×10^2	1789	5.48×10^2	1823	5.02×10^2	1993
$T_{1,III}$	22576.16	1.79×10^3	558	1.76×10^3	568	1.61×10^3	621
Average		8.09×10^2	1236	7.95×10^2	1258	7.27×10^2	1375
S_1	22948.66	7.12×10^6	0.139	7.07×10^6	0.141	6.47×10^6	0.155

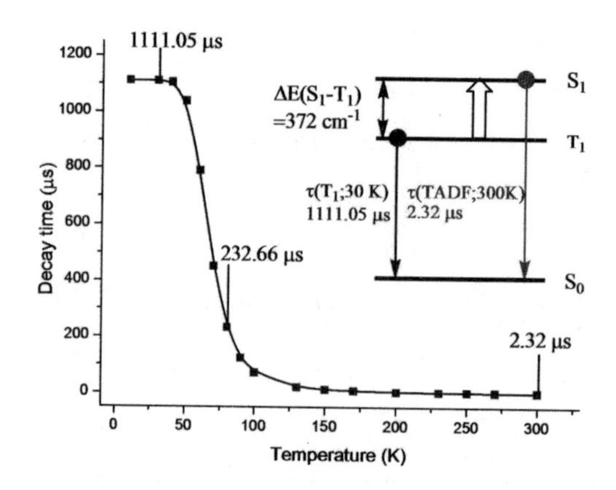

Figure 10. Emission decay time of the mononuclear Cu (dppb) (pz_2Bph_2) complex versus temperature from 10 K to 300 K.

4. Conclusions

In this study, the geometries and photophysical properties of a mononuclear Cu (dppb)(pz_2Bph_2)complex were computationally investigated using the quantum chemistry calculations. Absorption spectrum obtained at the scalar relativistic CAM – B3LYP/ROCIS level and including SOC effects by means of QDPT is in excellent agreement with the experimental data. Therefore, all electronic excitation energies and properties reported in this work refer to CAM – B3LYP/ROCIS values.

The lowest excited singlet S_1 and triplet T_1 states are designated as ^{1,3}MLCT from d/σ → π * MLCT excitations. It was found that the S_1 and T_1 possess separated hole – electron with small electron overlap S_{h-e} and long distance D_{h-e}, leading to small ΔE (S_1 – T_1). Indeed, the experimentally determined values amount only to 370 cm^{-1}, which is in good agreement with calculated value of 371. cm^{-1} for the CAM – B3LYP method. As a consequence, the Cu(dppb)(pz_2Bph_2)complex is highly attractive candidates for studies and applications of TADF.

In order to ascertainably TADF take place, the S_1 state has to be repopulated. That means that the RISC rate has to be larger than the rates of radiative and nonradiative decay of the T_1 state to the S_0 state. However, the S_1 and T_1 states arise from the same orbital excitation, their mutual spin – orbit interaction is forbidden and vibronic effects have to be considered. In this work, the photophysical properties including the radiative and the nonradiative decay rates arising from SOC of the excited states have been investigated theoretically using the TVCF method. The calculated results show that RISC proceeds at a rate of $K_{RISC}=3.98\times10^{8}\ s^{-1}$ at 300 K, which is about 6 order of magnitude larger than the mean phosphorescence rate, $K_{P,av}=7.3\times10^{2}\ s^{-1}$. This implies that the S_1 state can be populated from the T_1 state. At the same time, the ISC rate $K_{ISC}=3.06\times10^{9}\ s^{-1}$ is again about 3 order of magnitude larger than the fluorescence rate $K_F=6.47\times10^{6}\ s^{-1}$. Therefore, at 300 K, the S_1 and T_1 state populations rapidly equilibrate before decaying radiatively. Computed TADF decay time is $\tau(300\ K)=2.32\ \mu s$ by fitting using the equation 12, the experimental value of 3.3 μs. When the temperature is set to 30 K, the situation will change. The RISC rate becomes very small, about $K_{RISC}=1.19\times10^{1}\ s^{-1}$, while the ISC rate only decreases slightly from $K_{ISC}=3.06\times10^{9}\ s^{-1}$ to $K_{ISC}=1.93\times10^{9}\ s^{-1}$. The phosphorescence rate $K_{P,av}=8.09\times10^{2}\ s^{-1}$, is in good agreement with the experiment value of $8.31\times10^{2}\ s^{-1}$ at low temperature. Thus, TADF should not be taken place.

Acknowledgements

The authors gratefully acknowledge financial support from National Natural Science Foundation of China (Grant No. 21263022, 21663025, 21663024).

References

[1] Y. Tao, K. Yuan, T. Chen, P. Xu, H. H. Li, R. F. Chen, C. Zheng, L. Zhang, W. Huang, Thermally Activated Delayed Fluorescence Materials Towards the Breakthrough of Organoelectronics, Adv. Mater. 47(2014)7931 – 7956.

[2] H. Yersin, A. F. Rausch, R. Czerwieniec, T. Hofbeck, T. Fischer, The triplet state of organo – transition metal compounds. Triplet harvesting and singlet harvesting for efficient OLEDs, Coord. Chem. Rev. 255(2011)2622 – 2652.

[3] T. Ogiwara, Y. Wakikawa, T. Ikoma, Mechanism of intersystem crossing of thermally activated delayed fluorescence molecules, J. Phys. Chem. A 119(2015)3415 – 3418.

[4] S. Perumal, B. Minaev, H. Ågren, Triplet state phosphorescence in Tris(8 – hydroxyquinoline) Aluminum light emitting diode materials, J. Phys. Chem. C 117(2013)3446 – 3455.

[5] M. A. Baldo, D. O'brien, Y. You, A. Shoustikov, S. Sibley, M. Thompson, S. Forrest, Highly efficient phosphorescent emission from organic electroluminescent devices, Nature 395(1998)151 – 154.

[6] C. Adachi, M. A. Baldo, M. E. Thompson, S. R. Forrest, Nearly 100% internal phosphorescence efficiency in an organic light – emitting device, J. Appl. Phys. 90(2001)5048 – 505.

[7] B. Zhao, T. Zhang, B. Chu, W. Li, Z. Su, Y. Luo, R. Li, X. Yan, F. Jin, Y. Gao, Highly efficient tandem full exciplex orange and warm white OLEDs based on thermally activated delayed fluorescence mechanism, Org. Electron. 17(2015)15 - 21.

[8] H. Uoyama, K. Goushi, K. Shizu, H. Nomura, C. Adachi, Highly efficient organic light - emitting diodes from delayed fluorescence, Nature 492(2012)234 - 238.

[9] T. Chen, L. Zheng, J. Yuan, Z. F. An, R. F. Chen, Y. Tao, H. H. Li, X. J. Xie, W. Huang, Understanding of the control of singlet - triplet splitting for organic exciton manipulating: A combined theoretical and experimental approach, Scientific Reports, 5(2015)10923.

[10] R. Czerwieniec, M. J. Leitl, H. H. H. Homeier, H. Yersin, Cu(I) complexex - Thermally activated delayed fluorescence. Photophysical approach and material design, Coord. Chem. Rev. 325 (2016)2 - 28.

[11] J. C. Deaton, S. C. Switalski, D. Y. Kondakov, R. H. Young, T. D. Pawlik, D. J. Giesen, S. B. Harkins, A. J. M. Miller, S. F. Mickenberg, J. C. Peters, E - Type Delayed Fluorescence of a Phosphine - Supported $Cu_2(\mu - NAr_2)_2$ Diamond Core: Harvesting Singlet and Triplet Excitons in OLEDs, J. Am. Chem. Soc. 132(2010)9499 - 9508.

[12] M. J. Leitl, V. A. Krylova, P. I. Djurovich, M. E. Thompson, H. Yersin, Phosphorescence versus thermally activated delayed fluorescence. Controlling singlet - triplet splitting in brightly emitting and sublimable Cu(I) compounds, J. Am. Chem. Soc. 136(2014)16032 - 16038.

[13] F. Dumur, Recent advances in organic light - emitting devices comprising copper complexes: A realistic approach for low - cost and highly emissive devices? Organ. Electron. 21(2015) 27 - 39.

[14] T. Hofbeck, U. Monkowius, H. Yersin, Highly Efficient luminescence of Cu(I) compounds: thermally activated delayed fluorescence combined with short - lived phosphorescence, J. Am. Chem. Soc. 137(2015)399 - 404.

[15] A. N. Gusev , V. F. Shul'gin , B. F. Minaev, G. V. Baryshnikov , V. A. Minaevab, A. T. Baryshnikova, M. A. Kiskin, I. L. Eremenko, Synthesis and luminescent properties of copper(I) complexes with 3 - pyridin - 2 - yl - 5 - (4 - R - phenyl) - 1*H* - 1,2,4 - triazoles, Russ. J. Inorg. Chem. 62(2017)423 - 430.

[16] V. A. Minaeva, B. F. Minaev, G. V. Baryshnikov, Calculation of the optical spectra of the copper(I) complex with triphenylphosphine, iodine, and 3 - pyridine - 2 - yl - 5 - phenyl - 1*H* - 1, 2,4 - triazole by the DFT method, Opt. Spectrosc. 122(2017)175 - 183.

[17] F. B. Dias, K. B. Bourdakos, V. Jankus, K. C. Moss, K. T. Kamtekar, V. Bhalla, J. Santos, M. R. Bryce, A. P. Monkman, Triplet harvesting with 100% efficiency by way of thermally activated delayed fluorescence in charge transfer OLED Emitters, Adv. Mater. 25(2013)3707 - 3714.

[18] T. Ogiwara, Y. Wakikawa, T. Ikoma, Mechanism of intersystem crossing of thermally activated delayed Fluorescence Molecules. J. Phys. Chem. A 119(2015)3415 - 3418.

[19] M. K. Etherington, J. Gibson, H. F. Higginbotham, T. J. Penfold, A. P. Monkman, Revealing the spin – vibronic coupling mechanism of thermally activated delayed fluorescence. Nat. Commun. 7(2016)13680.

[20] J. Gibson, A. P. Monkman, T. J. Penfold, The importance of vibronic coupling for efficient reverse intersystem crossing in thermally activated delayed fluorescence molecules. ChemPhysChem 17 (2016)2956 – 2961.

[21] J. Foller, M. Kleinschmidt, C. M. Marian, Phosphorescence or thermally activated delayed fluorescence? Intersystem crossing and radiative rate constants of a three – coordinate copper(I) complex determined by quantum – chemical methods, Inorg. Chem. 55(2016)7506 – 7516.

[22] R. Czerwieniec, H. Yersin, Diversity of copper(I) complexes showing thermally activated delayed fluorescence: Basic photophysical analysis, Inorg. Chem. 54(2015)4322 – 4327.

[23] S. Igawa, M. Hashimoto, I. Kawata, M, Yashima, M. Hoshinoa, M. Osawa, Highly efficient green organic light – emitting diodes containing luminescent tetrahedral copper(I) complexes, J. Mater. Chem. C, 1(2013)542 – 551.

[24] Q. Peng, Y. L. Niu, Q. Shi, X. Gao, Z. G. Shuai, Correlation Function Formalism for Triplet Excited State Decay: Combined Spin – Orbit and Nonadiabatic Couplings. J. Chem. Theory Comput. 9(2013)1132 – 1143.

[25] T. Yanai, D. Tew, N. Handy, A new hybrid exchange – correlation functional using the Coulomb – attenuating method(CAM – B3LYP), Chem. Phys. Lett. 393(2004)51 – 57.

[26] J. D. Chai, M. Head – Gordon, Systematic optimization of long – range corrected hybrid density functionals, J. Chem. Phys. 128(2008)084106.

[27] S. Grimme, J. Antony, S. Ehrlich, H. Krieg, A consistent and accurate *ab initio* parametrization of density functional dispersion correction(DFT – D) for the 94 elements H – Pu, J. Chem. Phys. 132(2010)154104.

[28] M. J. Frisch, G. W. Trucks, H. B. Schlegel, et al. , Gaussian 09, Revision – D. 01, Gaussian Inc. Wallingford, CT, 2009.

[29] M. Roemelt, F. Neese, Excited states of large open – shell molecules: An efficient, general, and spin – adapted approach based on a restricted open – shell ground state wave function, J. Phys. Chem. A 117(2013)3069 – 3083.

[30] F. Neese, The ORCA program system, WIREs Comput. Mol. Sci. 2(2012)73 – 78.

[31] F. Neese, F. Wennmohs, A. Hansen, U. Becker, Efficient approximate and parallel Hartree – Fock and hybrid DFT calculations. A 'chain – of – spheres' algorithm for the Hartree – Fock exchange, Chem. Phys. 356(2009)98 – 109.

[32] B. Sandhoefer, F. Neese, One – electron contributions to the g – tensor for second – order Douglas – Kroll – Hess theory, J. Chem. Phys. 137(2012)094102.

[33] F. Neese, Efficient and accurate approximations to the molecular spin – orbit coupling

operator and their use in molecular g – tensor calculations, J. Chem. Phys. 122 (2005) 034107/034101 – 034113.

[34] B. Minaev, G. Baryshnikov, H. Agren, Principles of phosphorescent organic light emitting devices, Phys. Chem. Chem. Phys. 16(2016) 1719 – 1758.

[35] G. Baryshnikov, B. Minaev, H. Ågren, Theory and calculation of the phosphorescence Phenomenon, *Chem. Rev.* 117(2017) 6500 – 6537.

[36] Q. Peng, Y. P. Yi, Z. G. Shuai, J. S. Shao, Excited state radiationless decay process with Duschinsky rotation effect: Formalism and implementation, J. Chem. Phys. 126(2007) 114302.

[37] Y. L. Niu, Q. Peng, C. M. Deng, X. Gao, Z. G. Shuai, Theory of excited state decays and optical spectra: Application to polyatomic molecules, J. Phys. Chem. A 114(2010) 7817 – 7831.

[38] T. Lu, F. Chen, Multiwfn: a multifunctional wavefunction analyzer. J. Comput. Chem. 33 (2012) 580 – 592.

[39] D. Danovich, S. Shaik, Spin – orbit coupling in the oxidative activation of H – H by FeO +. selection rules and reactivity effects, *J. Am. Chem. Soc.* 119(1997) 1773 – 1786.

（本文发表于2017年《Organic Electronics》51卷）

Three - Dimensional 3D Supramolecular Architectures with Co Ⅱ Ions Assembled from Hydrogen Bonding and π···π Stacking Interactions: Crystal Structures and Antiferromagnetic Properties

Chang - Dai Si *

摘要:由配体 H_3L_1 和 H_3L_2 及醋酸钴,通过溶剂热反应方法构筑了5种金属配合物,即$[Co_3(L_1)_2(4,4'-bipy)(H_2O)_3]_n$(1),$[Co_3(L_1)_2(4,4'-bipy)_3(H_2O)_4]_n$(2),$\{[Co_2(L_1)(4,4'-bibp)(\mu_3-OH)(H_2O)]\cdot H_2O\}_n$(3),$\{[Co_3(L_2)_2(dib)_3]\cdot 2H_2O\}_n$(4),$[Co_3(L_2)_2(4,4'-bibp)_3]_n$(5)[$H_3L_1$为4-(3'-羧基-2'-萘氧基)邻苯二甲酸,$H_3L_2$为3-(3'-羧基-2'-萘氧基)邻苯二甲酸]。配合物1展示了(4,4,6)-连接的2D拓扑结构,施莱夫利符号为$(4.10^4.12)(4^{11}.6^4)(4^5.6)_2$,2D结构通过萘环间C-H···π形成了3D超分子结构,三角型结构的三核钴之间主要表现了反铁磁性。配合物2可简化为(3,4,4)-连接的2D拓扑结构,施莱夫利符号为$(5.6^2)_2(5^2.6^3.7)_2(5^4.8^2)$,钴离子之间显示了较弱的反铁磁性。配合物3为(4,4,8)-连接的2D拓扑结构,施莱夫利符号为$(3^2.4.5^2.6)_2(3^2.4^2.5^2)_2(3^4.4^6.5^8.6^7.7^2.8)$,此外,配合物3通过两个$\mu_3$-OH连接四个$Co^{2+}$离子形成了$[Co_4(\mu_3-OH)_2]^{6+}$次级构筑单元(SBU),钴离子之间同样显示反铁磁性。在配合物2-3中,通过C-H···O、C-H···π和π···π堆积作用构筑了3D超分子结构。配合物4-5都为(4,4,5)-连接的2D拓扑结构,施莱夫利符号为$(4.6^4.8)(4^2.6^7.8)_2(4^4.6^2)_2$,另外,2D网格结构通过分子间氢键C-H···O作用构筑了3D超分子结构,直线型的三核钴之间同样表现了反铁磁性。

---

* 作者简介:司长代(1979—),男,甘肃通渭人,天水师范学院副教授、博士,主要从事MOF材料的制备及应用研究。

Five Co^{II} complexes based on H_3L_1 and H_3L_2, namely, $[Co_3(L_1)_2(4,4'-bipy)(H_2O)_3]_n$(1), $[Co_3(L_1)_2(4,4'-bipy)_3(H_2O)_4]_n$(2), $\{[Co_2(L_1)(4,4'-bibp)(\mu_3-OH)(H_2O)]\cdot H_2O\}_n$(3), $\{[Co_3(L_2)_2(dib)_3]\cdot 2H_2O\}_n$(4), $[Co_3(L_2)_2(4,4'-bibp)_3]_n$(5)[($H_3L_1$ = 4 - [(3 - carboxynaphthalen - 2 - yl) oxy] phthalic acid, H_3L_2 = 3 - [(3 - carboxynaphthalen - 2 - yl) oxy] phthalic acid, 4,4' - bipy = 4,4' - bipyridine, dib = 1,4 - di(1 *H* - imidazol - 1 - yl) benzene, and 4,4' - bibp = 4,4' - bis(imidazol) - biphenyl] have been synthesized by solvothermal reactions. Complex 1 displays a(4,4,6) - connected topology with a Schläfli symbol of $(4.10^4.12)(4^{11}.6^4)(4^5.6)_2$, the two - dimensional(2D) structure was assembled to form three - dimensional(3D) framework by C - H··· π interactions of inter - naphtlpclence rings, showing the dominant antiferromagnetic exchanges in triangular {Co3} cluster. Complex 2 presents a 2D(3,4,4) - connected network with a Schläfli symbol of $(5.6^2)_2(5^2.6^3.7)_2(5^4.8^2)$ and weakly antiferromagnetic behavior. Complex 3 features a novel(4,4,8) - connected topology with a Schläfli symbol of $(3^2.4.5^2.6)_2(3^2.4^2.5^2)_2(3^4.4^6.5^8.6^7.7^2.8)$. In addition, complex 3 based on a parallelogram - shaped $[Co_4(\mu_3-OH)_2]^{6+}$ secondary building unit(SBU) provides antiferromagnetic interactions mediated by μ_3 - OH and *syn - syn* - COO^- groups. The driving forces in 3D supramolecular frameworks are C - H···O, C - H··· π, and π··· π stacking interactions for 2 - 3. Complexes 4 - 5 have a identical(4,4,5) - connected 2D network with a Schläfli symbol of $(4.6^4.8)(4^2.6^7.8)_2(4^4.6^2)_2$. Additionally, the C - H···O hydrogen bonds between naphthalenerings and uncoordinated carboxy oxygen atoms extend 2D networks into 3D supramolecular frameworks. Magnetic investigations reveal that 4 and 5 exhibit antiferromagnetic interactions in the linear {Co3} unit.

INTRODUCTION

Over the past two decades, magnetic coordination polymers (CPs) have beenbuilt by using metal ions and organic ligands as linkers owing to their promising applications.[1] However, it is a great challenge to explore the relationship between magnetic phenomena and structures in order to obtain functional molecular materials.[2]

To obtain required magnetic materials, much efforts have been devoted to design appropriate bridging ligands that play an essential role in dominating the exchange interactions.[3] Nowadays, multicarboxylates are extensively utilized for constructing polynuclear clusters that hold inherent structural beauty and ideal model systems for the studies of magnetism,[4] especially for Co^{II} systems.[5] In addition, the carboxylate groups can adopt *syn* – *syn*, *syn* – *anti*, and *anti* – *anti* conformations to regulate ferro – or anti-ferromagnetic interactions.[6] Up to now, those CPs containing Co^{II} clusters continue to attract considerable interest because of the potential anisotropy of Co^{II} ions and the slow relaxation of magnetization.[7] At the same time, plentiful semirigid tricarboxylate ligands, such as 5 – (2 – carboxy – phenoxy) – isophthalic acid, 5 – (4 – carboxy – 2 – nitro-phenoxy) isophthalic acid, 3 – (4 – carboxy – phenoxy) – phthalic acid, 3 – (2 – carboxy – phenoxy) – phthalic acid, 4 – (2 – carboxy – phenoxy) – phthalic acid, and 4 – (4 – carboxyphenoxy) – phthalic acid, have been used to construct {Co2}, {Co3}, and {Co4} clusters and investigated their magnetic properties.[8]

Inspired by these ideas, two semirigid tricarboxylate ligands with naphthalene rings (H_3L_1 and H_3L_2), which can provide an efficient way for magnetic spin superexchange that is generally needed to relatively short bridges, were designed and synthesized by method reported in literature for the first time (Scheme 1).[9] Moreover, it is possible that the steric hindrance of naphthalenerings is inclined toform non – interpenetrated 2D structures and various clusters such as {Co2}, {Co3}, and {Co4} during the self – assembly process, where the magnetic couplings are effectively mediated by variable intermetallic distances and bond angles within the local cluster. Additionally, various types of tetranuclear cobalt complexes have been reported and magnetic interactions are investigated between the Co^{II} ions.[10] Simultaneously, the magnetic susceptibility equation of tetranuclear octahedral high – spin Co^{II} complexes is utilized for the best theoreticalfit.[11] In thiswork, it is noticed that the experimental susceptibility dataofparallelogram – shaped $[Co_4(\mu_3-OH)_2]^{6+}$ unit containing two six – coordinated Co1 ions and two five – coordinated Co2 ions that is different from the previously reported conformation is nicely fitted by proper formula for the first time. As expected, many appropriate formulas are selected and used to fit experimental susceptibility dataof other Co^{II} complexes in order to evaluate the magnetic behavior. Simultaneously, the presence of naphthalenerings have the ability to form intermolecular H – bonds such as C – H···O, C – H···π, and $\pi\cdots\pi$ stacking interactions to control the crystal architectures,[12] resulting in 3D supramolecular networks. Recently, our group used semirigid tetracarboxylate ligands to successfully synthesize a series of coordination polymers.[9] Herein, five novel coordination polymers were obtained by tricarboxylate together with N – donor ligands, namely, $[Co_3(L_1)_2(4,4'-bipy)(H_2O)_3]_n$ (1), $[Co_3(L_1)_2(4,4'-bipy)_3(H_2O)_4]_n$ (2),

$\{[Co_2(L_1)(4,4'-bibp)(\mu_3-OH)(H_2O)]\cdot H_2O\}_n$(3), $\{[Co_3(L_2)_2(dib)_3]\cdot 2H_2O\}_n$(4), $[Co_3(L_2)_2(4,4'-bibp)_3]_n$(5). Moreover, their syntheses, structures, and magnetic properties were discussed in detail.

EXPERIMENTAL SECTION

Materials and Instrumentations.

Other reagents and solvents were purchased and used without further purification. 1HNMR(400MHz) was measured on a Varian Mercury Plus – 400 spectrometer. Elemental analyses of C, H, and N were performed on a VxRio EL Instrument. Fourier transform infrared(FT – IR) spectra were recorded in the range 4000 – 400 cm – 1 on an FTS 3000(the United States DIGILAB) spectrometer using KBr pellets. Thermogravimetric analysis(TGA) experiments were carried out on a PerkinElmer TG – 7 analyzer heated from 25 to 800℃ at a heating rate of 10℃/min under N_2 atmosphere. Powder X – ray diffraction(PXRD) patterns were obtained on a Philips PW 1710 – BASED diffractometer at 293 K. Magnetic susceptibility data were obtained on microcrystalline samples, using a Quantum Design MPMS(SQUID) – XL magnetometer.

Syntheses of H_3L_1 and H_3L_2.

The mixture of methyl 3 – hydroxy – 2 – naphthoate(1.62 g, 8.0 mmol) and dry K_2CO_3(2.2 g, 16 mmol) was stirred in DMF(25 mL) for 30 min, and then 4 – nitrophthalonitrile(1.38 g, 8.0mmol) was added. The resulting mixture was stirred at 50 ℃ for 24 h under nitrogen atmosphere and cooled to room temperature. The reaction mixture was poured into water of 2 ℃ approximately(200 mL), and slightly yellow solid was obtained and isolated by filtration. The final product was washed by water and dried in air, yielding methyl 3 – (3′,4′ – dicyanophenoxy) – 2 – naphthoate(2.4 g, 91.5%).

A mixture of methyl 3 – (3′,4′ – dicyanophenoxy) – 2 – naphthoate(2.4 g, 91.5%), NaOH(4 mol/L, 55 mL), and ethanol(10 ml) was refluxed at 85℃ until emissions of ammonia ceased. The solution was then cooled down to room temperature and filtered. After that, the pH value of the filtrate was adjusted to about 5.0 – 6.0 with HCl(4.0 mol/L), which was deposited at room temperature for about 24h, the gray solid of H_3L_1 was collected by filtration and washed by acetone with a yield of 1.80 g (70.0%). IR(KBr, cm – 1): 3420(m), 1703(s), 1591(w), 1566(w), 1460(m), 1387(s), 1288(s), 1206(m), 1137(w), 1074(s), 953(m), 764(m). 1HNMR(600 MHz, DMSO – d6): δ 12.96(s, 3H), 8.53(s, 1H), 8.16(d, 1H), 8.10(d, 1H), 7.91

(d,1H),7.66(s,1H),7.61(t,1H),7.55(t,2H),7.04(dd,1H).

The preparation of H_3L_2 is similar to that of H_3L_1 with the yield of 1.96g (76.3%) except that 3 - nitrophthalonitrile(1.38 g,8.0 mmol) was used instead of 4 - nitrophthalonitrile. IR(KBr,cm - 1):3426(m),1719(s),1634(w),1560(s),1449(s),1392(m),1254(m),1214(w),1157(w),1066(s),957(w),754(m). 1HNMR (600 MHz,DMSO - d6):δ 8.30(s,1H),7.97(d,1H),7.80(d,1H),7.51(q,2H), 7.44(t,1H),7.36(t,1H),7.30(s,1H),6.99(d,1H).

Scheme 1. Synthesis of H_3L_1

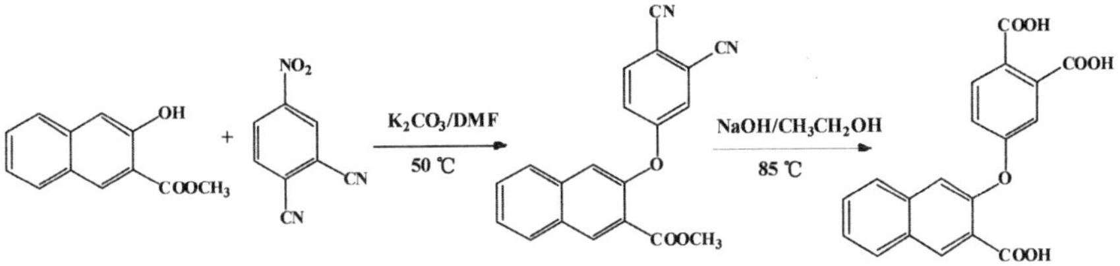

Synthesis of $[Co_3(L_1)_2(4,4'-bipy)(H_2O)_3]_n$(1).

A mixture of $Co(OAc)_2 \cdot 4H_2O$(0.032 g,0.13 mmol), H_3L_1 (0.026 g,0.075 mmol),4,4′ - bipy(0.011 g,0.075 mmol), *N* - methyl - 2 - pyrrolidinone(NMP) (0.5 mL),and H_2O(7.5 mL) were added in a Teflon - lined autoclave and heated to 110℃ for 56 h before being naturally cooled to room temperature. Purple block - shaped crystals of 1 were obtained in 45% yield(based on H_3L_1),washed with deionized water,and dried in air. Anal. Calcd. for $C_{48}H_{32}N_2O_{17}Co_3$(1085.55):C,53.68;H, 2.80;N,2.35%. Found:C,53.11;H,2.97;N,2.58%. IR(cm^{-1})(KBr):3423(s), 1586(w),1548(s),1397(s),1250(s),1214(m),1146(w),974(m),801(m).

Synthesis of $[Co_3(L_1)_2(4,4'-bipy)_3(H_2O)_4]_n$(2).

The preparation of 2 was similar to that of 1 by using *N*, *N′* - dimethylformamide (DMF) in place of NMP. Pink block - shaped crystals of 2 were obtained in 50% yield (based on H_3L_1),washed with deionized water,and dried in air. Anal. Calcd. for $C_{68}H_{50}N_6O_{18}Co_3$(1415.93):C,57.38;H,3.72;N,5.71%. Found:C,57.68;H,3.56;N, 5.94%. IR(cm^{-1})(KBr):3447(s),2927(m),1706(m),1614(m),1562(s),1457 (w),1374(s),1309(m),1212(m),1099(w),981(m),850(m),724(s).

Synthesis of $\{[Co_2(L_1)(4,4'-bibp)(\mu_3-OH)(H_2O)] \cdot H_2O\}_n$(3).

The preparation of 3 was similar to that of 2 except that 4,4′ - bibp was used instead of 4,4′ - bipy. Purple block - shaped crystals of 3 were obtained in 43% yield (based on H_3L_1),washed with deionized water,and dried in air. Anal. Calcd. for C_{37}

$H_{28}N_4O_{10}Co_2$(806.49): C, 55.21; H, 3.58; N, 6.78%. Found: C, 55.10; H, 3.50; N, 6.95%. IR(cm^{-1})(KBr): 3449(w), 3146(w), 1565(s), 1518(w), 1400(s), 1300(w), 1249(m), 1123(w), 1068(m), 951(m), 812(m).

Synthesis of {[$Co_3(L_2)_2(dib)_3$]·$2H_2O$}$_n$(4).

The preparation of 4 was similar to that of 2 except that L_2 and dib were used instead of L_1 and 4,4′-bipy, respectively. Purple block-shaped crystals of 4 were obtained in 42% yield (based on H_3L_2), washed with deionized water, and dried in air. Anal. Calcd. for $C_{74}H_{52}N_{12}O_{16}Co_3$(1542.06): C, 57.38; H, 3.68; N, 10.75%. Found: C, 57.64; H, 3.40; N, 10.90%. IR(cm^{-1})(KBr): 3375(w), 2924(s), 1606(s), 1527(m), 1458(m), 1398(m), 1302(m), 1241(m), 1057(m), 956(w), 822(m).

Synthesis of [$Co_3(L_1)_2(4,4'-bibp)_3$]$_n$(5).

The preparation of 5 was similar to that of 4 except that 4,4′-bibp was used instead of dib. Pink block-shaped crystals of 5 were obtained in 44% yield (based on H_3L_2), washed with deionized water, and dried in air. Anal. Calcd. for $C_{92}H_{60}Co_3N_{12}O_{14}$(1734.31): C, 63.26; H, 3.35; N, 9.95%. Found: C, 63.71; H, 3.49; N, 9.69%. IR(cm^{-1})(KBr): 3445(m), 3146(w), 1611(s), 1514(s), 1455(w), 1396(s), 1305(m), 1248(m), 1055(s), 961(m), 816(s).

X-ray Crystallography.

The crystallographic data collections for 1-5 were carried out on a Bruker Smart Apex CCD area detector diffractometer with graphite-monochromated Mo Kα radiation (λ = 0.71073 Å) at 20(2)℃ using ω-scan technique. The diffraction data were integrated by using the SAINT program,[13a] which was also used for the intensity corrections for the Lorentz and polarization effects. Semiempirical absorption corrections were applied using SADABS program.[13b] The structures were solved by direct methods, and all of the non-hydrogen atoms were refined anisotropically on F^2 by the full-matrix least-squares technique using the SHELXL-97 crystallographic software package.[13c] The hydrogen atoms except those of water molecules were generated geometrically and refined isotropically using the riding model. The details of the crystal parameters, data collection and refinements for the complexes are summarized in Table 1. Selected bond distances [Å] and angles [deg] are listed in Table S1 (Supporting Information). Hydrogen bonds of complex 3 are given in Table S2 (Supporting Information). CCDC 1401632 (1), 1401633(2), 1401634(3), 1401635(4), and 1401636(5) include all supplementary crystallographic data of five complexes.

Table 1. Crystal Data and Structure Refinement for Complexes1 – 5

Complex	1	2	3	4	5
Formula	$C_{48}H_{32}O_{17}N_2Co_3$	$C_{68}H_{50}O_{18}N_6Co_3$	$C_{37}H_{28}O_{10}N_4Co_2$	$C_{74}H_{52}O_{16}N_{12}Co_3$	$C_{92}H_{60}O_{14}N_{12}Co_3$
F. W.	1085. 55	1415. 93	806. 49	1542. 06	1734. 31
cryst system	monoclinic	monoclinic	triclinic	triclinic	triclinic
space group	$P2_1/n$	$C2/c$	$P-1$	$P-1$	$P-1$
a /Å	10. 9329(6)	33. 240(3)	8. 8481(9)	11. 7607(17)	11. 852(3)
b /Å	28. 9340(13)	11. 4583(6)	12. 215(3)	11. 8567(17)	12. 333(7)
c /Å	15. 0328(7)	16. 7276(9)	15. 904(2)	13. 6483(16)	14. 889(7)
α /°	90. 00	90. 00	85. 741(15)	99. 178(11)	92. 06(7)
β/°	90. 370(5)	102. 785(7)	75. 085(10)	104. 016(11)	109. 36(4)
γ/°	90. 00	90. 00	76. 445(13)	114. 946(14)	106. 58(4)
V(Å^3)	4755. 3(4)	6213. 2(7)	1614. 5(5)	1598. 5(4)	1947. 3(16)
D_c(g/cm^3)	1. 516	1. 514	1. 657	1. 602	1. 479
Z	4	8	2	2	1
F(000)	2204	2900	822	789	889
2 θ max(deg)	52. 2	52. 0	52. 0	52. 0	52. 0
GOF	1. 041	1. 004	1. 033	1. 056	1. 041
R_1 [$I > 2\sigma(I)$]^a	0. 0438	0. 0536	0. 0526	0. 0494	0. 0744
wR_2^{b} [$I>2\sigma(I)$]^b	0. 1105	0. 1162	0. 1082	0. 1119	0. 1762

$^aR_1 = \Sigma||F_o| - |F_c||/\Sigma|F_o|$. $^bwR_2 = |\Sigma w(|F_o|^2 - |F_c|^2)|/\Sigma|w(F_o)^2|^{1/2}$, where $w = 1/[\sigma^2(F_o^2) + (aP)^2 + bP]$. $P = (F_o^2 + 2F_c^2)/3$.

RESULTS AND DISCUSSION

Crystal Structure of$[Co_3(L_1)_2(4,4'-bipy)(H_2O)_3]_n$(1).

Single – crystal X – ray diffraction analysis reveals that complex 1 crystallizes in the monoclinic with space group $P2_1/c$, with three independent Co^{II} ions(Co1, Co2, and Co3), two L_1 ligands that adopt a $\mu_5-\eta^1:\eta^1:\eta^1:\eta^1:\eta^1:\eta^1$ coordination mode(Scheme S1a, Supporting Information), one 4,4′ – bipy ligand, and three coordinated water molecules. Three independent Co^{II} ions adopt six – coordinated geometries. Co1 is surrounded by four O atomsof four individual L_1 ligands and two O atoms of two water molecules [Co – O:2. 084(0) – 2. 148(3) Å]. Co2 is coordinated to four O atoms of two distinct L_1 ligands and two N atoms of two 4,4′ – bipy ligands [Co – O:2. 053(9) –

2.088(1)Å and Co – N:2.127(6) – 2.145(9)Å]. Co3 is similar to that of Co1, being bonded to four O atoms of four different L_1 ligands and two O atoms of two water molecules [Co – O:2.014(4) – 2.194(1)Å](Figure 1). The three Co^{II} ions(Co1, Co2, and Co3) are bridged by eight carboxyl groups(four *syn* – *syn* – $\mu_2 - \eta^1 : \eta^1$ – COO^- and four *syn* – *anti* – $\mu_2 - \eta^1 : \eta^1$ – COO^- groups) to form triangular {Co3} cluster, in which the Co···Co distances are 5.117 Å(Co1···Co2), 5.135 Å(Co2···Co3), and 3.546 Å(Co3···Co1). (Figure 2c). Adjacent trimeric {Co3} clusters are linked by L_1^{3-} and 4,4′ – bipy ligands to produce 2D structures, which are further assembled to form 3D supramolecular frameworks by C – H··· π interactionsof inter – naphthalenering(Figure 2a, e, and f), including 1D zigzag chains formed by 4,4′ – bipy ligands and Co2(Figure 2d).

From a topological viewpoint, each L_1 ligand that connects four Co^{II} ions can be defined as 4 – connected nodes, the dinuclear Co units(Co1 and Co3) and Co2 can be simplified as 6 – connected nodes and 4 – connected nodes, respectively. Therefore, complex 1 can be classified as a(4,4,6) – connected net with a Schläfli symbol of $(4.10^4.12)(4^{11}.6^4)(4^5.6)_2$, representing a new topological prototype analyzed by the Topos4.0 program(Figure 3).[14]

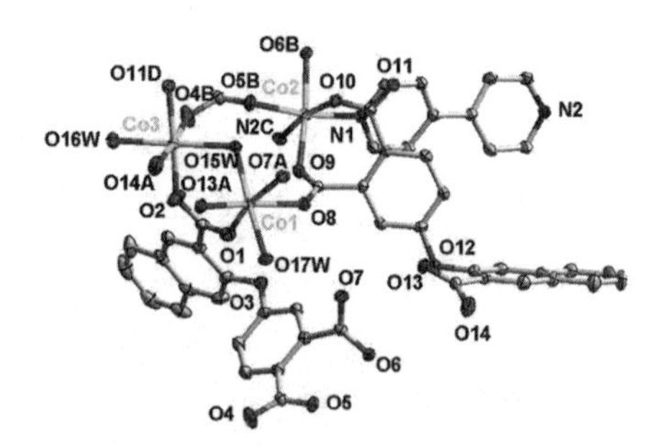

Figure 1. Coordination environment of 1 with 30% ellipsoid probability(hydrogen atoms and water molecules are omitted for clarity). Symmetry codes: A, 1 – *x*, 2 – *y*, 2 – *z*; B, 1 + *x*, *y*, *z*; C, *x*, 1.5 – *y*, –0.5 + *z*; D, 2 – *x*, 2 – *y*, 2 – *z*.

Crystal Structure of $[Co_3(L_1)_2(4,4'-bipy)_3(H_2O)_4]_n$(2).

Complex 2 crystallizes in the triclinic space group *P* – 1 with three Co^{II} ions, two L_1 ligands that adopt a $\mu_4 - \eta^1:\eta^1:\eta^1:\eta^1:\eta^1:\eta^0$ coordination mode(Scheme S1b, Supporting Information), three 4,4′ – bipy ligands, and four coordinated water molecules.

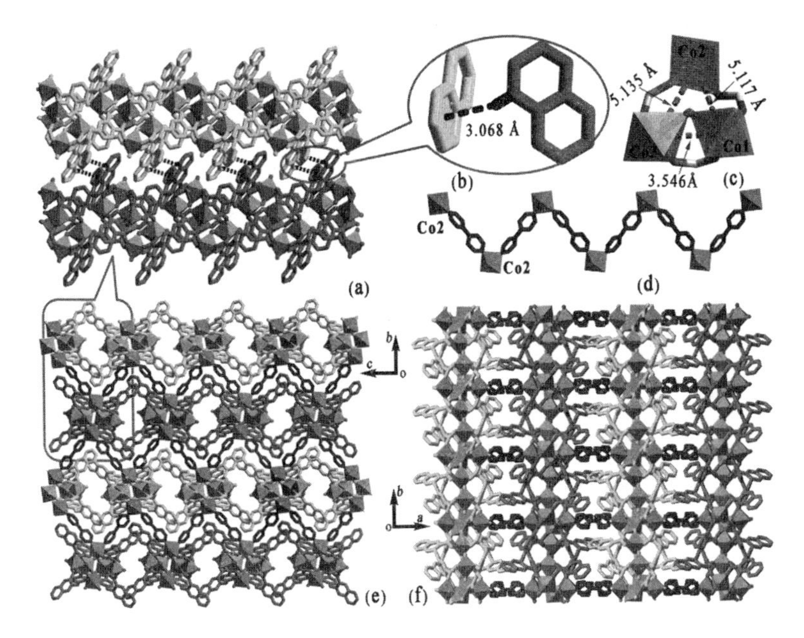

Figure 2. (a, e, and f) 3D supramolecular frameworks. (b, c) C – H··· π interaction and { Co3 } cluster, respectively. (d) 1D zig – zag chains.

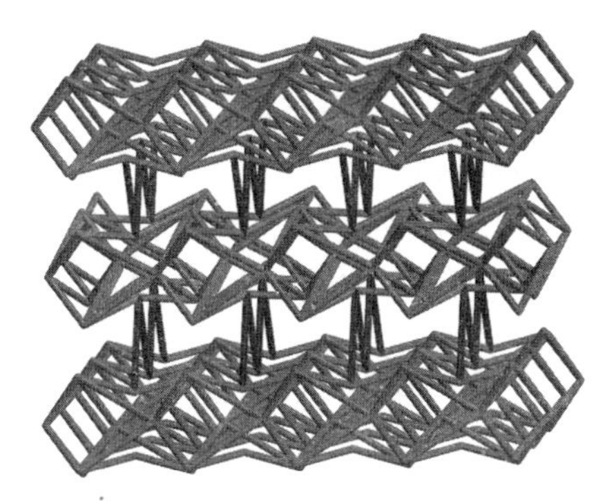

Figure 3. Topological view of (4, 4, 6) – connected net with a Schläfli symbol of ($4.10^4.12$) ($4^{11}.6^4$) ($4^5.6$)$_2$ in 1.

Co1 locates at the crystallographic inversion center and is six coordinated by four oxygen atoms [Co1 – O: 2.072(0) – 2.096(0) Å] of two L_1 ligands and two N atoms [Co1 – N: 2.164(0) – 2.206(0) Å] of two 4,4′ – biby ligands, the angle of N3 – Co1 – N4 is 180.0°. Co2 is bonded to three O atoms (O1, O4C, and O7B) of different L_1 ligands, two water molecules (O8W and O9W) [Co – O: 2.049(0) – 2.138(0) Å], and one N atom (N1) of 4,4′ – bipy [Co – N = 2.201(0) Å], generating a distorted octahedral geometry(Figure 4). Co1 and Co2 are linked by L_1 ligands to form 2D networks(Figure 5a), which are further stabilized by 4,4′ – bipy ligands adopting two coordination modes, where one highlighted in blue bridges Co1 only and the other one highlighted in blackish greenbinds Co2 merely(Figure 5b). There are also extensive the face – to – face $\pi - \pi$ stacking interactions with centroid – centroid distances of 3.744 Å and theC – H··· π interactions with edge – to – face distances of 2.895 – 3.426 Å (Figure 5d), which make contributions to construct 3D supramolecular frameworks (Figure 5c). Topological investigations reveal that complex 2 is a(3,4,4) – connected net with a Schläfli symbol of$(5.6^2)_2(5^2.6^3.7)_2(5^4.8^2)$, when considering both Co1 and L_1 ligand as 4 – connected nodes and Co2 as 3 – connected nodes(Figure 6).

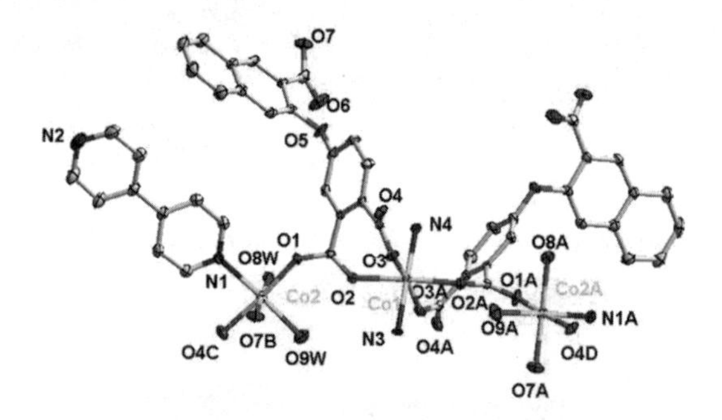

Figure 4. Coordination environment of 2 with 30% ellipsoid probability(hydrogen atoms and water molecules are omitted for clarity). Symmetry codes: A, 1 – *x*, *y*, 1.5 – *z*; B, *x*, 1 + *y*, *z*; C, *x*, 2 – *y*, 0.5 + *z*; D, 1 – *x*, 2 – *y*, 1 – *z*.

Complex 3 belongs to the triclinic space group *P* – 1 with two independent Co^{II} ions, one L_1 ligand that adopts a $\mu_5 - \eta^1:\eta^1:\eta^1:\eta^1:\eta^1:\eta^0$ coordination mode(Scheme S1c, Supporting Information), one 4,4′ – bibp ligand, one μ_3 – OH group, one coordinated water molecule, and one lattice water molecule. Co1 is six – coordinated in adistorted octahedral geometry, one carboxyloxygen atom(O16B), two hydroxyl oxygen atoms (O8 and O8A), and one nitrogen atom(N1) define the equatorial plane, while the distorted axial positions are occupied by O1 and O4A atoms [Co1 – O, 2.042(0) – 2.175 (0) Å and Co1 – N = 2.097(0) Å], the angle of O1 – Co1 – O4A is 173.7(8)°. Co2is five – coordinatedby threeO atoms(O5A, O6C, and O8) of three individual L_1^{3-} ligands, one water molecule, and one N atom(N3) of 4,4′ – bibp ligand [Co – O, 1.936(0) – 2.231(0) Å and Co – N = 2.028(0) Å](τ = 0.87 for Co2) [τ = (β ? α)/60°,

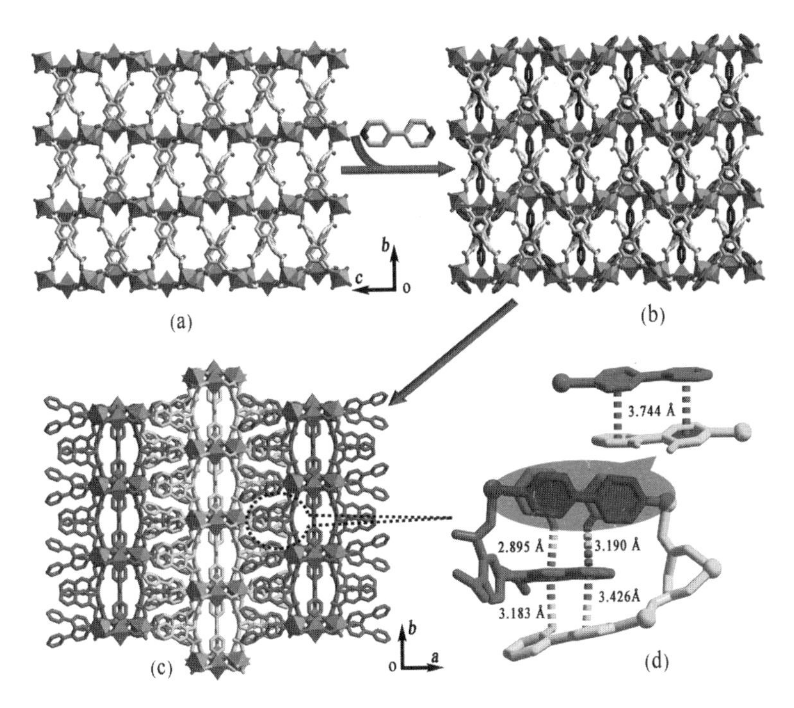

Figure 5. (a) The view of 2D network formed by L_1 ligands. (b) The view of 2D network formed by 4,4′ – bipy and L_1 ligands. (c) Schematic view of 3D supramolecular architecture constructed by C – H··· π and π··· π stacking interactions. (d) Schematic diagramof C – H··· π and π··· π stacking interactions.

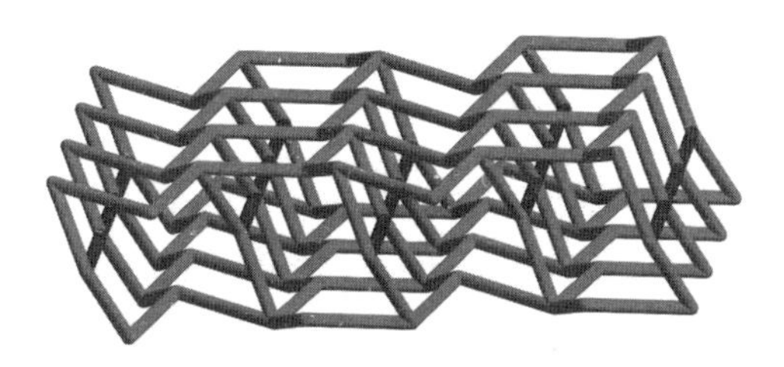

Figure 6. Topological view of (3,4,4) – connected net with a Schläfli symbol of $(5.6^2)_2(5^2.6^3.7)_2(5^4.8^2)$ in 2.

Crystal Structure of {[$Co_2(L_1)$(4,4′ – bibp)(μ_3 – OH)(H_2O)] · H_2O}$_n$(3).

where α and $\beta$are the two largest angles in the coordination environment; $\tau = 0$ for a perfect square pyramid; $\tau = 1$ for anideal trigonal bipyramid], [15] indicating that the geometry of Co2 can be regarded as a slightly distorted trigonal bipyramid(Figure 7). Furthermore, the four Co^{II} ions are holded tightly by a pair of μ_3 – OH groups to form a parallelogram – shaped $[Co_4(\mu_3-OH)_2]^{6+}$ SBU(Figure S2, supporting Information). The intermetallic distance by the μ_3 – OH groups is 3.4948(1), 3.1893(8), and 3.5240(1) Å for Co1···Co2, Co1···Co1A, and Co2···Co1A, respectively. The angle of Co – O – Co is 122.91(0)°, 98.22(1)°, and 117.87(0)° for Co1 – O8 – Co2, Co1 – O8 – Co1A, and Co2 – O8 – Co1A, respectively. The tetranuclear Co^{II} clustersare linked by L_1^{3-}, forming 1D chains(Figure 8a), which are further pillared by rigid4,4′ – bibp ligands into 2D neworks(Figure 8b,c). It should be noted that the C – H···O, C – H···π, and π···π stacking interactions constructed 3D supramolecular frameworks(Figure 8d,e).

From a topological viewpoint, complex 3 can be rationalized as a novel(4,4,8) – connected net with a Schläfli symbol of $(3^2.4.5^2.6)_2(3^2.4^2.5^2)_2(3^4.4^6.5^8.6^7.7^2.8)$ topologyby simplifying the dinuclearCounits(Co1 and Co1A) as 8 – connecting nodes and Co2 as well as L_1 ligandas 4 – connecting nodes(Figure 9).

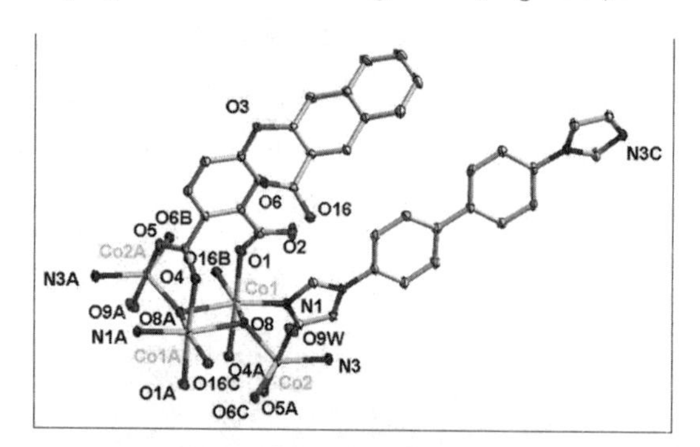

Figure 7. Coordination environment of 3 with 30% ellipsoid probability(hydrogen atoms and water molecules are omitted for clarity). Symmetry codes: A, 1 – *x*, 1 – *y*, – *z*; B, 1 + *x*, *y*, *z*; C, – *x*, 1 – *y*, – *z*.

Crystal Structure of $\{[Co_3(L_2)_2(dib)_3]\cdot 2H_2O\}_n$(4).

Complex 4 crystallizes in the triclinic space group *P* – 1 with three Co^{II} ions, two L_2 ligands that adopt a $\mu_4-\eta^1:\eta^1:\eta^1:\eta^1:\eta^2:\eta^0$ coordination mode(Scheme S1d, Supporting Information), three dib ligands, and two lattice water molecules. Co1 locates at the crystallographic inversion center and is six coordinated by four oxygen atoms from

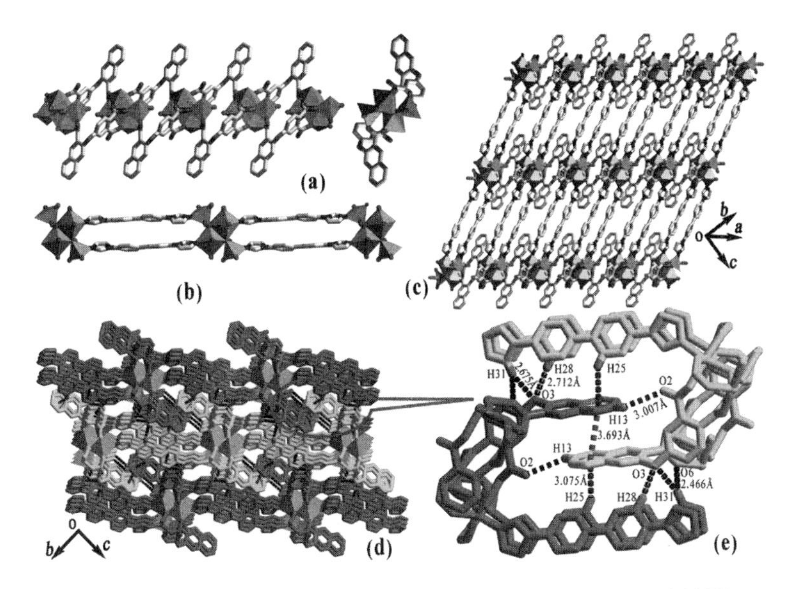

Figure 8. (a, b) View of 1D chains. (c) View of 2D neworks. (d) View of 3D supramolecular frameworks. (e) View of the C – H···O, C – H···π, and π··· π stacking interactions.

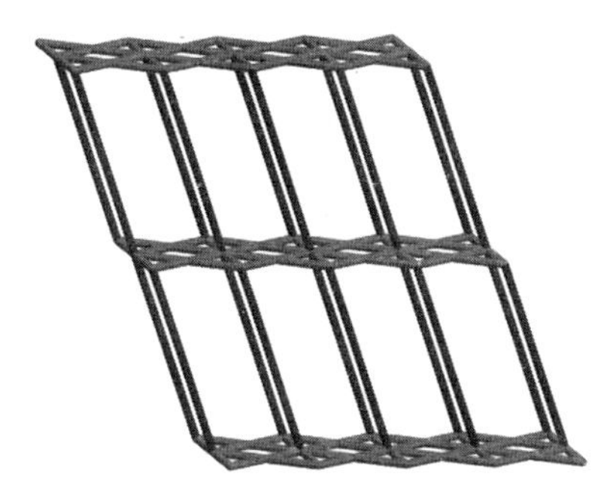

Figure 9. Topological view of(4,4,8) – connected net with a Schläfli symbol of $(3^2.4.5^2.6)_2(3^2.4^2.5^2)_2(3^4.4^6.5^8.6^7.7^2.8)$ in 3.

four different L_1 ligands and two N atoms of two dib ligands. Co2 is similar to that of Co1, four carboxyl O atoms (O1, O5A, O6A, and O7B) comprise the equatorial plane, while the distorted axial positions are occupied by N1and N4C atoms [(Co2 – N1 = 2.117(8) Å and Co2 – N4C = 2.111(6) Å], the angle of N1 – Co2 – N4C is 178.04 (1)°. The two terminal Co^{II} ions (Co2 and Co2A) and the central Co1 are bridged by carboxyl groups to form a linear {Co3} cluster through the inverse center (Figure 10).

The Co1···Co2 distances panned by one carboxylic group(*syn* – *syn* – μ_2 – η^1 : η^1 – COO^-) is 3.8531(5) Å, the angle of Co1 – O5A – Co2 is 117.82(8)°. The trinuclear Co^{II} clusters are linked by L_2^{3-} ligands to form 1D infinite ribbons(Figure 11a), further generating to 2D layered networks(Figure 11b,c). Moreover, the weakly hydrogen bonding interactions build a 3D supramolecular architecture(Figure 11d,e).[16]

Topologically, L_2 ligand can be reduced to 4 – connected nodes owingto connecting four Co^{II} ions. Co1 and Co2 ions are considered as 5 – connected nodes and 4 – connected nodes, respectively. The topology of 2D network can be defined as a(4,4,5) – connected net with a Schläfli symbol of$(4.6^4.8)(4^2.6^7.8)_2(4^4.6^2)_2$, which represents a new topology(Figure 12).

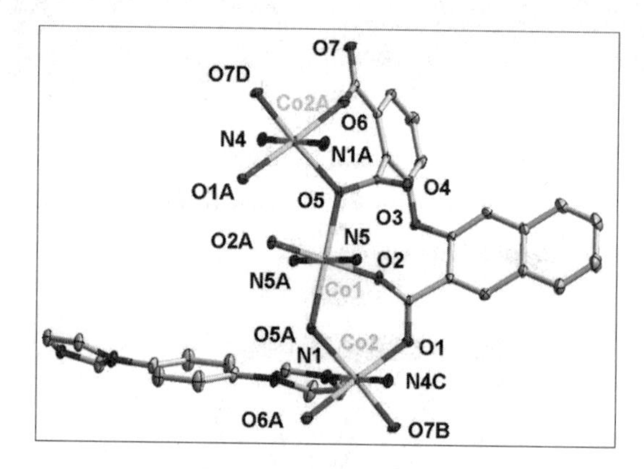

Figure 10. Coordination environment of 4 with 30% ellipsoid probability(hydrogen atoms and water molecules are omitted for clarity). Symmetry codes: A, $-x, 1-y, -z$; B, $x, -1+y, z$; C, $x, y, 1+z$; D, $-x, 2-y, -z$.

Crystal Structure of $[Co_3(L_2)_2(4,4'-bibp)_3]_n$(5).

Complex 5 crystallizes in the triclinic system with space group $P-1$. The asymmetric unit consists of three Co^{II} ions, two L_1 ligands that adopt a $\mu_4 - \eta^1 : \eta^1 : \eta^1 : \eta^1 : \eta^2 : \eta^0$ coordination mode(Scheme S1e, Supporting Information), and three 4,4′ – bibp ligands. Co1 and Co2 ions exhibit same coordinated geometries. Six – coordinated Co1 displays a distorted octahedral CoN_2O_4 coordination geometry with four oxygen atoms of four distinct L_2^{3-} ligands[Co1 – O:2.075(0) – 2.291(0) Å], which comprise the equatorial plane, while the distorted axial positions are occupied by N1 and N4B atoms[Co1 – N1 = 2.075(0) Å and Co(1) – N4B = 2.078(0) Å] and the angle of N1 –

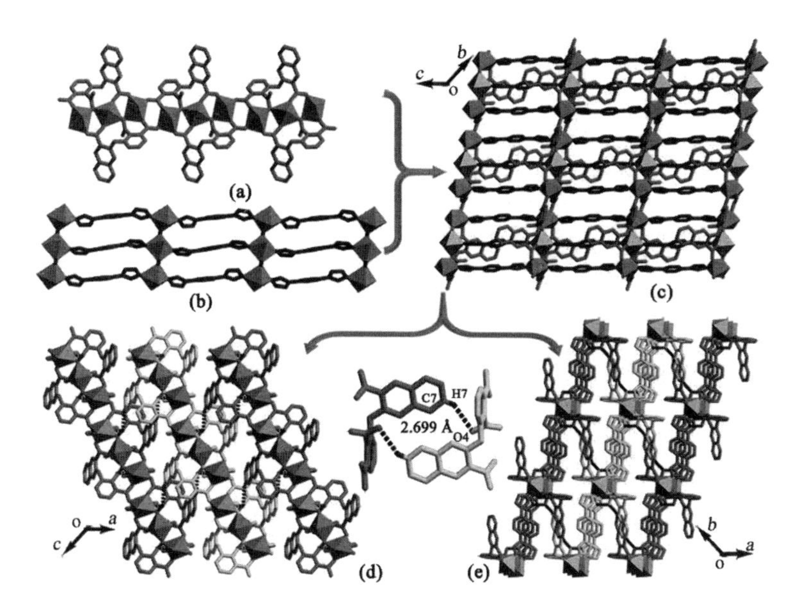

Figure 11. (a)1D infinite ribbons composed of trinuclear Co^{II} clusters. (b)2D network formed by dib. (c)2D network formed by dib and L_1 ligands. (d,e)3D supramolecular architecture formed by C – H···O hydrogen bonds.

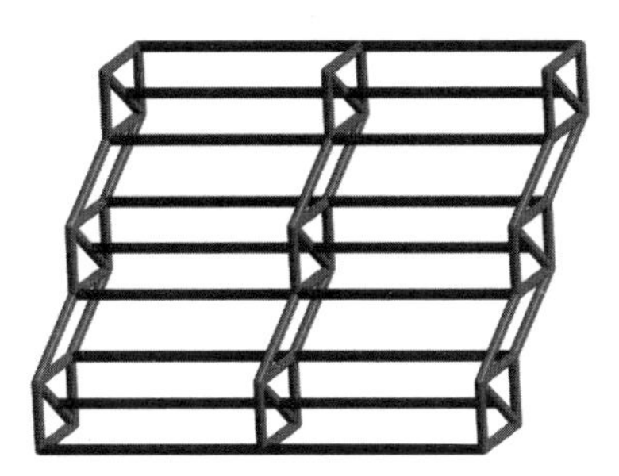

Figure 12. Topological view of (4,4,5) – connected net with a Schläfli symbol of $(4.6^4.8)(4^2.6^7.8)_2(4^4.6^2)_2$ in 4.

Co1 – N4B is 176.14(1)°. Co2 locates at the crystallographic inversion center and is six coordinated by four oxygen atoms[Co2 – O:2.042(0) – 2.090(0) Å] of two L_2^{3-} ligands and two N atoms [Co2 – N5 = Co2 – N5A = 2.090(0) Å] of two 4,4′ – bibp ligands, the angle of N5 – Co1 – N5A is 180.0°. Similarly to complex 2, the two terminal Co^{II} ions(Co1 and Co1A) and the central Co2 ion are bridged by carboxyl groups to generate a linear {Co3} cluster(Figure 13), which is further connected by L_2^{3-} ligands

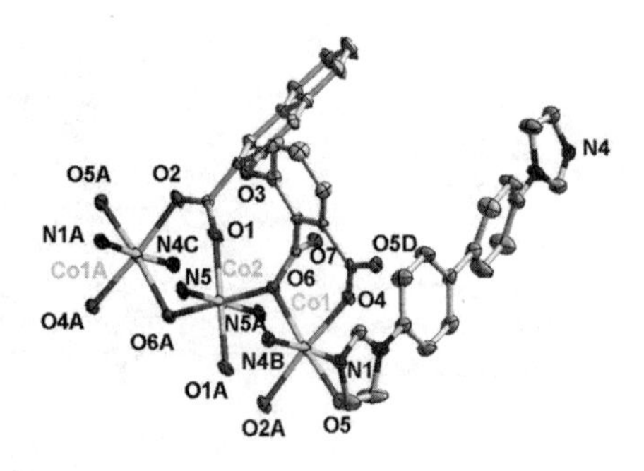

Figure 13. Coordination environment of 5 with 30% ellipsoid probability(hydrogen atoms and water molecules are omitted for clarity). Symmetry codes: A, 1 − *x*, 1 + *y*, 2 − *z*; B, 1 + *x*, 1 + *y*, 1 + *z*; C, − *x*, *y*, 1 + *z*; D, − *x*, 2 − *y*, − *z*.

to give 1D ribbons(Figure 14). Moreover, the 4,4′ – bibp ligands link trinuclear Co^{II} clusters to form 2D networks(Figure 14b, c), which are extended to generate 3D supramolecular architecture by C – H⋯O hydrogen bondsinter – layers(Figure 14f, g). In addition, the topology of 5 is virtually identical to that of complex 4.

Structural Comparison

It was worth stressing that the steric hindrance of naphthalene rings may be important to form non – interpenetraled 2D structures and various clusters in complexes 1 – 5. The 3D supramolecular network was built by C – H⋯ π interactions of inter – naphthalenerings in 1. The face – to – face π – π stacking and the edge – to – faceC – H⋯ π interactions make contributions to generate the 3D supermolecular frameworks in 2. In addition, there exist C – H⋯O, C – H⋯ π, and π⋯ π stacking interactions in 3 and C – H⋯O hydrogen bondsinter – layers in 4 – 5, leading to the 3D supramolecular architectures. Moreover, the presence of different N – donor ligands play a significant role in controlling the final structure in the self – assembly process.

Magnetic Properties

The magnetic susceptibility of 1 was measured at 1000 Oe over the range of 2 to 300 K. The value of $\chi_M T$ is 10.10 cm^3 K mol^{-1} per {Co3} unit at 300 K, being larger than expected for three uncoupled Co^{II} ions(5.625 cm^3 K mol^{-1}, $S = 3/2$, $g = 2.0$), which can be ascribed to the obvious orbital contribution of three distorted octahedral-Co^{2+} ions and the failure of inducing the total quenching of the $^4T_{1g}$ ground state.[17] As temperature lowers to 2 K, the $\chi_M T$ value decreases steadily down to 5.91 cm^3 K

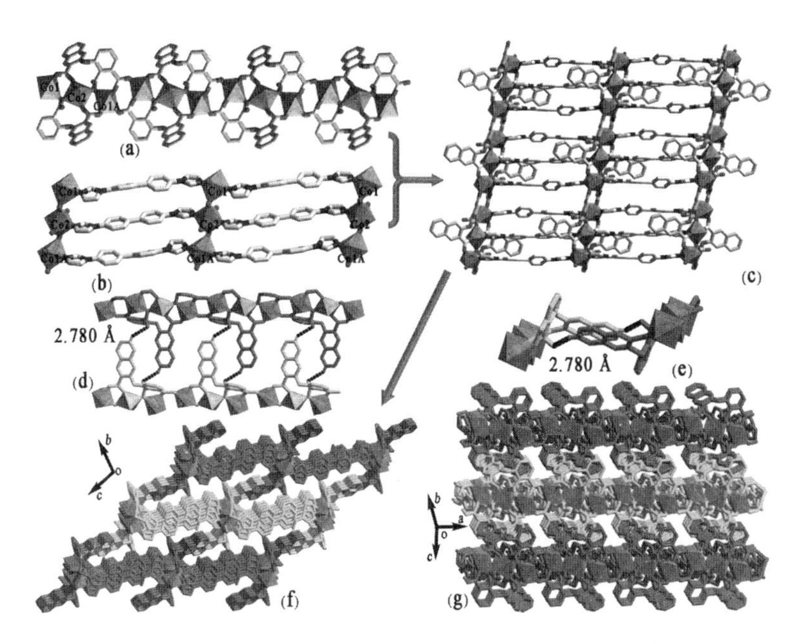

Figure 14. (a) 1D infinite ribbons composed of trinuclear Co^{II} clusters. (b) 2D network formed by 4,4′ – bibp. (c) 2D network formed by 4,4′ – bibp and L_1 ligands. (d, e) C – H···O hydrogen bonds between the two neighboring layers. (f, g) 3D supramolecular architecture formed via hydrogen bonds.

mol^{-1}. This behavior is indicative of the occurrence of dominant antiferromagnetic interactionsin 1 (Figure 15). To roughly estimate the magnetic interaction between Co^{II} ions, a spin – only model is used for complexes 1, 3, 4, and 5. The exchange interactions between Co1···Co2 and Co2···Co3 could be ignored owing to the longer Co···Co distances (Figure 2c). Therefore, the magnetic susceptibility of a dinuclear Co^{II} systemcan be interpreted using the Hamiltonian.[18]

$$H = -2JS_{Co1}S_{Co3}$$

The {Co2} expression of the magnetic susceptibility is (see Supporting Information):

$$\chi_{Co2} = (2\,Ng^2\beta^2/kT)[A/B]$$

$$\chi_{Co3} = \chi_{Co2} + \chi_{Co1} = (2\,Ng^2\beta^2/kT)[A/B] + (Ng^2\beta^2/3\,kT)\,S_{Co}(S_{Co} + 1)$$

$$\chi_M = \chi_{Co3}\,T/(T - \theta)$$

The best fits have been acquired with $g = 2.08(6)$, $J = -10.58(4)\,cm^{-1}$, $\theta =$

$-0.21(9)$ K, and $R = 2.64 \times 10^{-3}$ ($R = \Sigma[(\chi_M T)_{obsd} - (\chi_M T)_{calcd}]^2/\Sigma[(\chi_M T)_{obsd}]^2$), the θvalue is a correction item including the inter – trinuclear interactions and orbital contributions.[19] The negative J value shows antiferromagnetic interactions and the presence of spin – orbit couplings. Furthermore, the curve of χ_M^{-1} obeys the Curie – Weiss lawwith $\theta = -13.0(9)$ K and $C = 8.13$ $cm^3 \cdot K \cdot mol^{-1}$ in 2 – 300 K, which further proved antiferromagnetic behavior(Figure 15 inset).

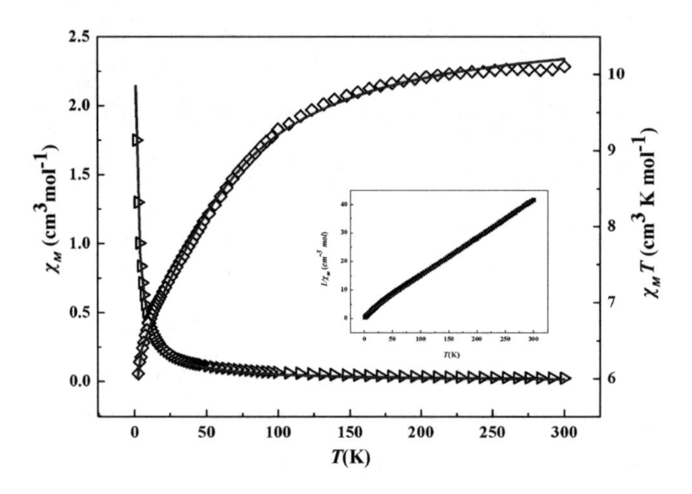

Figure 15. Plotsof $\chi_M T$ and χ_M vs T for1. Inset: temperature dependence of χ_M^{-1}. The red solid lines represent the best fitting results.

For complex 2, the $\chi_M T$ value is 4.69 cm^3 K mol^{-1}at 300 K, which is significantly larger than the calculated spin – only value(2.81 cm^3 K mol^{-1}, $S = 3/2$, $g = 2.0$) for one and half isolated Co^{II} ions similar to that of 1. With decreasing temperature, the $\chi_M T$ value continuously decreases to 2.73cm^3 K mol^{-1}at 2.0 K, indicating the presence of antiferromagnetic interactionsin 2(Figure 16). The magnetic susceptibility data can be well fitted to the Curie – Weiss law with $\theta = -9.5(4)$ K and $C = 4.81$ $cm^3 \cdot K \cdot mol^{-1}$ in 2 – 300 K, which further shows antiferromagnetic couplingas well as the effect of spin – orbit coupling(Figure 16 inset). In this case, the magnetic data of 2 were fitted using the following simple phenomenological equation.[20]

$$\chi_M T = A\exp(-E_1/kT) + B\exp(-E_2/kT)$$

The best fitting results are A + B = 5.04 $cm^3 \cdot K \cdot mol^{-1}$, which is very close to Curie constant C(4.81 $cm^3 \cdot K \cdot mol^{-1}$), $E_1/k = 53.37$ K, and $-E_2/k = -0.37$ K (corresponding to $J = -0.74\ cm^{-1}$). The negative J value indicates weak antiferromagnetic coupling between Co Ⅱ ions, where the Co1⋯Co2 and Co1⋯Co2A distances are 5.554 Å and 5.272 Å, respectively. (Figure S1, Supporting Information).

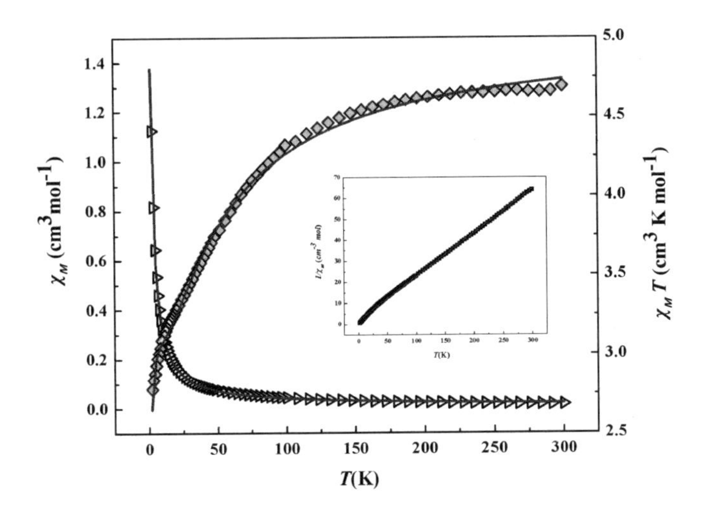

Figure 16. Plots of $\chi_M T$ and χ_M vs T for2. Inset: temperature dependence of $\chi_M{}^{-1}$. The red solid lines represent the best fitting results.

For complex 3, the $\chi_M T$ value is 6.20 $cm^3\ K\ mol^{-1}$ at 300 K, which is larger than the calculated spin - only value(3.75 $cm^3\ K\ mol^{-1}$, $S=3/2$, $g=2.0$) for two Co^{II} ions. With decreasing temperature, the $\chi_M T$ value continuously decreases to0.20cm^3 K mol^{-1} at 2.0 K. Notably, the χ_M value under goesa progressive increase above 64 K and then shows a steep decreasein 19 - 64 K, which is likely attributed to large Zero - field splitting(ZFS) at low temperature(Figure 17).[21] The reciprocal susceptibilities($1/\chi_M$) of 3 obeys the Curie - Weiss law with $\theta = -81.9(1)\ K$ and $C = 6.03\ cm^3 \cdot K \cdot mol^{-1}$ above 110 K, which shows strong antiferromagnetic coupling between Co^{II} ions(Figure 17 inset).

The magnetic interactions in complex 3 is closely related to its structure, the tetranuclear cobalt cluster can be consider as a parallelogram - shaped model, which providestwo different magnetic exchange pathways: J_1 (one alkoxo and one hydroxo bridge) and J_2 (dihydroxo bridge), however, the value of J_3 can be negligible owing to the longer Co2⋯Co2A distance of 6.252 Å(Figure S2, Supporting Information). Thus, the {Co4} unitwas interpreted using the Hamiltonian.

$$H = -2J_1(S_{Co1}S_{Co2} + S_{Co2}S_{Co1A} + S_{Co1A}S_{Co2A} + S_{Co2A}S_{Co1}) - 2J_2S_{Co1}S_{Co1A}$$

The equation of the magnetic susceptibility can be performed(see Supporting Information):

$$\chi_{Co4} = (2Ng^2\beta^2/kT)[A/B] + TIP$$

A reasonable expression was used to fit the magnetic susceptibility data for the first time. The best fits have been acquired with $g = 2.12(5)$, $J_1 = -11.58(7)\ cm^{-1}$, $J_2 = -9.66(1)\ cm^{-1}$, $R = 6.45 \times 10^{-4}$ ($R = \Sigma[(\chi_M T)_{obsd} - (\chi_M T)_{calcd}]^2/\Sigma[(\chi_M T)_{obsd}]^2$), and $TIP = 4.94 \times 10^{-3}\ cm^3 \cdot mol^{-1}$. The J values indicate the presence of antiferromagnetic interactions between the nearest Co^{II} ions bridged by one μ_3 - OH group and one carboxylic group. The relationship between magnetic interaction and the Cu - O - Cu angle has been established forthe dihydroxo - bridged tetranuclear copper-cluster(ferro - for $\theta < 98.0°$ and antiferro - magnetic coupling for $\theta > 98.0°$).[22] Most likely, these featurescan be suitable to the tetranuclear cobalt cluster, the Co1 - O - Co1A angle(dihydroxo bridge) is 98.22(1)°, however, the *syn* - *syn* carboxylate and one hydroxo bridges makelarger values of theCo - O - Co angles [the Co1 - O - Co2 (Co1A - O - Co2A) and Co1A - O - Co2(Co1 - O - Cu2A) angles are 122.91(0)° and 117.87(0)°, respectively], revealing antiferromagnetic couplings with J_1 value of $-11.5(8)\ cm^{-1}$ and J_2 value of $-9.6(6)\ cm^{-1}$ (Figure S2, Supporting Information).

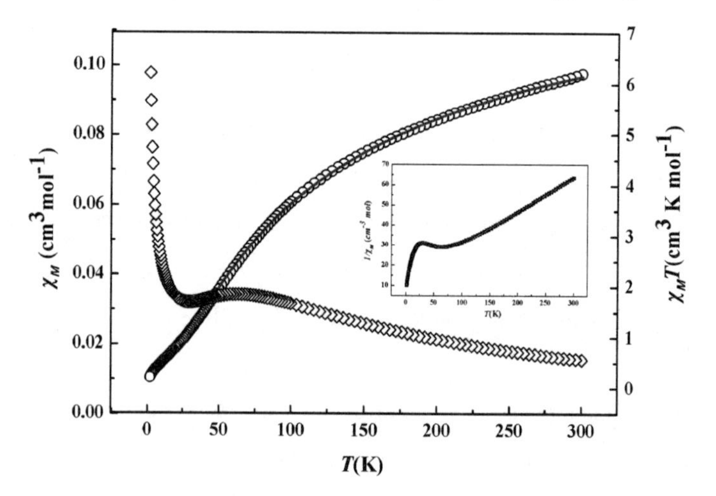

Figure 17. Plots of $\chi_M T$ and χ_M vs T for3. Inset: temperature dependence of χ_M^{-1}. The red solid lines represent the best fitting results.

Forcomplex 4, the $\chi_M T$ valueis 4.85 cm^3 K mol^{-1} at 300 K, which islarger than the calculated spin - only value(2.81 cm^3 K mol^{-1}, $S = 3/2$, $g = 2.0$) for one and half isolated Co^{II} ions owing to the presence of spin - orbit couplings. Upon cooling, the $\chi_M T$ decreases smoothly and later faster until a $\chi_M T$ value of 3.41 cm^3 K mol^{-1} is reached at 4.5 K, suggesting antiferromagnetic exchanges in the linear trinuclear Co^{II} unit (Figure 18), where two carboxylic groups adopt $syn - syn - \mu_2 - \eta^1 : \eta^1$ coordination mode and both the Co1 - O5A - Co2 and Co1 - O5 - Co2A angles are 117.82(8)°, further showing dominant antiferromagnetic interactions.[23] The temperature dependence of $1/\chi_M$ can be well fitted to the Curie - Weiss law, to give $\theta = -4.2(3)$ K and $C = 4.67$ $cm^3 K mol^{-1}$ in 2 - 300 K, revealing antiferromagnetic interactions. (Figure 18 inset)

Adjacent Co^{2+} ions are bridged bycarboxylic groups to form the linear {Co3} unit with a Co1 - O - Co2 angle of 117.82(8)°, and all the Co1···Co2 and Co1···Co2A distances are 3.853 Å (Figure S3, supporting Information). Therefore, the spin Hamiltonian can be performed using the following expression.[24]

$$H = -2J(S_{Co1} S_{Co2} + S_{Co1} S_{Co2A})$$

The {Co3} expression of the magnetic susceptibility can be performed (see Supporting Information):

$$\chi_{Co3} = (Ng^2\beta^2/4kT)[A/B]$$

$$\chi_M = \chi_{Co3}/[1 - 2zJ'\chi_{Co3}/Ng^2\beta^2]$$

The best least - squaresfit parameters are $g = 2.11(8)$, $J = -3.17(2) cm^{-1}$, and $R = 4.21 \times 10^{-4}$ ($R = \Sigma[(\chi_M T)_{obsd} - (\chi_M T)_{calcd}]^2/\Sigma[(\chi_M T)_{obsd}]^2$) above 50K. A molecular field (zJ') represents intertrimer magnetic coupling constant, the zJ' value is1.24(4) cm^{-1}. The negative J valuealso indicates antiferromagnetic interactions.

For complex 5, the structural and magnetic properties are similar to that of 4, the $\chi_M T$ value is 9.84 $cm^3 Kmol^{-1}$ per {Co3} unit at 300 K, which is higher than expected for three uncoupled Co(Ⅱ) ions (5.625 $cm^3 Kmol^{-1}$, $S = 3/2$, $g = 2.0$) similar to 1, then the $\chi_M T$ value decreases continuously to 6.84 $cm^3 Kmol^{-1}$ at 4 K, displayingthe existence of antiferromagnetic interactionsin 5 (Figure 19). Themagnetic susceptibility data can be well fitted to the Curie - Weiss law, leading to $\theta = -6.7(1)$ Kand $C = 10.32$ $cm^3 Kmol^{-1}$ in 2 - 300 K, which implies antiferromagnetic coupling (Figure 19 inset). The best least - squares fit parameters are $g = 2.60(5)$, $J = -2.40(8) cm^{-1}$, $zJ' = 0.69(9) cm^{-1}$, and $R = 2.47 \times 10^{-3}$ ($R = \Sigma[(\chi_M T)_{obsd} - (\chi_M T)_{calcd}]^2/\Sigma[(\chi_M

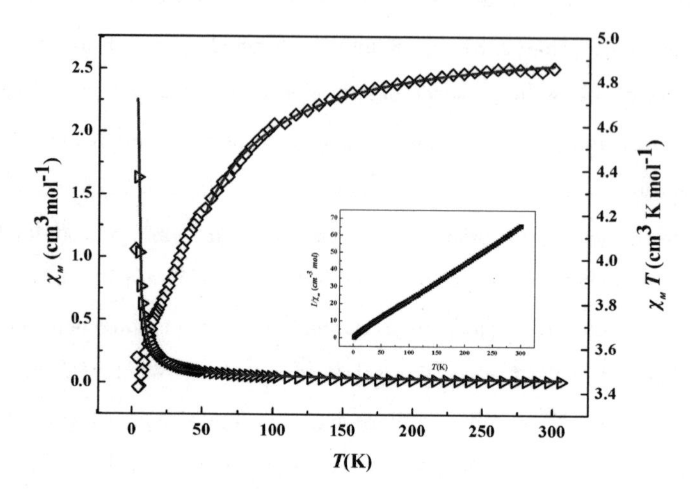

Figure 18. Plots of magnetic susceptibility in the forms of $\chi_M T$ and χ_M vs T for 4 between 1. 8 to 300 K. Inset: temperature dependence of $\chi_M{}^{-1}$. The red solid lines represent the best fitting results.

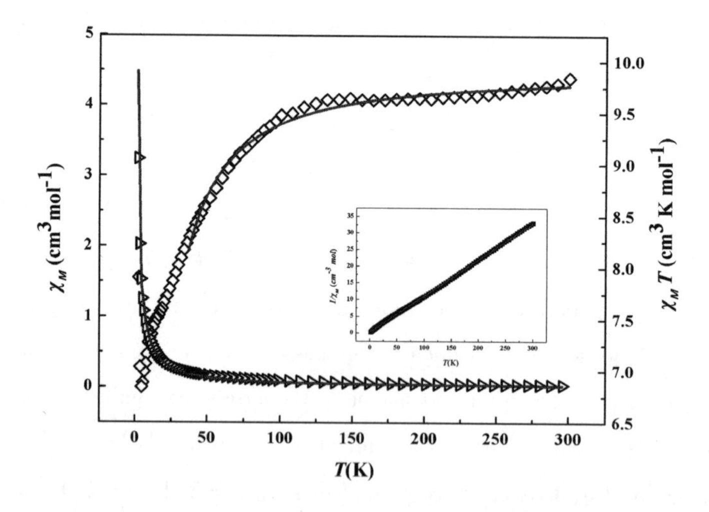

Figure 19. Plots of magnetic susceptibility in the forms of $\chi_M T$ and χ_M vs T for 5 between 1. 8 to 300 K. Inset: temperature dependence of $\chi_M{}^{-1}$. The red solid lines represent the best fitting results.

$T)_{obsd}]^2$) above 37 K, which further illustrates that antiferromagnetic interactions between adjacent Co^{II} ions.

UV – vis Spectra

The solid – state UV – vis spectra ofcomplexes 1 – 5 were recorded in the crystalline state at room temperature(Figure S4, Supporting Information). The main absorption bands of 1(ca. 625 nm), 2(ca. 431, 603 nm), 3(ca. 427, 655 nm), 4(ca. 413, 668 nm), and 5(ca. 423, 658 nm) probably originate from the d – d transition of the d7(Co Ⅱ) ion. However, the additional peaks were exhibited at ca. 306, 292, 293, and 304 nm for 2 – 5, respectively, which can be assigned as metal – to – ligand charge – transfer (MLCT) transitions. 17a, 25 In a sense, the discrepancy of the absorption bands may be subjected to the different coordination environments of the central metal ions in 1 – 5.

Powder X – ray Diffraction and Thermogravimetric Analysis

Powder X – ray diffraction(PXRD) patterns of complexes1 – 5 were essentially in accordance with the simulated patterns, indicating the pure samples of complexes 1 – 5 (Fig. S5, Supporting Information).

To estimate the stabilities of CPs, thermogravimetric(TG) analysis of complexes 1 – 5 were carried out under N_2 atmosphere from 25 to 800℃. TG curves for complexes 1 – 5 are shown in Figure S6(Supporting Information). Complex 1 slowly lost a weight of 5.7% in the range of 25 – 120℃, which is consistent with the loss of coordinated water molecules(calcd 5.0%), and then the framework began to decompose at 260℃. Complex 2 is similar to that of 1. The first weight loss of 4.0% in the range of 25 to 160℃, corresponding to the loss of one lattice water molecule and one μ_3 – OH group(calcd 4.3%), and then the network happened to collapsefor complex 3. The loss of coordinated water molecules(obsd 3.0%, calcd 2.3%) is observed from 25 – 135℃, and the expulsion of the organic components occurred at about 350℃ for complex 4. It is noticed that complex 5 exhibited no weight loss and was found to be stable up to 340℃, and then the backbone decomposition happened.

Conclusion

In conclusion, five novel coordination polymers based on semirigid tricarboxylic ligands together with N – donor ligands have been synthesized by solvothermal reactions, possessing complicated structural topologies and antiferromagnetic behavior. The presence of naphthalenerings not only effectively mediates the coordination environment of the metal ions but also dramatically facilitates the crystal packing through various weaker noncovalent forces such as C – H···O, C – H···π, and π···π stacking interactions, which extended 2D structures into 3D supramolecular frameworks. Inaddition, the steric hindrance of naphthalenerings is much easier to construct non - interpenetrated 2D structures with interesting magnetic properties. The further work is underway on magnetic coordination polymers in our laboratory.

ACKNOWLEDGMENTS

This work was supported by grants from the Natural Science Foundation of China (Nos. 21461023 and 21361023), Fundamental Research Funds for the Gansu Universities.

REFERENCES

[1] (a) Li, X. X.; Gong, Y. Q.; Zhao, H. X.; Wang, R. H. *Inorg. Chem.* 2014, 53, 12127 - 12134. (b) Biswas, S.; Gómez - García, C. J.; Clemente - Juan, J. M.; Benmansour, S.; Ghosh, A. *Inorg. Chem.* 2014, 53, 2441 - 2449. (c) Li, X. J.; Wang, X. Y.; Gao, S.; Cao, R. *Inorg. Chem.* 2006, 45, 1508 - 1516. (d) Jia, H. P.; Li, W.; Ju, Z. F.; Zhang, J. *Chem. Commun.* 2008, 371 - 373.

[2] (a) Zhang, J. Y.; Wang, K. Li, X. B.; Gao, E. Q. *Inorg. Chem.* 2014, 53, 9306 - 9314. (b) Li, D. S.; Zhao, J.; Wu, Y. P.; Liu, B.; Bai, L.; Zou, K.; Du, M. *Inorg. Chem.* 2013, 52, 8091 - 8098.

[3] (a) Wang, X. T.; Wang, X. H.; Wang, Z. M.; Gao, S. *Inorg. Chem.* 2009, 48, 1301 - 1308. (b) He, Z.; Wang, Z. M.; Gao, S.; Yan, C. H. *Inorg. Chem.* 2006, 45, 6694 - 6705.

[4] Li, J,; Tao, J.; Huang, R. B.; Zheng, L. S. *Inorg. Chem.* 2012, 51, 5988 - 5990.

[5] Zhang, Y. Z.; Brown, A. J.; Meng, Y. S.; Sun, H. L.; Gao, S. *Dalton Trans.* 2015, 44, 2865 - 2870.

[6] Díaz - Gallifa, P.; Fabelo, O.; Pasán, J.; Cañadillas - Delgado, L.; Rodríguez - Carvajal, J.; Lloret, F.; Julve, M.; Ruiz - Pérez, C. *Inorg. Chem.* 2014, 53, 5674 - 5683.

[7] (a) Wang, X. L.; Sui, F. F.; Lin, H. Y.; Zhang, J. W.; Liu, G. C. *Cryst. Growth Des.* 2014, 14, 3438 - 3452. (b) Herchel, R.; Váhovská, L.; Potoc n ák, I.; Trávníc ek, Z. *Inorg. Chem.* 2014, 53, 5896 - 5898. (c) Fortier, S.; Le Roy, J. J.; Chen, C. H.; Vieru, V.; Murugesu, M.; Chibotaru, L. F.; Mindiola, D. J.; Caulton, K. G. *J. Am. Chem. Soc.* 2013, 135, 14670 - 14678.

[8] (a) Zhao, S. N.; Su, S. Q.; Song, X. Z.; Zhu, M.; Hao, Z. M.; Meng, X.; Song, S. Y.; Zhang, H. J. *Cryst. Growth Des.* 2013, 13, 2756 - 2765. (b) Lama, P.; Mrozinski, J.; Bharadwaj, P. K. *Cryst. Growth Des.* 2012, 12, 3158 - 3168. (c) Wang, H. L.; Zhang, D. P.; Sun, D. F.; Chen, Y. T.; Zhang, L. F.; Tian, L. J.; Jiang, J. Z.; Ni, Z. H. *Cryst. Growth Des.* 2009, 9, 5273 - 5282.

[9] Si, C. D.; Hu, D. C.; Fan, Y.; Wu, Y.; Yao, X. Q.; Yang, Y. X.; Liu, J. C. *Cryst. Growth*

Des. 2015, 15,2419 – 2432.

[10](a)Guedes,G. P.;Soriano,S.;Comerlato,N. M.;Speziali,N. L.;Lahti,P. M.;Novak, M. A.;Vaz,M. G. F. *Eur. J. Inorg. Chem.*,2012,5642 – 5648. (b)Yuan,D. Q.;Xu,Y. Q.;Hong, M. C.;Bi,W. H.;Zhou,Y. F.;Li,X. *Eur. J. Inorg. Chem.*,2005,1182 – 1187. (c)Du,M.;Guo, Y. M.;Bu,X. H.;Ribas,J. *Eur. J. Inorg. Chem.*,2004,3228 – 3231. (d)Papaefstathiou,G. S.; Escuer,A.;Raptopoulou,C. P.;Terzis,A.;Perlepes,S. P.;Vicente,R. *Eur. J. Inorg. Chem.*, 2001,1567 – 1574. (e)Bera,M.;Musie,G. T.;Powell,D. R. *Inorg. Chem. Commun.*,2010, 13, 1029 – 1031. (f)Jia,H. P.;Li,W.;Ju,Z. F.;Zhang,J. *Inorg. Chem. Commun.*,2007, 10,265 – 268.

[11]Sakiyama,H.;Powell,A. K. *Dalton Trans.* 2014, 43,14542 – 14545.

[12](a)Guzmán – Percástegui,E.;Alvarado – Rodríguez,J. G.;Cruz – Borbolla,J.;Andrade – López,N.;Vázquez – García,R. A.;Nava – Galindo,R. N.;Pandiyan,T. *Cryst. Growth Des.* 2014, 14,3742 – 3757. (b)Liu,C. S.;Wang,J. J.;Yan,L. F.;Chang,Z.;Bu,X. H.;Sãudo,E. C.;Ribas,J. *Inorg. Chem.* 2007, 46,6299 – 6310. (c)Dunitz,J. D.;Gavezzotti,A. *Angew. Chem.*,*Int. Ed.* 2005, 44,1766 – 1787.

[13](a)SAINT,Program for Data Extraction and Reduction,Bruker AXS,Inc.;Madison,WI, 2001. (b)Sheldrick,G. M. SADABS,University of Göttingen,Göttingen,Germany. (c)Sheldrick, G. M. SHELXTL,version 6. 10;Bruker Analytical X – ray Systems:Madison,WI,2001.

[14](a)Wang,Z. J.;Qin,L.;Zhang,X.;Chen,J. X.;Zheng,H. G. *Cryst. Growth Des.* 2015, 15,1303 – 1310. (b)Mao,L. L.;Liu,W.;Li,Q. W.;Jia,J. H.;Tong,M. L. *Cryst. Growth Des.* 2014, 14,4674 – 4680.

[15]Cao,J.;Liu,J. – C. Deng,W. – T. and Jin,N. – Z. *CrystEngComm* 2013,15,6359 – 6367.

[16](a)Yahsi,Y.;Gungor,E.;Kara,H. *Cryst. Growth Des.* 2015, 15,2652 – 2660. (b)Liu, J. Y.;Wang,Q.;Zhang,L. J.;Yuan,B.;Xu,Y. Y.;Zhang,X.;Zhao,C. Y.;Wang,D.;Yuan,Y.; Wang,Y.;Ding,B.;Zhao,X. J.;Yue,M. M. *Inorg. Chem.* 2014, 53,5972 – 5985.

[17](a)Zhang,S. W.;Ma,J. G.;Zhang,X. P.;Duan,E.;Cheng,P. *Inorg. Chem.* 2015,54, 586 – 595. (b)Mistri,S.;Zangrando,E.;Figuerola,A.;Adhikary,A.;Konar,S.;Cano,J.;Chandra Manna,S. *Cryst. Growth Des.* 2014, 14,3276 – 3285. (c)Harris,T. D.;Bennett,M. V.; Clérac,R.;Long,J. R. *J. Am. Chem. Soc.* 2010, 132,3980 – 3988. (d)Fabelo,O.;Cañadillas – Delgado,L.;Pasán,J.;Delgado,F. S.;Lloret,F.;Cano,J.;Julve,M.;Ruiz – Pérez,C. *Inorg. Chem.* 2009, 48,11342 – 11351.

[18](a)Manna,P.;Das,S. K. *Cryst. Growth Des.* 2015, 15,1407 – 1421. (b)Xin,L. Y.; Liu,G. Z.;Li,X. L.;Wang,L. Y. *Cryst. Growth Des.* 2012, 12,147 – 157. (c)Qin,L.;Hu,J. S.; Huang,L. F.;Li,Y. Z.;Guo,Z. J.;Zheng,H. G. *Cryst. Growth Des.* 2010, 10,4176 – 4183.

[19]Cheng,X. N.;Zhang,W. X.;Chen,X. M. *J. Am. Chem. Soc.* 2007, 129,15738 – 15739.

[20] (a) Chu, Q. ; Su, Z. ; Fan, J. ; Okamura, T. A. ; Lv, G. C. ; Liu, G. X. ; Sun, W. Y. ; Ueyama, N. *Cryst. Growth Des.* 2011, 11, 3885 - 3894. (b) Niu, C. Y. ; Zheng, X. F. ; Wan, X. S. ; Kou, C. H. *Cryst. Growth Des.* 2011, 11, 2874 - 2888. (c) Zhang, W. H. ; Wang, Y. Y. ; Lermontova, E. K. ; Yang, G. P. ; Liu, B. ; Jin, J. C. ; Dong, Z. ; Shi, Q. Z. *Cryst. Growth Des.* 2010, 10, 76 - 84. (d) Rueff, J. M. ; Masciocchi, N. ; Rabu, P. ; Sironi, A. ; Skoulios, A. *Eur. J. Inorg. Chem.* 2001, 2843 - 2848; *Chem. - Eur. J.* 2002, 8, 1813 - 1820. (e) Rabu, P. ; Rueff, J. M. ; Huang, Z. L. ; Angelov, S. ; Souletie, J. ; Drillon, M. *Polyhedron* 2001, 20, 1677 - 1685.

[21] Reger, D. L. ; Pascui, A. E. ; Foley, E. A. ; Smith, M. D. ; Jezierska, J. ; Ozarowski, A. *Inorg. Chem.* 2014, 53, 1975 - 1988.

[22] (a) Chang, X. H. ; Qin, J. H. ; Han, M. L. ; Ma, L. F. ; Wang, L. Y. *CrystEngComm* 2014, 16, 870 - 882. (b) Das, L. K. ; Drew, M. G. B. ; Diaz, C. ; Ghosh, A. *Dalton Trans.* 2014, 43, 7589 - 7598. (c) Ruiz, E. ; Alemany, P. ; Alvarez, S. ; Cano, J. *J. Am. Chem. Soc.* 1997, 119, 1297 - 1303. (d) Plass, W. *Inorg. Chem.* 1997, 36, 2200 - 2205.

[23] Li, D. S. ; Zhao, J. ; Wu, Y. P. ; Liu, B. ; Bai, L. ; Zou, K. ; Du, M. *Inorg. Chem.* 2013, 52, 8091 - 8098.

[24] Wang, H. L. ; Zhang, D. P. ; Sun, D. F. ; Chen, Y. T. ; Zhang, L. F. ; Tian, L. J. ; Jiang, J. Z. ; Ni, Z. H. *Cryst. Growth Des.* 2009, 9, 5273 - 5282.

[25] (a) Wang, T. ; Zhang, C. L. ; Ju, Z. M. ; Zheng, H. G. *Dalton Trans.* 2015, 44, 6926 - 6935. (b) Hu, J. S. ; Huang, X. H. ; Pan, C. L. ; Zhang, L. *Cryst. Growth Des.* 2015, 15, 2272 - 2281. (c) Qi, Z. K. ; Liu, J. L. ; Hou, J. J. ; Liu, M. M. ; Zhang, X. M. *Cryst. Growth Des.* 2014, 14, 5773 - 5783. (d) Wen, L. L. ; Wang, F. ; Feng, J. ; Lv, K. L. ; Wang, C. G. ; Li, D. F. *Cryst. Growth Des.* 2009, 9, 3581 - 3589. (e) Ren, H. Y. ; Yao, R. X. ; Zhang, X. M. *Inorg. Chem.* 2015, 54, 6312 - 6318.

(本文发表于 2015 年 10 月《Crystal Grouth & Design》第 15 卷第 12 期)

Dib Ligand – Dependent Zn Ⅱ and Cd Ⅱ Coordination Polymers from a Semirigid Tricarboxylate Acids: Topological Structures and Photoluminescence Property

Chang – Dai Si *

摘要:选用4 –(3′ – 羧基 – 2′ – 萘氧基)邻苯二甲酸以及辅助配体1,4 – 二(1*H* – 咪唑 – 1 – 基)苯与金属Zn在不同反应条件下合成了四个配位聚合物1 – 4:$[Zn_2(L_1)(dib)_{1.5}(H_2O)]_n$(1),$\{[Zn(L_1)(dib)]\cdot H_2O\}_n$(2),$[Zn_3(L_1)_2(dib)_3]_n$(3),$[Zn(L_1)(dib)]_n$(4)。配合物1为(3,5) – 连接的gra拓扑结构,施莱夫利符号为$(6^3)(6^9.8)$。配合物2为4 – 连接的sql型拓扑结构,施莱夫利符号为$(4^4.6^2)$,分子间C – H…O和C – H…π共同作用得到了3D超分子结构。配合物3可简化为(3,4,4) – 连接的拓扑结构,施莱夫利符号为$(6^3.8.10^2)_2(6^3)_2(6^4.8.10)$。配合物4为4 – 连接的拓扑结构,施莱夫利符号为$(3^3.4^2.5)$,代表了一种新的拓扑结构。此外,由于萘环的空间位阻作用,配合物1 – 4都呈现出非穿插结构。值得注意的是,1,4 – 二(1*H* – 咪唑 – 1 – 基)苯配体不仅可以影响多羧酸的配位模式,还可以微妙地调节反应溶剂的pH值,就像N,N – 二甲基甲酰胺(DMF)作用一样。此外,在室温下,对配合物1 – 4的固体荧光性能也进行了研究。

Four complexes based on H_3L, namely, $[Zn_2(L)(dib)_{1.5}(H_2O)]_n$(1), $\{[Zn(L)(dib)]\cdot H_2O\}_n$(2), $[Zn(L)(dib)]_n$(3), $[Zn_3(L)_2(dib)_3]_n$(4)[(H_3L = 4 – [(3 – carboxynaphthalen – 2 – yl)oxy]phthalic acid and dib = 1,4 – di(1*H* – imidazol – 1 – yl)benzene] have been synthesized by solvothermal reactions. Complex 1 displays(3,5) – connected gra – type topology with a Schläfli symbol of$(6^3)(6^9.8)$, the

---

* 作者简介:司长代(1979—),男,甘肃通渭人,天水师范学院副教授、博士,主要从事MOF材料的制备及应用研究。

two – dimensional(2D) structure was extended to a three – dimensional(3D) framework by dib ligand, showing an enhanced luminescence intensity. Complex 2 possesses a 2D 4 – connected sql – type topology with a Schläfli symbol of($4^4.6^2$), which are further stacked with each other by C – H··· π and C – H···Ointeractions to form a 3D supramolecular framework. Complex 3 features a novel 4 – connected topology with a Schläfli symbol of($3^3.4^2.5$), the driving forces in 3D supermolecular frameworks are C – H···O, C – H··· π, and π··· π stacking interactions in 3. Complex 4 has a 3D(3,4,4) – connected net with a Schläfli symbol of$(6^3.8.10^2)_2(6^3)_2(6^4.8.10)$, representing a new topological prototype. In addition, complex 1 – 4 exhibit non – interpenetrated structures owing to the steric hindrance of the naphthalene ring. It is also noteworthy that dib Ligand may not only affect the coordination mode of polycarboxylate acid but also subtly adjust the pH value of reaction solvent as well as N, N′ – dimethylformamide(DMF). Additionally, the luminescent properties were investigated in the solid state at room temperature for 1 – 4.

INTRODUCTION

A number of coordination polymers(CPs) with intriguing topologies and excellent properties have been synthesized during the self – assembly process in the past decade.[1] Although remarkable progress have been made by means of controlling the effects of many factors such as organic linkers,[2] metal ions,[3] reaction solvent,[4] temperature,[5] pH value,[6] etc. for synthesizing novel functional materials with appealing properties in recent years. However, it is still a great challenge to exactly control and predict the structures of the target CPs. Without a doubt, the length, rigidity, functional groups, and substituents of organic ligands have also affected on the final structures of CPs.[7] Nowadays, plentiful semirigid tricarboxylate ligands, such as 5 – (2 – carboxy – phenoxy) – isophthalic acid, 4 – (4 – carboxyphenoxy) – phthalic acid, 4,4′ – oxidiphthalic acid, and 2,2′,3,3′ – oxidiphthalic acid, have been used to construct photoluminescence materials.[8] Apart from the carboxylate linkers, the rigid N – donor ligands can also be used in regulating the coordination mode of polycarboxylate acid as linear linkers. Moreover, the pH value of reaction solvent can be subtly tuned by the N – donor ligands, making polycarboxylate ligands easily to build fascinating architectures with diverse topologies, such as gra, sql, pcu, dia, fsc, and so on, rarely documented to date. Otherwise, it is impossible to synthesize CPs using polycarboxylate ligands without the N – donor ligands under certain conditions.

Inspired by these ideas, semirigid tricarboxylate ligand with naphthalene ring(H_3L) was designed and synthesized by method reported in literature for the first time (Scheme 1).[9] In addition, the steric hindrance of the naphthalene ring could tend to form the intermolecular C – H··· π, C – H···O, and π··· π stacking interactions and hinder the formation of interpenetration, which may significantly affect the final structures and properties. Furthermore, the rigid bridging ligand like1,4 – di(1*H* – imidazol – 1 – yl)benzene(dib) has been recently used as ancillary ligands to construct CPs with diverse architectures.[7,10] Taking account of these, four novel coordination polymers were obtained by tricarboxylate acid together with dib ligand by changing assembly environments and strategies, namely, $[Zn_2(L)(dib)_{1.5}(H_2O)]_n$(1), $\{[Zn(L)(dib)]\cdot H_2O\}_n$(2), $[Zn(L)(dib)]_n$(3), $[Zn_3(L)_2(dib)_3]_n$(4). Although DMF molecules are not coordinated to metal centers in complexes 1 and4, the existence of DMF molecules may enhance the solubility of the organic ligand or subtly regulate the pH value of reaction solvent, which are still rarely reported until now, and the systematic study is urgent in crystal engineering. In addition, the fluorescence properties of the four complexes have been investigated in detail.

EXPERIMENTAL SECTION

Materials and Instrumentations.

Other reagents and solvents were purchased and used without further purification. ^{1}HNMR(400MHz) was measured on a Varian Mercury Plus – 400 spectrometer. Elemental analyses of C, H, and N were performed on a VxRio EL Instrument. Fourier transform infrared(FT – IR) spectra were recorded in the range 4000 – 400 cm^{-1} on an FTS 3000 (the United States DIGILAB) spectrometer using KBr pellets. Thermogravimetric analysis(TGA) experiments were carried out on a PerkinElmer TG – 7 analyzer heated from 25 to 800℃ at a heating rate of 10℃/min under N_2 atmosphere. Powder X – ray diffraction(PXRD) patterns were obtained on a Philips PW 1710 – BASED diffractometer at 293 K.

Synthesis of $[Zn_2(L)(dib)_{1.5}(H_2O)]_n$(1).

A mixture of $Zn(NO_3)_2\cdot 6H_2O$(0.038 g, 0.13 mmol), H_3L(0.026 g, 0.075 mmol), dib(0.016 g, 0.075 mmol), DMF(0.5 mL), and H_2O(7.5 mL) were added in a Teflon – lined autoclave and heated to 130℃ for 72 hbefore being naturally cooled to room temperature. Colorless block – shaped crystals of 1 were obtained in 51% yield (based on H_3L), washed with deionized water, and driedin air. Anal. Calcd. for $C_{37}H_{24}N_6O_8Zn_2$ (811.36): C, 54.71; H, 2.95; N, 10.40%. Found: C, 54.77; H, 2.98; N, 10.36%. IR(cm^{-1})(KBr): 3435(m), 1601(s), 1516(s), 1458(w), 1390(s), 1301(m), 1243(m), 1049(s), 951(m), 813(s).

Synthesis of{[Zn(L)(dib)] · H_2O}$_n$(2).

The preparation of 2 was similar to that of 1 except that H_2O was only used as the reaction solvent. Colorless block – shaped crystals of 2 were obtained in 45% yield (based on H_3L), washed with deionized water, and driedin air. Anal. Calcd. for($C_{31}H_{22}N_4O_8Zn$) (643.89): C, 57.85; H, 3.47; N, 8.72%. Found: C, 57.82; H, 3.44; N, 8.70%. IR(cm^{-1})(KBr): 3421(m), 3136(w), 1607(s), 1513(s), 1450(w), 1389(s), 1308(m), 1247(m), 1059(s), 963(m), 825(s).

Synthesis of[Zn(L)(dib)]$_n$(3).

The preparation of 3 was similar to that of 2 except that the mixture was heated to 160℃ for 72 hbefore being naturally cooled to room temperature. Purple block – shaped crystals of 3 were obtained in 53% yield(based on H_3L), washed with deionizedwater, and driedin air. Anal. Calcd. for $C_{31}H_{20}N_4O_7Zn$ (625.88): C, 59.46; H, 3.20; N, 8.97%. Found: C, 59.50; H, 3.22; N, 8.95%. IR (cm^{-1}) (KBr): 3440 (m), 3128 (w), 1613(s), 1515(s), 1442(w), 1409(w), 1336(m), 1260(w), 1133(w), 1064(m), 959(m), 832(w).

Synthesis of[$Zn_3(L)_2(dib)_3$]$_n$(4).

The preparation of 4 was similar to that of 1except thatthe mixture was heated to 110℃ for 48 h before being naturally cooled to room temperature. Colorless block – shaped crystals of 3 were obtained in 48% yield(based on H_3L), washed with deionizedwater, and driedin air. Anal. Calcd. for $C_{74}H_{48}N_{12}O_{14}Zn_3$ (1525.35): C, 58.29; H, 3.15; N, 11.05%. Found: C, 58.27; H, 3.17; N, 11.02%. IR (cm^{-1}) (KBr): 3439(s), 3128(m), 1615(s), 1529(s), 1371(s), 1313(m), 1230(m), 1133(m), 1064(s), 956(m), 849(m).

X – rayCrystallography.

The crystallographic data collections forl – 4 were carried out on a Bruker Smart Apex CCD area detector diffractometer with graphite – monochromated Mo Kα radiation ($\lambda = 0.71073$ Å) at 20(2)℃ using ω – scan technique. The diffraction data were integrated by using the SAINT program,[11a] which was also used for the intensity corrections for the Lorentz and polarization effects. Semiempirical absorption corrections were applied using SADABS program.[11b] The structures were solved by direct methods, and all of the non – hydrogen atoms were refined anisotropically on F^2 by the full – matrix least – squares technique using the SHELXL – 97 crystallographic software package.[11c] The hydrogen atoms except those of water molecules were generated geometrically and refined isotropically using the riding model. The details of the crystal parameters, data collection and refinements for the complexes are summarized in Table 1. Selected bond distances [Å] and angles [deg] are given in Table S1 (Supporting Information). CCDC 1418008(1), 1418009(2), 1418010(3), and 1418011(4) include all supplementary crystallographic data of fourcomplexes.

Table 1. Crystal Data and Structure Refinement for Complexes1 – 4

Complex	1	2	3	4
Formula	$C_{37}H_{24}N_6O_8Zn_2$	$C_{31}H_{22}N_4O_8Zn$	$C_{31}H_{20}N_4O_7Zn$	$C_{74}H_{48}N_{12}O_{14}Zn_3$
F. W.	811.36	643.89	625.88	1525.35
cryst system	triclinic	triclinic	orthorhombic	triclinic
space group	*P* – 1	*P* – 1	*Pbca*	*P* – 1
a /Å	8.6527(10)	9.7789(8)	12.8378(5)	10.4016(14)
b /Å	9.7049(11)	9.7945(6)	18.4557(9)	17.497(3
c /Å	22.160(3)	14.9654(6)	23.6965(11)	19.812(3)
α /°	91.606(2)	87.049(5)	90	94.918(13)
β/°	94.615(2)	84.839(5)	90	104.733(13)
γ/°	103.135(2)	83.950(6)	90	104.148(13)
V($Å^3$)	1804.3(4)	1418.34(16)	5614.4(4)	3339.0(9)
D_c(g/cm^3)	1.493	1.508	1.481	1.517
Z	2	2	8	2
F(000)	824	660	2560	1556
2 θ max(deg)(deg)	50.0	52.0	52.0	52.0
GOF	1.044	1.053	1.019	1.016
$R_1[I>2\sigma(I)]^a$	0.0416	0.0417	0.0612	0.0621
$wR_2{}^b[I>2\sigma(I)]^b$	0.1039	0.1031	0.1099	0.1104

$^aR_1=\Sigma||F_o|-|F_c||/\Sigma|F_o|$. $^bwR_2=|\Sigma w(|F_o|^2-|F_c|^2)|/\Sigma|w(F_o)^2|^{1/2}$, where $w=1/[\sigma^2(F_o{}^2)+(aP)^2+bP]$. $P=(F_o{}^2+2F_c{}^2)/3$.

Crystal Structure of $[Zn_2(L)(dib)_{1.5}(H_2O)]_n$(1).

Single – crystal X – ray diffraction analysis reveals that complex 1 crystallizes in the monoclinic with space group $P-1$ and shows a 3D architecture having two crystallographically distinct Zn^{II} (Zn1and Zn2) ions, one Lligand that adopts a $\mu_3-\eta^1:\eta^0:\eta^1:\eta^0:\eta^1:\eta^0$coordination mode(Scheme S1a, Supporting Information), one and a half dib ligands, and one coordinated water molecule. Zn1is coordinated to two Oatoms(O1 and O6C) fromtwo different L^{3-} ligands, one μ_2 – oxygen atom(O8) of one water molecule, and oneN atom from dib ligand, forming a distorted tetrahedral geometry [Zn1 – O, 1.932(3) – 1.979(3) Å and Zn1 – N = 2.006(3) Å]. Similarly to Zn1, Zn2 forms aZnO_2N_2environment provided by two O atoms and two N atoms [Zn2 – O, 1.935(3) – 1.944(3) Å and Zn1 – N = 1.988(3) – 2.005(3) Å]. Furthermore, Zn1 and Zn2 are connected by one O atom(O8) to form dinuclear Zn^{II} secondary building unit(SBU) and the intermetallic distance is 3.4031(7) Å for Zn1···Zn2(Figure 1a). Adjacent Zn^{II} atoms are linked by $HCOO^-$ groups via bridging mode toyield a 2D network(Figure 1b), which is further stabilized by dib ligand as well as $\pi\cdots\pi$ stacking interactions along the *c* axis(Figure 1c, e). Furthermore, the networks are pillared by dib ligand to build a extended 3D framework(Figure 1d).

Topologically, each L ligand that connects three Zn^{II} ions can be reduced to 3 – connected nodes and dinuclear Zn^{II} (Zn1 and Zn2) can be simplified as 5 – connected nodes. Therefore, the overall framework of 1 can be defined as(3,5) – connected gra – type topology with a Schläfli symbol of$(6^3)(6^9.8)$(Figure 1f).

Crystal Structure of $\{[Zn(L)(dib)]\cdot H_2O\}_n$(2).

Complex 2 crystallizes in the triclinic system with space group $P-1$. As shown in Figure 2a, there are one crystallographically independent Zn^{II} ion, one Lligand that adopts a $\mu_2-\eta^1:\eta^0:\eta^1:\eta^0$coordination mode(Scheme S1b, Supporting Information), one dib ligand, and one coordinated water molecule. Each Zn^{II} center is four – coordinated locating ina distorted CdN_2O2 tetrahedral geometry with the two carboxylate oxygen atoms(O1 and O6) and two N atoms(N4 and N5) of two dib ligands[Zn1 – O, 1.942(9) – 1.996(9) Å and Zn1 – N, 2.016(2) – 2.045(2) Å]. Lligand links Zn^{II} ions in a monodentate bridging mode forming a 1Dladder – like chain with the help of dib(Figure 2b), which is further connected by dib to form a 2D chair – like structure(Figure 2c). These 2D layersare further stacked with each other via C – H··· π and C – H··· Ointeractions to build a 3D supramolecular framework(Figure 2d). From the topological view, the overall structure can be simplified as a 4 – connected sql – typetopology with a Schläfli symbol of$(4^4.6^2)$when each Zn^{II} ion acts as 4 – connected nodes(Figure 2e).

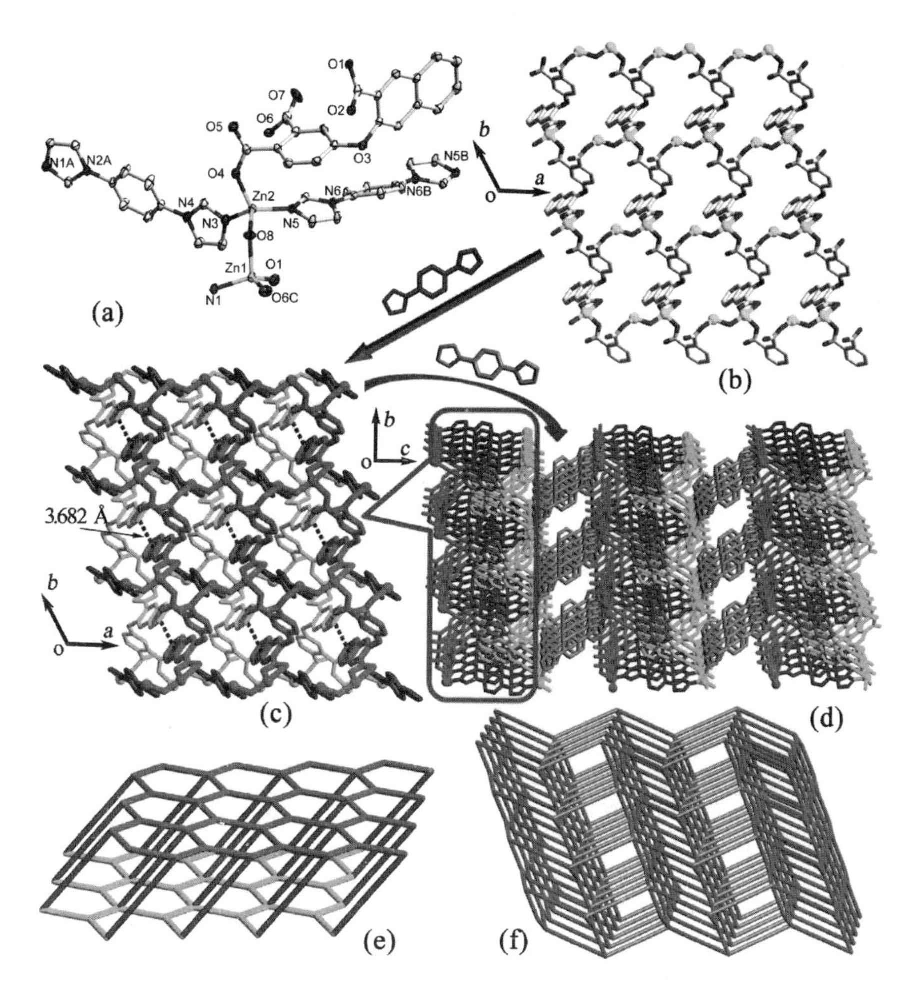

Figure 1. (a) Coordination environment of 3 with 30% ellipsoid probability (hydrogen atoms and water molecules are omitted for clarity) . Symmetry codes : A , 1 − *x* , − *y* , − *z* ; B , 2 − *x* , 1 − *y* , 1 − *z* ; C , 1 + *x* , *y* , *z*. (b) View of 2D network formed by Lligand. (c) View of 2D network stabilized by dib ligand, including $\pi \cdots \pi$ stacking interactions. (d) View of 3D architecture constructed by dib ligand. (e) View of the 2D pillar − layered framework. (f) View of (3 , 5) − connectedgra − type topology.

Crystal Structure of $[Zn(L)(dib)]_n$ (3).

Complex 3 crystallizes in the orthorhombic system with space group *Pbca*. The asymmetric unit consists of one independent Zn^{II} ion, one L ligand that adopts a $\mu_2-\eta^1:\eta^0:\eta^1:\eta^0$ coordination mode (Scheme S1c, Supporting Information), and one dib ligand. Zn1 ion is four − coordinated to two carboxylate O atoms (O1 and O7A) from dis-

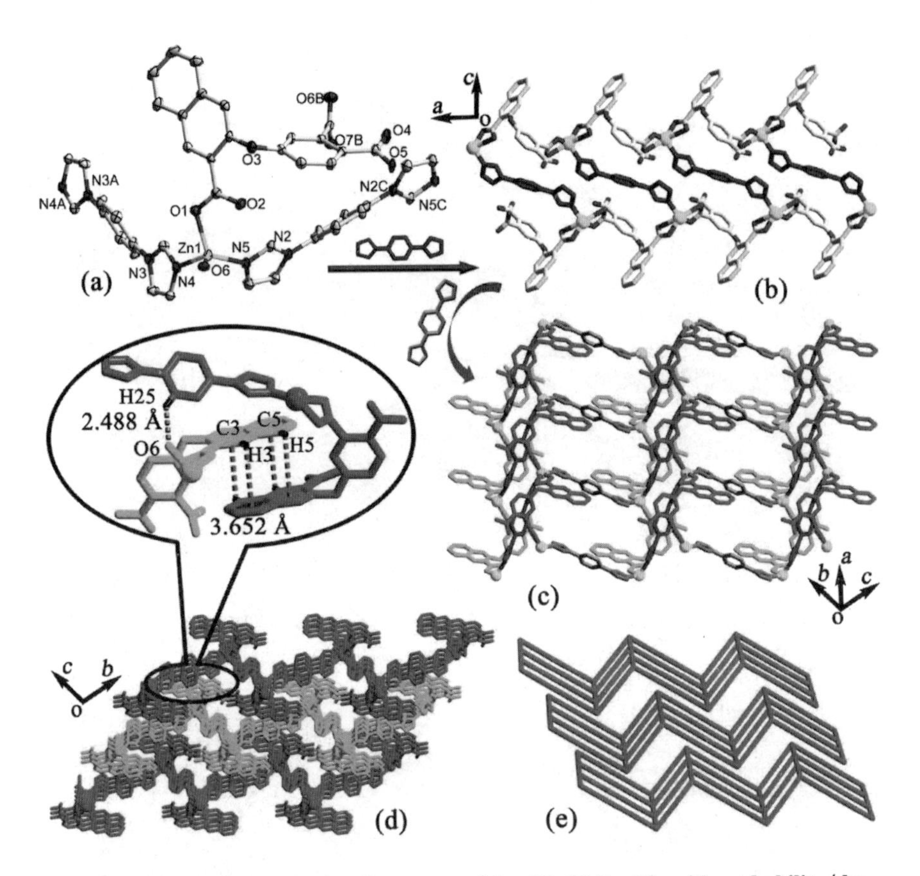

Figure 2. (a) Coordination environment of 3 with 30% ellipsoid probability (hydrogen atoms and water molecules are omitted for clarity). (b) 1Dladder – like chain. (c) 2D chair – likes tructure. (d) View of 3D supramolecular architecture constructed by C – H⋯ π and C – H⋯O interactions. (e) View of 4 – connected sql – typetopology.

tinct L ligands and two N atoms (N1 and N4B) from different dib ligands ina distorted CdN_2O2 tetrahedral geometry (Figure 3a). L ligand that adopts monodentate bridging mode coordinates to twoZn^{II} ions to form 1D infinite ribbon – like chain along the *b* axis (Figure 3b). The adjacent 1D chains are interlinked together by C – H⋯ π, C – H⋯ O, and π⋯ π stacking interactions to yield 2D structure, which is finally extended to a 3D supramolecular framework by C – H⋯O interactions (Figure 3c, d). Topologically, Zn^{II} ions can be defined as four – connected nodes, each 2 – connected L ligand can be considered as a linker. Therefore, complex 3 can be simplified as 4 – connected net with a Schläfli symbol of $(3^3.4^2.5)$ (Figure 3e).

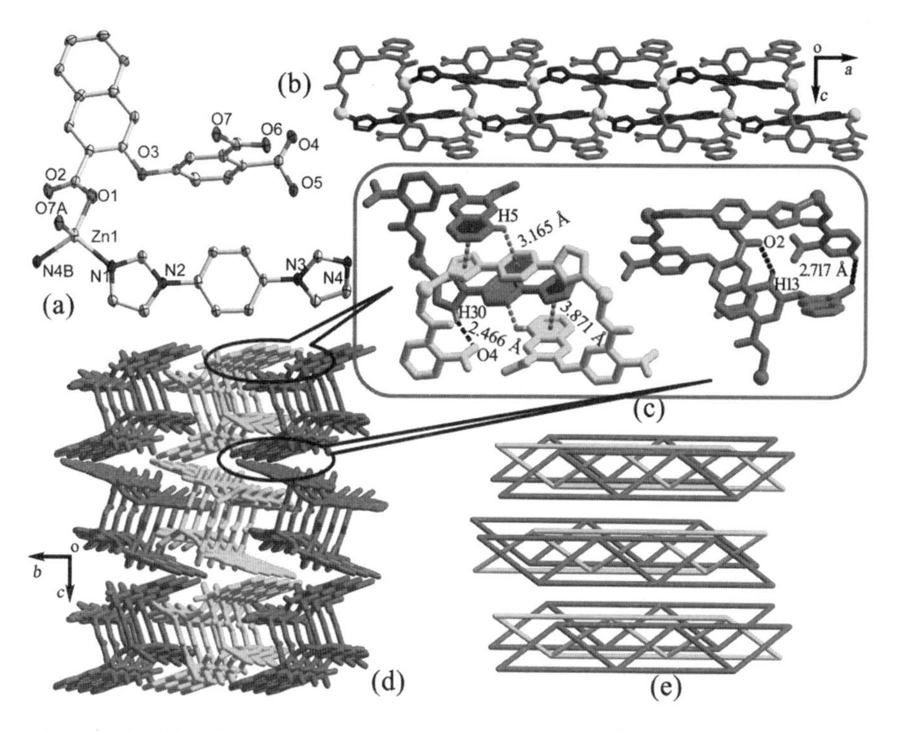

Figure 3. (a) Coordination environment of 3 with 30% ellipsoid probability (hydrogen atoms and water molecules are omitted for clarity). Symmetry codes: A, −0.5 + x, 1.5 − y, 1 − z; B, −1 + x, y, z. (b) Schematic drawing of 1D infinite ribbon − like chain. (c) Schematic diagram of C − H⋯ π, C − H⋯O, and π⋯ π stacking interactions. (d) Schematic view of 3D supramolecular architecture. (e) A schematic of 4 − connectednet with a Schläfli symbol of ($3^3.4^2.5$).

Crystal Structure of [$Zn_3(L)_2(dib)_3$]$_n$ (4).

Complex 4 crystallizes in the triclinic system with space group $P-1$. The asymmetric unit consists of three independent Zn^{II} ions, two L ligands that adopt a $\mu_3-\eta^1:\eta^1:\eta^1:\eta^1:\eta^1:\eta^0$ coordination mode (Scheme S1d, Supporting Information), and three dib ligands, where Zn1 and Zn2 are in distorted tetrahedral coordination geometries. Zn1 is four − coordinated by two O atoms (O2 and O14D) of two different L ligands and two N atoms (N1 and N7) of two distinctdib ligands [Zn1 − O, 1.919(4) − 1.981(4) Å and Zn1 − N, 2.001(4) − 2.011(5) Å]. Zn2 is similar to that of Zn1 [Zn2 − O, 1.936(0) − 2.231(0) Å and Zn − N, 2.044(5) − 2.036(4) Å]. In contrast, Zn3 shows penta − coordination with three O atoms (O8, O9, and O7E) of two L ligands, two N atoms (N10 and N11) of two dib ligands ($\tau = 0.447$), [12]. showing that the geometry of Zn3 ion is nearly in between square pyramid and trigonal bipyramid [Zn3 – O,1. 926(4) – 2. 409 (4) Å and Zn3 – N,2. 038(4) – 2. 044(4) Å] (Figure 4a). Carboxylate oxygen atoms in L ligand that adopts bidentate chelating and monodentate bridging modes coordinate to three Zn^{II} ions to form a 2D network (Figure 4b), which are further extended into a 3D framework via dib ligand (Figure 4c).

Topologically, each L ligand that is connected to three Zn^{II} ions can be simplified into 3 – connected nodes. All Zn^{II} ions have been linked by two L and two dib ligands, therefore they can be considered as 4 – connected nodes. Complex 4 can thus be viewed as a(3,4,4) – connected net with a Schläfli symbol of $(6^3.8.10^2)_2(6^3)_2(6^4.8.10)$, representing a new topological prototype analyzed by the Topos4. 0 program (Figure 4d).

Effects of Dib Ligandon the Structures.

Comparing the structures of the four complexes, complex 1 reveals a 1D → 3D framework, where dib ligand acts as pillar. Without DMF solvent, complex 2 is obtained, dib ligand is responsible for a 1D → 2Dchair – like structure. For 4, the 2D network is further extended into a 3D architecture by dib ligand, while complex 3 is a 1D → 3D supramolecular framework assembled with C – H··· π, C – H···O, and π··· π stacking interactions, where dib ligand is similar to coordinated water moleculeto accommodate-Zn^{II} center.

Luminescent Properties.

The photoluminescence properties of complexes1 – 4, together with L ligand, were studied in the solid state at room temperature. The emission of L was exhibited at 385 nm(λex = 344 nm) (Figure S1, Supporting Information), which can be attributable to the intraligand π * → n or π * → π electronic transitions.[13] The emission peaks, which may be mainly ascribed to ligand – to – ligand charge transfer (LLCT),[9,14] were observed at ca. 379(λex = 323 nm), 407(λex = 314 nm), 403(λex = 314 nm), and 349(λex = 302 nm) for1 – 4, respectively. Moreover, complex 1 has an enhanced luminescence intensity compared to 2 – 4 (Figure 6), which can be tentatively attributed to the enhancement of structural rigidity owing to dib ligand highly stabilizing 3D framework. Compared to that of L ligand, the emission peaks of 2 and 3 are red – shifted to 407 and 403 nm, respectively. The red shift is probably due to theformation of 3D supramolecular architecture and the best plane and conjugation of the ligand.[15] Meanwhile, the existence of π··· π stacking interactionsweaken the intensity of the maximum lumi-

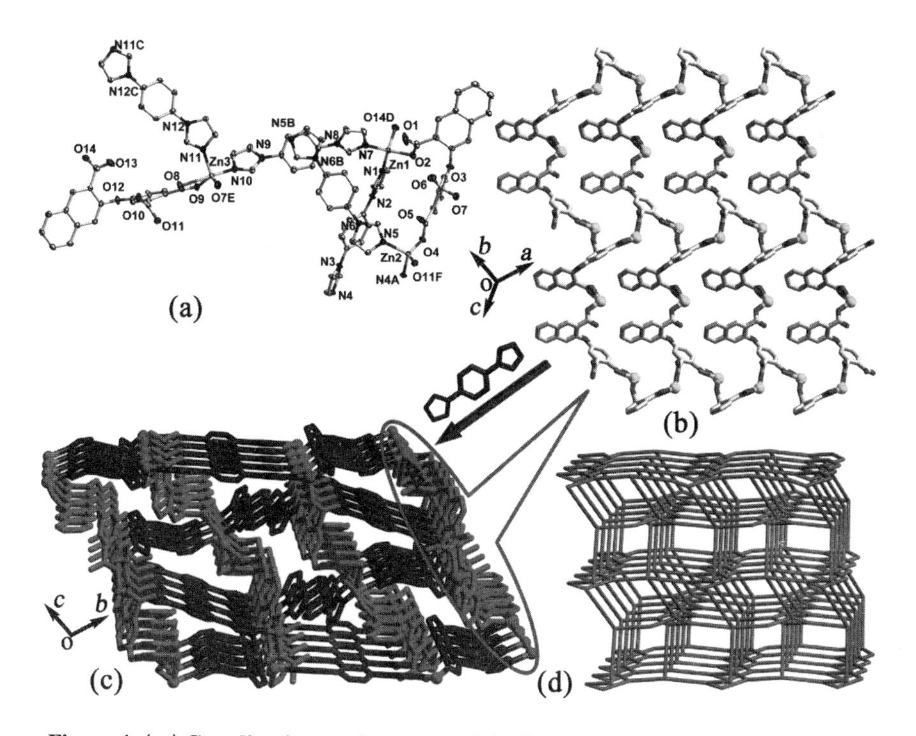

Figure 4. (a) Coordination environment of 4 with 30% ellipsoid probability (hydrogen atoms and water molecules are omitted for clarity). Symmetry codes: A, $-x, 1-y, 2-z$; B, $-1-x, 2-y, 2-z$; C, $-x, 3-y, 1-z$; D, $-x, 2-y, 1-z$; E, $1-x, 2-y, 2-z$; F, $-x, 2-y, 2-z$. (b) 2D network formed by Lligands. (c) 3D framework constructed by dib ligands. (d) A schematic of (3,4,4) - connectednet with a Schläfli symbol of $(6^3.8.10^2)_2(6^3)_2(6^4.8.10)$.

nescent emission in 3.[16] The intense bandsof 4 isblue - shifted to 349, which may be assigned to increase the ligand conformational rigidity and reduceradiationless decay.[17] The difference emissions of 1 - 4 may be due to the different coordination environments of the central metal ions as well as the characteristic structures in the solid state.[18]

Powder X - ray Diffraction and Thermogravimetric Analysis.

Powder X - ray diffraction (PXRD) patterns of complexes1 - 4 matched essentially with the simulated patterns, indicating the phase purity of complexes 1 - 4 (Figure S1, Supporting Information).

To study the thermal stabilities of CPs, thermogravimetric (TG) analysis of complexes1 - 4 were examined under N_2 atmosphere from 25 to 800℃ with a heating rate of 10℃/min. TG curves for complexes 1 - 4 are presented in Figure S3 (Supporting Infor-

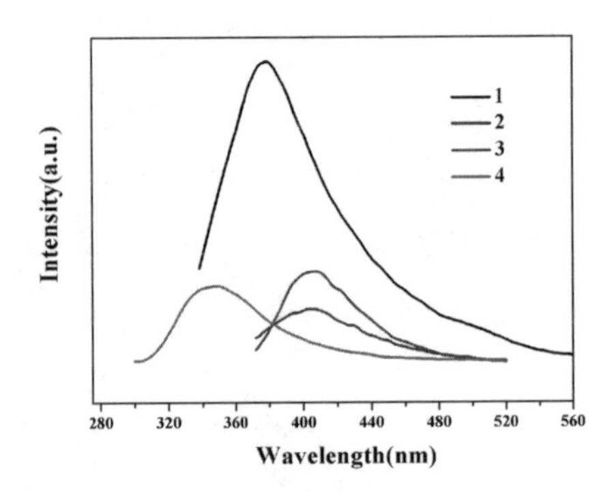

Figure 6. Fluorescent emission spectra of complexes 1 – 4 in the solid state at room temperature.

mation). Complex 1 slowly lost a weight of 2.31% in the range of 25 – 120℃, which is in accordance with the loss of coordinated water molecules (calcd 2.22%), and then the framework begins to collapse at 280℃. For 2, the weight loss of 2.91 % is observed from 25 to 110℃ (calcd 2.80%), corresponding to the loss of one lattice water molecule. Afterward, the decomposition of 2 occurs from 350℃. Complex 3 shows no marked weight loss until 370℃, and then the pyrolysis of the framework starts to decompose (Figure S3, Supporting Information). Complex 4 is similar to that of 3.

Conclusion

Four Zn^{II} coordination polymers mediated by dib ligand have been successfully constructed and characterized. Complex 1, which was prepared with an enhanced luminescence intensity at 130℃, exhibited a(3,5) – connected gra – type topology. However, the presence of $\pi \cdots \pi$ stacking interactions weaken the fluorescenceto some extent in 3. In addition, the solvents and temperature also have a remarkable effect on the structures ligand in 2 and 4, respectively. Furthermore, these results may be beneficial to investigating the mechanism of auxiliary ligand – directed assembled strategy of the CPs with novel structures and appealing properties.

Acknowledgments

This work was supported by grants from the Natural Science Foundation of China (Nos. 21461023 and 21361023), Fundamental Research Funds for the Gansu Universities.

References

[1] (a) Zheng, B. ; Luo, J. H. ; Wang, F. ; Peng, Y. ; Li, G. H. Huo, Q. S. ; Liu, Y. L. *Cryst. Growth Des*. 2013, 13, 1033 – 1044.

[2] (a) Wang, B. ; Huang, H. l. ; Lv, X. L. ; Xie, Y. B. ; Li, M. ; Li, J. R. *Inorg. Chem*. , 2014, 53, 9254 – 9259. (b) Ingram, C. W. ; Liao, L. ; Bacsa, J. ; Harruna, I. ; Sabo, D. ; Zhang, Z. J. *Cryst. Growth Des*. , 2013, 13, 1131 – 1139. (c) Dudek, M. ; Clegg, J. K. ; Glasson, C. R. K. ; Kelly, N. ; Gloe, K. ; Gloe, K. ; Kelling, A. ; Buschmann, H. J. ; Jolliffe, K. A. ; Lindoy, L. F. ; Meehan, G. V. *Cryst. Growth Des*. , 2011, 11, 1697 – 1704. (d) Liu, Y. ; Eubank, J. F. ; Cairns, A. J. ; Eckert, J. ; Kravtsov, V. C. ; Luebke, R. ; Eddaoudi, M. *Angew. Chem*. , *Int. Ed*. 2007, 46, 3278 – 3283.

[3] (a) Karra, J. R. ; Huang, Y. G. ; Walton, K. S. *Cryst. Growth Des*. , 2013, 13, 1075 – 1081. (b) Han, L. Q. ; Yan, Y. ; Sun, F. X. ; Cai, K. ; Borjigin, T. ; Zhao, X. J. ; Qu, F. Y. ; Zhu, G. S. *Cryst. Growth Des*. , 2013, 13, 1458 – 1463. (c) Liu, Y. T. ; Du, Y. Q. ; Wu, X. ; Zheng, Z. P. ; Lin, X. M. ; Zhu, L. C. ; Cai, Y. P. *CrystEngComm*, 2014, 16, 6797 – 6802.

[4] (a) Birsa, Č. T. ; Rangus, M. ; Lázár, K. ; Kaučič, V. ; Logar, N. Z. ; *Angew. Chem. Int. Ed*. , 2012, 51, 12490 – 12494. (b) Li, C. P. ; Du, M. *Chem. Commun*. , 2011, 47, 5958 – 5972. (c) Lu, Y. L. ; Wu, J. Y. ; Chan, M. C. ; Huang, S. M. ; Lin, C. S. ; Chiu, T. W. ; Liu, Y. H. ; Wen, Y. S. ; Ueng, C. H. ; Chin, T. M. ; Hung, C. H. ; Lu, K. L. *Inorg. Chem*. , 2006, 45, 2430 – 2437. (d) Mazaj, M. ; Čelič, T. B. ; Mali, G. ; Rangus, M. ; Kaučic ? , V. ; Logar, N. Z. *Cryst. Growth Des*. , 2013, 13, 3825 – 3834. (e) Cui, P. P. ; Wu, J. L. ; Zhao, X. L. ; Sun, D. ; Zhang, L. L. ; Guo, J. ; Sun, D. F. *Cryst. Growth Des*. , 2011, 11, 5182 – 5187.

[5] (a) An, H. Y. ; Hu, Y. ; Wang, L. ; Zhou, E. L. ; Fei, F. ; Su, Z. M. *Cryst. Growth Des*. , 2015, 15, 164 – 175.

[6] (a) Rao, K. P. ; Higuchi, M. ; Duan, J. G; Kitagawa, S. *Cryst. Growth Des*. , 2013, 13, 981 – 985. (b) Chen, M. ; Chen, S. S. ; Okamura, T. ; Su, Z. ; Chen, M. S. ; Zhao, Y. ; Sun, W. Y. ; Ueyama, N. *Cryst. Growth Des*. , 2011, 11, 1901 – 1912.

[7] Fan, L. M. ; Zhang, X. T. ; Sun, Z. ; Zhang, W. ; Ding, Y. S. ; Fan, W. L. ; Sun, L. M. ; Zhao, X. ; Lei, H. ; *Cryst. Growth Des*. 2013, 13, 2462 – 2475.

[8] (a) Zhao, S. N. ; Su, S. Q. ; Song, X. Z. ; Zhu, M. ; Hao, Z. M. ; Meng, X. ; Song, S. Y. ; Zhang, H. J. *Cryst. Growth Des*. 2013, 13, 2756 – 2765. (b) Zhang, S. Q. ; Jiang, F. L. ; Wu, M. Y. ; Ma, J. ; Bu, Y. ; Hong, M. C. *Cryst. Growth Des*. 2012, 12, 1452 – 1463.

(c) Li, S. L. ; Lan, Y. Q. ; Qin, J. S. ; Ma, J. F. ; Liu, J. ; Yang, J. *Cryst. Growth Des*. 2009, 9, 4142 – 4146. (d) Zang, S. Q. ; Su, Y. ; Li, Y. Z. ; Ni, Z. P. ; Meng, Q. J. *Inorg. Chem*. 2006, 45, 174 – 180. (e) Zhang, H. ; Jiang, W. ; Yang, J. ; Liu, Y. Y. ; Song, S. Y. ; Ma, J. F. *CrystEngComm* 2014, 16, 9939 – 9946.

[9] Si, C. D. ; Hu, D. C. ; Fan, Y. ; Wu, Y. ; Yao, X. Q. ; Yang, Y. X. ; Liu, J. C. *Cryst. Growth*

Des. 2015, 15,2419 – 2432.

[10] (a) Zhao, F. H.; Che, Y. X.; Zheng, J. M. *Cryst. Growth Des.* 2012, 12,4712 – 4715. (b) Hu, F. L.; Wu, W.; Liang, P.; Gu, Y. Q.; Zhu, L. G.; Wei, H.; Lang, J. P. *Cryst. Growth Des.* 2013, 13,5050 – 5061.

[11] (a) SAINT, Program for Data Extraction and Reduction, Bruker AXS, Inc.; Madison, WI, 2001. (b) Sheldrick, G. M. SADABS, University of Göttingen, Göttingen, Germany. (c) Sheldrick, G. M. SHELXTL, version 6.10; Bruker Analytical X – ray Systems: Madison, WI, 2001.

[12] Cao, J.; Liu, J. C. Deng, W. T.; Jin, N. Z. *CrystEngComm* 2013, 15, 6359 – 6367.

[13] (a) Arıcı, M.; Yeşilel, O. Z.; Taş, M. *Cryst. Growth Des.* 2015, 15,3024 – 3031. (b) Erer, H.; Yeşilel, O. Z.; Arıcı, M. *Cryst. Growth Des.* 2015, 15,3201 – 3211. (c) Yang, Y.; Du, P.; Liu, Y. Y.; Ma, J. F. *Cryst. Growth Des.* 2013, 13,4781 – 4795. (d) Zhang, Y. N.; Liu, P.; Wang, Y. Y.; Wu, L. Y.; Pang, L. Y.; Shi, Q. Z. *Cryst. Growth Des.* 2011, 11,1531 – 1541.

[14] (a) Su, Z.; Fan, J.; Chen, M.; Okamura, T. A.; Sun, W. Y. *Cryst. Growth Des.* 2011, 11, 1159 – 1169.

[15] (a) Calahorro, A. J.; Sebastián, E. S.; Salinas – Castillo, A.; Seco, J. M.; Mendicute – Fierro, C.; Fernández, B.; Rodríguez – Diéguez, A. *CrystEngComm* 2015, 17,3659 – 3666. (b) Jin, F.; Zhang, Y.; Wang, H. Z.; Zhu, H. Z.; Yan, Y.; Zhang, J.; Wu, J. Y.; Tian, Y. P.; Zhou, H. P. *Cryst. Growth Des.* 2013, 13,1978 – 1987. (c) Jin, F.; Zhang, Y.; Wang, H. Z.; Zhu, H. Z.; Yan, Y.; Zhang, J.; Wu, J. Y.; Tian, Y. P.; Zhou, H. P. *Cryst. Growth Des.* 2013, 13,1978 – 1987.

[16] (a) Massin, J.; Dayoub, W.; Mulatier, J. C.; Aronica, C.; Bretonnière, Y.; Andraud, C. *Chem. Mater.* 2011, 23,862 – 873. (b) Lee, Y. T.; Chiang, C. L.; Chen, C. T. *Chem. Commun.* 2008, 2,217 – 219. (c) Jin, F.; Zhang, Y.; Wang, H. Z.; Zhu, H. Z.; Yan, Y.; Zhang, J.; Wu, J. Y.; Tian, Y. P.; Zhou, H. P. *Cryst. Growth Des.* 2013, 13,1978 – 1987.

[17] Yang, Y.; Du, P.; Ma, J. F.; Kan, W. Q.; Liu, B.; Yang, J. *Cryst. Growth Des.* 2011, 11, 5540 – 5553.

[18] (a) Liu, B.; Wei, L.; Li, N. N.; Wu, W. P.; Miao, H.; Wang, Y. Y.; Shi, Q. Z. *Cryst. Growth Des.* 2014, 14,1110 – 1127. (b) Qu, L. L; Zhu, Y. L.; Li, Y. Z.; Du, H. B.; You, X. Z. *Cryst. Growth Des.* 2011, 11,2444 – 2452.

（本文发表于2016年5月《Polyhedron》第115卷）

Corannulene – Fullerene C_{70} Noncovalent Interactions and Their Effect on the Behavior of Charge Transport and Optical Property

Yan – Zhi Liu　Kun Yuan　Yuan – Cheng Zhu　Ling – Ling Lv *

研究了低维碳纳米结构富勒烯@分子碗功能有机分子的超分子结构、热力学性质及其电荷传输与光学性能。采用 DFT – D3 色散校正密度泛函方法计算了心环烯(Corannulene,$C_{20}H_{10}$)对富勒烯 C_{70} 的非共价修饰。基于 Marcus 理论的电荷跃迁理论,考察了 $C_{20}H_{10}$ 非共价修饰对富勒烯 C_{70} 体系的分子间电荷转移性能的影响。结果表明当双分子 $C_{20}H_{10}$ 分别居于 C_{70} 的两极对其修饰时,电子的传输比空穴的传输更有效,且传输速率更快。此外,两分子的 $C_{20}H_{10}$ 从 C_{70} 的赤道部位对其修饰时,比单分子或双分子 $C_{20}H_{10}$ 从 C_{70} 的两极对其修饰有利于获得相对较高的电荷迁移率。超分子体系的电子跃迁和 UV – vis 吸收光谱主要依赖于富勒烯 C_{70} 的固有电子结构与性质,而几乎不受 $C_{20}H_{10}$ 的影响。然而,多个 $C_{20}H_{10}$ 分子对富勒烯 C_{70} 的非共价修饰,会带来更为显著的吸收光谱红移。整体而言,当 $C_{20}H_{10}$ 居于 C_{70} 的"赤道"部位对其修饰时,比从"两极"部位修饰,可以获得更理想的分子间电荷转移性能,且具有更显著的热力学优势。

Due to the special geometry structures of C_{70} (an ellipsoidal shape with the highest aspect ratio (1 : 1. 12) among fullerenes family) and bowl – shaped aromatic hydrocarbons, there are great opportunities for the theoretical computation to deeply explore the "ellipsoid – in – bowl" supra – molecule and their effect on the behavior of charge transport and optical properties. In this study, a new molecular system comprising the non – covalently functionalized complexes of fullerene C_{70} with corannulene is investiga-

---

* 作者简介:刘艳芝(1976—),女,河北枣强人,天水师范学院副教授、硕士,主要从事分子间非共价作用与阴离子识别研究。

ted via the dispersion - corrected density functional theory calculations. Based on the interaction modes, two and three different kinds of configurations have been located on the potential surfaces of the 1 ∶ 1 and 2 ∶ 1 corannulene@ C_{70} complexes, respectively. A comprehensive study of binding energy, ionization energy, electron affinity, intermolecular weak interaction regions, the frontier molecular orbitals and gaps, and absorption spectra unravels the structure - property relationship of the complexes. By using the charge hopping rate based on Marcus theory, the charge transport properties of the complexes were discussed. The results shows that the electron transport was more efficient and fast thanthe hole when C_{70} interacts with two corannulene molecules by its polar positions. In additional, the modification of C_{70} on its equatorial position with two corannulene is better for acquiring relative high charge mobility than on polar position with one or two. The electronic transitions and UV - vis absorption spectra of the complexes are mainly determined by the constituent molecule of C_{70} but hardly dependent on corannulene moiety. Meanwhile, it is found that the more numbers of corannulene noncovalently bonded, the morered - shifted of electron absorption of C_{70} is.

1. Introduction

Noncovalent functionalization of sp^2 carbon materials has received tremendous interest since it offers the possibility of attaching a functionality while maintaining the integrity of the sp^2 - hybridized carbon network, that is, without disturbing the electronic properties of the substrate.[1] The non - covalently functionalized complexes of carbon nanometerials are among the various derivatives which find a myriad of applications in organic electronics,[2,3] light - harvesting[4] and organic field - effect transistors.[5] On the other hand, a supramolecular combination of carbon nano - meterials, such as single - wall carbon nanotubes and fullerenes,[6-8] nano - ring and fullerene,[9-12] constitutesa unique class of molecular assemblies and devices. The structureof this complex is composed of curved π - systems with aconcave - convex interface, and its assembly is driven essentially by van der Waals interactions.[13,14]

Although sp^2 carbon materials have extraordinary mechanical and electronic proprieties, one of the main drawbacks of these materials is their poor solubility in the common solvents or matrix used in the applications. In recent years, supramolecular approaches[15-17] have been employed to overcome this problem even to improve their performances. Based on noncovalent interactions, pyrene derivatives are used as a dispersing agent for favoring nanotube dispersion in different solvents.[18] Moreover, Joshi and Ramachandran[19] have studied the noncovalent interactions in the complexes of indigo wrapped over carbon nanotubes (CNT) by means of the dispersion corrected density functional theory method. It was found that indigo forms stable noncovalent complexes with carbon nanotubes. These complexes showed distinct electronic properties compared to the component species. Unlike bare CNT and indigo, the complexes absorb in a broad range in the visible region, making them suitable for solar cell applications; the charge transport properties of a complex can be tuned by changing the orientation of the adsorbed molecule.

Particularly, it is important to preventthe aggregation of unfunctionalized fullerene in photovoltaic blends for replacing the commonly employed butyric acid methyl ester derivatives functionalized fullerene with economical and light harvesting advantages and performances. Recently, Cominetti et al.[20] haved emonstrated that the use of a pyrene derivative (1 – pyrenebutyric acid butyl ester, PyBB) is effective inpreventing the aggregation of fullerene in photovoltaic blends made of regioregular poly (3 – hexylthiophene), In additional, as indicated by the photo – induced electron transfer in C_{60} – pyrene films[21] or by the energy transfer in pyrene appended C_{60} and C_{70} derivatives,[22] the π – π interaction between pyrene and fullerene molecules can promote the dispersion of the acceptor in the polymer matrix at the molecular level and favors electronic processes. Very recently, Carati, et al.[23] have explored the interactions between PyBB and unfunctionalized C_{60} or C_{70} blended with poly({4,8 – bis[(2 – ethylhexyl)oxy]benzo[1,2 – b:4,5 – b']dithiophene – 2,6 – diyl}{3 – fluoro – 2 – [(2 – ethylhexyl)carbonyl]thieno[3,4 – b]thiophenediyl}) as electron donor. Both the spectroscopic and the electrical investigation indicated that PyBB addition has important consequences on the morphology of the blends as well as on their charge transport properties.

Supramolecular order determines to a large extentthe performance of these carbon nanostructures within adevice. It is known that corannulene belongs to a typical curved carbon π – systems, and fullerene C_{70} has an ellipsoidal shape with long (0.796 nm) and short axes (0.712 nm) and has the highest aspect ratio (1 : 1.12) among fullerenes family.[24] Therefore, stable complexes could be formed by host – guest interactions between C_{70} and corannulene. Concurrently, corannulene is a typical buckybowl carbon – rich organic molecule, which is the smallest nonplanar fullerene fragment ($C_{20}H_{10}$). Inherently, it has well geometric matching with fullerenes. Therefore, the interaction between fullerenes C_{70} and corannulene with an anisotropic shape is of great interest because, unlike for spheroidal C_{60}, several geometrically distinct orientations are possible. By means of density functional theory (DFT) protocols, Casella and Saielli[25] presented a theoretical investigation of the complexation thermodynamics of complexes of C_{70} and C_{60} fullerenes with bowl - shaped hexabenzocoronene derivatives, For C_{70} they have considered two different orientations withrespect to the bowl surface: either with the long axis of C_{70} parallel to the bowl or perpendicular to it. In recent, a class of outstanding fullerene receptors was developed by Denis and his co - worker.[26] They designed and studied new fullerene receptors which are constructed employing porphyrins, single or multi - corannulene pincers and metallic centers. Theoretical calculations indicated that if porphyrin and corannulene pincersare merged, the strongest hosts for fullerenes can be built.

Recently, Josa et al. have carried out several comprehensive studies for the stacking interactions between corannulene or sumanene (including their derivatives) with different sizes and fullerene, for both C_{60} and C_{70} by using dispersion - corrected DFT.[27-29] No doubt, these works would be very essential for providing considerable improvement in the task of fullerene recognition, or helpful for finally finding the best buckybowl to improve the efficiency and/or selectivity of future buckycatchers for fullerene. Although the interaction behaviors between fullerenes and corannulene or sumanene have been deeply studied, their supramolecular spectral and electronic properties are seldom explored. Moreover, the filling of the interior space of the corannulene with nanoscale materials results innovel nano - hybrid with interesting properties and unique functions including electron and optical characters, which may be very differentfrom the individual components. In this work, we theoretically investigate the structures and properties of 1 : 1 and 2 : 1 supramolecular complexes formed with corannulene and C_{70}. Especially, the behaviors of charge transport and optical properties of the corannulene@ C_{70} supramolecular systems at a molecular level by quantum chemical method are discussed. We hope that the present study would be helpful for the deep understanding to the experimental results of $\pi - \pi$ noncovalent wrapped fullerene - based electric device and materials.

2. Computational Methods

In the current work, the density functional theory of Grimme's DFT - D3[30] was mainly employed for the study of corannulene@ C_{70} systems. DFT – D3 method provides an empirical dispersion correction for DFT.[30,31] The ability of this new density functional to predict and explain the supramolecular chemistry at van der Waals distances is very encouraging since density functional theory can be used conveniently for supramolecular systems.[32,33] All the geometric configurations were fully optimized at the B3LYP – D3/6 – 31G(D) levels. No symmetry constraints were applied during optimizations. Harmonic frequency analyses were performed at the same level to confirm that these structures were local minima or transition state on the potential energy surfaces. The intermolecular interaction energies ($\Delta E_{int}{}^{cp}$) with basis set superposition errors (BSSE) corrected were calculated by the counterpoise method.[34] The ionization energy and the electron affinity of the complexes were calculated from the energies of the optimized geometries of corresponding charged and neutral systems. The transport of charge carriers at room temperature was studied using the hopping model based on Marcus theory.[35,36] The transfer integral(t) and the internal reorganization energy(λ) of the carriers were computed to assess the rate constantof charge transfer(k_{CT}).[36] The foregoing parameters along with the diffusion coefficient(D) and the charge carrier mobility(μ) were determined using the equations given in ref. 36. The excited state calculations were done using the TD – DFTby the same method and basis set. Additionally, a visual study of intermolecular noncovalent interaction between host and guest was performed *via* calculating the reduced density gradient(RDG),[37] coming from the electron density($\rho(r)$) and its first derivative($RDG(r) = 1/(2(3\pi^2)^{1/3}) | \nabla\rho(r) | / \rho(r)^{4/3}$), and the second largest eigenvalue of Hessian matrix of electron density(λ_2) functions by using Multiwfn program.[38,39] All the other calculations were performed with the Gaussian 09 program.[40]

3. Results and Discussion

3. 1 Geometric configurations

Bowl – shaped aromatic hydrocarbons exemplify well Euler's rule concerning the insertion of five – membered rings in a hexagonal net to induce curvature.[41] Corannulene, $C_{20}H_{10}$, with onecentral five – membered ring, is the parent structure to which other bowls are often compared.[42] As having been mentioned, the encapsulation of fullerenes C_{70} by corannulene with an anisotropic shape is of great interest because, unlike for spheroidal C_{60}, two geometrically distinct orientations are possible. All the geometric configurations of the 1 : 1 and 2 : 1 corannulene@ C_{70} complexes obtained at B3LYP – D3/6 – 31G(D) level are shown in Figure 1. In addition, the Cartesian coordinates of optimized complexes included in this work are available in the ESI. †. As expectedly, two and three different kinds of configurations can be located on the potential surfaces of the 1 :1 and 2 :1 corannulene@ C_{70} complexes, respectively. In order to ensure that these complexes are global minimums, we made a 36°rotation of C_{70} around its long axis for the complexes be re – optimized(36° rotation was selected because the C_{70} belongs to D_{5h} point group. It can be imagined that when C_{70} rotates by 72° around its long axis in the cave of corannulene, an equivalent complex would be obtained, but when it rotates by 36°, a conformational isomer complex may be obtained). However, it is found that the new initial structures all automatically returned to the pre – rotated configurations. Namely, the new obtained complex is nearly with the same geometry parameters and energy to the originally optimized structure, indicating that the obtained complexes are global minimums. For ease of discussion, these different configurations are denoted as nCor@ C_{70} – S, – L and – SL(n = 1 or 2), which correspond to C_{70} – standing and – lying orientations in the cavities of corannulene, respectively.

As shown in Figure 1, theinterfacial distances(d_i) between corannulene and C_{70} of the complexes, which is an important parameter for the charge transport calculations and will be discussed later, is defined as lengths between the centroids(red dots in Fig. 1) of the pentagon unit of corannulene and the nearest centroid of a hexagon or pentagon of C_{70}. It is known that the interplanar π – π van der Waals interaction distance between graphite sheets is 3. 4Å. In fact, 3. 4Å is regard as a benchmark and the most nice π – π van der Waals interaction distance either in planar – planar or in convex – concave π – π systems.[32,43,44] Generally, if the distance between host and guest is smaller than 3. 4Å, the repulsion would be increase. In the C_{70} – standing configurations, d_i are found to be within the ranges of 3. 54 ~ 3. 55 Å; those in C_{70} – lying configurations are within the ranges of 3. 66 ~ 3. 67 Å, which are very close to the equilibrium distances defined by Josa et al. using the self – consistent charge density functional tight – binding method together with anempirical correction for the dispersion(SCC – DFTB – D).[27] Meanwhile, those interfacial distances are not significantly far away from the 3. 4 Å, a van der Waals distance between graphite sheets, thereby accounting for strong π – π interactions and well mutual – fitting between corannuleneand C_{70} either in case of C_{70} – standing or

C_{70} – lying orientation.

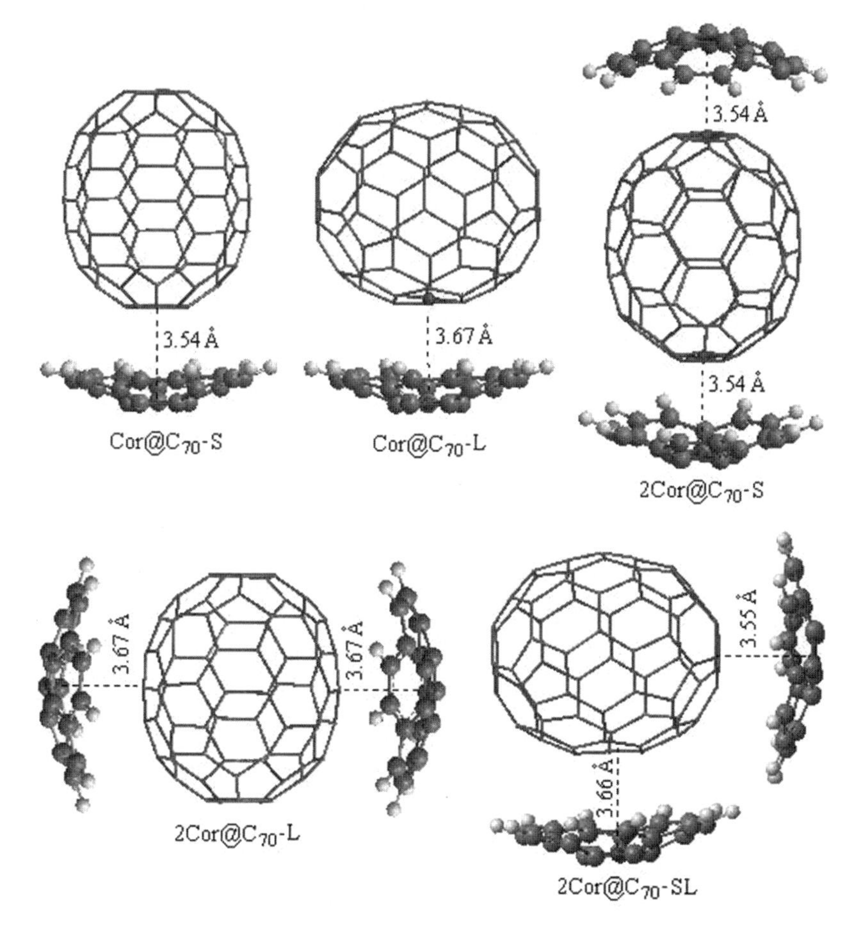

Fig. 1 The optimized geometries of Cor@ C_{70} – S, Cor@ C_{70} – L, 2Cor@ C_{70} – S, 2Cor@ C_{70} – L and 2Cor@ C_{70} – SL.

3.2 Interaction energies and thermodynamic properties

Binding energy isvery valuable and necessary for measuring the stability and strength of intermolecular noncovalent interaction of Cor@ C_{70} systems. In Table 1, with and without BSSE corrected binding energies(ΔE_{CP} and ΔE) are tabulated. For the Cor @ C_{70} – L complex, the ΔE_{CP} is about 17.11 kcal · mol^{-1}, which isclose to the previous works of other groups computing at B97 – D2/TZVP level.[27-29] It is noted that the ΔE_{CP} of Cor@ C_{70} – L is slightly larger than that in Cor@ C_{70} – S by 1.53 kcal · mol^{-1}, indicating that the stability of Cor@ C_{70} – L is stronger than that of Cor@ C_{70} – S, namely

C_{70} is preferred to adopt the lying orientation in the cavity of corannulene. In additional, it is noted that, for the same C_{70} orientation, the ΔE_{CP} in 2:1 complexes are close to twice as much as those of 1:1 complexes, suggesting an additive nature of binding energy against number of the involved molecules. Obviously, the stabilization of the complexes is derived from the concave – convex π – π interactions.[45]

Table 1 With and without BSSE(kcal mol^{-1}) corrected binding energy(ΔE_{CP} and ΔE, kcal mol^{-1}) between corannulene and C_{70}, the changes of Gibbs free energy(ΔG, kJ mol^{-1}), enthalpy(ΔH, kJ mol^{-1}) and entropy(ΔS, J mol^{-1} K^{-1}) of the formations of the five different complexes

Complexes	ΔE	BSSE	ΔE_{CP}	ΔG	ΔH	ΔS
Cor@ C_{70} – S	-21.09	5.51	-15.58	-22.94	-86.11	-50.64
Cor@ C_{70} – L	-23.05	5.94	-17.11	-34.02	-92.22	-46.65
2Cor@ C_{70} – S	-42.11	11.00	-31.11	-5.32	-124.18	-95.28
2Cor@ C_{70} – L	-45.97	11.79	-34.18	-14.59	-135.48	-96.91
2Cor@ C_{70} – SL	-45.39	11.69	-33.70	-18.89	-131.75	-90.47

The thermodynamic information of the encapsulations of C_{70} by the corannuleneat 298.15 K and 1 atm obtained by using DFT calculations at the B3LYP – D3/6 – 31G (D) level of theory are also given in Table 1. It can be seen that the relative order of the ΔG and ΔH of the 1:1 complexes are all well consistent with those of the ΔE_{CP}. The binding process of C_{70} by corannulene in the vacuum are exergonic and spontaneous, with ΔG values –22.94 and –34.02kJ · mol^{-1} for Cor@ C_{70} – S and Cor@ C_{70} – L, respectively. For two 1:1 complexes, ΔG of Cor@ C_{70} – L is larger (more negative) than that of Cor@ C_{70} – S, manifesting the spontaneous trend of formation of C_{70} – lying configuration is stronger than that of C_{70} – standing configuration. Moreover, it is worthy to note that the ΔG of 2:1 complexes are obviously smaller than those of two 1:1 complexes, meaning that the thermodynamic spontaneous trend of C_{70} binding the second corannulene molecule is weaker than that of C_{70} binding the first one. Especially, the ΔG of 2Cor@ C_{70} – S is only –5.32 kJ · mol^{-1}, suggesting that it is not easy to binding two corannulene molecules at the regions of two polar positions of C_{70}. Because of the number of the free molecules decreasing by a half or two – thirds after the formations of the 1:1 or 2:1 complexes, the entropies of the present five complexes decrease by 47 ~ 97 J · mol^{-1} · K^{-1}. According to the ΔH values, all the Cor@ C_{70} binding reactions are found to be exothermic. All these thermodynamic information indicate that the binding of

C_{70} by corannulene in the vacuum is enthalpy - driven and entropy - opposed, which is utterly same to the carbon nanoring@ fulleren systems.[9,10]

3.3 Weak interaction regions and frontier orbital features

Intermolecular weak interactions can be detected and visualized in real space based on the electron density ρ and its derivatives,[37] *viz.* the reduced density gradient (RDG), coming from the electron density ($\rho(r)$) and its first derivative ($RDG(r) = 1/(2(3\pi^2)^{1/3}) | \nabla\rho(r) | / \rho(r)^{4/3}$), and the second largest eigenvalue (λ_2) of Hessian matrix of electron density functions. Figure 2 shows the visualized weak interaction regions of the Cor@ C_{70} - S and Cor@ C_{70} - L complexes and their corresponding scatter graphs. The dish - shaped region marked with green accompanied with light - brown around C_{70} can be identified as weak interaction region (Figure 2, left) between the corannulene and C_{70}. In these regions, it mirrors concave - convex π - π van der Waals interaction. The spike marked with green circle (Figure 2, right) is correlating with π - π van der Waals interaction of the host and guest, and the electron density around this spike islow to zero.

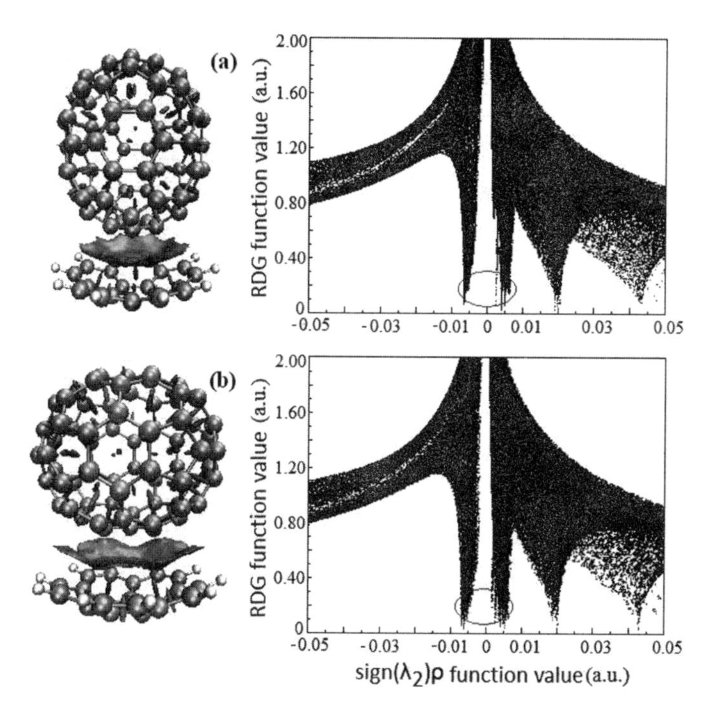

Fig. 2 The visualized weak interaction regions (Left) and the scatter graph (right) of the (a) Cor@ C_{70} - S and (b) Cor@ C_{70} - L complexes.

It is noted that the edge of the weak interaction regions between corannulene and C_{70} present wave like - shapes(Figure 2, left), this is derived from the characteristic of corannulene molecular structure with five - membered rings in a hexagonal net. Additionally, qualitatively seen from Figure 2(a and b, left), the $\pi - \pi$ van der Waals interaction area in Cor@ C_{70} - L is larger than that in Cor@ C_{70} - S, which is well consistent with the relative order of the binding energies.

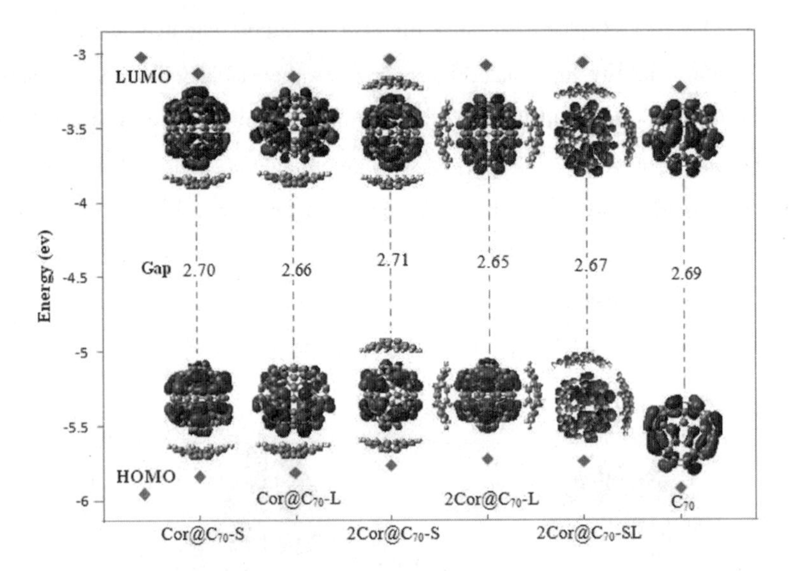

Fig. 3 The frontier molecular orbitaland the corresponding energy level diagram of the C_{70} and five complexes.

It is known that molecular orbital are not physical observables. However, the properties of the frontier orbital are often closely related to the photo - electron behaviors and spectrum properties. Figure 3 presents the compositions and energy levels of the highest occupied molecular orbital(HOMO) and the lowest unoccupied molecular orbital (LUMO) of C_{70} and the five different complexes. As Figure 3 showing, the energies of the HOMOs and LUMOs of the five complexes are close to those of the free C_{70}. Consequently, the compositions of HOMOs and LUMOs of the complexes completely derive from the HOMO and LUMO of C_{70}, respectively. The frontier molecular orbital of the complexes are completely localized on theC_{70} but independent of the moiety of corannulene, indicating the lack of charge transfer between the corannulene and C_{70} during the formations of the complexes,[46] which is different from indigo@ carbon - nanotubes systems.[19] Significantly, what above suggests that the lowest - energetic electron transition(HOMO→LUMO)of the complexes would take place in the intra - molecule of C_{70} rather than between the corannulene and C_{70} molecule, that is no photoinduced charge transfer phenomenon occurring during photoexcitation.

The HOMO - LUMO energy gaps of the complexes are close to that of C_{70} but much smaller than that of corannulene (listed in Table 2). Meaningfully, compared to that of free C_{70}, the $Gap_{HOMO-LUMO}$ of Cor@ C_{70} - S and 2Cor@ C_{70} - S are slightly increased by 0.01 ~ 0.02 eV, while those of other three complexes are slightly decreased by 0.02 ~ 0.04 eV. Therefore, the introducing an additional molecule of corannulene onto the C_{70} at different position does not change the energy gap significantly predicting thatthe electronic transition properties of the C_{70} would be less affected uponfurther addition of corannulene.

3.4 Electronic properties and behavior of charge transport

Electronic behaviors and properties of the complexes can be obtained by investigating the molecular ionization potential and electron affinity which can be calculated by removing or adding an electron from the monomers or supramolecular complexes (the Cartesian coordinates of those optimized anion and cation complexes are available in the ESI. †). Table 2 lists the computed values of vertical ionization energy (IPv), adiabatic ionization energy (IPa), vertical electron affinity (EAv) and adiabatic electron affinity (EAa) of corannulene, C_{70} and their complexes. It is found that either the vertical ionization energy or adiabatic ionization energy of free corannulene is larger than those of free C_{70}, indicating that either the electron - denoting or electron - accepting of C_{70} is stronger than corannulene in their isolated state. Thereby, $Gap_{HOMO-LUMO}$ of corannulene is distinctly larger than that of C_{70}. As having been noted, the frontier molecular orbital of the five complexes are completely derived from those of C_{70} but independent of corannulene. Either ionization energies or electron affinities of the complexes should be mainly determined by moiety of C_{70}. In fact, as listed in Table 2, both the ionization energies and electron affinities of the complexes are all close to those of C_{70}, while they are all smaller than those of free C_{70}.

In additional, the ionization energies of C_{70} - lying configurations are smaller than those of C_{70} - standing ones, while the electron affinities of C_{70} - lying configurations are similar to those of C_{70} - standing ones. Therefore, comparing to by polar position, noncovalent functionization of C_{70} with corannulene by its equatorial position is more favorable to increase the capability of electron - denoting but less affects that of electron - accepting. Furthermore, ionization energies of the three 2:1 complexes are smaller than those of the two 1:1 complexes; meanwhile, electron affinities of them are slightly smaller than those of two 1:1 complexes, meaning that the capability of electron – denoting of C_{70} would be enhanced but capability electron – accepting would be weakened with the number of wrapped corannulene increasing from one to two. By contrast, the relatively low value of ionization energy and electron affinity for the complexes with respect to introducing the noncovalent binding of corannulene would favor to the creation of holes but against to injection of electrons for fullerene C_{70}.

Table 2 The vertical ionization energy (IPv, eV), adiabatic ionization energy (IPa, eV), vertical electron affinity (EAv, eV), adiabatic electron affinity (EAa, eV) and the HOMO – LUMO energy gap (eV) for corannulene, C_{70} and their complexes

Systems	IPv	IPa	EAv	EAa	$Gap_{HOMO-LUMO}$
Corannulene	7.49	7.38	-0.04	-0.17	4.39
C_{70}	7.10	7.02	-2.07	-2.14	2.69
Cor@ C_{70} – S	6.92	6.83	-2.02	-2.11	2.70
Cor@ C_{70} – L	6.87	6.76	-2.03	-2.12	2.66
2Cor@ C_{70} – S	6.86	6.69	-2.05	-2.06	2.71
2Cor@ C_{70} – L	6.73	6.62	-2.00	-2.10	2.65
2Cor@ C_{70} – SL	6.76	6.65	-1.98	-2.08	2.67

Table 3 The calculated value of transfer integral (t, eV), internal reorganization energy (λ, eV), rate constant (k_{CT}, s^{-1}), diffusion coefficient (D, $cm^2\ s^{-1}$) and carrier mobility (μ, $cm^2\ V^{-1}\ s^{-1}$)

Systems	Dist./Å	t_+	t_-	λ_+	λ_-	$k_{CT}+$	$k_{CT}-$	D_+	D_-	μ_+	μ_-
Cor@ C70 – S	3.54	3.0×10^{-4}	8.0×10^{-5}	0.142	0.16	1.01×10^{9}	5.67×10^{7}	6.3×10^{-7}	3.6×10^{-8}	2.43×10^{-5}	1.38×10^{-6}
Cor@ C70 – L	3.67	3.0×10^{-3}	2.0×10^{-3}	0.171	0.163	3.08×10^{10}	3.41×10^{10}	2.1×10^{-5}	2.3×10^{-5}	8.03×10^{-4}	8.89×10^{-4}
2Cor@ C70 – S	3.54	4.0×10^{-4}	4.0×10^{-4}	0.212	0.095	7.42×10^{8}	3.46×10^{9}	4.6×10^{-7}	2.2×10^{-6}	1.80×10^{-5}	8.39×10^{-5}
2Cor@ C70 – L	3.67	4.9×10^{-3}	7.1×10^{-3}	0.166	0.174	1.97×10^{11}	3.73×10^{11}	1.3×10^{-4}	2.5×10^{-4}	5.14×10^{-3}	9.74×10^{-3}
2Cor@ C70 – SL	3.55	3.7×10^{-3}	1.0×10^{-3}	0.174	0.177	1.01×10^{11}	7.13×10^{9}	6.4×10^{-5}	4.5×10^{-6}	2.48×10^{-3}	1.74×10^{-4}
	3.66							6.8×10^{-5}	4.8×10^{-6}	2.63×10^{-3}	1.85×10^{-4}

Charge mobility calculations were performed to obtain moreinsight into the charge transport properties of these supramolecular systems. The carrier mobility depends on various parameters including the transfer integral, reorganization energy, rate constant for charge carrier transport and thedistance between themolecules. The calculated values of these parameters are listed in Table 3, where + and – signs represent the hole and the electron, respectively. The high value of the transfer integral for the hole transport can be correlated with the high values of the rate constant and the diffusion coefficient which in turn increases the hole mobility. [19] Because the reorganization energies of electrons(λ_+ =0. 174 eV) and holes(λ_- =0. 177 eV) are nearly the same in 2Cor@ C_{70} – SL, the transfer rate and carrier mobility depend mainly on the transfer integral. Most interestingly, t_- in all complexes except for 2Cor@ C_{70} – L shows a smaller value than t_+, higher k_- was obtained for 2Cor@ C_{70} – L. Therefore, the electron transport was more dominant than the hole transport in Cor@ C_{70} – L complex. That is, the electron transport was more efficient and fast than the hole when C_{70} interacts with two corannulene molecules by its polar positions. The distance between the molecules affects the diffusion coefficient and hence the carrier mobility. [36] For the2Cor@ C_{70} – SL, separated bya longer distance of 3. 66 Å, the hole and electron mobilities are 2. 63 × 10^{-3} and 1. 85 × 10^{-4} cm^2 V^{-1} s^{-1} higher, respectively.

For 1:1 complexes, both the hole and electron mobilities of the Cor@ C_{70} – L are one or two order higher than those of the Cor@ C_{70} – S. For 2:1 complexes, those of the 2Cor@ C_{70} – L are nearly two orders higher than those of 2Cor@ C_{70} – S, suggesting that the noncovalent binding fullerene C_{70} with corannulene can obviously alter its transport properties. For 2Cor@ C_{70} – SL, its charge mobilities are only slightly smaller than those of 2Cor@ C_{70} – L but significantly larger than those of 2Cor@ C_{70} – S. Therefore, the above results indicate that the modification of C_{70} on its equatorial position(C_5 symmetry axis of corannulene parallel to the long axis of C_{70}) with two corannulene is better for acquiring relative high charge mobility than on polar position with one or two.

3. 5Electronic transitions and UV – vis absorption spectra

The UV – vis absorption spectra and the main corresponding transition composition of C_{70} and corannulene molecules and their complexes are determined using the time – dependent density functional theory(TD – DFT) method anddepicted in Figure 4(free moiety and 1:1 complexes) and Figure 5(2:1 complexes). The characteristic peaks of the free corannulene are substantially different from that of the fullerene C_{70}. It is clear that the absorption peaks of C_{70} appear in the longer range of 300 ~ 600 nm(UV – vis region), in which the highlighted peaks have been labeled as 327, 365, 452 and 527 nm, correlating with the contributions of the $\pi \to \pi$ * transitions with different energy levels($S_0 \to S_n$, Figure 4(a)), respectively, but those of free corannulene appear in the shorter range of 150 ~ 300 nm(UV region) which mirror to the sigma(σ) and π electron transitions. Therefore, the electronic transitions of corannulene are more difficult than

C_{70}. This is well coincide to the fact of significant difference of $Gap_{HOMO-LUMO}$ between C_{70} and corannulene(Table 2). In additional, corannulene is a kind of chemically inert noncovalent functional reagent of C_{70}. Theelectronic transitions andUV – vis absorption spectra of thenCor@ C_{70} – S, – L and – SL(n = 1 or 2) would be mainly determined by the constituent molecule of C_{70} but hardly dependent on corannulene.

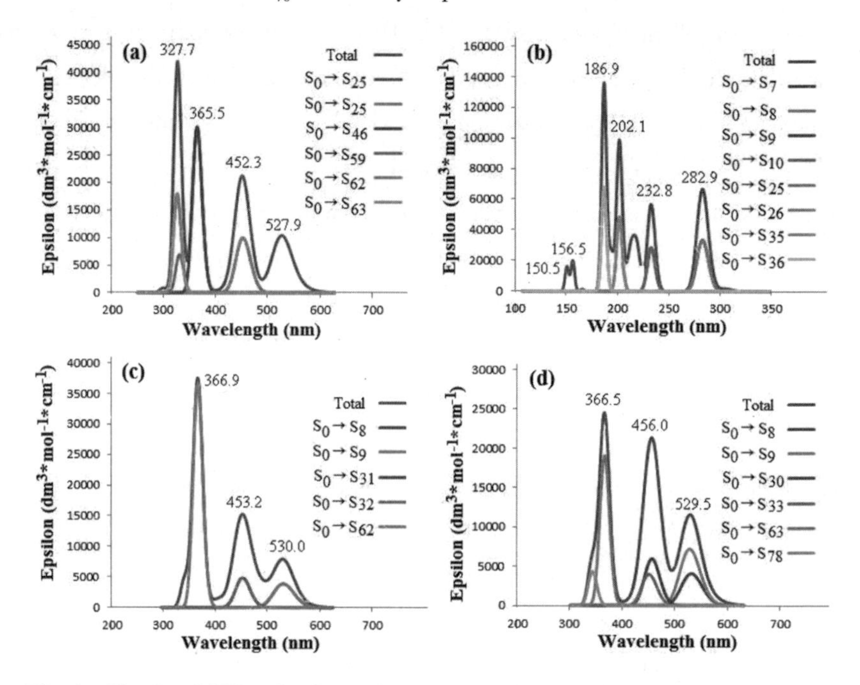

Fig. 4 Simulated UV – vis absorptionspectra and the main corresponding transition composition(a) C_{70}, (b) Cor, (c) Cor@ C_{70} – S and (d) Cor@ C_{70} – L.

As Figure 4(c) and(d) showing, in the absorption spectra of theCor@ C_{70} – S and Cor@ C_{70} – L complexes, the characteristic peaks of corannulene do not appear, and the three prominent peaks of them appear at the positions similar to those of free C_{70} only with no more than 4 nm red – shifts. The largest contributions for the peak at 366 nm of Cor@ C_{70} – S and Cor@ C_{70} – Lderived from transitions of $S_0 \rightarrow S_{62}$ and $S_0 \rightarrow S_{63}$, respectively(Figure 4(c), (d)). Although the maximum absorption wave lengths of Cor@ C_{70} – S and Cor@ C_{70} – L are nearly the same, the corresponding absorption strengths and transition composition are of some difference, which maybe brings by the difference of the electron transitionprobabilities in different configurations.

For UV – vis absorption spectra of the three 2:1 complexes(Figure 5), three prominent peaks are also presented, respecitvely. The highlighted peaks have been labeled as

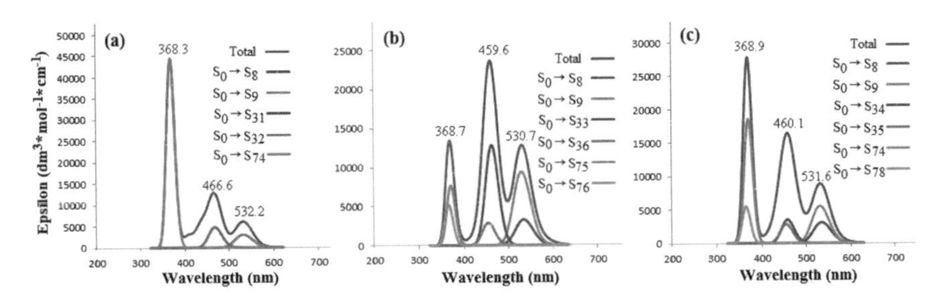

Fig. 5 Simulated UV – vis absorptionspectra and the main corresponding transition composition (a) 2Cor@ C_{70} – S, (b) 2Cor@ C_{70} – L and (c) 2Cor@ C_{70} – SL.

368, 467, and 532 nm for 2Cor@ C_{70} – S, also correlating with the contributions of the π →π * transitions with different energy levels ($S_0 \rightarrow S_n$, Figure 5 (a)). It is noted that wave lengths of the three maximum peaks are all longer than those of 1 : 1 complex of Cor@ C_{70} – S; meanwhile, those of 2Cor@ C_{70} – L are longer than those of Cor@ C_{70} – S. So does for those of 2Cor@ C_{70} – SL. What above results suggest the more numbers of corannulene noncovalent – bond, the morered – shifted of electron absorption of C_{70}. Additionally, it is found that the largest contributions for the maximum peaks at 368. 3 nm of 2Cor@ C_{70} – S and 459. 6 nm of 2Cor@ C_{70} – L derived from transitions of $S_0 \rightarrow S_{74}$ (Figure 5 (a)) and $S_0 \rightarrow S_{33}$ (Figure 5 (b)), respectively. Interestingly, in the total absorption curve, 2Cor@ C_{70} – SL shows a very similar features as 2Cor@ C_{70} – S in 300 ~ 400 nm region and as 2Cor@ C_{70} – L in 400 ~ 600 nm region, suggesting that corannulene located on the polar position affect selectronic transitions of 2Cor@ C_{70} – SL in UV region and that located on the equatorial position affect selectronic transitions in visible region.

4. Conclusion

Because of the anisotropic feature of the fullereneC_{70}, the supramolecular complexes formed with bowl – shaped curved aromatic corannulene ($C_{20}H_{10}$) and C_{70} are diversity and interesting. In this paper, the noncovalent interactions in the 1 : 1 and 2 : 1 complexes formed with corannulene and fullerene C_{70} are studied by means of the dispersion corrected density functional theory method (DFT – B3LYP – D3). It was found that C_{70} ispreferred to adopt the lying orientation in the cavity of corannulene due to a larger concave – convex π – π interactions area than the standing orientation. The binding energies between corannulene and C_{70} in 2 : 1 complexes are close to twice as much as those of 1 : 1 complexes, suggesting an additive nature of binding energy against number of the involved molecules. The thermodynamic information indicates that the noncovalent wrapping of C_{70} by corannulene in the vacuum is enthalpy – driven and entropy – opposed.

The frontier molecular orbital of the complexes are completely localized on the C_{70} but independent of the moiety of corannulene, indicating the lack of charge transfer between the corannulene and C_{70} during the formations of the complexes. The ionization energies and the electron affinities shows that, comparing to by polar position, noncovalent functionization of C_{70} with corannulene by its equatorial position is more favorable to increase the capability of electron – denoting but less affects that of electron – accepting. Moreover, the capability of electron – denoting of C_{70} would be enhanced but capability electron – accepting would be weakened with the number of wrapped corannulene increasing from one to two. The investigations on the charge transport properties of the complexes indicated theelectron transport was more efficient and fast than the hole when C_{70} interacts with two corannulene molecules by its polar positions. In additional, themodification of C_{70} on its equatorial position with two corannulene is better for acquiring relative high charge mobility than on polar position with one or two. We hope that the present study would be helpful for the deep understanding to the effects of corannulene – fullerene noncovalent interactions on their behavior of charge transport and optical properties.

Acknowledgments

This project was funded by the National Natural Science Foundation of China (No. 21663024, 21362029and 21663025), the China Postdoctoral Science Foundation (No. 2016M602809), and the Youth Science Research Funds of Tianshui Normal University (TSA1507).

References

[1] V. Georgakilas, M. Otyepka, A. B. Bourlinos, V. Chandra, N. Kim, K. C. Kemp, P. Hobza, R. Zboril and K. S. Kim, *Chem. Rev.*, 2012, 112, 6156 – 6214.

[2] C. Romero – Nieto, R. Garcıa, M. A. Herranz, C. Ehli, M. Ruppert, A. Hirsch, D. M. Guldi and N. Martin, *J. Am. Chem. Soc.*, 2012, 134, 9183 – 9192.

[3]A. Bessette and G. S. Hanan, *Chem. Soc. Rev.* ,2014,43,3342 - 3405.

[4]J. Lohrman, C. Zhang, W. Zhang and S. Ren, *Chem. Commun.* ,2012,48,8377 - 8379.

[5]Z. Dai, L. Yan, S. M. Alam, J. Feng, P. R. D. Mariathomas, Y. Chen, C. M. Li, Q. Zhang, L. - J. Li, K. H. Lim and M. B. Chan - Park, *J. Phys. Chem. C*, 2010,114,21035 - 21041.

[6]B. W. Smith, M. Monthioux and D. E. Luzzi, *Nature*, 1998,396,323 - 324.

[7]M. Monthioux, *Carbon*, 2002,40,1809 - 1823.

[8]A. de Juan and E. M. Perez, *Nanoscale*, 2013,5,7141 - 7148.

[9]K. Yuan, Y. J. Guoand X. Zhao, *J. Phys. Chem. C*, 2015,119,5168 - 5179.

[10]K. Yuan, Y. J. Guo and X. Zhao, *Phys. Chem. Chem. Phys.* ,2014,16,27053 - 27064.

[11]K. Yuan, J. S. Dang, Y. J. Guoand X. Zhao, *J. Comp. Chem.* ,2015,36,518 - 528.

[12]K. Yuan, Y. J. Guo, T. Yang, J. S. Dang, P. Zhao, Q. Z. Liand X. Zhao, *J. Phys. Org. Chem.* ,2014,27,772 - 782.

[13]F. G. Klarnerand T. Schrader, *Acc. Chem. Res.* ,2013,46,967 - 978.

[14]L. M. Salonen, M. Ellermannand F. Diederich, *Angew. Chem. Int. Ed.* ,2011,50,4808 - 4842.

[15]Y. Matsuo, K. Morita and E. Nakamura, *Chem. - Asian J.* ,2008,3,1350 - 1357.

[16]G. J. Bahun and A. Adronov, *J. Polym. Sci.* , *Part A*: *Polym. Chem.* ,2010,48,1016 - 1028.

[17]C. Walgama, N. Means, N. F. Materer and S. Krishnan, *Phys. Chem. Chem. Phys.* ,2015, 17,4025 - 4028

[18]P. D. Tran, A. Le Goff, J. Heidkamp, B. Jousselme, N. Guillet, S. Palacin, H. Dau, M. Fontecave and V. Artero, *Angew. Chem.* , *Int. Ed.* ,2011,50,1371 - 1374.

[19]A. Joshi and C. N. Ramachandran, *Phys. Chem. Chem. Phys.* ,2016,18,14040 - 14045.

[20]A. Cominetti, A. Pellegrino, L. Longo, A. Tacca, R. Po, C. Carbonera, M. Salvalaggio, M. Baldrighi and S. V. Meille, *Mater. Chem. Phys.* ,2015,159,46 - 55.

[21]M. I. Sluch, I. D. W. Samuel and M. C. Petty, *Chem. Phys. Lett.* ,1997,280,315 - 320.

[22]T. Gareis, O. Kothe and J. Daub, *Eur. J. Org. Chem.* ,1998,8,1549 - 1557.

[23]C. Carati, N. Gasparini, S. Righi, F. Tinti, V. Fattori, A. Savoini, A. Cominetti, R. Po, L. Bonoldi and N. Camaioni, *J. Phys. Chem. C*, 2016,120,6909 - 6919

[24]A. V. Nikolaev, T. J. S. Dennis, K. Prassidesand A. K. Soper, *Chem. Phys. Lett.* ,1994, 223,143 - 148.

[25]G. Casellaza and G. Saielli, *New J. Chem.* ,2011,35,1453 - 1459.

[26]P. A. Denis and M. Yanney, *RSC Adv.* ,2016,6,50978 - 50984.

[27]D. Josa, I. Gonzalez - Veloso, J. Rodriguez - Otero and E. M. Cabaleiro - Lago, *Phys. Chem. Chem. Phys.* ,2015,17,6233 - 6241.

[28]D. Josa, L. A. dos Santos, I. Gonzalez - Veloso, J. Rodriguez - Otero, E. M. Cabaleiro -

Lagoc and T. de Castro Ramalho, *RSC Adv.* ,2014,4,29826 – 29833.

[29] D. Josa, J. Rodriguez – Otero, E. M. Cabaleiro – Lago, L. A. Santos and T. C. Ramalho, *J. Phys. Chem. A* 2014,118,9521 – 9528.

[30] S. Grimme, J. Antony, S. Ehrlichand H. Krieg, *J. Chem. Phys.* , 2010, 132, 154104 – 154119.

[31] L. Goerigkand S. Grimme, *Phys. Chem. Chem. Phys.* ,2011,13,6670 – 6688.

[32] Y. Zhaoand D. G. Truhlar, *J. Am. Chem. Soc.* ,2007,129,8440 – 8442.

[33] T. M. Simeon, M. A. Ratnerand G. C. Schatz, *J. Phys. Chem. A*, 2013,117,7918 – 7927.

[34] S. F. Boysand F. Bernardi, *Mol. Phys.* ,1970,19,553 – 566.

[35] R. A. Marcus, *Rev. Mod. Phys.* ,1993,65,599 – 610.

[36] H. Liu, S. Kangand J. Y. Lee, *J. Phys. Chem. B*, 2011,115,5113 – 5120.

[37] E. R. Johnson, S. Keinan, P. Mori – Sanchez, J. Contreras – Garcia, A. J. Cohenand W. Yang, *J. Am. Chem. Soc.* ,2010,132,6498 – 6506.

[38] T. Luand F. Chen, *J. Comp. Chem.* ,2012,33,580 – 592.

[39] T. Luand F. Chen, *J. Mol. Graph. Model.* ,2012,38,314 – 323.

[40] Gaussian 09, Revision D. 01, M. J. Frisch, G. W. Trucks, H. B. Schlegel, G. E. Scuseria, M. A. Robb, J. R. Cheeseman, G. Scalmani, V. Barone, B. Mennucci, G. A. Petersson, H. Nakatsuji, M. Caricato, X. Li, H. P. Hratchian, A. F. Izmaylov, J. Bloino, G. Zheng, J. L. Sonnenberg, M. Hada, M. Ehara, K. Toyota, R. Fukuda, J. Hasegawa, M. Ishida, T. Nakajima, Y. Honda, O. Kitao, H. Nakai, T. Vreven, J. A. Montgomery, Jr. , J. E. Peralta, F. Ogliaro, M. Bearpark, J. J. Heyd, E. Brothers, K. N. Kudin, V. N. Staroverov, R. Kobayashi, J. Normand, K. Raghavachari, A. Rendell, J. C. Burant, S. S. Iyengar, J. Tomasi, M. Cossi, N. Rega, J. M. Millam, M. Klene, J. E. Knox, J. B. Cross, V. Bakken, C. Adamo, J. Jaramillo, R. Gomperts, R. E. Stratmann, O. Yazyev, A. J. Austin, R. Cammi, C. Pomelli, J. W. Ochterski, R. L. Martin, K. Morokuma, V. G. Zakrzewski, G. A. Voth, P. Salvador, J. J. Dannenberg, S. Dapprich, A. D. Daniels, O. Farkas, J. B. Foresman, J. V. Ortiz, J. Cioslowskiand D. J. Fox, Gaussian, Inc. , Wallingford CT, 2013.

[41] L. Zoppi, J. S. Siegeland K. K. Baldridge, *WIREs Comput. Mol. Sci.* 2013,3,1 – 12.

[42] K. K. Baldridgeand J. S. Siegel, *Theor. Chem. Acc.* ,1997,97,67 – 71.

[43] Iwamoto, Y. Watanabe, T. Sadahiro, T. Hainoand S. Yamago, *Angew. Chem. Int. Ed.* , 2011,50,8342 – 8344.

[44] T. Iwamoto, Y. Watanabe, H. Takaya, T. Haino, N. Yasudaand S. Yamago, *Chem. Eur. J.* , 2013,19,14061 – 14068.

[45] T. Kawase and H. Kurata, *Chem. Rev.* ,2006,106,5250 – 5273.

[46] I. Garcia Cuesta, T. B. Pedersen, H. Koch and A. Sanchez de Meras, *ChemPhysChem*, 2006,7,2503 – 2507.

（该论文原发表于2017年《RSC Advances》7卷45期）

后 记

六十年风雨历程，六十年求索奋进。编辑出版《天水师范学院60周年校庆文库》（以下简称《文库》），是校庆系列活动之“学术华章”的精彩之笔。《文库》的出版，对传承大学之道，弘扬学术精神，展示学校学科建设和科学研究取得的成就，彰显学术传统，砥砺后学奋进等都具有重要意义。

春风化雨育桃李，弦歌不辍谱华章。天水师范学院在60年办学历程中，涌现出了一大批默默无闻、淡泊名利、潜心教学科研的教师，他们奋战在教学科研一线，为社会培养了近10万计的人才，公开发表学术论文10000多篇（其中，SCI、EI、CSSCI源刊论文1000多篇），出版专著600多部，其中不乏经得起历史检验和学术史考量的成果。为此，搭乘60周年校庆的东风，科研管理处根据学校校庆的总体规划，策划出版了这套校庆《文库》。

最初，我们打算策划出版校庆《文库》，主要是面向校内学术成果丰硕、在甘肃省内外乃至国内外有较大影响的学者，将其代表性学术成果以专著的形式呈现。经讨论，我们也初步拟选了10位教师，请其撰写书稿。后因时间紧迫，入选学者也感到在短时期内很难拿出文稿。因此，我们调整了《文库》的编纂思路，由原来出版知名学者论著，改为征集校内教师具有学科代表性和学术影响力的论文分卷结集出版。《文库》之所以仅选定教授或具有博士学位副教授且已发表在SCI、EI或CSSCI源刊的论文（已退休教授入选论文未作发表期刊级别的限制），主要是基于出版篇幅的考虑。如果征集全校教师的论文，可能卷帙浩繁，短时间内难以出版。在此,请论文未被《文库》收录的老师谅解。

原定《文库》的分卷书名为"文学卷""史地卷""政法卷""商学卷""教育卷""体艺卷""生物卷""化学卷""数理卷""工程卷",后出版社建议,总名称用"天水师范学院60周年校庆文库",各分卷用反映收录论文内容的卷名。经编委会会议协商论证,分卷分别定为《现代性视域下的中国语言文学研究》《"一带一路"视域下的西北史地研究》《"一带一路"视域下的政治经济研究》《"一带一路"视域下的教师教育研究》《"一带一路"视域下的体育艺术研究》《生态文明视域下的生物学研究》《分子科学视域下的化学前沿问题研究》《现代科学思维视域下的数理问题研究》《新工科视域下的工程基础与应用研究》。由于收录论文来自不同学科领域、不同研究方向、不同作者,这些卷名不一定能准确反映所有论文的核心要义。但为出版策略计,还请相关论文作者体谅。

鉴于作者提交的论文质量较高,我们没有对内容做任何改动。但由于每本文集都有既定篇幅限制,我们对没有以学校为第一署名单位的论文和同一作者提交的多篇论文,在收录数量上做了限制。希望这些论文作者理解。

这套《文库》的出版得到了论文作者的积极响应,得到了学校领导的极大关怀,同时也得到了光明日报出版社的大力支持。在此,我们表示深切的感谢。《文库》论文征集、编校过程中,王弋博、王军、焦成瑾、贾来生、丁恒飞、杨红平、袁焜、刘晓斌、贾迎亮、付乔等老师做了大量的审校工作,以及刘勍、汪玉峰、赵玉祥、施海燕、杨婷、包文娟、吕婉灵等老师付出了大量心血,对他们的辛勤劳动和默默无闻的奉献致以崇高的敬意。

《天水师范学院60周年校庆文库》编委会

2019年8月